Adobe After Effects CC
经典教程

〔美〕Adobe 公司 著　郭光伟 译

人 民 邮 电 出 版 社
北 京

图书在版编目（CIP）数据

Adobe After Effects CC经典教程 / 美国Adobe公司著；郭光伟译. -- 北京：人民邮电出版社，2014.9（2022.8重印）
ISBN 978-7-115-35997-1

Ⅰ. ①A… Ⅱ. ①美… ②郭… Ⅲ. ①图象处理软件—教材 Ⅳ. ①TP391.41

中国版本图书馆CIP数据核字(2014)第138598号

◆ 著　[美]Adobe 公司
　译　郭光伟
　责任编辑　傅道坤
　责任印制　彭志环　焦志炜
◆ 人民邮电出版社出版发行　北京市丰台区成寿寺路 11 号
　邮编　100164　电子邮件　315@ptpress.com.cn
　网址　http://www.ptpress.com.cn
　大厂回族自治县聚鑫印刷有限责任公司印刷
◆ 开本：800×1000　1/16
　印张：21.75　　2014 年 9 月第 1 版
　字数：428 千字　　2022 年 8 月河北第 27 次印刷

著作权合同登记号　图字：01-2013-8452 号

定价：49.00 元（附光盘）

读者服务热线：(010) 81055410　印装质量热线：(010) 81055316
反盗版热线：(010) 81055315
广告经营许可证：京东市监广登字 20170147 号

内容提要

本书由 Adobe 公司的专家编写，是 Adobe After Effects CC 软件的官方指定培训教材。

全书共分为 14 课，每一课先介绍重要的知识点，然后借助具体的示例进行讲解，步骤详细、重点明确，手把手教你如何进行实际操作。全书是一个有机的整体，它涵盖了 After Effects 的工作流程、使用特效和预设创建基本动画、创建文本动画、使用形状图层、多媒体演示动画、对图层进行动画处理、使用蒙版、使用 Puppet 工具进行变形处理、使用 Roto Brush 工具、颜色校正、使用 3D 特性、使用 3D Camera Tracker、高级编辑技术，以及渲染和输出等内容，并在适当的地方穿插介绍了 After Effects CC 版本中的最新功能。

本书语言通俗易懂，并配以大量图示，特别适合 After Effects 新手阅读；有一定使用经验的用户也可以从本书中学到大量高级功能和 After Effects CC 的新增功能。本书也适合作为相关培训班的教材。

前 言

After Effects CC 提供了一套完整的 2D 和 3D 工具，动态影像专业人员、视频特效艺术家、网页设计人员以及电影和视频专业人员都可以用这些工具创建合成图像、动画和特效。After Effects 被广泛应用于电影、视频、DVD 以及 Web 的后期数字制作之中。After Effects 可以以多种方式合成图层，应用和组合复杂的视频和音频特效，对对象和特效进行动画处理。

关于本书

本书是 Adobe 图形和出版软件系列官方培训教材的一部分，由 Adobe 产品专家指导撰写。本书中的课程设计有利于您自己掌握学习进度。如果您刚接触 After Effects，可以先了解其基本概念和需要掌握的软件功能。如果您已经是 Adobe After Effects 的老手，您将发现本书还介绍许多高级功能，包括该软件最新版本提供的技巧和技术。

虽然本书各课提供按部就班的操作指南，用于创建特定项目，但您仍可以自由地探索和体验。您可以按书中的课程顺序从头到尾阅读，也可以只阅读感兴趣或需要的课程。各课都包含一个复习小节，对该课内容进行总结。

准备

开始使用本书前，请确认系统已正确设置，并确认已安装了所需的软件和硬件。您需要具备计算机和操作系统方面的使用知识，应该知道怎样使用鼠标、标准菜单和命令，以及怎样打开、保存和关闭文件。如果您需要复习这些技术，请参见 Microsoft Windows 或 Apple Mac OS 软件的印刷或联机文档。

完成本书学习，需要安装 Adobe After Effects CC 和 Adobe Bridge CC。

安装 After Effects 和 Bridge

您必须单独购买 After Effects CC 软件。关于安装该软件的系统需求和详细指南，请参阅 www.adobe.com/support。请注意，After Effects CC 要求安装在 64 位操作系统上并支持 OpenGL 2.0。还必须在系统上安装 Apple QuickTime 7.6.6 或更高版本。

本书中的很多课程需要使用 Adobe Bridge。After Effects 和 Bridge 需要分别安装。必须从 Adobe Creative Cloud 安装这些程序到本地硬盘上。安装时请按照屏幕上的提示进行操作。

优化性能

影片文件的创建非常耗费计算机的内存。After Effects CC 要求最少 4GB 内存。After Effects 可使用的内存数量越大，程序的运行速度就越快。更多关于 After Effects 内存、缓冲或其他配置的优化信息，请参考 After Effects Help 中的“性能提升”部分。

恢复默认参数

After Effects 的参数文件决定它在屏幕上显示的用户界面。本书介绍工具、选项、窗口、面板等控件的外观时，都假定您所看到的是软件的默认版面。因此，最好先恢复其默认参数，如果您是 After Effects 新手的话更需如此。

每次退出 After Effects 时，面板的位置以及一些命令设置都被记录在参数文件中。如果要恢复原来的默认设置，启动 After Effects 时请按住 Ctrl+Alt+Shift（Windows）或 Command+Option+Shift（Mac OS）组合键即可（下次启动程序时，如果系统中不存在参数文件，After Effects 将创建一个新的参数文件）。

如果您已对 After Effects 进行过自定义，那么恢复默认参数就显得特别有用。如果您的 After Effects 还未使用过，该文件则不存在，所以就不需要恢复默认参数。

> AE **重要提示：**如果想保存当前设置，则可以将参数文件重命名，而不是删除它。这样，当您要恢复先前设置时，恢复该参数文件名，并确认该文件保存在正确的参数文件夹内即可。

1. 导航到计算机上的 After Effects 参数文件夹。

- 在 Windows 下该文件夹是：...Users\<用户名>\AppData\Roaming\Adobe\AfterEffects\12.0。
- 在 Mac OS 下该文件夹是：... /Users/<用户名>/Library/Preferences/Adobe/After Effects/12.0。

2. 重命名所有您希望保存的参数文件，然后重启 After Effects。

> AE **注意：**在 Mac OS 10.7 及以后的版本中，默认情况下隐藏了用户库文件夹，如果需要查看，在 Finder 中，选择 Go > Go To Folder 命令。在 Go To Folder 对话框中输入 ~/Library，然后单击 Go 按钮。

本书各课所需文件

本书的附带光盘中包含课程中需要用到的所有文件。每节课程都有一个单独的文件夹，阅读这些课程时，读者必须将相应的文件夹复制到硬盘中。为节省硬盘空间，可以只复制当前阅读的课程的文件夹，并在阅读完后将其删除。

要复制课程文件：

1. 将附带光盘插入光驱。

2. 浏览光盘内容，并找到文件夹 Lessons。

3. 执行下列操作之一。

- 要复制所有的课程文件，将附带光盘中的文件夹 Lessons 拖曳到硬盘中。
- 要复制单个课程文件夹，首先在硬盘中新建一个文件夹，并将其命名为 Lessons。然后，将要从光盘复制的文件夹拖曳到硬盘中的文件夹 Lessons 中。

关于影片例子文件和项目文件

我们将在本书一些课程中创建和渲染一个或多个 QuickTime 影片。Sample_Movie 文件夹中的文件是影片例子，查看它可以了解每课练习最终生成的结果，并可以将它和您自己创建的效果相比较。

End_Project_File 文件夹中的文件是各课完成后的项目例子。如果您想将自己创作的作品与用于生成影片例子的项目文件做比较，则可以参考这些文件。

怎样使用本书

本书各课将一步步指导您怎样创建实际项目中的一个或多个元素。有些以前面的课程所构建的项目基础。所有课程在概念和技巧上都是相互关联的，所以学习本书的最佳方式是按顺序阅读各课。本书中，有些技巧和方法仅在前几次操作过程中才会详细解释和描述。

After Effects 应用程序的许多功能可以由多种操作方法实现，如菜单命令、按钮、拖放以及键盘快捷键等。而在本书中仅介绍其中的一两种实现方法，所以，即使执行前面已经执行过的任务，也可以学到不同的操作方法。

本书的组织是面向设计，而不是面向功能。这意味着，例如，我们会在好几课中的实际设计项目中使用图层和特效，而不只是一课。

目　录

第1课 工作流程

课程概述

本课介绍的内容包括：

- 创建项目和导入素材；
- 创建合成图像和排列各图层；
- 在 Adobe After Effects 界面内导航；
- 使用 Project（项目）、Composition（合成图像）和 Timeline（时间线）面板；
- 应用基本关键帧和特效；
- 用标准预览和 RAM 预览方式预览项目；
- 定制工作区；
- 调整与用户界面相关的参数；
- 查找 After Effects 使用其他资源。

本课大约要用 1 小时完成。启动 After Effects 之前，先找到附带光盘的 Lesson01 文件夹，将其复制到本地硬盘上为这些项目创建的文件夹 Lessons 中（或现在创建 Lessons 文件夹）。学习本课时，将覆盖复制的初始文件。如果需要恢复这些初始文件，从附带光盘中再复制一遍即可。

无论您使用 After Effects 只是创作简单的光盘片头动画，还是创建复杂的特效，通常都要按照相同的基本工作流程进行操作。After Effects 界面设计用于方便您的工作，适合于项目制作的各个阶段。

1.1 开始

After Effects 基本工作流程包括以下 6 个步骤：导入和组织素材、创建合成图像和组织图层、编辑特效、对元素做动画处理、预览作品、渲染和输出最终合成图像以供他人观看。本章将采用上述工作流程创建简单的视频动画，创建动画过程中将介绍 After Effects 的操作界面。

首先，预览最终影片，以查看本章将要创建的效果。

1. 确认硬盘上的 AECC_CIB\Lessons\Lesson01 文件夹中存在以下文件。

- Assets 文件夹内：bgwtext.psd、dancers.mov、gc_adobe_dance.mp3、kaleidoscope_waveforms.mov、pulsating_radial_waves.mov。
- Sample_Movie 文件夹内：Lesson01.mov。

2. 请打开并播放影片例子文件 Lesson01.mov，以查看本章将创建的效果。播放完后，退出 QuickTime 播放器。如果硬盘空间有限，也可以将该影片例子从硬盘删除。

1.2 创建项目并导入素材

在本书每课开始前，最好先恢复 After Effects 的默认参数设置（参见前言中的"恢复默认参数"），这可以用快捷键实现。

1. 启动 After Effects 时按下 Ctrl+Alt+Shift（Windows）或 Command+Option+Shift（Mac）组合键，以恢复默认参数设置。如果系统提示是否要删除您的参数文件，请单击 OK 按钮。

2. 单击 Close（关闭）按钮，关闭 Welcome（欢迎）窗口。

After Effects 打开后显示一个空的无标题项目。

After Effects 项目是单个文件，该文件中存储了项目中所有素材项的引用。项目同时还包含组合素材的合成图像、应用的特效以及最终产生的输出。

> AE **提示**：恢复窗口的默认参数可能会比较棘手，尤其是工作在一个快速系统中。在双击应用程序图标之后，After Effects 列出活动文件之前按下按钮。

> AE **提示**：将鼠标指针移到面板上，按重音符号（`）键（标准美式键盘上波浪号（~）键的下档字符）将使面板迅速最大化。再次按 ` 键可使面板恢复到其原来尺寸。

开始一个项目时，首先要完成的工作就是将素材导入项目。

3. 选择 File（文件）>Import（导入）>File 命令。

4. 导航到 AECC_CIB\Lessons\Lesson01 文件夹中的 Assets 文件夹，按下 Shift 键同时单击选择

dancers.mov、gc_adobe_dance.mp3、kaleidoscope_waveforms.mov 和 pulsating_radial_waves.mov 等文件（除 bgwtext.psd 外的所有文件），然后单击 Import 或 Open 按钮。

After Effects工作区

After Effects提供灵活的可自定义的工作空间。程序的主窗口被称作应用程序窗口。面板排列在这个窗口内，其组合称为工作空间。默认的工作空间包含多组面板，以及多个单独的面板，如图1.1所示。

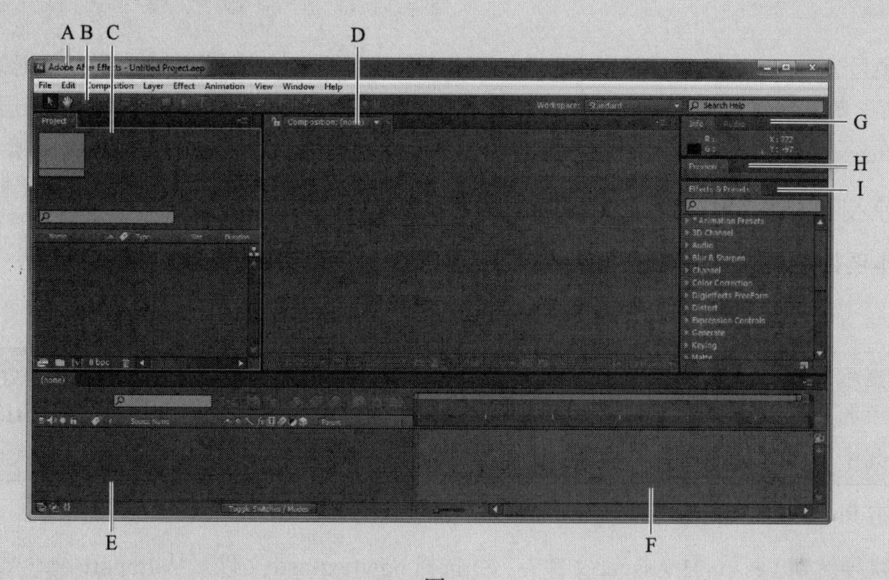

图1.1

A. 应用程序窗口　B. 工具面板　C. 项目面板　D. 合成面板　E. 时间线面板　F. 时间轨　G. 分组面板（信息和音频）　H. 预览面板　I. 特效和预设面板

可以通过拖动面板来自定义工作空间，使其适合您的工作风格。您可以将面板拖放到新的位置，将面板拖进或拖离一个组，使面板排列整齐，还可以将面板拖出使其浮动在应用程序窗口之上的新窗口内。当重新调整面板位置后，其他面板将自动调整大小，以适合窗口的尺寸。

拖动面板选项卡重新定位它时，可以放置面板的区域——被称作放置区域——将高亮显示。放置区域决定面板在工作区中的插入位置，以及插入方式。将面板拖放到放置区域将使它停靠或分组到该区域。

将面板放置在其他面板、面板组或窗口的边缘时，它将紧挨原有的组“停靠”，并重新调整所有组的尺寸，以容纳新面板。

如果将面板拖放到另一面板或面板组内，或拖放到另一面板的标签区域，将被添加到该组，并被置于该栈的顶部。对面板进行分组不会引起其他组的尺寸变化。

还可以在浮动窗口中打开面板。要实现这一操作，请选择该面板，从面板的菜单中选择Undock Panel（脱离面板）或Undock Frame（脱离框架），或者将面板或组拖出应用程序窗口。

素材项是After Effects项目的基本单位。可以导入许多类型的素材项，包括活动图像文件、静态图像文件、静态图像序列、音频文件、Adobe Photoshop和Adobe Illustrator产生的图层文件、其他After Effects项目，以及在Adobe Premiere Pro中创建的项目。随时都可以导入素材项。

素材导入时，After Effects的Info（信息）面板将显示导入进程。

因为本项目导入的素材项中有一个是多图层Photoshop文件，所以它将单独作为一个合成图像导入。

AE **提示**：我们还可以执行File>Import> Multiple Files命令，选择位于不同文件夹中的文件，或者从资源管理器或查找窗口中拖放文件。还可以用Adobe Bridge搜索、管理、预览和导入素材。

5. 双击Project面板底部，打开Import File对话框，如图1.2所示。

6. 再次导航到Lesson01/Assets文件夹，并选择bgwtext.psd文件。从Import As（导入为）下拉菜单中选择Composition（合成图像），然后单击Import或Open按钮，如图1.3所示。

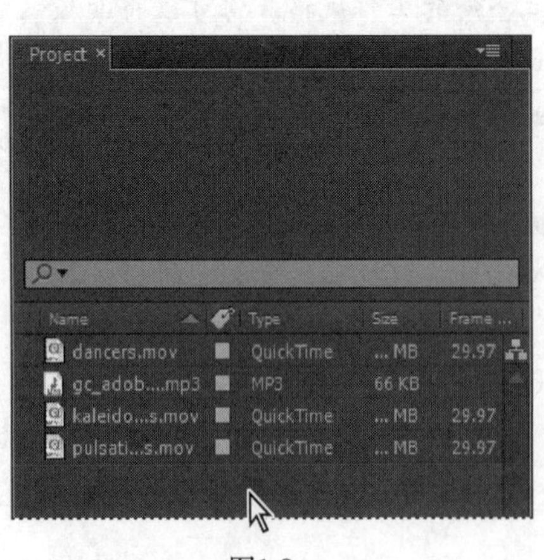

图1.2

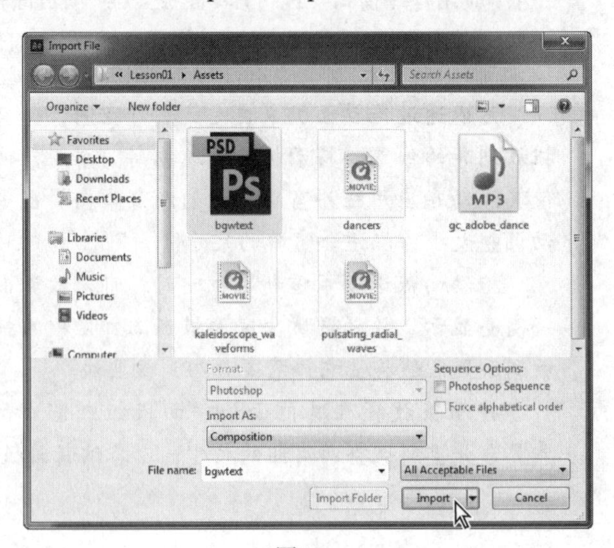

图1.3

After Effects 打开另一个对话框，显示当前所导入文件的选项。

7. 在弹出的 bgwtext.psd 对话框中，从 Import Kind（导入类型）下拉列表中选择 Composition（合成图像），将 Photoshop 图层文件导入为合成图像。在 Layer Options（图层选项）区域选择 Editable Layer Styles（可编辑图层样式），然后单击 OK 按钮。Project（项目）面板中将显示出素材项，如图 1.4 和图 1.5 所示。

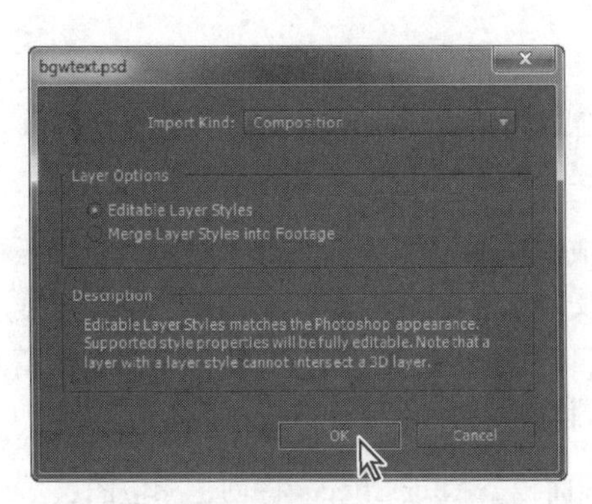

图1.4

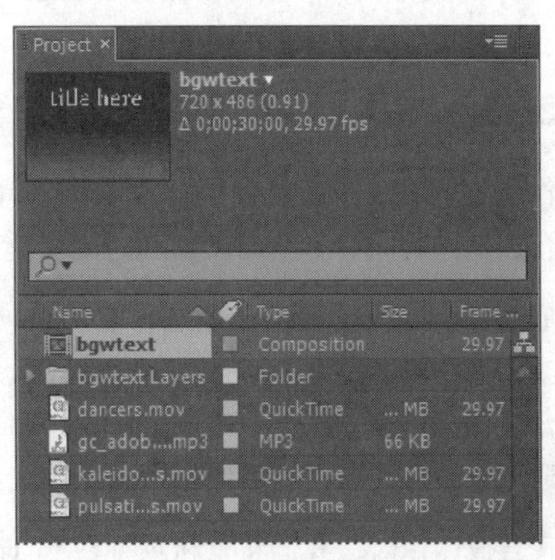

图1.5

8. 在 Project 面板中，单击选择不同的素材项，您将看到 Project 面板的顶部将显示出缩览图预览，Project 面板栏中还将显示各素材项的文件类型、大小及其他信息，如图 1.6 所示。

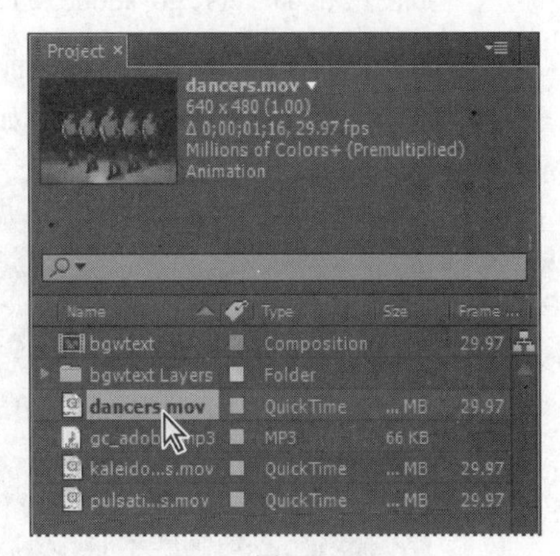

图1.6

导入文件时，After Effects 并不将视音频数据本身复制到项目中，只是在 Project 面板创建一个到源文件的参考链接。如果 After Effects 需要视音频数据，将从源文件中读取。这可以使项目文件保持小的空间，并允许用其他应用程序修改源素材，而不必修改项目。

如果文件被移动或者 After Effects 不能访问文件的位置，将会报告文件丢失。选择 File（文件）>Dependencies（依赖）>Find Missing Footage（查找丢失素材）命令，查找丢失的文件。也可以在项目面板中的搜索框内输入“Missing Footage（丢失素材）”查找丢失的素材。

为了节省时间，并降低项目的大小和复杂程度，可以仅将素材项导入一次，然后在一个合成图像中多次使用它。但有些情况下，也许需要多次导入同一个素材项，例如当需要以两种不同的帧速率使用素材项时。

完成素材导入后，现在可以保存项目了。

AE 提示：通过同样的方式也可以定位丢失的字体或特效。选择 File（文件）> Dependencies（依赖）命令，然后选择查找丢失字体或查找丢失特效。或者在项目面板中的搜索框内输入丢失字体或丢失特效。

9. 选择 File>Save 命令。在 Save As 对话框中，导航到 AECC_CIB\Lessons\Lesson01\ Finished_Project 文件夹，将项目命名为 Lesson01_Finished.aep，之后单击 Save（保存）按钮。

1.3 创建合成图像和组织层

工作流程的下一步就是创建合成图像。可以在合成图像中创建所有动画、图层和特效。After Effects 合成图像同时具有空间尺度和时间尺度（时长）。

合成图像包含一个或多个图层，它们排列在合成图像面板和 Timeline（时间线）面板中。添加到合成图像中的素材项——例如静态图像、动画文件、音频文件、灯光图层、摄像层或者甚至是其他合成图像——将成为一个新的图层。简单项目可能仅包含一个合成图像，而一个精心制作的项目则可能包含几个合成图像，用以组织大量的素材或复杂的特效序列。

创建合成图像时，我们将素材项拖放到 Timeline 面板，After Effects 将创建相应图层。

1. 在 Project 面板中，按住 Ctrl（Windows）或 Command（Mac OS）键并单击选择 bgwtext 合成图像和 dancers、gc_adobe_dance、kaleidoscope_waveforms、Pulsating_radial_waves 素材项。
2. 将选择的素材项拖放到 Timeline 面板，系统弹出 New Composition From Selection（从所选内容新建合成图像）对话框，如图 1.7 ~图 1.9 所示。

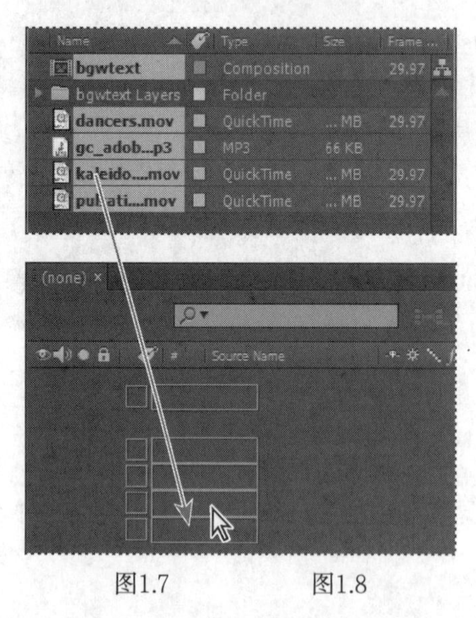

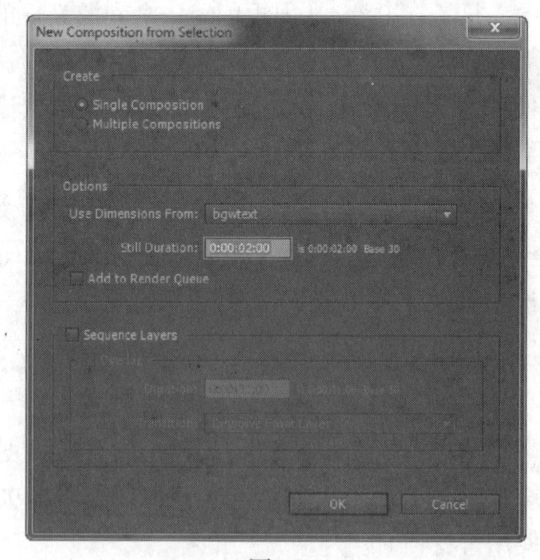

图1.7　　图1.8　　图1.9

After Effects 新创建的合成图像的尺寸是由所选素材的尺寸决定的。本例中，所有素材尺寸相同，所以可以采用默认设置。

3. 单击 OK 按钮创建新合成图像。

素材项作为图层显示在 Timeline 面板内，After Effects 在 Composition 面板内显示出名为 bgwtext 2 的合成图像，如图 1.10 所示。

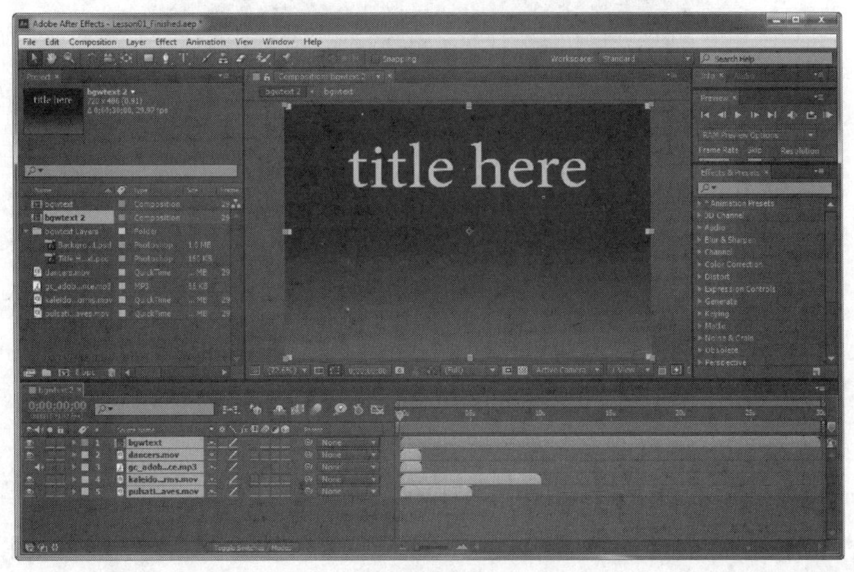

图1.10

关于图层

图层是构成合成图像的组件，添加到合成图像的所有项——如静态图像、动态图像文件、音频文件、光照层、摄像层或者甚至是另一个合成图像——都将成为新图层。如果没有图层，合成图像将仅包含一个空帧。

使用图层，在合成图像中处理某些素材项时就不会影响到其他任何其他素材。例如，可以移动、旋转一个图层或绘制图层的蒙版，而不影响该合成图像中的其他图层，还可以在多个图层中使用同一素材，每次使用的方法也不同。一般情况下，Timeline面板中图层的顺序与Composition面板内的栈顺序对应。

向合成图像添加素材项时，这些项成为新图层的源素材。合成图像可以包含任意多图层，也可以将合成图像作为图层包含在另一个合成图像内，这称作嵌套。

有些素材比其他素材更长，但我们希望所有素材仅当舞者出现在屏幕上时才显示。因此可以将整个合成图像的时长调整为 1:15，使它们与舞者相匹配。

4. 选择 Composition > Composition Settings（合成图像设置）命令。

5. 在 Composition Settings 对话框中，在 Duration（时长）字段键入 1:15，然后单击 OK 按钮，如图 1.11 所示。

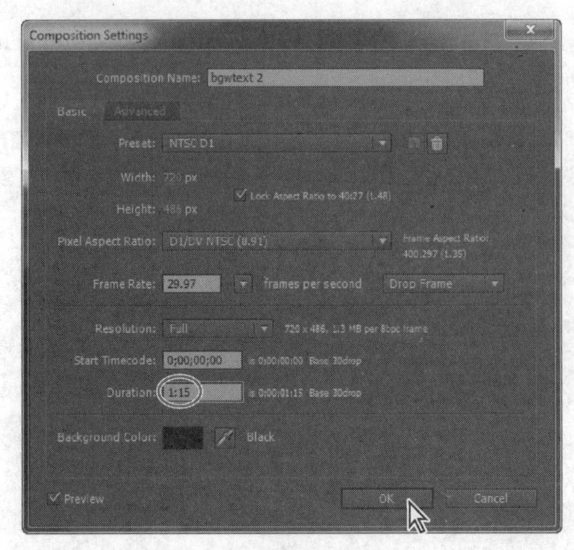

图1.11

Timeline 面板显示出所有图层具有相同的时长。

这个合成图像中有 5 个素材项，所以在 Timeline 面板中有 5 个图层。您计算机中的图层堆栈可能与图 1.12 不同，这取决于导入这些素材时选择素材项的顺序。但是，添加特效和动画时需要图层以一定的顺序堆放。所以，现在我们要重新组织图层。

6. 单击 Timeline 面板中的空白区域，取消选择图层，如果 bgwtext 不在图层堆栈的最底部，请将它拖放到最底层，并将其余 4 层拖放成如图 1.12 所示的顺序。

> **AE** | 注意：选择图层之前，可能需要先单击 Timeline 面板中的空白区域，或按 F2 键取消选择所有图层。

工作流中从这步开始一直到结束，我们考虑的应该是图层，而不是素材项。我们将相应修改列标题。

7. 单击 Timeline 面板中的 Source Name（源名称）列标题，将它修改为 Layer Name，如图 1.13 所示。

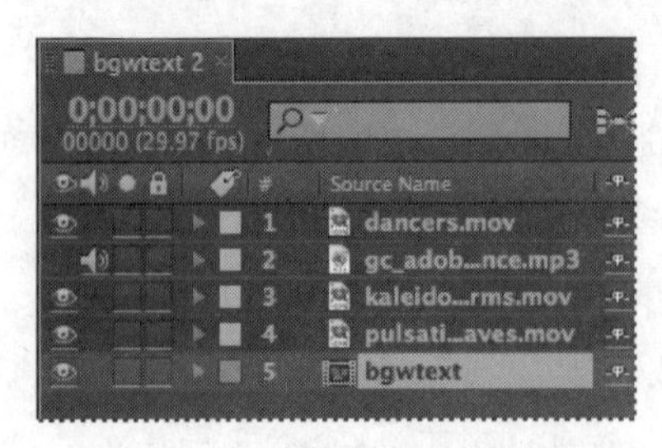

图1.12

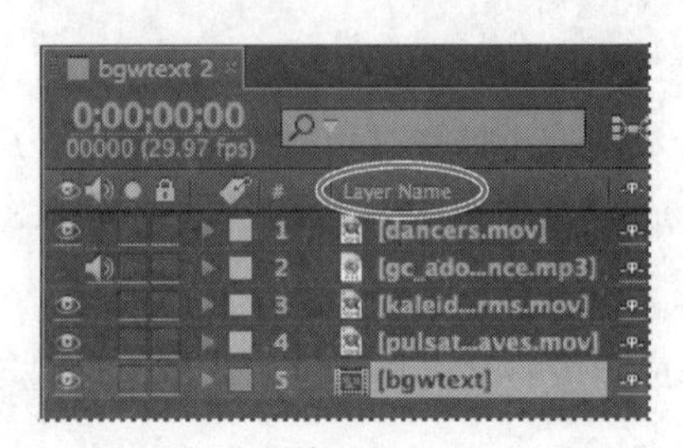

图1.13

8. 选择 File>Save 命令，保存到目前为止的项目。

Tools（工具）面板

一旦创建合成图像，After Effects应用程序窗口左上角Tools面板中的工具将被激活。After Effects包含的工具用于修改合成图像中的元素。如果您使用过Adobe的其他产品，例如Photoshop，您应该熟悉其中的一些工具，如Selection（选择）工具和Hand（抓手）工具。而另一些工具则是新的，如图1.14所示，将Tools面板中的工具标识出来，以供参考。

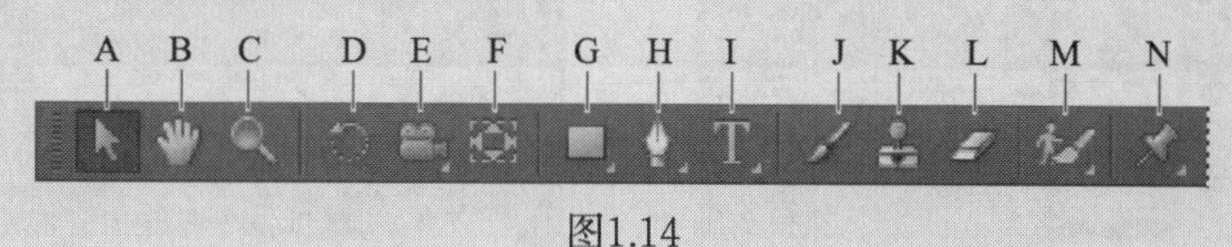

图1.14

A. 选择工具 B. 抓手工具 C. 缩放工具 D. 旋转工具 E. 摄像工具 F. 轴点工具 G. 蒙版和形状工具 H. 钢笔工具 I. 文字工具 J. 画笔工具 K. 仿制图章工具 L. 橡皮檫 M. 动态蒙版画笔（Roto Brush） N. 木偶（Puppet）工具

当将鼠标定位于Tools面板中的任何按钮上时，会显示出工具提示，它显示工具名及其对应的键盘快捷键。按钮右下角的小三角形说明该工具下隐藏了一个或多个其他工具，单击该按钮并保持，将显示出隐藏的工具，您可以选择需要的工具。

1.4 添加特效、修改图层属性

现在已经配置了合成图像，接下来可以开始有趣的工作——应用特效、产生变换和添加动画。您可以添加任意特效的组合，修改任意图层的属性，如大小、位置和不透明度。用特效可以修改图层的外观或声音，甚至可以从零开始创建视觉元素。最简单的方法就是任意应用 After Effects 提供的几百种特效中的任一特效。

AE 注意：本章练习展示的仅仅是 After Effects 强大功能的冰山一角。第 2 课“用特效和预设创建简单动画”及本书其余章节中，将介绍更多有关特效和预设动画的知识。

1.4.1 准备图层

下面将对所选图层——舞女图层和 Kaleidoscope_waveforms 图层——的副本应用特效。通过对图层副本进行处理，可以对一个图层应用特效，然后将其与未改动过的原图层进行比较。

1. 在 Timeline 面板选择第一个图层——dancers.mov，然后选择 Edit（编辑）>Duplicate（复制）命令，栈的顶部会出现一个具有相同名字的新图层。这样，前两个图层都被命名为 dancers.mov。

2. 选择第二个图层并更名，以避免产生混淆：按下 Enter（Windows）或 Return（Mac OS）键，使名称进入可编辑状态，键入 dancers_with_effects.mov，之后再按 Enter 或 Return 键，确认新的名字，如图 1.15 所示。

3. 选择 Kaleidoscope_waveforms 图层，创建两个副本，之后将这两个副本重命名为 kaleidoscope_left.mov 和 kaleidoscope_right.mov，如图 1.16 所示。

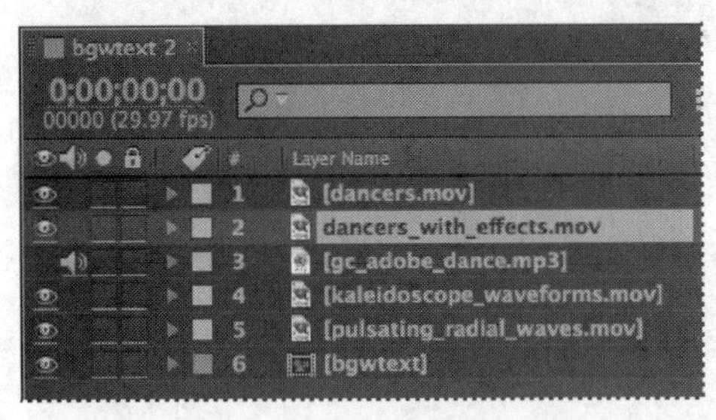

图1.15

图1.16

AE | 提示：可以用键盘快捷键 Ctrl+D（Windows）或 Command+D（Mac OS）快速复制图层。

4. 如果需要，请在 Timeline 面板中拖动图层，重新排列它们。

1.4.2 添加径向模糊特效

Radial Blur（径向模糊）特效可以在图层内指定点周围创建模糊效果，以模拟变焦或旋转摄像机所产生的效果。现在将向舞女添加径向模糊特效。

1. 在 Timeline 面板中选择 dancers_with_effects 图层，注意 Composition 面板内该图层周围出现的手柄，如图 1.17 所示。

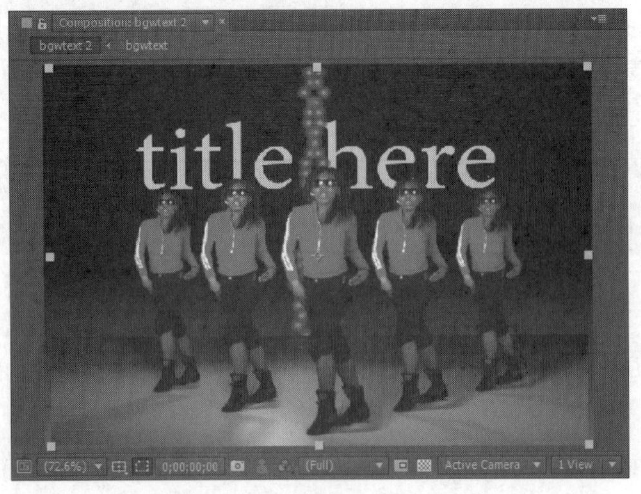

图1.17

AE | 注意：在 Timeline 面板中双击图层，该图层将显示在 Layer 面板中。要回到 Composition 面板，请单击 Composition 选项卡。

2. 在应用程序窗口右边 Effects & Presets（特效和预设）面板中的搜索框中输入 radial blur。

After Effects 将在特效和预设中搜索包含输入字符的选项，并显示出结果。在输入完成之前，Radial Blur 特效（位于 Blur & Sharpen［模湖和锐化］类中）就在该面板中显示出来，如图 1.18 所示。

3. 将 Radial Blur 特效拖放到 Timeline 面板中的 dancers_with_effects 图层上。After Effects 将应用该特效，并自动在工作区的左上方打开 Effect Controls（特效控制）面板，如图 1.19 和图 1.20 所示。

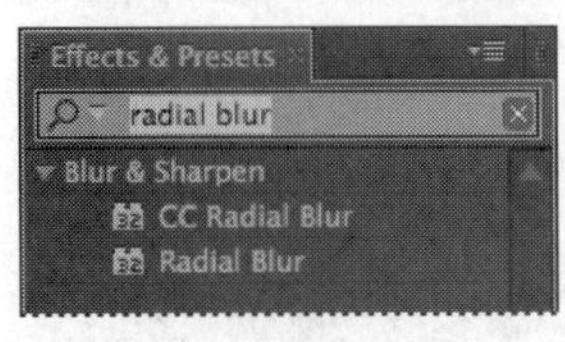

图1.18

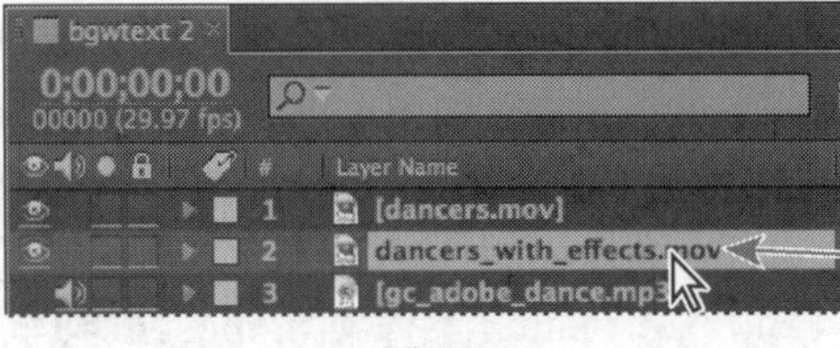

图1.19

图1.20

现在，我们将自定义设置。

4. 在 Effect Controls 面板中，将 Type（类型）字段选为 Zoom（变焦）。

5. 在 Composition 面板中，通过向下拖动十字准线（⊕）来移动模糊特效的中心点，将该点向下移到图中桌子下方。当拖动十字准线时，Effect Controls 面板中的 Center（中心）值将改变，其左、右两个值分别对应中心点的 *x*、*y* 坐标。将模糊中心点大约定位在 325、335 处。

AE | 提示：也可以在 Effect Controls 面板的坐标字段中直接输入 *x* 和 *y* 值，或者将鼠标置于对应字段上，此时将显示双箭头图标（↔），再向左或向右拖动鼠标即可分别减小或增大该值。通过拖动改变数值的方法有时也被称作刮擦。

6. 单击 Amount（数量）旁的数值，键入 200，然后按 Enter 或 Return 键，如图 1.21 和图 1.22 所示。

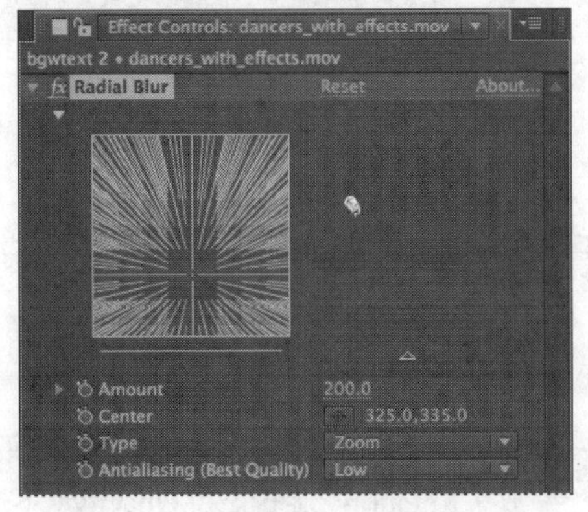

图1.21

图1.22

1.4.3 添加曝光特效

为提高图层的亮度，我们将使用 Exposure（曝光）颜色校正特效。该特效将调整素材色调，模拟照相时改变曝光设置（光圈）所产生的效果。

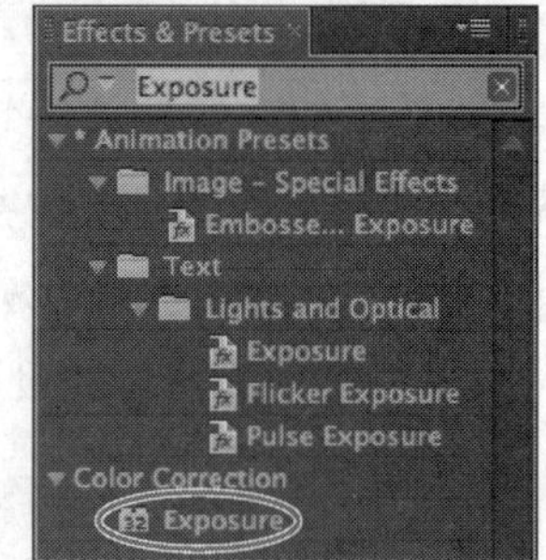

图1.23

1. 单击 Effect & Presets 面板中的 x 按钮清除搜索框，然后用下述任一种方法选择 Exposure（曝光）特效。
   - 在搜索框中键入 Exposure，如图 1.23 所示。
   - 单击 Color Correction（色彩校正）旁的三角形，按字母顺序展开颜色校正特效列表。
2. 将 Color Correction 类中的 Exposure（曝光）特效拖放到 Timeline 面板中的 dancers_with_effects 图层名上。After Effects 将在 Effects Controls（特效控制）面板中 Radial Blur 特效下增加 Exposure 设置字段。

> AE 提示：一定要选择 Color Correction 类中的 Exposure 特效，而不是 Lights And Optical 类中的 Exposure（曝光）动画预设。

3. 在 Effect Controls 面板中，单击 Radial Blur 特效旁的三角形，折叠这些设置，这样可以更方便地查看 Exposure 特效设置。
4. 在 Master（主）字段下的 Exposure 字段中键入 1.60。加亮该图层的亮度，模拟图像的过曝效果，如图 1.24 和图 1.25 所示。

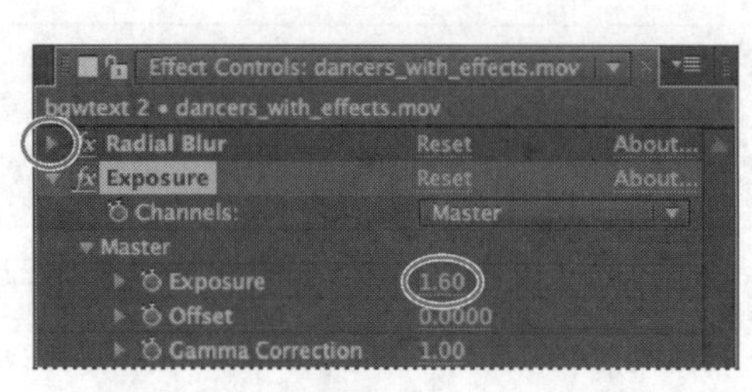

图1.24

图1.25

1.4.4 转换图层属性

舞女显得有些突兀，所以可以把注意力集中到背景中变幻的万花筒波形。接下来重新定位前面创建的副本，以创建边缘特效。

1. 在 Timeline 面板中选择 Kaleidoscope_left layer 图层（第五层）。
2. 单击该图层层号左边的三角形，展开该图层，然后展开该图层的 Transform（变换）属性：Anchor Point（轴点）、Position（位置）、Scale（缩放）、Rotation（旋转）和 Opacity（不透明度），如图 1.26 所示。

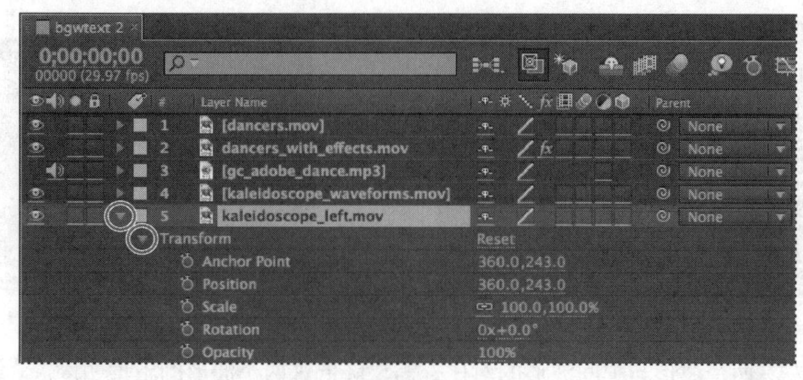

图1.26

3. 如果看不到这些属性，请向下滚动 Timeline 面板右边的滚动条。还有一个更好的办法，就是再次选择 Kaleidoscope_left 图层名，然后按 P 键。这个快捷键将仅显示 Position 属性，这是本次练习中唯一需要修改的属性。

我们将把这个图层向左移动 200 像素左右。

AE

提示：在 Timeline 面板中选择任意一个图层之后，用键盘快捷键可以快速显示所有 Transform（变换）属性。

P 显示 Position（位置）；

A 显示 Anchor Point（轴点）；

S 显示 Scale（缩放）；

R 显示 Rotation（旋转）；

T 显示 Opacity（不透明度）。

4. 将 Position 属性中的 x 坐标改为 160，保持 y 坐标 243 不变，如图 1.27 和图 1.28 所示。

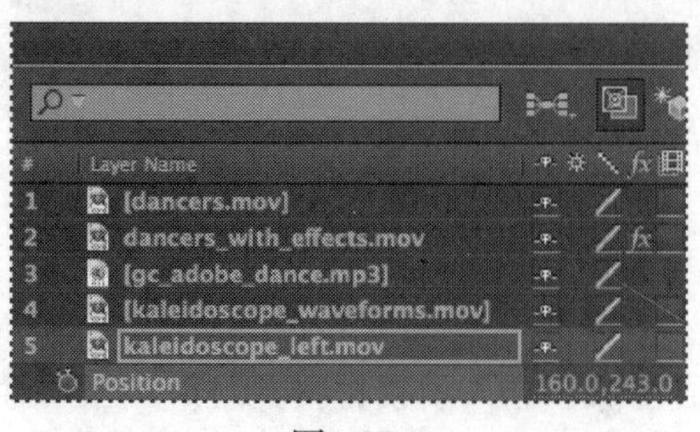

图1.27

图1.28

5. 选择 Kaleidoscope_right 图层（图层 6），按 P 键显示其 Position 属性。接下来将该图层右移。

6. 将 Kaleidoscope_right 图层 Position 属性的 x 坐标值改为 560，保持其 y 坐标值 243 不变。现在在合成图像面板中将看到 3 个波形图（左、中、右），它们像发光的珠帘一样挂在那里，如图 1.29 和图 1.30 所示。

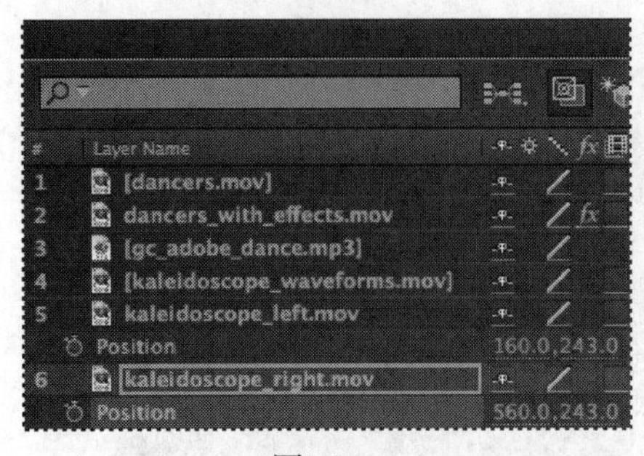

图1.29

图1.30

为了增强左右两个波形与中间波形的对比，需要降低这两个波形的不透明度。

7. 在 Timeline 面板中选择 Kaleidoscope_left 图层，按 T 键显示其 Opacity 属性，将其设为 30%。

8. 在 Timeline 面板中选择 Kaleidoscope_right 图层，按 T 键显示其 Opacity 属性，将其设为 30%，如图 1.31 和图 1.32 所示。

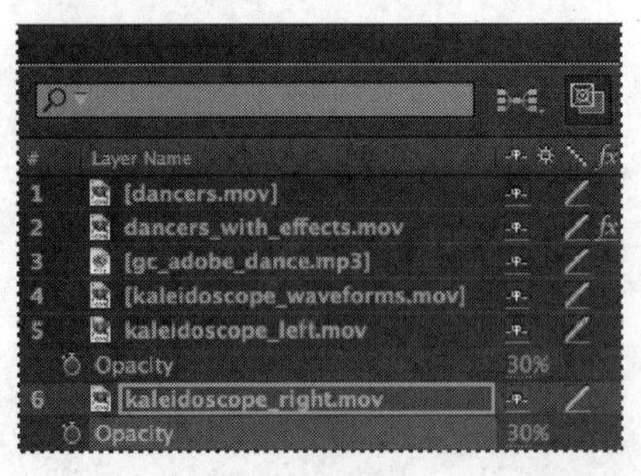

图1.31

图1.32

AE | 提示：要一次性修改多个图层的 Opacity 属性，可以选择这些图层，按 T 键，然后修改这些被选择图层中的一个图层的属性。

9. 选择 File>Save 命令，保存目前的工作。

1.5 对合成图像作动画处理

到此为止，您已经着手一个项目，创建了合成图像、导入了素材，并且应用了一些特效，一切显得很好。但如果再来点动画怎么样？到目前为止，您仅应用了静态特效。

在 After Effects 中，可以使用传统的关键帧、表达式或者关键帧助理来让图层的多个属性随时间的变化而改变。通过本书您将体验多种这类方法。这个练习将用关键帧使文字层的 Position 属性产生变化，然后采用动画预设，使屏幕上的文字在屏幕上看起来像雨一般落下。

1.5.1 准备文字合成图像

对于这个练习，你将处理一个单独的合成图像——从 Photoshop 图层文件导入的合成图像。

1. 选择 Project（项目）选项卡，显示出 Project 面板，然后双击了 bgwtext 合成图像，使它在其自己的 Timeline 面板中打开为合成图像，如图 1.33 和图 1.34 所示。

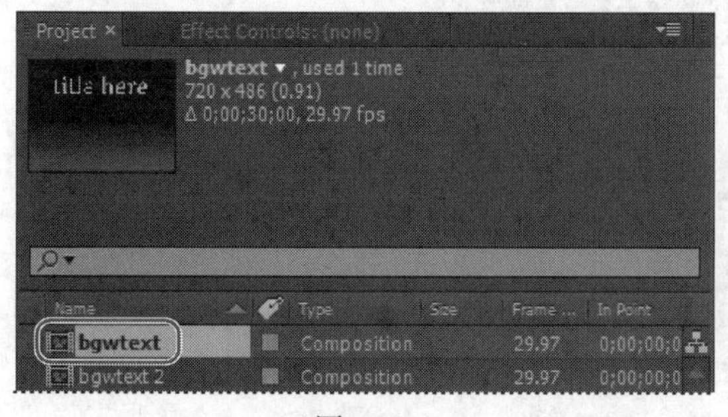

图1.33

图1.34

> **AE** **注意**：如果 Project 标签没有出现，选择 Window > Project 命令打开 Project 面板。

该合成图像是导入的 Photoshop 图层文件，它包含的两个图层——Title Here 和 Background——显示在 Timeline 面板中。Title Here 图层包含 Photoshop 创建的占位文字。

Timeline面板

可以使用Timeline面板动态改变图层的属性并设置层的In（入）、Out（出）点（In和Out点是合成图像中一个图层的开始点和结束点）。Timeline面板的许多控件是按功能分栏组织的。默认情况下，Timeline面板包含一些栏和控件，如图1.35所示。

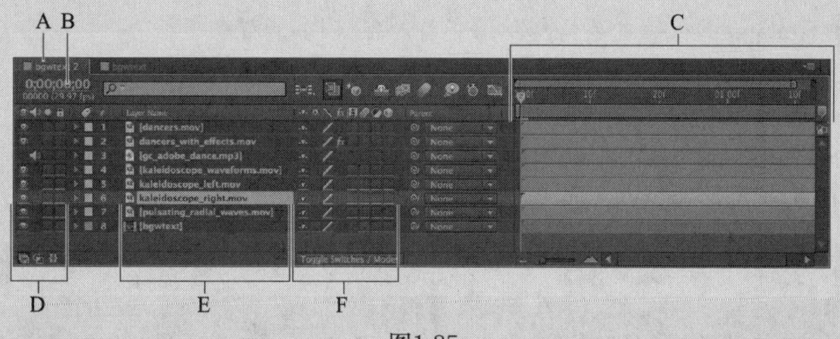

图1.35

A. 合成图像名　B. 当前时间　C. 时间曲线/曲线编辑区域　D. 音/视频开关栏　E. 源文件名/图层名栏　F. 图层开关

时间曲线

Timeline面板中时间曲线图部分（右边）包含一个时间标尺，用来标志合成图像中图层的具体时间和时长条，如图1.36所示。

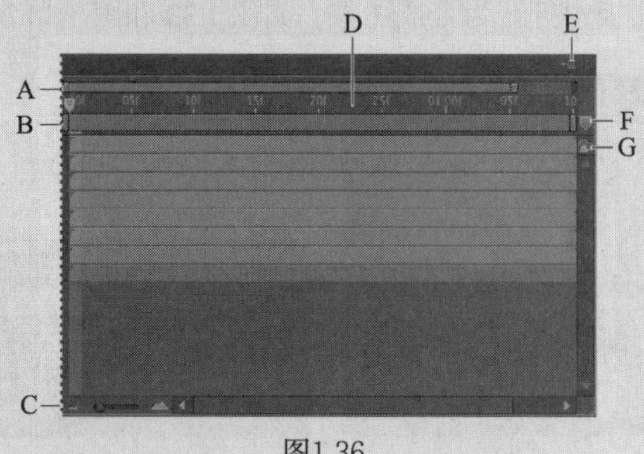

图1.36

A. 时间导航器的开始和结束标记 B. 工作区开始和结束标记 C. 时间缩放滑块 D. 时间标尺 E. 时间线面板菜单 F. 合成图像标记 G. 合成图像按钮

更深入介绍动画前，理解一些控件是有帮助的。时间曲线上直观地显示出合成图像、图层或素材项的长度，时间标尺上的当前时间标志指示当前所查看或编辑的帧，同时在合成图像面板上显示当前帧。

工作区开始和结束括号指出将为预览或最终输出而渲染的合成图像部分。处理合成图像时，我们可能只想渲染其中的一部分，这可以通过将一段合成图像的时间标尺指定为工作区来实现。

Timeline面板的左上角显示合成图像的当前时间。如果需要移动到不同时间点，请拖动时间标尺上的当前时间标志，或者单击Timeline面板或Composition（合成图像）面板上的当前时间字段，键入新时间，然后单击OK按钮。

关于Timeline面板的更多信息，请查看After Effects帮助文档。

Composition 面板的顶部是 Composition Navigator（合成图像导航）条，它显示出主合成图像（bgwtext 2）与当前合成图像（bgwtext）之间的关系，当前合成图像嵌套在主合成图像中，如图 1.37 所示。

图1.37

可以把多个合成图像相互嵌套在一起。Composition Navigator 条显示整个合成图像路径。合成图像名之间的箭头指示信息流的方向。

替换文字前，要先使图层的状态变为可编辑。

2. 在 Timeline 面板中选择 Title Here（图层 1），然后选择 Layer（图层）>Convert to Editable Text（转换为可编辑文本）命令，如图 1.38 和图 1.39 所示。

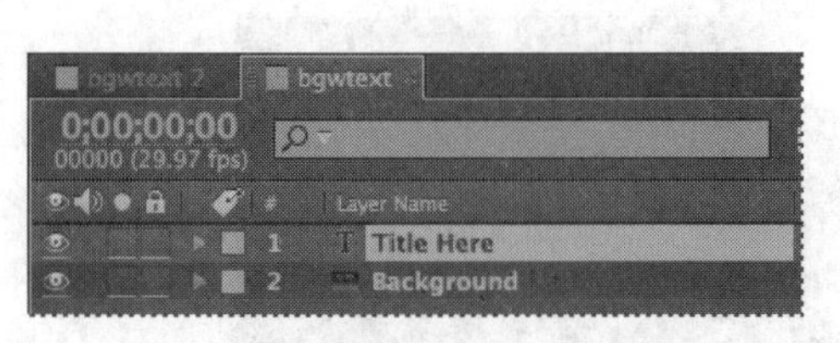

图1.38

图1.39

> AE | 注意：如果程序警告无法找到相应字体，请单击 OK 按钮。

Timeline 面板中该图层名旁将显示 T 图标，这表明它现在是一个可编辑文字层。同时在 Composition 面板中该图层也被选中，允许对其进行编辑。

1.5.2 用动画预设对文字进行动画处理

首先，要将原来的占位文本改成实际文字，之后再对它做动画处理。

1. 在 Tools 面板中选择 Horizontal Type 工具（T）（横排文字工具），之后在 Composition 面板中原来的占位文本上拖动，以选中它，再输入 AQUO，如图 1.40 和图 1.41 所示。

图1.40

图1.41

> AE | 注意：After Effects 提供强大的文本和段落格式控制，但对于本项目，默认格式（无论您输入文字时以何种字体显示）完全满足需要。在第 3 课中将更详细介绍有关文字的内容。

2. 再次选择 Timeline 面板中的 Title Here 图层，执行以下操作之一，以确保当前处在动画的第一帧。

- 将当前时间标志向左拖动，直到 0:00 位置。
- 按键盘上的 Home 键。

3. 选择 Effects & Presets 选项卡，显示该面板。然后在搜索框中键入 bubble。

4. 在 Transitions-Movement（变换 - 移动）类中选择 Zoom-Bubble（凸面切换）特效，并将其拖放到 Composition 面板中 AQUO 文字上面，如图 1.42 和图 1.43 所示。

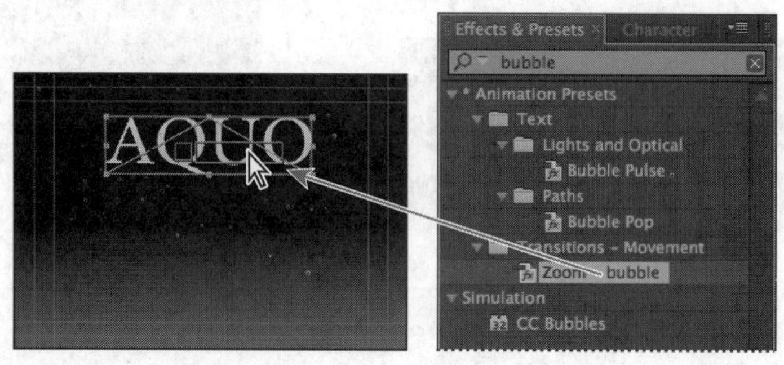

图1.42　　　　图1.43

After Effects 添加该特效，并在 Effect Controls 面板中显示其设置。您可以在该面板或 Timeline 面板中修改特效设置。我们将在 Timeline 面板中添加关键帧。

时码和持续时间

关于时间的重要概念就是持续时间或称时长。项目中任何素材项、图层和合成图像都有其持续时间，这反映在Composition、Layer和Timeline面板内时间标尺上显示的开始和结束时间。

After Effects中时间的显示和设置方式取决于采用的时间显示方式，即度量单位，也就是描述时间的单位。After Effects默认的时间显示方式是SMPTE（Society of Motion Picture and Television Engineers，电影与电视工程师学会）时码：时、分、秒和帧。请注意，在After Effects界面中显示的时间数字之间用分号分隔，表示drop-frame（丢帧）时码（用于实时帧速率调整），而本书的时间显示是以冒号分隔的，表示non-drop-frame（非丢帧）时码。

如要了解何时以及怎样将时码显示改成其他计时系统，如帧、英尺或胶片帧为计时单位等，请参见After Effects帮助。

5. 在 Timeline 面板中，展开 Title Here 图层，然后展开 Effects > Zoom-bubble 以显示 Transition Completion（变换完成百分比）设置，如图 1.44 所示。

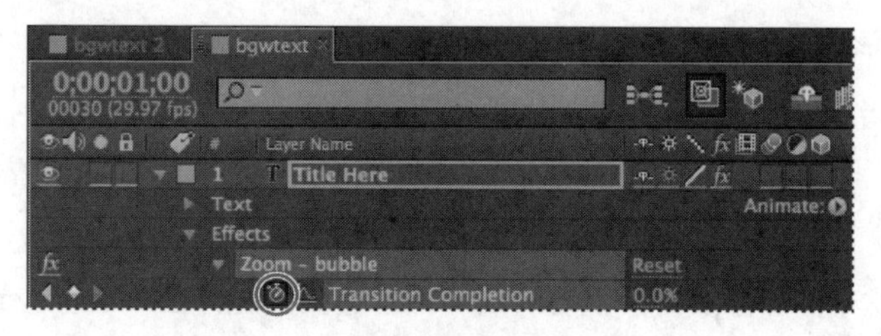

图1.44

Transition Completion 旁的关键帧记录器图标（⏱）处于选择状态，其数值为 0%。时间曲线上该图层的 Transition Completion 条上出现一个钻石标记，代表添加特效时 After Effects 创建的关键帧。

> **AE** 注意：因为它将选择两个帧，而只修改第二个的值，所以不要选择 Transition Completion 属性。

6. 通过单击 Timeline 面板上的 Current Time 字段，键入 100，或者拖曳当前时间指示器，将时间线移动到 1:00。

7. 将 Transition Completion 值更改为 100%。

虽然这只是个简单的动画，但用 Easy Ease（缓入缓出）功能添加缓入控制仍可以练习优秀动画的制作。缓入（出）动画特效将使动作不至于显得过于突然或机械。

8. 右键单击或 Control- 单击 1:00 处的关键帧，选择 Keyframe Assistant > Easy Ease In（缓入）命令，如图 1.45 所示。

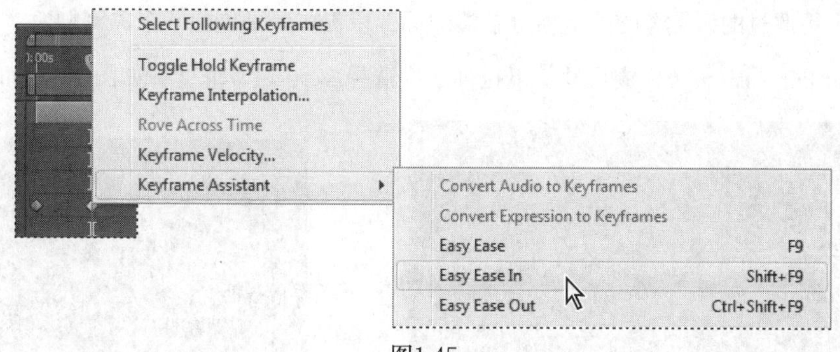

图1.45

> **AE** 提示：为了更清楚地查看 Timeline 面板中的细节，请拖曳该面板底部的时间缩放滑块。

关键帧用来创建和控制动画、特效、音频属性和其他很多随时间改变的属性。关键帧标记一个时间点，我们在该点指定数值，如空间位置、不透明度或音量等。关键帧之间的值用插值法计算。用关键帧创建随时间变化的动画时，至少需要使用两个关键帧：一个作为动画开始时的状态，另一个作为动画结束状态。

9. 将当前时间指示器从 0 移动到 1:00，手动预览特效。

1.5.3 在 Effect Controls 面板中更改预设设置

接下来我们对文字图层添加另一个动画预设，但这次我们将在 Effect Controls 面板中调整其设置。

1. 执行以下任一种操作，移动到时间标尺的开始点。

- 将当前时间标志向左拖放到时间标尺的 0:00 处。
- 单击 Timeline 面板或 Composition 面板中的 Current Time（当前时间）字段，并键入 00。如果单击的是 Composition 面板中的 Current Time 字段，请单击 OK 按钮关闭 Go To Time（移动到时间点）对话框。

2. 在 Effects & Presets 面板中的搜索框内键入 Channel Blur。

3. 将 Channel Blur（通道模糊）特效拖放到 Composition 面板中的文字上。After Effects 将在 Timeline 面板中添加 Channel Blur 特效，并在 Effect Controls 面板中显示其设置。

4. 在 Effect Controls 面板中单击 Zoom-bubble、Spherize 和 Transform 旁的三角形，隐藏这些设置，以便于我们专注于 Channel Blur 设置。

5. 将 Red Blurriness（红色通道模糊度）、Green Blurriness（绿色通道模糊度）、Blue Blurriness（蓝色通道模糊度）和 Alpha Blurriness（Alpha 通道模糊度）的值设置为 50%。

6. 在每个更改过的设置旁的关键帧记录器图标上单击，分别创建一个关键帧。

7. 从 Blur Dimensions（模糊尺寸）下拉列表中选择 Vertical（垂直），如图 1.46 和图 1.47 所示。

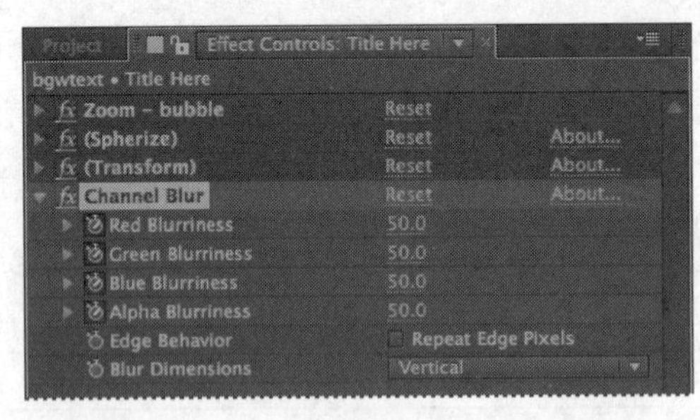

图1.46

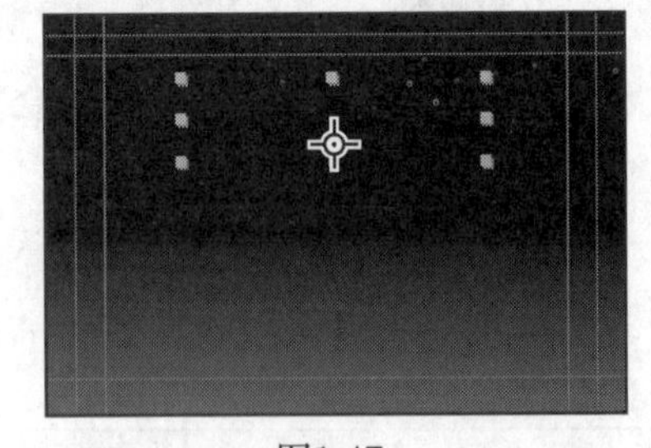

图1.47

8. 在时间线上移动到 1:00 处。

9. 如下更改相应值，如图 1.48 和图 1.49 所示。

- Red：75%
- Green：25%

- Blue：0%
- Alpha：0%

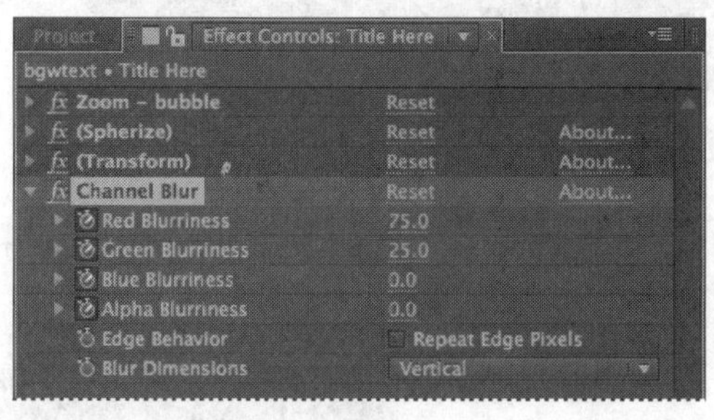

图1.48

图1.49

合成图像面板的上、下和两边都有一些蓝色线条，这些线条是用来标志字幕安全区和动作安全区的。电视机显示时将视频图像放大，允许外围的部分区域被屏幕边缘切割掉，这就是所谓的溢出扫描。不同电视机其溢出扫描的数值是不同的，所以必须保证视频中的重要部分，如动作或字幕，保留在安全区内。要使文本处于里面的蓝线内，以确保其位于字幕安全区内，同时还要使重要的场景内容位于外面的蓝线内，以确保其位于动作安全区内。

1.6 预览

也许您急切地想看看作品的效果。After Effects 提供几种预览合成图像的方法，包括标准预览、RAM（内存）预览和手动预览（关于手动预览控制列表，请参见 After Effects 帮助）。这 3 种方法在 Preview（预览）面板都很容易实现，标准工作区中该面板位于应用程序窗口的右边。

1.6.1 使用标准预览

标准预览（通常称为空格键预览）从当前时间标志点开始播放合成图像至结束点。标准预览方式播放速度通常比实时慢。当合成图像较简单或在其早期制作阶段，不需要额外内存来显示复杂动画、特效、3D 图层、摄像和光照情况下，该预览方式十分有用。你将采用这种方式预览文字动画。

1. 在 bgwtext Timeline 面板中，折叠 Title Here 图层，并取消选择两个图层。

2. 确保要预览的图层（本例为 Title Here 和 Background 图层）的视频开关（ ）已打开——本例中，是 TitleHere 和 Background 图层。

> AE | 提示：如果希望隐藏该预览的运动路径，请单击 Composition 面板中的空白区域。

3. 按 Home 键移动到时间标尺的开始位置。如图 1.50 所示。

图1.50

4. 采用下述任一种操作开始预览。

- 单击 Preview 面板中的 Play/Pause（播放 / 暂停）按钮（ ），如图 1.51 所示。
- 按空格键。

图1.51

5. 停止标准预览，可采用以下操作之一，如图 1.52 ~ 图 1.54 所示。

- 单击 Preview 面板中的 Play/Pause 按钮。
- 按空格键。

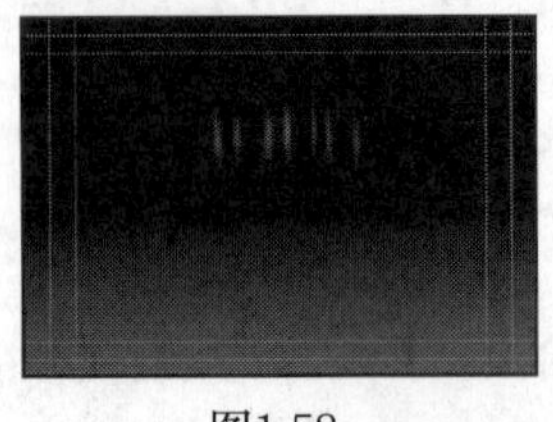

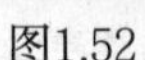

图1.52

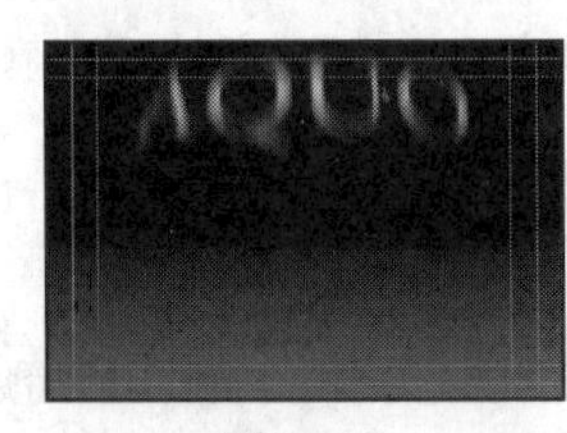

图1.53

图1.54

1.6.2 使用 RAM 预览

RAM 预览方式分配足够的内存播放预览（包括音频），预览速率达到系统允许的最快速度，最快为合成图像的帧速度。请使用 RAM 预览播放 Timeline、图层或素材面板中的素材，播放的帧数取决于应用程序可用的 RAM（内存）数量。

在 Timeline 面板中进行 RAM 预览，如果定义了工作区，则仅播放这段时间间隔。如未定义工作区，则从时间标尺最前端开始预览。而在 Layer（图层）和 Footage（素材）面板中，RAM 预览仅播放未剪辑的素材。所以预览前应先检查哪些帧被指定为工作区。

现在我们使用 RAM 预览方式预览整个合成图像（文字动画加图像特效）。

1. 单击 Timeline 面板中的 bgwtext 2 选项卡，使其显示在最前方。

2. 确认合成图像内所有图层的视频开关（ ）已打开，然后按 F2 键取消选择所有图层。

3. 将当前时间标记拖动到时间标尺的开始位置，或者按 Home 键。

4. 单击 Preview 面板中的 RAM 预览按钮（ ）或选择 Composition>Preview>RAM Preview 命令。

绿色进度条指示哪些帧被缓存到内存。工作区中所有帧都被缓存到内存后，RAM 预览开始实时播放，如图 1.55 所示。

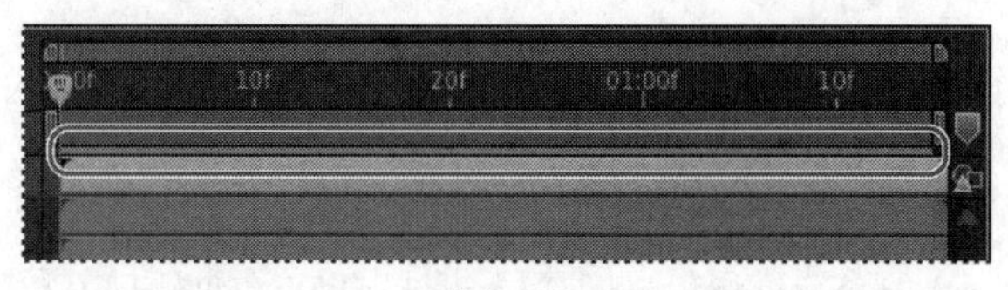

图1.55

> AE | 提示：随时可以按空格键中断缓存处理，此时 RAM 预览将仅播放已缓存的那些帧。

5. 按空格键可停止 RAM 预览。

在 RAM 预览模式下，要查看的细节越多、精度越高，所需的内存就越多。无论采用标准预览模式还是 RAM 预览模式，都可以通过改变合成图像的分辨率、放大倍数和预览质量来控制显示的细节量。还可以通过关闭一些图层的视频开关来限制预览的层数，也可以通过调整合成图像的工作区来限制预览的帧数。

6. 选择 File>Save 命令保存工作。

1.7 After Effects 性能优化

对 After Effects 及计算机的设置决定了 After Effects 渲染项目的速度。渲染复杂的合成图像需要大量内存，而渲染影片则需要大量硬盘存储空间。请参考 After Effects 帮助中的“Improve Performance（提高性能）”，它有助于您设置系统、After Effects 参数以及项目，以获得更好的性能。

1.8 渲染和导出合成图像

完成您的杰作后（现在就是这样），可以以您选择的质量进行渲染和导出，以指定的文件格式生成电影文件。在后续的课程中会介绍更多导出合成图像方面的知识，尤其是第 14 课。

1.9 定制工作区

在本项目中也许您已改变了面板的尺寸或位置，或者打开了其他面板。当工作区发生了改变，After Effects 将保存这些变化。这样，下次再打开该项目时，将使用最近使用的工作区。但是，任何时候都可以选择 Window>Workspace>Reset “Standard”（复位到“标准”标准工作区）命令恢复系统原始工作区。

此外，如果您觉得标准工作区中不包含经常使用的面板，或者想针对不同类型的项目调整面板尺寸或对面板进行分组，则可以根据需求自定义工作区，这样可以节省时间。您可以保存任何工作区设置，也可以使用 After Effects 所带的预置工作区。这些预定义的工作区适合不同类型的工作流程，如制作动画或应用特效。

1.9.1 使用预定工作区

我们先花一些时间体验一下 After Effects 中的预定工作区。

1. 如果您已关闭 Lesson01_Finished.aep 项目，请打开它（或任何其他项目），以便体验一下工作区。

2. 选择 Window>Workspace>Animation 命令。

After Effects 将在应用程序窗口右侧打开以下面板：Info（信息）和 Audio（音频）（分为一组）、Preview、Smoother（平滑器）、Wiggler（摆动器）、Motion Sketch（运动素描）以及 Effects & Presets（特效和预设），如图 1.56 所示。

图1.56

也可以使用窗口顶部的 Workspace（工作区）下拉列表更改工作区。

3. 从应用程序窗口顶部的 Workspace 下拉列表（Search Help 框旁）中选择 Paint（绘图）。

打开 Paint 和 Brush（画笔）面板，Layer 面板将取代 Composition 面板，这样可以更方便地选择在合成图像中绘图所需的工具和控件。

1.9.2 保存自定义工作区

可以在任何时候将任一工作区保存成自定义工作区。一旦保存后，新的被编辑过的工作区将出现在 Window>Workspace 子菜单以及应用程序窗口顶部的 Workspace 下拉列表中。如果一个采用自定义工作区的项目在另一个系统中打开，After Effects 将寻找一个名称与其相符的工作区。如果 After Effects 找到该工作区（并且显示器设置也相同），则使用该工作区；如果未找到（或者显示器设置不符），则用当前本地工作区打开该项目。

1. 单击 Paint 和 Brush 面板名字旁的小 ×，关闭这两个面板。

2. 选择 Window>Effects & Presets（特效与预设）命令，打开该面板，再将其拖放到 Preview 面板所在组内，如图 1.57 所示。

3. 选择 Window>Workspace>New Workspace 命令。输入工作区名，单击 OK 按钮保存，如果您不打算保存，则可以单击 Cancel 按钮。

图1.57

4. 从工作区菜单中选择 Standard（标准）。

1.10 控制用户界面的亮度

可以将 After Effects 的用户界面调亮或调暗，改变亮度参数将影响面板、窗口和对话框的显示。

1. 选择 Edit>Preferences（参数）> Appearance（外观）（Windows）命令或 After Effects>Preferences>Appearance（Mac OS）命令。

2. 向左或向右拖动 Brightness（亮度）滑块，观察屏幕的变化，如图 1.58 和图 1.59 所示。

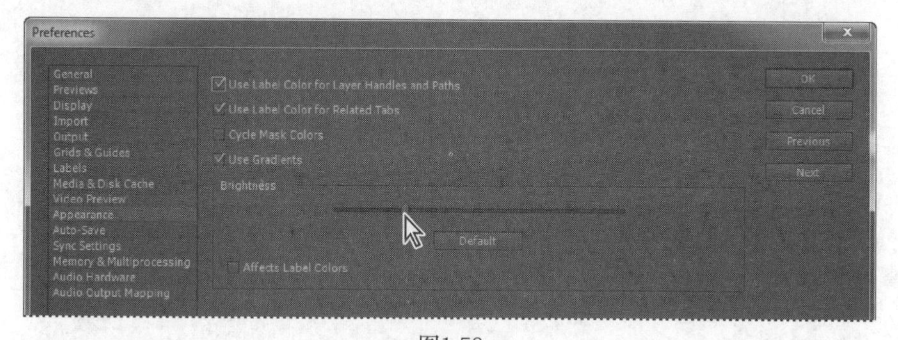

图1.58

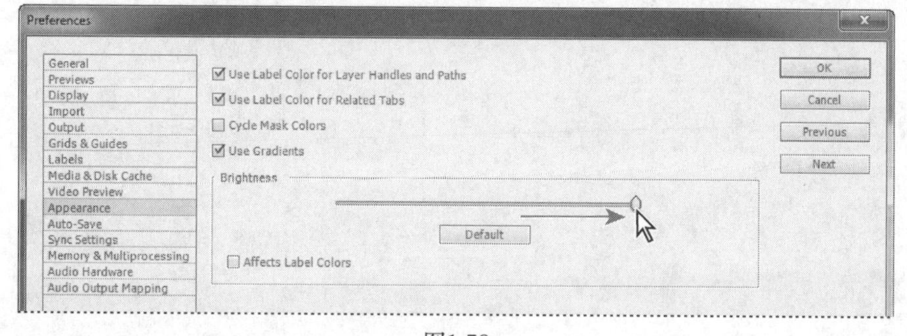

图1.59

3. 单击 OK 按钮，保存新的亮度设置，或单击 Cancel 按钮保持原来参数不变，还可以单击 Default 按钮恢复默认亮度设置。

1.11 寻找 After Effects 使用方面的资源

关于 After Effects 面板、工具以及应用程序其他功能使用方面完整的、最新的说明，请访问 Adobe 网站。如果要在 After Effects 帮助或支持文档（以及其他针对 After Effects 用户的网站）中查找信息，只需在应用程序窗口右上方的 Search Help 框中输入搜索关键词。还可以将搜索范围缩小到仅显示 Adobe 帮助或支持文档中的相关信息。

如果需要其他资源，例如提示与技巧，以及最新的产品信息，请访问 www.adobe.com/support/aftereffects 上的 After Effects Help And Support 网页。

1.12 复习题与答案

1.12.1 复习题

1. After Effects 工作流包含哪些基本组件？
2. 什么是合成图像？
3. 如何查找丢失素材？
4. 请描述在 After Effects 中预览作品的两种方法？
5. 怎样定制 After Effects 工作区？

1.12.2 复习题答案

1. 大多数 After Effects 工作流程包括以下步骤：导入和组织素材，创建合成图像和排列图层，添加特效，制作动画元素，预览作品，然后渲染并输出最终合成图像。
2. 合成图像是用来创建所有动画、图层和特效的地方。After Effects 合成图像同时具有空间维度和时间维度。合成图像包含一个或多个图层——视频、音频、静态图像，它们排列在 Composition 面板和 Timeline 面板中。简单的项目可能仅包含一个合成图像，而一个精心制作的项目则可能包含几个合成图像，用以组织大量的素材或复杂的特效序列。
3. 可以通过选择 File>Dependencies>Find Missing Footage 命令，或者在属性面板中的搜索字段内键入 Missing Footage，定位丢失素材。
4. 您可以通过移动当前时间指示器来手工预览作品，也可以采用标准预览或 RAM 预览进行查看。标准预览方式从当前时间标志开始播放至合成图像的结束点，通常播放速度比实时慢。而 RAM 预览方式则分配足够的内存，以系统最快的速度进行预览（包括音频），最快可达到合成图像的帧速率。
5. 您可以通过把面板拖放到最适合您的工作方式来定制 After Effects 的工作区。可以将面板拖放到新的位置，将面板拖进或拖出组，将面板相互靠在一起，也可以解锁面板，使它浮动在程序窗口之上。当重新排列面板时，其他面板自动更改尺寸，以适合应用程序窗口。选择 Window> Workspace>New Workspace 命令可以保存自定义的工作区。

第2课 用特效和预设创建基本动画

课程概述

本课介绍的内容包括：

- 使用 Adobe Bridge 预览和导入素材项；
- 使用导入的 Adobe Illustrator 文件图层；
- 应用投影和浮雕特效；
- 应用文字动画预设；
- 调整文字动画预设的时间范围；
- 重组层；
- 应用溶解变换特效；
- 调整图层的透明度；
- 渲染用于播出的动画。

本课大约要用 1 小时时间完成。启动 After Effects 之前，先找到附带光盘的 Lesson02 文件夹，将其复制到本地硬盘上为这些项目创建的文件夹 Lessons 中(或现在创建 Lessons 文件夹)。学习本课时，将覆盖复制的初始文件。如果需要恢复这些初始文件，从附带光盘中再复制一遍即可。

After Effects 的各种特效和动画预设令人兴奋，使用它们可以简单快速地创建绚丽的动画效果。

2.1 开始

本课将继续学习 Adobe After Effects 项目工作流的基本知识，将为虚构的 Destinations 有线网上的“Travel Europe”旅游节目创建简单的节目标志图形，并对旅游节目标志进行动画处理，以便在播放其他电视节目时，该标志淡出为一个水印，显示在屏幕的右下角，然后，导出这个标志用于播出。

首先，让我们查看最终项目文件，以了解将要执行的操作。

1. 请确认下述文件存在于您计算机硬盘的 AECC_CIB \Lessons\Lesson02 文件夹中。
   - Assets 文件夹：destinations_logo.ai、parthenon.jpg。
   - Sample_Movie 文件夹：Lesson02.mov。
2. 请打开并播放 Lesson02.mov 影片例子，查看在本章中将创建的效果。播放完后，退出 QuickTime 播放器。如果您的硬盘空间有限，可以将该影片例子从硬盘删除。

开始本课之前，请恢复 After Effects 应用程序的默认设置。详情请参见本书前言中的“恢复默认参数”。

3. 启动 After Effects 时请按下 Ctrl+Alt+Shift（Windows）或 Command+Option+Shift（Mac OS）组合键，系统询问是否删除参数文件时，单击 OK 按钮。
4. 单击 Close 按钮关闭 Welcome（欢迎）窗口。

After Effects 打开后显示一个空白的无标题项目。

5. 选择 File>Save As>Save As 命令。
6. 在 Save As 对话框中，导航到 AECC_CIB\Lessons\Lesson02\Finished_Project 文件夹。
7. 将该项目命名为 Lesson02_Finished.aep，然后单击 Save 按钮。

2.2 用 Adobe Bridge 导入素材

第 1 课中您使用 File>Import>File 命令导入素材，但是 After Effects 还提供另一种更有效、灵活的向合成图像导入素材的方法：Adobe Bridge。您可以使用 Adobe Bridge 组织、浏览和定位用于打印、网页、电视、光盘、电影及移动设备的媒体文件。Adobe Bridge 可以很容易地访问 Adobe 文件（如 PSD 和 PDF 文件）与非 Adobe 应用程序文件。需要时可以将媒体文件拖放到版面、项目和合成图像内，预览媒体文件，甚至还可以向媒体文件添加元数据（文件信息），使文件更易于寻找。

Adobe Bridge 并不随 After Effects CC 一起自动安装，所以需要单独下载和安装。如果 Bridge 没有安装，建议使用 File>Browse In Bridge 菜单项进行安装。

本练习将使用 Adobe Bridge 导入静态图像，把它作为合成图像的背景。

1. 选择 File>Browse In Bridge 命令。如果提示信息显示添加扩展名到 Adobe Bridge，请单击 OK 按钮。

Adobe Bridge 打开后，会显示出一系列面板、菜单和按钮。

> AE 提示：要直接打开 Adobe Bridge，请从开始菜单选择 Adobe Bridge（Windows）命令或双击 Applications/Adobe Bridge 文件夹内的 Adobe Bridge 图标（Mac OS）。

2. 单击 Adobe Bridge 左上角的 Folders（文件夹）选项卡。

3. 在 Folders 面板中，导航到 AECC_CIB\Lessons\Lesson02\Assets 文件夹。单击箭头可以打开嵌套的文件夹，也可以双击 Content（内容）面板内的文件夹缩览图，如图 2.1 所示。

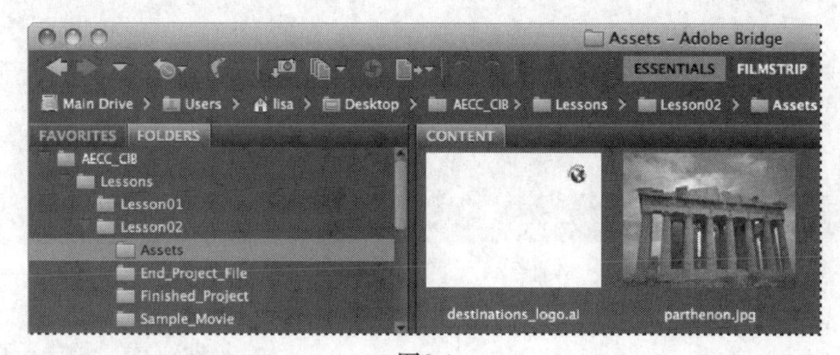

图2.1

> AE 注意：当前使用的是 Essentials（基本）工作区，这是 Bridge 的默认工作区。

Content 面板交互式更新。例如，当选择 Folders 面板中的 Assets 文件夹时，Content 面板将显示该文件夹内容的缩览图预览。Adobe Bridge 可显示多种图像文件的预览，如 PSD、TIFF 和 JPEG 格式文件，还有 Illustrator 矢量文件、多页 Adobe PDF 文件、QuickTime 电影文件等。

4. 拖动 Adobe Bridge 窗口底部的缩览图滑块可以放大缩览图预览，如图 2.2 所示。

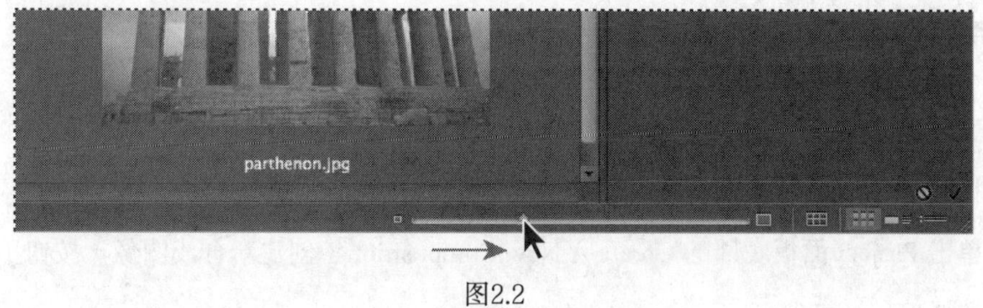

图2.2

AE

提示：为了在 Adobe Bridge 内区分不同的信息，请修改工作区：选择 Window > Workspace 命令，然后选择一个工作区。关于定制 Adobe Bridge 工作区方面的相关知识，请查阅 Adobe Bridge 帮助。

5. 选中 Content 面板中的 parthenon.jpg 文件，请注意该文件将同时显示在 Preview 面板内。而且该文件的相关信息，包括创建日期、位深度以及文件大小，将显示在 Metadata 面板内，如图 2.3 所示。

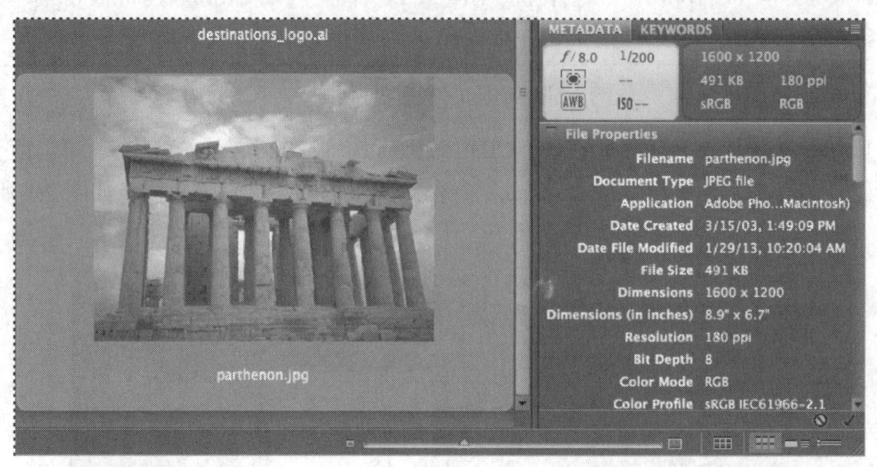

图2.3

6. 双击 Content 面板中 parthenon.jpg 文件的缩览图，将该文件放置于 After Effects 项目中。也可以将缩览图拖放到 After Effects 的 Project 面板，如图 2.4 所示。

文件置于 After Effects 项目后，Adobe Bridge 将把您带回到 After Effects。本章不再需要 Adobe Bridge，因此可以将其关闭。

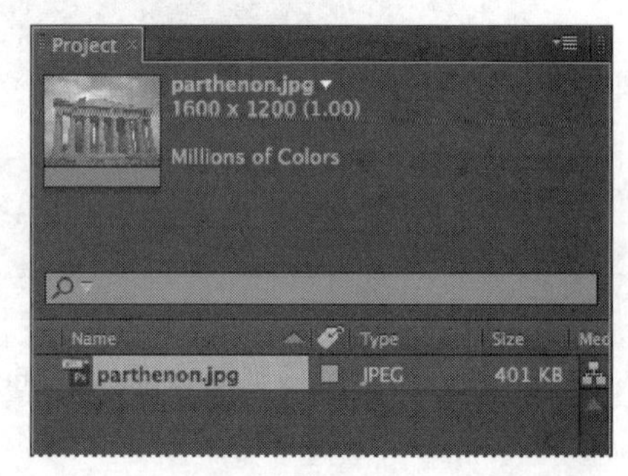

图2.4

2.3 创建新合成图像

接着第 1 课中学习的 After Effects 工作流程，创建旅游节目标志之后的下一步工作是创建新的合成图像。第 1 课基于 Project 面板中选择的素材项创建了合成图像。也可以先创建空的合成图像，之后再向它添加素材项。

1. 采用下述任一步骤创建新的合成图像。

- 单击 Project 面板底部的 Create A New Composition（创建新合成图像）按钮（ ）。
- 选择 Composition>New Composition 命令。

- 按 Ctrl+N（Windows）或 Command+N（Mac OS）组合键。

2. 在 Composition Settings（合成设置）对话框中完成以下操作。

- 将合成图像命名为 Destinations。
- 从 Preset（预置）下拉列表中选择 NTSC D1。NTSC D1 是美国及其他一些国家采用的标清电视分辨率。该预置自动将合成图像的宽度、高度、像素长宽比和帧速率设成 NTSC 标准。
- 在 Duration（长度）字段内键入 300，即指定片长为 3 秒。
- 单击 OK 按钮，如图 2.5 所示。

After Effects 在 Composition 面板和 Timeline 面板中显示一个名为 Destinations 的空合成图像。现在，我们添加背景。

3. 将 parthenon.jpg 素材项从 Project 面板拖放到 Timeline 面板，将其添加到 Destinations 合成图像中，如图 2.6 所示。

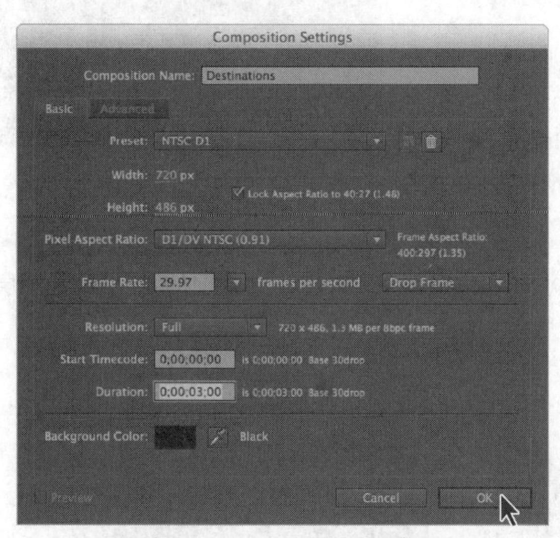

图2.5

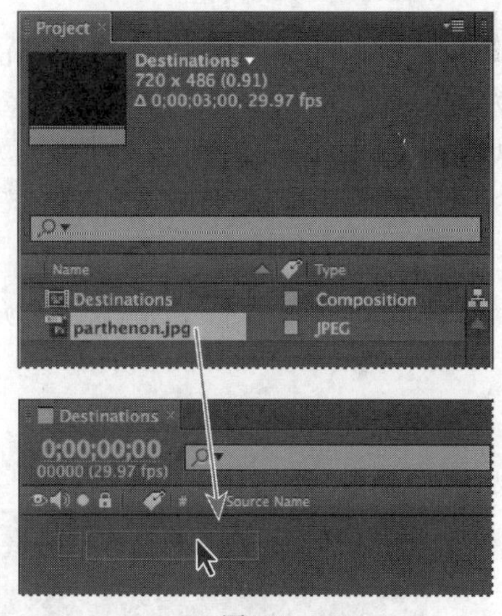

图2.6

4. Timeline 面板中的 parthenon 图层被选择之后，再选择 Layer>Transform>Fit To Comp 命令，把背景图像缩放到与合成图像相同的尺寸，如图 2.7 和图 2.8 所示。

图2.7

图2.8

> AE **提示：**将一个图层大小缩放到合成图像尺寸的键盘快捷键是 Ctrl+Alt+F（Windows）或 Command+Option+F（Mac OS）组合键。

导入前景元素

背景制作完成了。我们将使用的前景对象是在 Illustrator 中创建的带图层的矢量图形。

1. 选择 File > Import > File 命令。
2. 在 Import File 对话框中，选择 AECC_CIB/Lessons/Lesson02/Assets 文件夹中的 destinations_logo.ai 文件（如果 Windows 中隐藏了文件扩展名，则该文件将显示为 destinations_logo）。
3. 从 Import As 菜单中选择 Composition，然后单击 Import 或 Open 按钮。

这个 Illustrator 文件就被添加 Project 面板，成为名为 destinations_logo 的合成图像，这时产生一个名为 destinations_logo 的文件夹，该文件夹下包含 Illustrator 文件 3 个单独的图层。如果您愿意，可以单击三角形展开该文件夹，查看其内容，如图 2.9 所示。

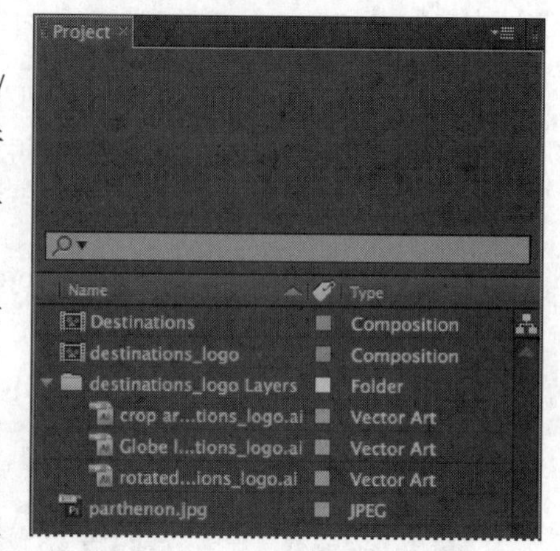

图2.9

4. 将 destinations_logo 合成图像文件从 Project 面板拖放到 Timeline 面板内的 parthenon 图层上方，如图 2.10 和图 2.11 所示。

图2.10

图2.11

现在在 Composition 面板和 Timeline 面板中应该同时可以看到背景图和台标图像了。

2.4 处理导入的 Illustrator 图层

destinations_logo 图形是用 Illustrator 创建的，在 After Effects 中的任务是添加文字并对它做动画处理。为了独立于背景素材处理 Illustrator 图层，需要在 destinations_logo 合成图像自己的 Timeline 面板和 Composition 面板中打开它。

1. 双击 Project 面板中的 destinations_logo 合成图像，这样就在其自己的 Timeline 面板和 Composition 面板中打开该合成图像，如图 2.12 和图 2.13 所示。

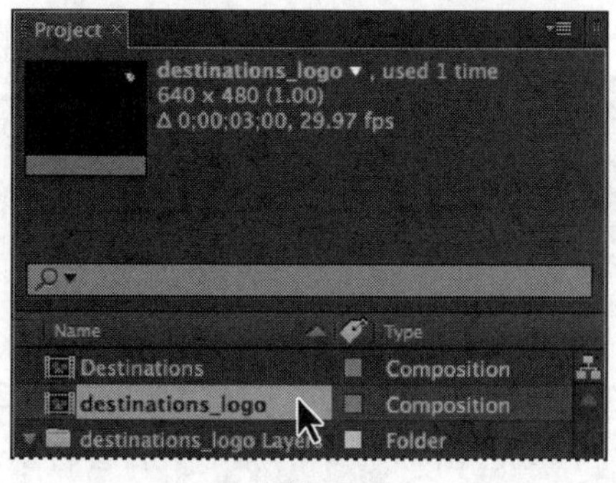

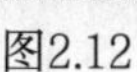

图2.12

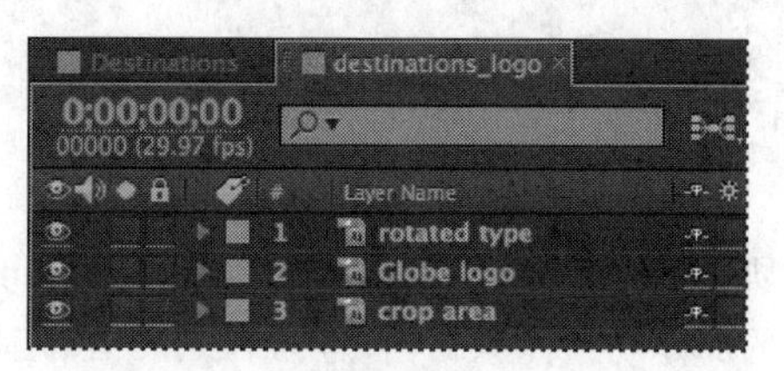

图2.13

2. 在 Tools 面板中选择 Horizontal Type 工具（T），然后在 Composition 面板的中央单击。

3. 输入大写的 TRAVEL EUROPE，然后选择刚才输入的所有文字，如图 2.14 和图 2.15 所示。

图2.14

图2.15

4. 在 Character 面板中，选择 sans serif 字体，如 Myriad Pro，并将 Font Size（字体大小）改变为 24 像素。单击 Character 面板中的吸管工具，然后单击标志上旋转的“Destinations”文字，以选取绿色。After Effects 将该颜色应用到您键入的文字。Character 面板中的其他所有选项保留默认值不变。

> AE | 注意：如果 Character 面板未打开，请选择 Window > Character 命令。

5. 在 Paragraph 面板中，单击 Right Align Text（文字右对齐）按钮（≡），Paragraph 面板中的其他所有选项保留默认值如图 2.16 ~ 图 2.18 所示。第 3 课将介绍更多关于文字处理方面的内容。

> AE | 注意：如果 Paragraph 面板未打开，请选择 Window > Paragraph 命令。

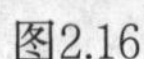

图2.16

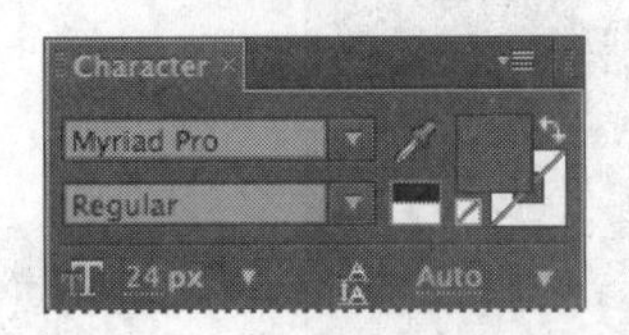

图2.17

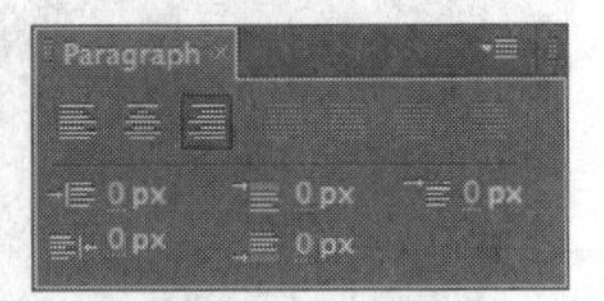

图2.18

6. 切换到 Selection 工具（↖），然后在 Composition 面板中拖放定位文字，使其如图 2.20 所示的那样。请注意，当切换到 Selection 工具时，Timeline 面板中的通用的图层名 Text1 将改名 TRAVEL EUROPE，即您刚输入的文字，如图 2.19 和图 2.20 所示。

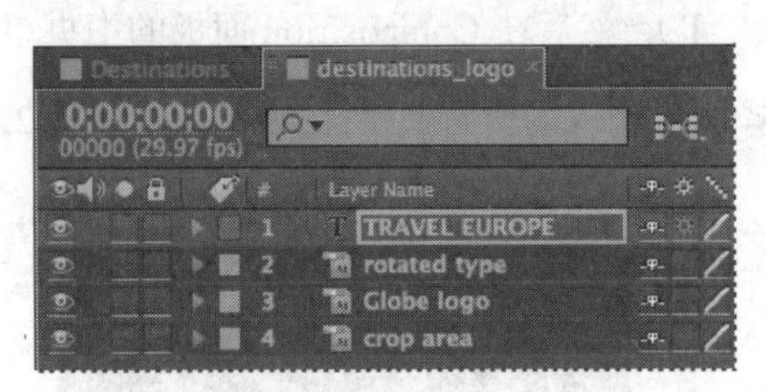

图2.19

图2.20

AE | **提示**：选择 View>Show Grid（显示网格）命令可显示出非打印网格，这将有助于定位对象，完成后再次选择 View>Hide Grid（隐藏网格）命令隐藏网格。

应用及控制特效

任何时候都可以添加或删除特效。对图层应用特效后，为了突出合成图像的其他方面，我们可以暂时关闭图层中的一个或所有特效。被关闭的特效不会显示在Composition面板中，并且预览或渲染该图层时通常不包含这些特效。

默认情况下，如果对图层应用特效，该特效在图层存在期间都有效。然而，您可以使特效在指定的时间开始和停止，也可以使特效随时间的变化增强或减弱。第5课和第6课将更详细介绍使用关键帧或表达式创建动画。

就像处理其他图层一样，我们可以对调整层应用和编辑特效。但对调整层应用特效时，该特效将应用到Timeline面板中该调整层以下的所有图层。

特效也可以作为动画预设存储、浏览和应用。

2.5 对图层应用特效

现在回到主合成图像 Destinations，向 destinations_logo 图层应用特效，该特效将对嵌套在 destinations_logo 合成图像内的所有图层都起作用。

1. 单击 Timeline 面板中的 Destinations 选项卡，选择 destinations_logo 图层。

接下来创建的特效将仅应用于节目标志元素，而不应用于 Parthenon 背景图像，如图 2.21 和图 2.22 所示。

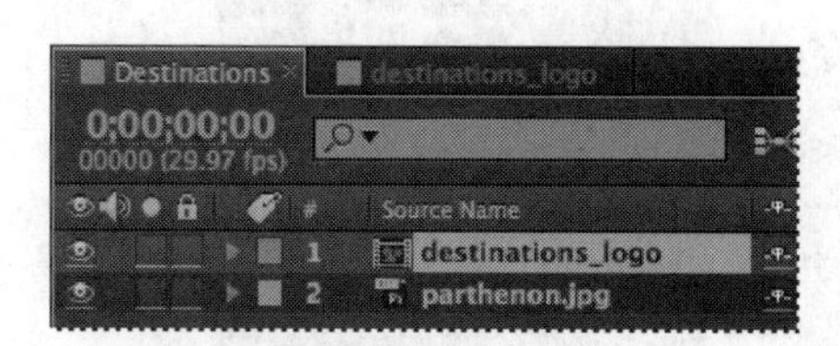

图2.21

图2.22

2. 选择 Effect>Perspective>Drop Shadow 命令。

Composition 面板中 destinations_logo 图层的嵌套层——标志图形、旋转文字以及 travel Europe 这个词——后面将出现柔边阴影。运用特效时，Effects Controls（特效控制）面板显示在 Project 面板之上，我们可以用该面板定制特效。

3. 在 Effect Controls 面板中，将阴影的 Distance（距离）减小到 3，Softness（柔和度）增大到 4。可以单击字段直接输入数值，也可以通过拖动带下划线的橙色数值改变设置，如图 2.23 和图 2.24 所示。

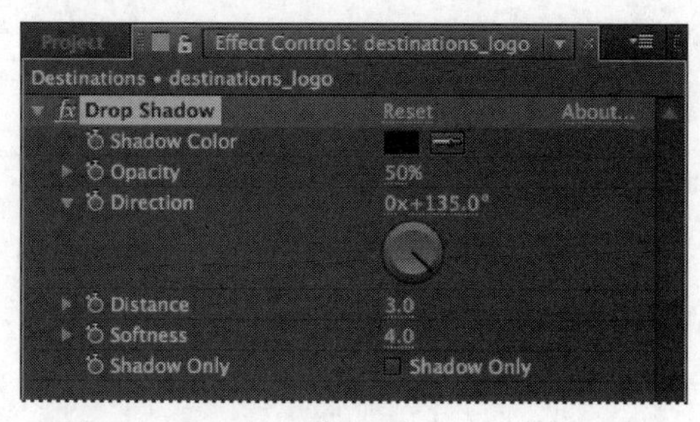

图2.23

图2.24

现在投阴影效果看起来还不错，但如果再添加浮雕效果，台标将更突出。您可以使用 Effect 菜单或 Effects & Presets 面板查找并应用特效。

4. 单击 Effects & Presets 选项卡，将该面板调到前方。然后单击 Stylize（风格化）旁的三角形展开它。

5. 选择 Timeline 面板中的 destinations_logo 图层，将 Color Emboss（彩色浮雕）特效拖放到

Composition 面板中。

Color Emboss 特效锐化图层中对象的边缘，而不抑制原来的颜色。Effect Controls 面板将 Color Emboss 特效及其设置显示在 Drop Shadow 特效的下方，如图 2.25 和图 2.26 所示。

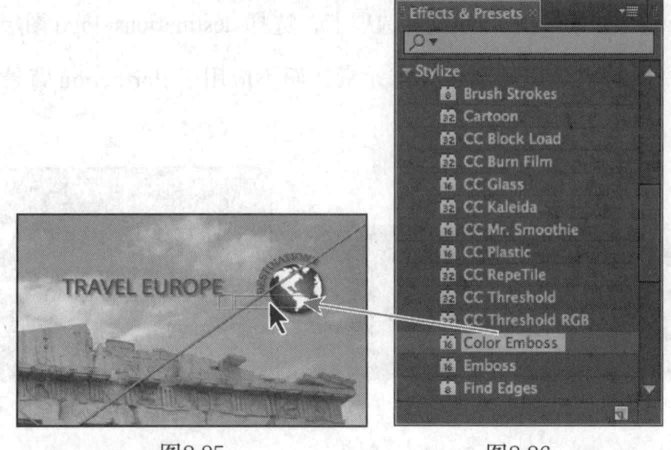

图2.25　　图2.26

6. 选择 File>Save 命令保存工作。

2.6　应用动画预设

我们已经定位好标志，并且对其应用了一些特效，现在该添加一些动画了。第 3 课将介绍添加文字动画的几种方法，现在将用简单的动画预设使 *travel Europe* 文字淡入到屏幕上标志旁。我们需要对 destinations_logo 合成图像进行处理，以便仅对 TRAVEL EUROPE 文字层应用动画。

1. 单击 Timeline 面板中的 destinations_logo 选项卡，并选择 TRAVEL EUROPE 图层。

2. 将当前时间指示器移动到 1:10，我们希望文字从这时开始淡入，如图 2.27 所示。

3. 在 Effects & Presets 面板中，选择 Animation Presets>Text> Blurs（模糊）命令。

4. 将 Bullet Train（子弹头列车）动画预设拖放到 Timeline 面板的 TRAVEL EUROPE 图层上或 Composition 面板中的 *travel Europe* 文字上。此时文字将从 Composition 面板中消失，但不用担心，您现在看到的是动画的第 1 帧，它正好是空画面，如图 2.28 和图 2.29 所示。

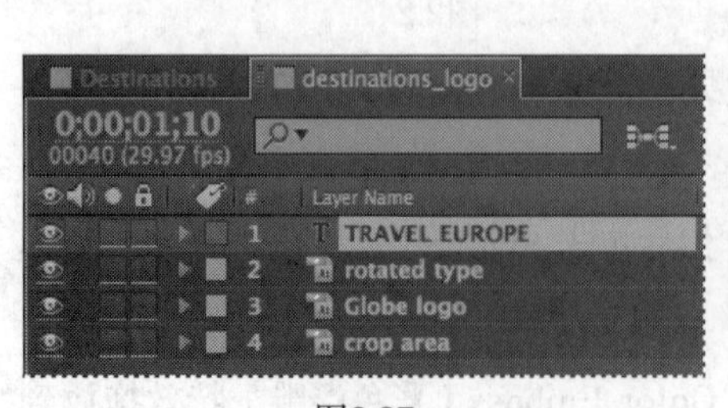

图2.27

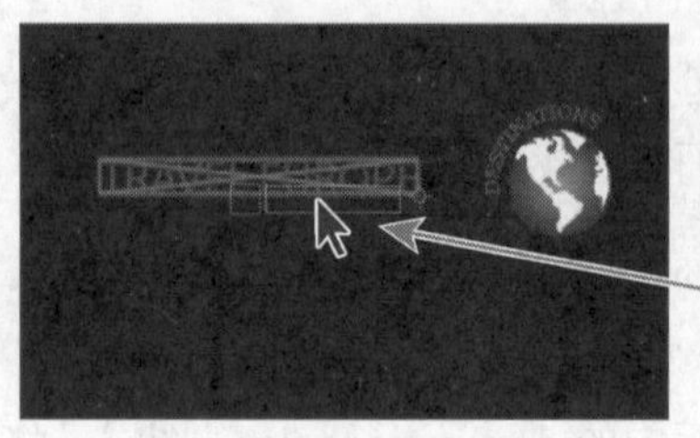

图2.28

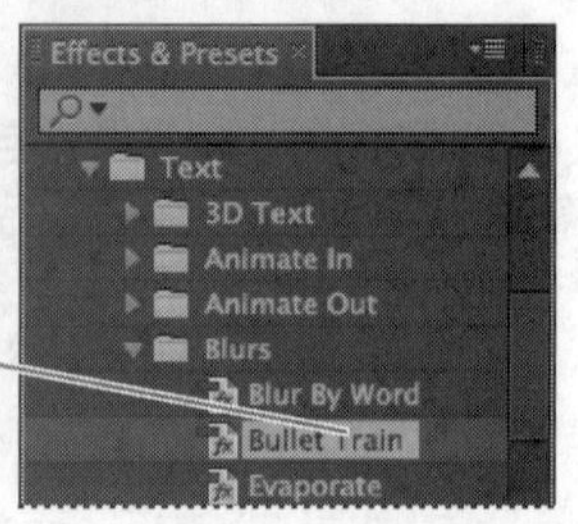

图2.29

5. 单击 Timeline 面板中的空白区域，取消选择 TRAVEL EUROPE 图层，然后将当前时间标识拖放到 2:00，手动预览文字动画。可以看到文字逐字顺序飞入，直到 2:00 时 travel Europe 才全部显示在屏幕上，如图 2.30 ~ 图 2.32 所示。

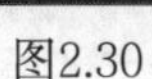

图2.30

图2.31

图2.32

为新动画重组图层

旅游节目标志看起来还不错，你可能已经迫不急待地想预览全部动画了。但是，在此之前，我们将向文字 *travel Europe* 之外的其他所有标志元素添加溶解特效。为此，需要重组 destinations_logo 合成图像的其他 3 个图层：rotated type、Globe logo 以及 crop area。

重组是一种把多个图层嵌套在合成图像中的方法。重组将把多个图层移动到新的合成图像内，新合成图像将占据被选中图层的位置。当您想改变图层成分的渲染顺序时，重组是一种快速方法，它可以在现有结构中创建出中间嵌套层次。

1. 按住 Shift 键的同时单击 destinations_logo Timeline 面板中 rotated type、Globe logo 和 crop area 3 个图层，选择它们。

2. 选择 Layer>Pre-Compose（重组）命令。

3. 在 Pre-Compose 对话框中，将新合成图像命名为 Dissolve_logo。请确认默认情况下 Move All Attributes Into The New Composition（将所有属性移动到新合成图像中）选项为选取状态。然后单击 OK 按钮，如图 2.33 和图 2.34 所示。

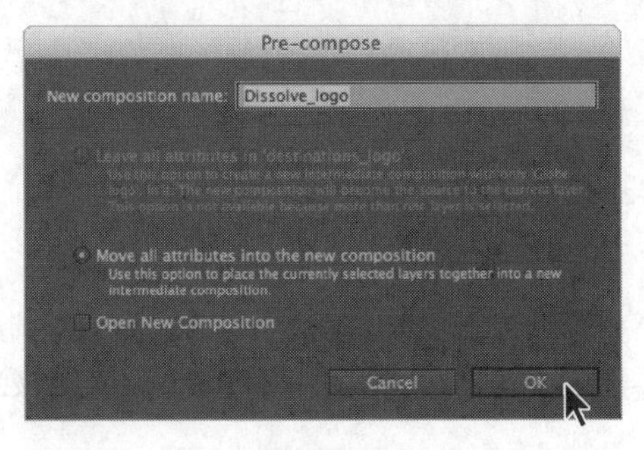

图2.33

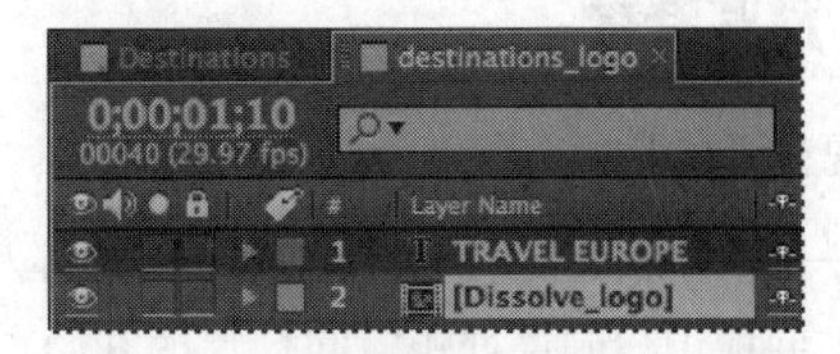

图2.34

现在这 3 个图层被 destinations_logo Timeline 面板中的单个图层所取代：Dissolve_logo，这个新重组的图层包含了第 1 步中选择的 3 个图层，您可以对该图层应用溶解特效，这不会影响 TRAVEL EUROPE 文字层及其 Bullet Train 动画。

4. 确认 Timeline 面板中的 Dissolve_logo 图层已被选取，按 Home 键或拖放当前时间标识，移动到 0:00。

5. 在 Effects & Presets 面板中选择 Animation Presets>Transition（过渡）-Dissolves 命令，然后将 Dissolve-Vapor（蒸发）预设拖放到 Timeline 面板中的 Dissolve_logo 图层上，或拖放到 Composition 面板上。

> AE | 提示：在 Effects & Presets 面板中的搜索框内键入 vap，可以快速定位到 Dissolve-Vapor（蒸发 - 溶解）预设。

Dissolve-Vapor 动画预设包括 3 个组件：master dissolve（主溶解）、box blur（方框模糊）和 solid composite（纯色模糊），所有这些组件都显示在 Effect Controls 面板内。默认设置完全满足该项目的需要，如图 2.35 所示。

图2.35

6. 选择 File>Save 命令保存目前的工作。

2.7 预览特效

现在该预览所有特效组合后的效果了。

1. 单击 Timeline 面板中的 Destinations 选项卡，切换到主合成图像。按 Home 键或拖放当前时间标识，确保处于时间标尺的开始点。

2. 确认 Destinations Timeline 面板中两个图层的 Video 开关（ ）均被选中。

3. 单击 Preview 面板中的 Play 按钮（ ）或按空格键查看预览。任何时候均可再次按空格键停止播放，如图 2.36 ~ 图 2.38 所示。

图2.36

图2.37

图2.38

2.8 添加透明特效

许多电视台在电视屏幕的角落显示半透明台标，以强调版权。我们将降低台标的不透明度，以达到这种显示效果。

1. 确认当前还处在 Destinations Timeline 面板内，并将时间定位于 2:24。
2. 选择 destinations_logo 图层，按 T 键显示其 Opacity（不透明度）属性。默认情况下 Opacity 为 100%（完全不透明）。按下关键帧记录器图标（⏱）在该点设置 Opacity 关键帧，如图 2.39 和图 2.40 所示。

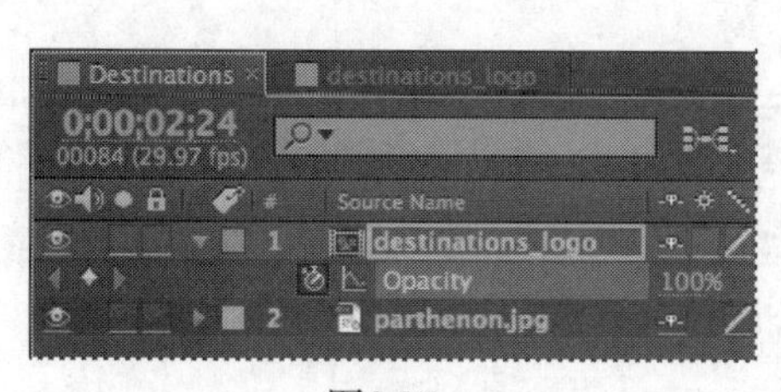

图2.39

图2.40

3. 按 End 键或将当前时间标识移动到时间标尺结束点（2:29），将不透明度设为 40%，After Effects 将在该点添加关键帧，如图 2.41 和图 2.42 所示。

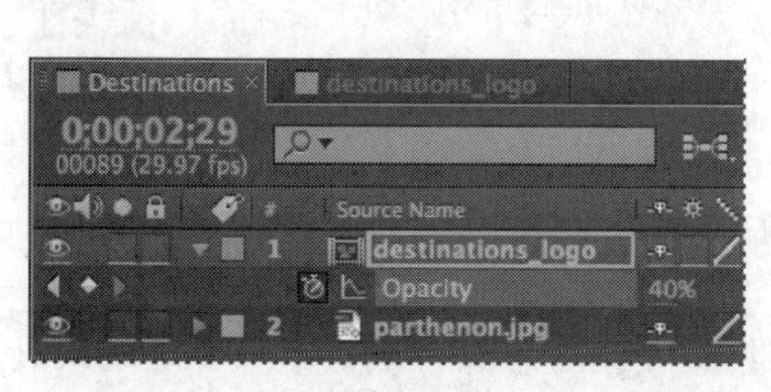

图2.41

图2.42

目前的效果是台标显示在屏幕上，*travel Europe* 文字飞入，其不透明度逐渐减退到 40%。

4. 请单击 Preview 面板中的 Play 按钮或按空格键，或者按下数字键盘中的 0 键，预览合成图像。

预览时按空格键则停止播放。

5. 选择 File>Save 命令保存项目。

2.9 渲染合成图像

现在准备输出旅游节目标志。创建输出文件时，合成图像的所有图层，以及每个图层的蒙版、特效和属性都被逐帧渲染到一个或多个输出文件，或者渲染为一系列连续的文件（当需要渲染为图像序列时）。

将最终合成图像制成电影文件可能需要几分钟或几小时，这取决于合成图像的画面尺寸、质量、复杂度以及压缩方式。将合成图像置于渲染队列后即成为渲染项，它将按照赋给它的设置进行渲染。

After Effects 提供多种用于渲染输出的文件格式和压缩方法，采用何种格式取决于将来播放最终输出文件的介质，或者说取决于您的硬件需要，如视频编辑系统。

> AE **注意**：第 14 课将介绍更多关于输出格式和渲染方面的内容。

渲染并导出合成图像，使其可用于电视播出。

> AE **注意**：如果高质量输出，可以使用 After Effects 中的 Adobe Media Encoder。在第 14 课将介绍更多关于 Adobe Media Encoder 的内容。

1. 要将合成图像添加到渲染队列，可采用下述任一方法。

- 选中 Project 面板中的 Destinations 合成图像，然后选择 Composition>Add to Render Queue（添加到渲染队列）命令。系统自动打开 Render Queue 面板。
- 选择 Window>Render Queue 命令，打开 Render Queue 面板，然后将 Destinations 合成图像从 Project 面板拖放到 Render Queue 面板上。

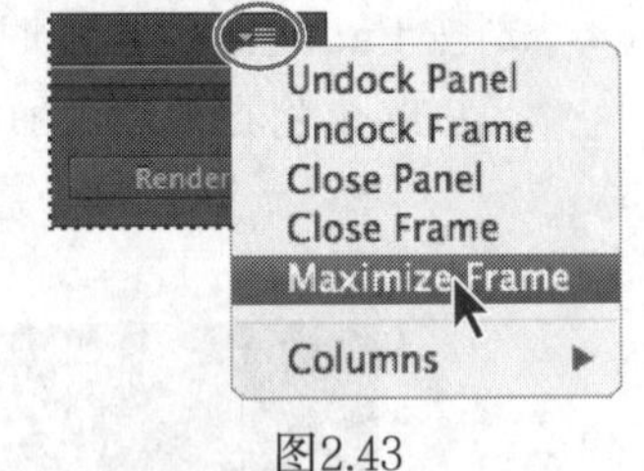

图2.43

2. 在 Render Queue 面板中选择 Maximize Frame（画面最大化），使该面板充满应用程序窗口，如图 2.43 所示。

> AE **提示**：Maximize Frame 命令的键盘快捷键是重音标记字符（`），该字符与（~）字符共用同一按键。

3. 单击 Render Settings（渲染设置）旁的三角形展开相应选项。默认情况下，After Effects 采用 Best Quality（最佳质量）和 Full Resolution（完全分辨率）渲染合成图像，默认设置完全满足本项目的需要。

4. 单击 Output Module（输出模块）旁的三角形展开相应选项。默认情况下，After Effects 才有无损压缩方法将渲染的合成图像编码为影片文件，这能够满足本项目的要求。但您需要指定文件的存储路径。

5. 单击 Output To（输出到）下拉列表旁的蓝色下划线文字 Not Yet Specified（尚未指定），如图 2.44 所示。

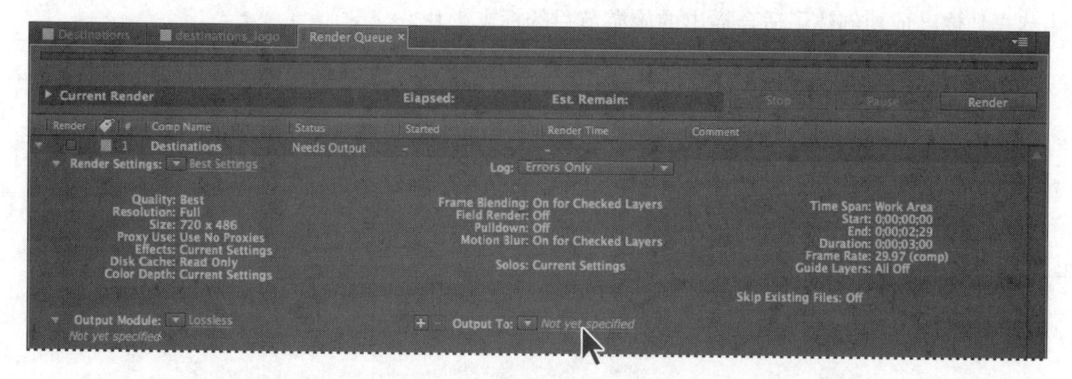

图2.44

6. 在弹出的 Output Movie To 对话框中，采用默认影片名（Destinations），选择 AECC_CIB\Lessons\Lesson02\Finished_Project 文件夹作为文件存储路径，然后单击 Save 按钮。

7. 现在回到 Render Queue 面板，单击 Render 按钮，如图 2.45 所示。

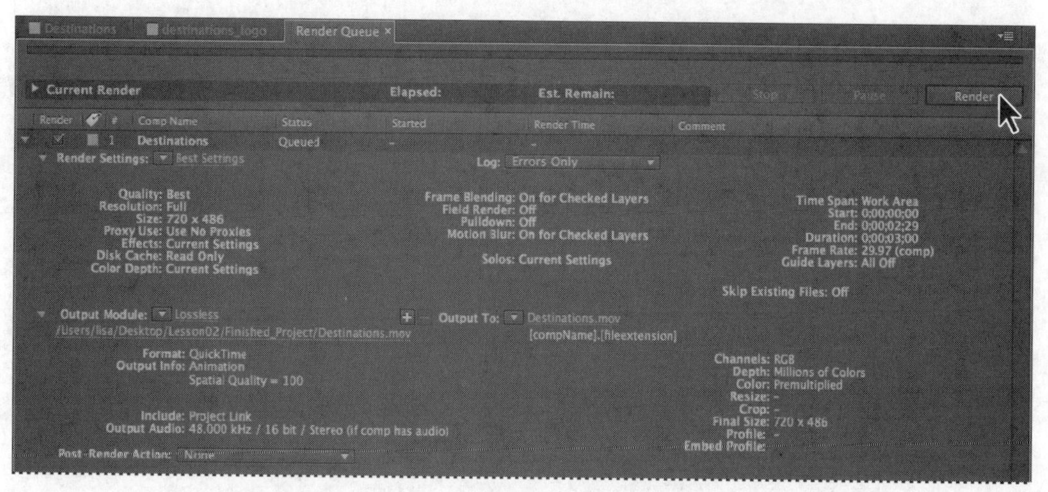

图2.45

编码文件期间，After Effects 在 Render Queue 面板中显示进度条。当 Render Queue 中所有项目渲染完成后，After Effects 将发出提示音。

8. 影片渲染完成后，在 Render Queue 面板菜单中选择 Restore Frame Size（恢复画面尺寸），恢复您的工作区。

9. 如果要观看最终的影片，双击 AECC_CIB/Lessons/Lesson02/Finished_Project 文件夹中的 Destinations.avi 或 Destinations.mov 文件，将在 Windows Media Player 或 QuickTime 中打开，播放该文件。

10. 关闭项目文件，然后退出 After Effects。

恭喜！你已成功创建了适合播出的旅游节目的标志影片。

2.10 复习题与答案

2.10.1 复习题

1. 怎样用 Adobe Bridge 预览和导入文件？

2. 什么是预合成？

3. 怎样定制特效？

4. 怎样改变合成图像中图层的透明度？

2.10.2 复习题答案

1. 选择 File>Browse In Bridge 命令，从 After Effects 切换到 Adobe Bridge。如果 Bridge 没有安装，请下载安装它。在 Adobe Bridge 中可以搜索和预览图像素材。找到你想在 After Effect 项目中使用的素材后，双击它或将其拖放到 Project 面板。

2. *Precomposing*（预合成）是一种把多个图层嵌套在合成图像中的方法。预合成将把图层移动到新的合成图像内，它将占据被选中图层的位置。当你想改变图层成分的渲染顺序时，预合成可以在现有结构中快速创建出中间嵌套层次。

3. 对合成图像中的图层应用特效后，可以在 Effect Controls 面板中定制其属性。应用特效时自动打开 Effect Controls 面板，也可以随时选择具有特效的图层，再选择 Window>Effect Controls 命令打开该面板。

4. 为了修改图层的透明度，可以减小其 Opacity 属性值。在 Timeline 面板中选中该图层，按 T 键显示其 Opacity 属性，然后键入一个小于 100% 的数值。

第3课 文本动画

课程概述

本课介绍的内容包括：

- 创建文本图层，并对文本进行动画处理；
- 使用 Character（字符）和 Paragraph（段落）面板格式化文本；
- 用动画预设创建文本动画；
- 在 Adobe Bridge 中预览动画预设；
- 使用关键帧创建文本动画；
- 应用父化关系对图层进行动画处理；
- 编辑导入的 Adobe Photoshop 文本并制作动画；
- 用文本动画组对图层中选中的文本做动画处理；
- 对图形对象应用文本动画。

本课大约要用 2 小时时间完成。启动 After Effects 之前，先找到附带光盘的 Lesson03 文件夹，将其复制到本地硬盘上为这些项目创建的文件夹 Lessons 中（或现在创建 Lessons 文件夹）。学习本课时，将覆盖复制的初始文件。如果需要恢复这些初始文件，从附带光盘中再复制一遍即可。

动画中的文本不能总是静止不动。本课中，您将了解 After Effects 中几种文本动画的制作方法，包括专门适用于文本层的快速方法。

3.1 开始

Adobe After Effects 提供多种文本动画处理方法，可以通过以下方法对文本图层应用动画：在 Timeline 面板中手工设置关键帧，使用动画预设，或者使用表达式。甚至可以对文本图层中的各个字符或词应用动画。本课将为动画纪录片“*Road Trip*”设计开场演职人员名字幕单，这里将使用几种不同的动画技术，其中包括一些文本所特有的动画方法。

与在其他项目中一样，您将先预览要创建的影片，然后打开 After Effects。

1. 请确认下列文件存在于您计算机硬盘的 AECC_CIB\Lessons\Lesson03 文件夹中。

- Assets 文件夹：background_movie.mov、car.ai、compass.swf、credits.psd。
- Sample_Movie 文件夹：Lesson03.mov。

2. 打开并播放 Lesson03.mov 样片，以查看本课中将创建的效果。播放完后，退出 QuickTime 播放器。如果您的硬盘空间有限，则可以将该文件从硬盘删除。

开始本课前，请恢复 After Effects 应用程序的默认设置。详细情况请参见前言中的“恢复默认参数”。

3. 启动 After Effects 时请按下 Ctrl+Alt+Shift（Windows）或 Command+Option+Shift（Mac OS）组合键，系统询问是否要删除参数文件时，单击 OK 按钮。

4. 单击 Close 按钮关闭 Welcome 窗口。

After Effects 打开后显示一个空白的无标题项目。

5. 选择 File>Save As>Save As 命令，并导航到 AECC_CIB\Lessons\Lesson03\Finished_Project 文件夹。

6. 将该项目命名为 Lesson03_Finished.aep，然后单击 Save 按钮。

3.1.1 导入素材

开始本课前需要导入两个素材项。

1. 双击 Project 面板中的空白区域，打开 Import File 对话框。

2. 导航到硬盘上的 AECC_CIB\Lessons\Lesson03\Assets 文件夹，按住 Ctrl 键单击（Windows）或按住 Command 键单击（Mac OS），选择 compass.swf 和 background_movie.mov 文件，再单击 Import 或 Open 按钮。

After Effects 可以导入包含 Adobe Photoshop、Adobe Illustrator 以及 QuickTime 和 AVI 文件在内的多种文件格式。这使 After Effects 成为一种功能强大的合成与运动图形处理工具。

3.1.2 创建合成图像

现在我们将创建合成图像。

1. 按 Ctrl+N（Windows）或 Command+N（Mac OS）组合键创建新合成图像。

2. 在 Composition Settings 对话框中，将合成图像命名为 Road_Trip_Title_Sequence，Preset 菜单中选择 NTSC DV，并将 Duration（持续时间）设为 10:00，这是背景影片的时间长度。然后单击 OK 按钮，如图 3.1 所示。

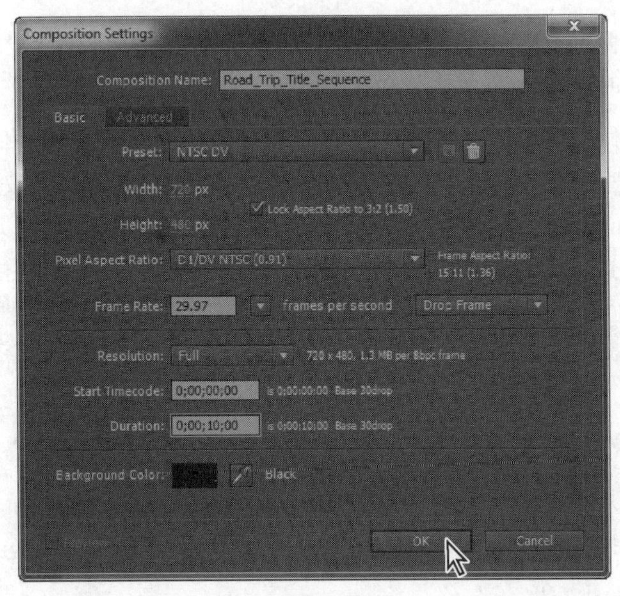

图3.1

3. 在 Project 面板中将 background_movie.mov 和 compass.swf 素材项拖放到 Timeline 面板，调整图层，使 compass.swf 在图层栈中位于 background_movie.mov 图层的上方，如图 3.2 和图 3.3 所示。

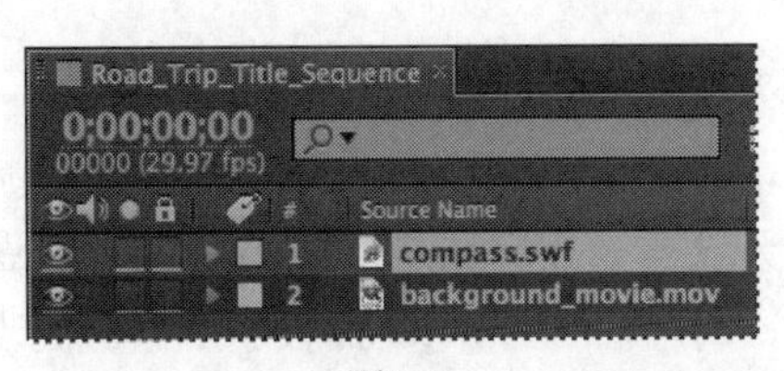

图3.2

图3.3

4. 选择 File > Save 命令。

现在准备向合成图像添加标题文本。

3.2 文本图层

在After Effects中可以准确、灵活地添加文本。在Composition面板中可以直接在屏幕上创建和编辑文本，快速改变文本的字体、风格、大小和颜色。可以在合成图像的任何地方添加横排或竖排文本。Tools、Character以及Paragraph面板包含大量的文本处理控件。可以修改单个字符，也可以设置整个段落的格式选项，包括文本对齐方式、边距和自动换行。除了所有这些风格属性外，After Effects还提供了可以方便地对指定字符和属性（如文字的透明度和色相）进行动画处理的工具。

After Effects使用两种类型文本：点阵文本和段落文本。点阵文本适用于输入单词或一行字符；段落文本适用于输入和格式化一段或多段文本。

在很多方面，文本图层和After Effects内的其他图层类似。可以对文本图层应用特效和表达式，可以对其进行动画处理，将其指定为3D图层，并且可以在编辑3D文本时以多种视图方式查看它。像使用从Illustrator导入的图层一样，文本图层也被栅格化，所以在缩放图层或调整文本大小时，它保持与分辨率无关的清晰边缘。文本图层和其他种类图层的主要区别在于无法在文本图层自己的Layer面板中打开它，您可以在文本图层中用特殊的文本动画属性和选项对文本进行动画处理。

3.3 创建并格式化点阵文本

输入点阵文本时，每行文本是独立的——编辑文本时行的长度增加或减少，但不会换到下一行。您输入的文本显示在新的文本图层中。I型光标中间的短线标注文本的基线位置。

1. 在Tools面板中选择Horizontal Type（横排文本）工具（T）。

> AE | 注意：如果按普通键盘而不是数字键盘上的Enter键或Return键，将开始一个新段落。

2. 在Composition面板内任一位置单击，键入Road Trip，再按数字键盘上的Enter键退出文本编辑模式，并选中Composition面板中的文本图层。还可以选中图层名以退出文本编辑模式。

3.3.1 使用Character（字符）面板

Character面板提供格式化字符选项。如果高亮显示文本，则您在Character面板中所做的更改仅影响高亮显示的文本。如果不存在高亮显示的文本，则您在Character面板中所做的更改将影响被选中的文本图层以及该文本图层中被选中的Source Text（源文本）关键帧（如果存在的话）。如果不存在高亮显示的文本，同时也没有被选中的任何文本图层，则您在Character面板中所做的更改将成为下次文本输入的新默认设置。

AE 提示：要单独打开上述两个面板，可以选择 Window>Character 或 Window>Paragraph 命令。如果要同时打开这两个面板，请选择 Horizontal Type 工具，再单击 Tools 面板中的 Toggle The Character And Paragraph Panels（切换字符和段落面板）按钮。

1. 选择 Window>Workspace>Text 命令，仅显示处理文本时所需的面板。
2. 选择 Timeline 面板中的 Road Trip 文本图层。
3. 在 Character 面板中，从 Font Family 下拉列表中选择 Myriad Pro 字体，如果列表项中没有 Myriad Pro 字体，则请选择其他 Sans Serif 粗体字体，如 Verdana 字体。

AE 提示：要快速地选择字体，首先在 Font Family 框内键入字体名称。Font Family 下拉列表将跳到系统中与所键入的字符匹配的第一种字体。如果已选择了文字图层，新选择的字体将被应用到 Composition 面板中的文字。

4. 从 Font Style（字体风格）下拉列表选择 Bold（粗体）。如果 Bold 字体不可用，请单击面板左下角的 Faux Bold（仿粗体）按钮（T）。
5. 将 Font Size（字体大小）设为 90 像素。
6. 其他选项保留默认设置，如图 3.4 和图 3.5 所示。

图3.4

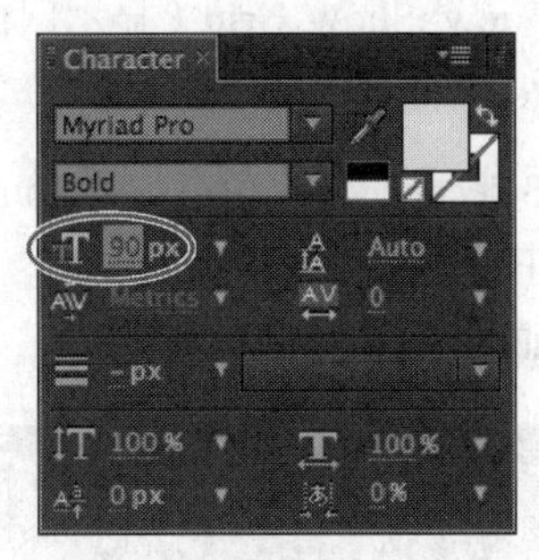

图3.5

3.3.2 使用 Paragraph 面板

可以使用 Paragraph 面板设置应用到整个段落的选项，如对齐方式、缩进和行距。对于点阵文本，每行就是一个单独的段落。可以使用 Paragraph 面板设置单个段落、多个段落或文本图层中所有段落的格式化选项。对于这个合成图像的标题文本，只需在 Paragraph 面板中调整一项参数即可。

1. 在 Paragraph 面板中单击 Center Text（文本居中）按钮（☰），这将使横排文本置于该文本图层的中央，而不是合成图像的中央，如图 3.6 和图 3.7 所示。
2. 其他选项保留默认设置。

图3.6

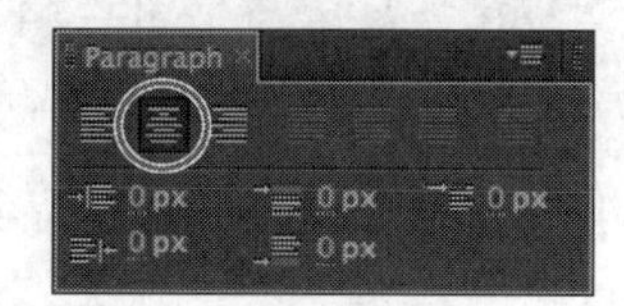

图3.7

3.3.3 定位文本

为了准确定位图层，如您现在正在操作的文本图层，则可以在 Composition 面板中显示标尺、参考线和网格，而最终渲染生成的影片内将不包含这些可视化的参考工具。

1. 请确认 Timeline 面板中的 Road Trip 文本图层被选取。

2. 选择 Layer>Transform>Fit To Comp Width（适合于合成图像宽度）命令，这将该图层缩放到合成图像宽度，如图 3.8 所示。

图3.8

现在，可以用网格定位文本图层了。

3. 选择 View>Show Grid（显示网格）命令，再选择 View>Snap to Grid（对齐网格）命令。

4. 使用 Selection 工具（↖），在 Composition 面板中向上拖动文本直到字符基线位于 Composition 面板正中的水平网格线上为止。开始拖动时按住 Shift 键能限制移动方向，这有助于定位文本，如图 3.9 和图 3.10 所示。

图3.9

图3.10

5. 定位好文本图层后，选择 View>Hide Grid（隐藏网格）命令，隐藏网格。

本项目不打算用于电视节目播出，所以允许在动画开始时标题文本超出合成图像的标题安全区和动作安全区。

6. 从应用程序窗口顶部的 Workspace 菜单中选择 Standard（标准），回到 Standard 工作区，然后选择 File>Save 命令，保存项目。

3.4　使用文本动画预设

现在准备对标题应用动画。最简单的方式就是使用 After Effects 自带的多种动画预设之一。应用动画预设后，您可以定制和保存它，以便其他项目中再次使用。

1. 按 Home 键或移动到 0:00，确保当前时间指示器处于时间标尺的起点。After Effects 从当前时间点开始应用动画预设。

2. 选择 The Pond 文本图层。

3.4.1　浏览预设

在第 2 课中已应用过动画预设。但是，如果你无法确定想用哪种动画预设该怎么办？你可以在 Adobe Bridge 中预览动画预设，这有助于你在项目选择正确的动画预设。

> AE　注意：如果 Bridge 没有安装，在选择 Bridge 中的 Browse 时，请安装它。为获取更多信息，请访问前言中的相应内容。

1. 选择 Animation>Browse Presets（浏览预设）命令，Adobe Bridge 将打开并显示 After Effects Presets 文件夹中的内容。

2. 在 Content 面板中双击 Text 文件夹，再双击 Blurs 文件夹。

3. 单击选择第一个预设：Blur By Word。Adobe Bridge 在 Preview 面板中播放该动画例子。

4. 选择其他几个预设，并在 Preview 面板中查看它们。

5. 预览 Evaporate（蒸发）预设，再双击其缩览图。也可以右键单击（Windows）或按住 Control 单击（Mac OS）缩览图，选择 Place In After Effects（置于 After Effects）。After Effects 把该预设应用到选中的图层，即 Road Trip 图层，如图 3.11 所示。

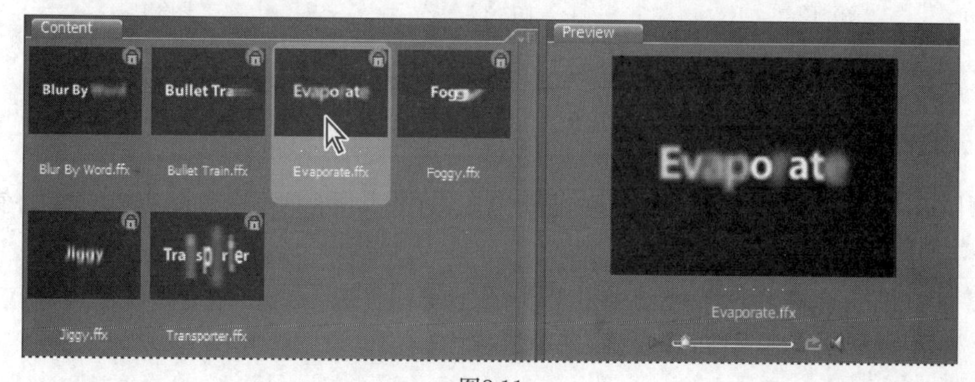

图3.11

这时合成图像中看不出有什么变化。这是因为当前处于 0:00，即动画的第一帧，字母还没有表现出蒸发效果。

> AE | **注意**：让 Adobe Bridge 继续在后台运行，本章稍后还要使用它。

3.4.2 预览指定范围内的帧

现在预览动画。虽然该合成图像长达 10 秒，但您只需预览具有文本动画特效的前几秒就可以了。

1. 在 Timeline 面板中，将当前时间标尺拖放到 3:00，然后按 N 键设置工作区结束点，如图 3.12 所示。

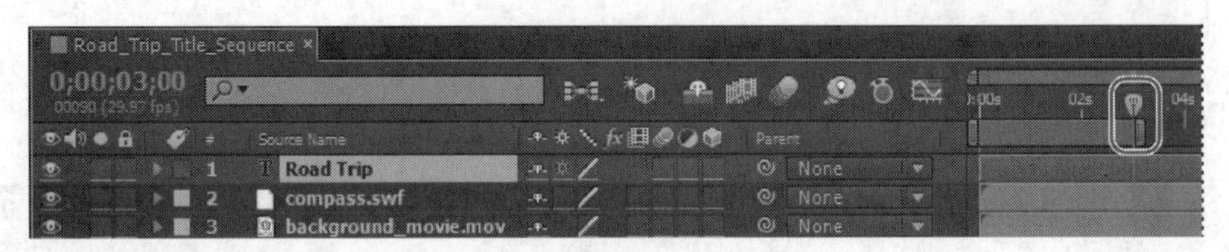

图3.12

2. 按下数字键盘上的 0 键，或者单击 Preview 面板中的 RAM Preview 钮（ ）以便使用 RAM 预览方式预览动画。

文本好像蒸发到背景中，效果看起来很不错，但我们想让文本淡入并保留在屏幕上（而不是从屏幕上消失）。所以需要定制该预设，以满足我们的需要，如图 3.13 ~ 图 3.15 所示。

图3.13

图3.14

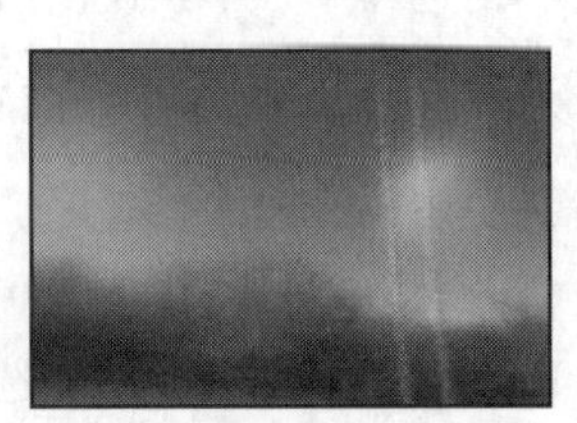

图3.15

3. 按空格键停止预览，再按 Home 键让当前时间标志回到 0:00。

3.4.3 定制动画预设

对图层应用动画预设后，在 Timeline 面板中将显示出其所有的属性和关键帧。我们将使用这些属性定制预设。

1. 在 Timeline 面板中选择 Road Trip 文本图层，并按 U 键（U 键，有时是指 *Überkey*），它是显示图层所有动画属性的快捷键。

> AE | **提示**：如果按两次 U 键（UU），After Effects 将显示该图层所有更改过的属性，而不只是显示动画属性。再次按 U 键将隐藏所有图层属性。

2. 单击 Offset（偏移）属性名，以选中它的两个关键帧。Offset 属性设定选区开始和结束点的偏移量，如图 3.16 所示。

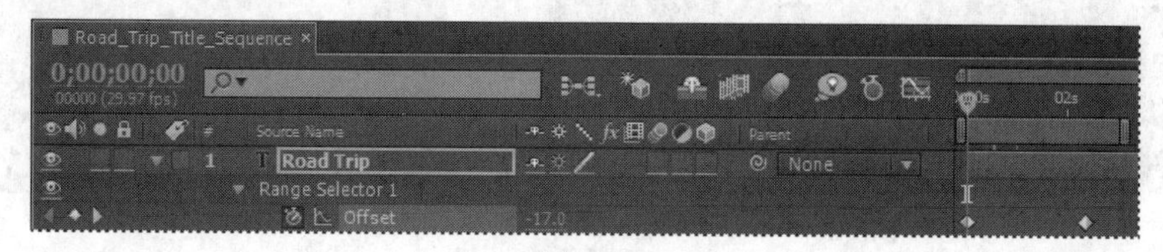

图3.16

3. 选择 Animation>Keyframe Assistant（关键帧助理）>Time-Reverse Keyframes（反转关键帧）命令，该命令用于将对调这两个 Offset 关键帧的顺序，使得合成图像开始时隐藏文本，然后再淡入到屏幕上。

4. 将当前时间标志从 0:00 拖放到 3:00，以便手工预览编辑过的动画。现在文本不是从合成图像中消失，而是淡入合成图像，如图 3.17 ~ 图 3.19 所示。

图3.17

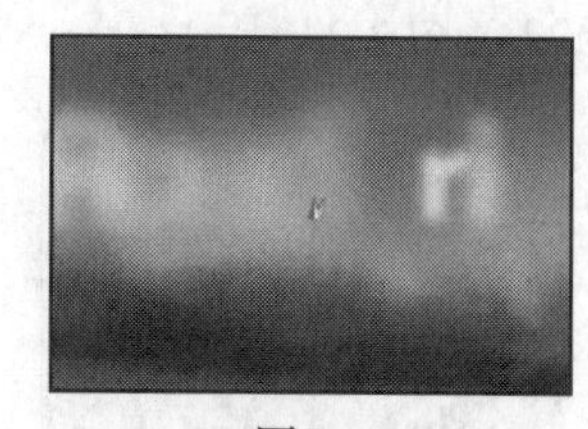

图3.18

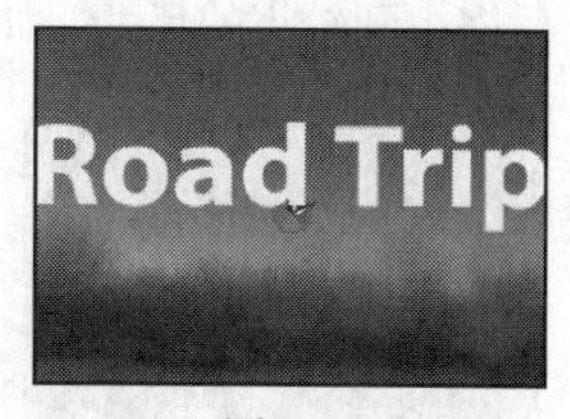

图3.19

5. 按 U 键隐藏图层属性。

6. 按 End 键将当前时间指示器移动到时间标尺的结束点，然后按 N 键设置工作区的结束点。

7. 选择 File>Save 命令保存项目。

3.5 通过缩放关键帧制作动画

本课早些时候应用 Fit To Comp 命令时，文本图层被放大到超过 200%。现在将对该图层的缩放比例产生动画特效，使文本逐渐缩小到其原来的尺寸。

1. 在 Timeline 面板中将当前时间指示器移动到 3:00。

2. 选择 Road Trip 文本图层，并按 S 键显示其 Scale 属性。

3. 单击关键帧记录器图标（⏱），在当前时间（3:00）处添加 Scale 关键帧。

4. 将当前时间指示器移动到 5:00。

5. 将该图层的 Scale 值减小到 100.0，100.0%。After Effects 在当前时间点添加新的 Scale 关键帧，如图 3.20 和图 3.21 所示。

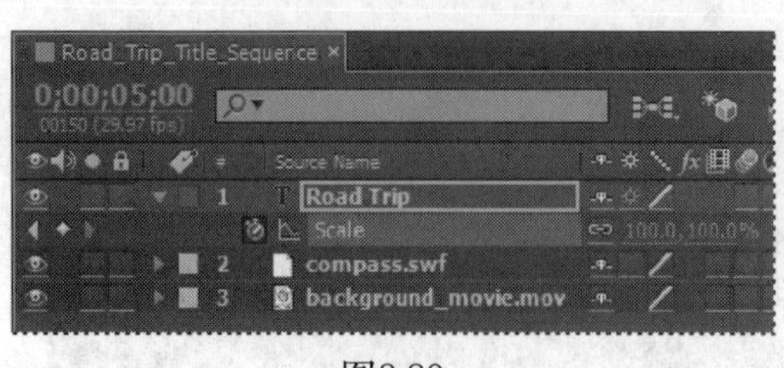

图3.20

图3.21

3.5.1 预览缩放动画

现在，预览以上所做的修改。

1. 将当前时间指示器移动到 5:10 处，并按 N 键设置工作区结束点，使缩放动画在 5:10 之前不远处结束。

2. 以 RAM 预览方式从 0:00 处预览该动画，至 5:10 结束，可以看到影片的标题先是淡入，然后缩小到较小的尺寸，如图 3.22 ~ 图 3.24 所示。

图3.22

图3.23

图3.24

> AE | **提示**：可以使用文本缩放动画预设进行试验，这些预设是 After Effects 提供的，它们位于硬盘上 After Effects CC 文件夹的 Presets\Text\Scale 文件夹中。

3. 动画预览完成后，请按空格键停止播放。

3.5.2 添加缓入缓出特效

上述缩放动画的开始和结束显得很生硬，而实际中是不会出现这种突然停止的现象的。现实中的事物变化应该是逐渐地进入入点，再逐渐地过渡到出点。

1. 右键单击（Windows）或按住 Control 单击（Mac OS）3:00 处的缩放关键帧，再选择 Keyframe Assistant（关键帧助理）>Easy Ease Out（缓出）命令。这个关键帧将变为指向左边的图标。

2. 右键单击（Windows）或按住 Control 键单击（Mac OS）5:00 处的缩放关键帧，再选择 Keyframe Assistant（关键帧助理）>Easy Ease In（缓入）命令。这个关键将变为指向右边的图标，如图 3.25 所示。

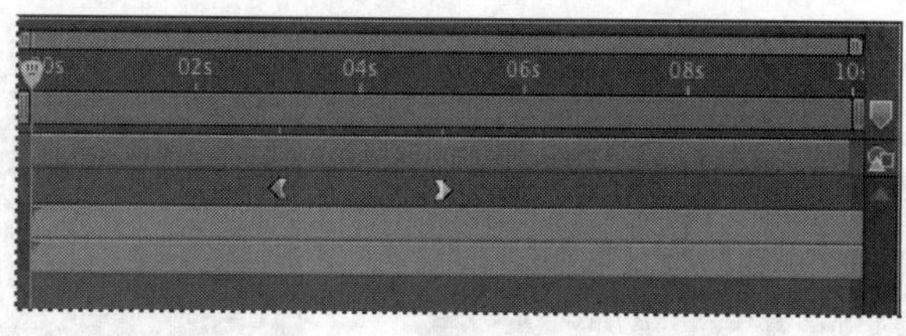

图3.25

3. 请观察其他 RAM 预览。预览完成后请按空格键停止预览。

4. 选择 File>Save 命令保存项目。

3.6 应用父化关系进行动画处理

接下来要模拟摄像机变焦离开合成图像。刚才应用的文本缩放动画完成了任务的一半，但还需要使指南针缩放，产生动画。可以对 compass 图层进行手工动画处理，但更简单的方法是应用 After Effects 的父化关系。

1. 按 Home 键或拖动当前时间指示器，移到时间标尺的开始点。

2. 在 Timeline 面板内，单击 compass 图层的 Parent（父图层）下拉列表，并选择 1.Road Trip，这将 Road Trip 文字图层设置为 compass 图层的父图层，反过来，compass 图层成为其子图层，如图 3.26 所示。

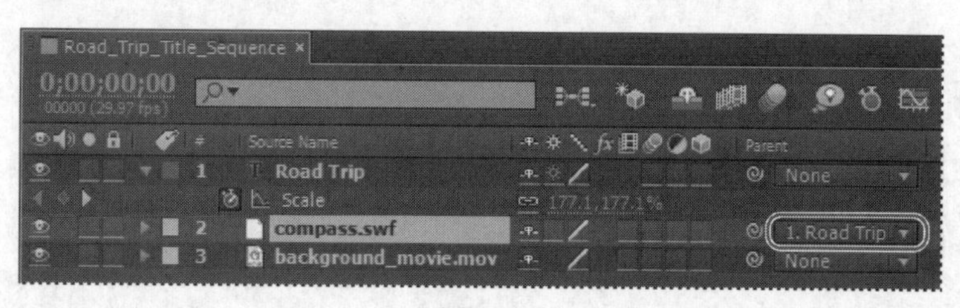

图3.26

作为子图层，compass 图层继承了其父图层（Road Trip）的 Scale 关键帧，这不仅可以对指南针进行快速动画处理，而且还确保 compass 图层与文字图层的缩放速率和缩放比例相同。

3. 在 Timeline 面板中，将 compass 图层移动到 Road Trip 文字图层的上方。

> AE | 注意：移动 compass 图层时，其父图层变为 2.Road Trip。因为这时 Road Trip 成为第二个图层。

4. 将当前时间标志移动到 9:29，以便在 Composition 面板中可以清楚地看到指南针。

5. 在 Composition 面板中，拖动指南针使其锚点位于单词 Trip 中字母 i 的点上方。也可以在 Composition 面板中选择指南针，然后按 P 键显示其 Position 属性，然后输入（122，−60），如图 3.27 和图 3.28 所示。

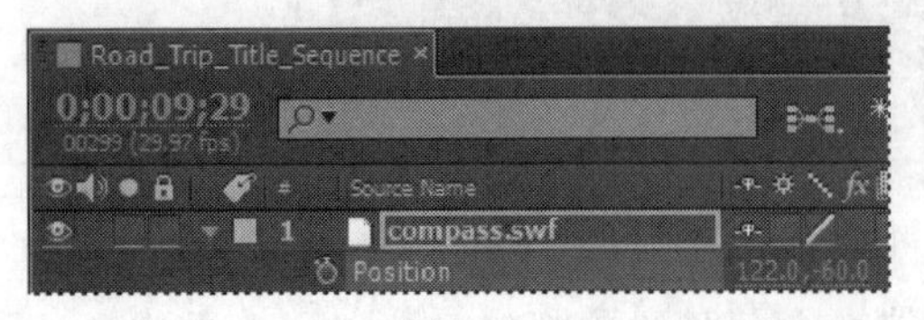

图3.27

图3.28

6. 将当前时间指示器从 3:00 移动到 5:00，以手工预览缩放效果。可以看到文字和指南针的尺寸同时缩小，看起来像是摄像机被拉离场景，如图 3.29 ~图 3.31 所示。

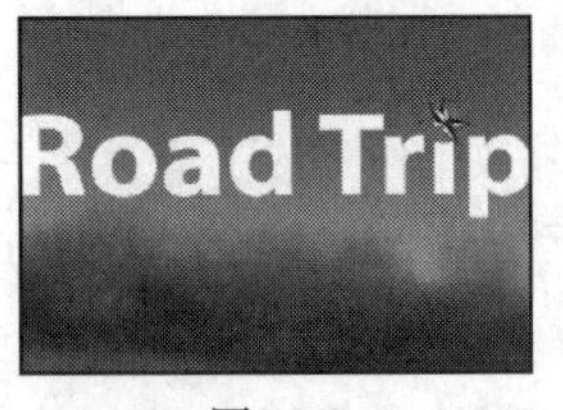

图3.29

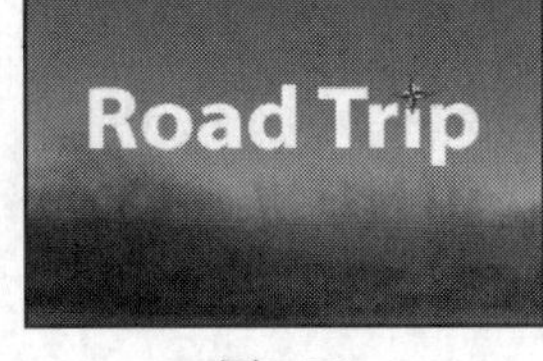

图3.30

图3.31

7. 按 Home 键返回 0:00 处，再将工作区结束标志拖动到时间标尺的结束点。

8. 选择 Timeline 面板中的 Road Trip 图层，按 S 键隐藏其 Scale 属性。如果输入了 compass 的 Position 值，则请选择 compass 图层，按 P 键隐藏其 Position 属性。然后选择 File>Save 命令。

父图层和子图层

父化关系将对一个图层所作的变换赋予另一图层，被赋予变换的图层称为子图层。在图层间建立父化关系后，对父图层所作的修改将带动子图层相应属性值（除不透明度外）的同步改变。例如，如果父图层从起始位置向右移动5个像素，那么子图层也将从起始位置向右移动5个像素。一个图层只能有一个父图层，但一个图层可以是同一合成图像中任意多个2D或3D图层的父图层。父化图层适用于创建复杂动画，如提线木偶的移动，或描述太阳系中行星的运动轨道等。

关于父图层和子图层的更多介绍，请参阅After Effects帮助。

3.7 为导入的 Photoshop 文本制作动画

如果所有文本动画都只包含两个短词，如 Road Trip，那么事情就简单了。但现实生活中可能经常不得不和更长的文本打交道，手工输入这些文字可能很乏味。幸运的是，After Effects 允许从 Photoshop 或 Illustrator 导入文本。在 After Effects 中可以保留这些文本图层，对它们进行编辑，并制作动画。

3.7.1 导入文本

这个合成图像剩余的一些文本位于 Photoshop 图层文件中，现在将导入该文件。

1. 双击 Project 面板内的空白区域，打开 Import File（导入文件）对话框。

2. 选择 AECC_CIB\Lessons\Lesson03\Assets 文件夹内的 credits.psd 文件，从 Import As 下拉列表内选择 Composition-Retain Layer Sizes（合成图像 - 保留图层尺寸），然后单击 Import 或 Open 按钮，如图 3.32 所示。

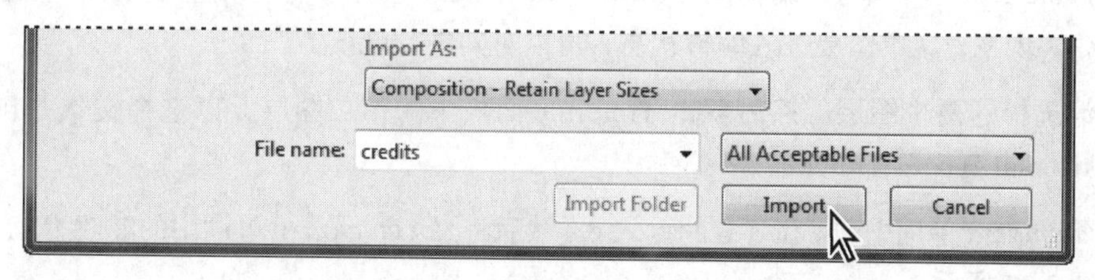

图3.32

3. 在 Credits.psd 对话框中，选择 Editable Layer Styles（可编辑图层样式），并单击 OK 按钮。

After Effects 支持导入 Photoshop 图层样式，并保留导入图层的外观。被导入的文件作为合成图像添加到 Project 面板，其图层被添加到一个单独的文件夹内。

4. 将 credits 合成图像从 Project 面板拖放到 Timeline 面板，将它置于图层椎栈的顶部，如图 3.33 所示。

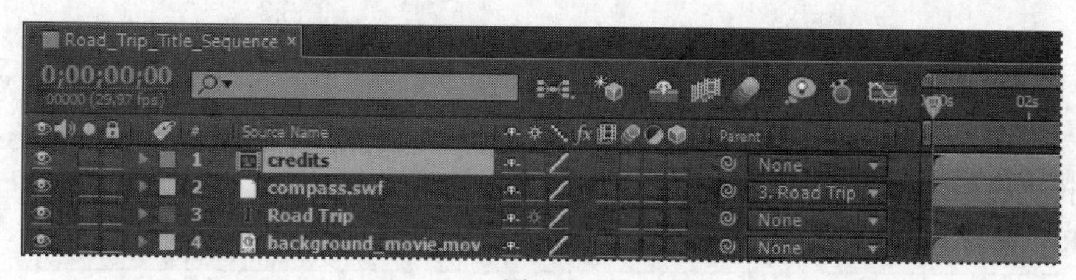

图3.33

因为将 credits.psd 文件作为合成图像导入时，其所有图层信息被完整地保留下来，所以可以在它自己的 Timeline 面板中操作它，也可以单独对其图层进行编辑和动画处理。

3.7.2 编辑导入的文本

导入的文本现在在 After Effects 中还无法进行编辑。需要改变其属性，才能控制文本并进行动画处理。如果你目光锐利，就能注意到导入的文本中还有些输入错误，所以首先要清除这些错误。

1. 双击 Project 面板中的 credits 合成图像，在其自己的 Timeline 面板中打开它，如图 3.34 和图 3.35 所示。

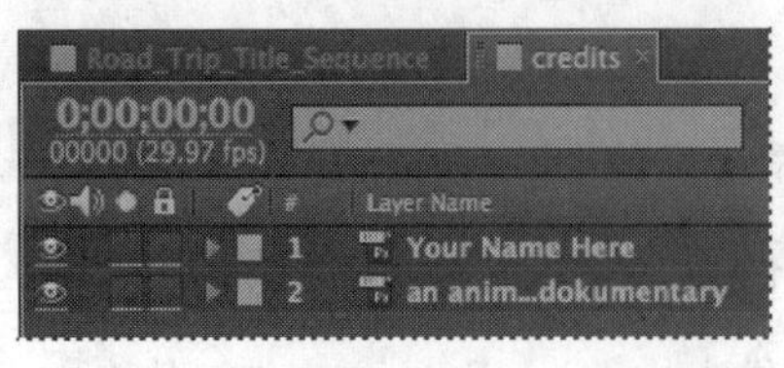

图3.34

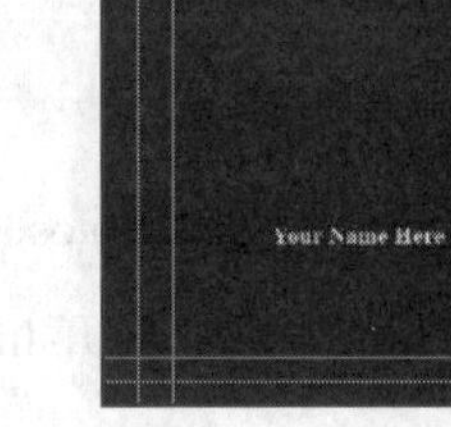

图3.35

2. 按住 Shift 键单击选择 Credits Timeline 面板中的两个图层，然后选择 Layer>Convert To Editable Text（转换为可编辑文本，如果 After Effects 提示不存在相应字体，请单击 OK 按钮）命令。现在，文本图层进入编辑状态，可以对其进行更正了。

3. 取消选择这两个图层。然后双击 Timeline 面板中的第二图层，以选择文本并自动切换到 Horizontal Type 工具（T）。

4. 在 *animated* 单词中的 t 和 d 之间键入 e。然后将 *documentary* 单词中的 k 改为 c，如图 3.36 和图 3.37 所示。

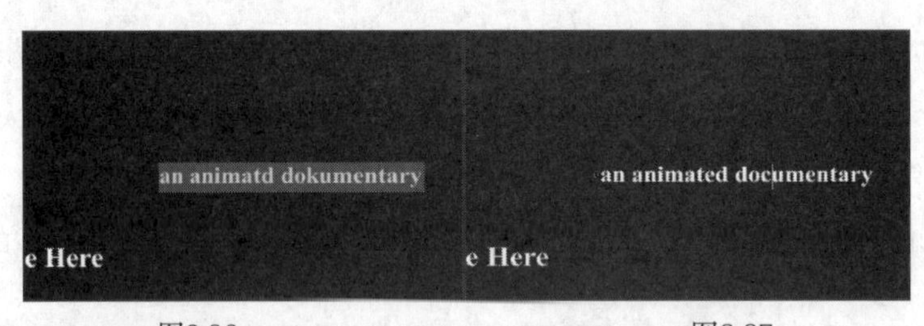

图3.36 图3.37

> AE 注意：在纠正图层中的拼写错误时，Timeline 面板中的图层名并未变化。这是因为原有图层名是在 Photoshop 中创建的。如果要更改图层名，请在 Timeline 面板中选择该图层，按 Enter 键或 Return 键，键入新的图层名，再次按 Enter 键或 Return 键。

5. 切换到 Selection 工具（↖），退出文字编辑模式。

6. 按住 Shift 键单击选择 Timeline 面板中这两个图层。

7. 如果 Character 面板未打开，请选择 Window>Character 命令，打开 Character 面板。

8. 选择与 Road Trip 文本相同的字体（我们采用 Myriad Pro 字体），其余设置保留不变，如图 3.38 和图 3.39 所示。

9. 单击 Timeline 面板中的空白区域，取消选择 2 个图层，然后重新选择图层 2。

10. 在 Character 面板中，单击 Fill Color（填充色）框。然后在 Text Color（文字颜色）对话框中，选择一种绿色。我们采用 R=66，G=82，B=42，如图 3.40 和图 3.41 所示。

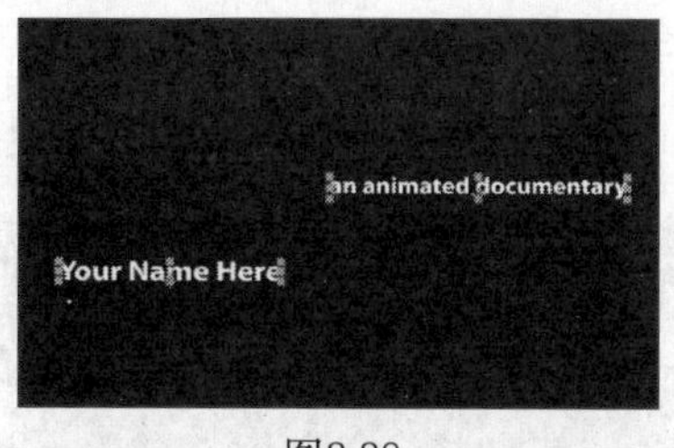

图3.38

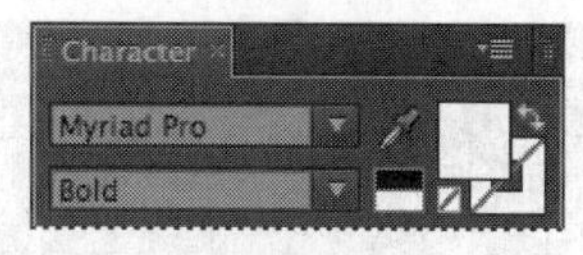

图3.39

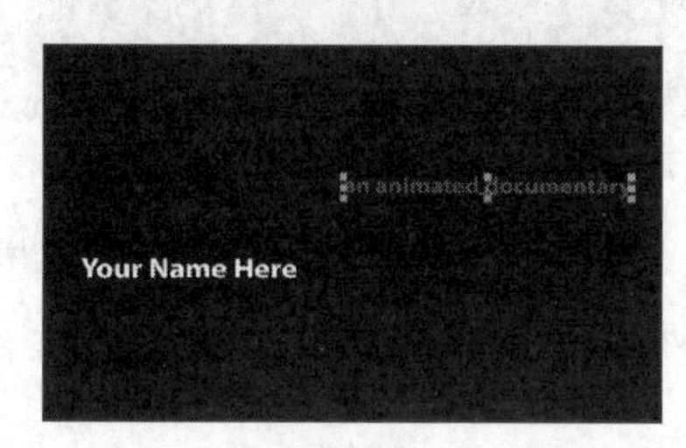

图3.40

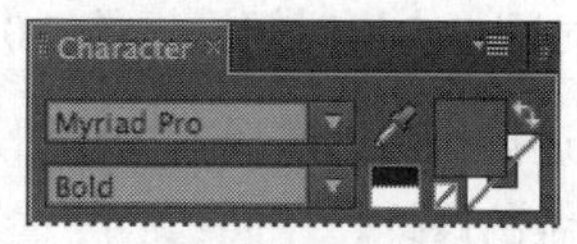

图3.41

3.7.3 为副标题制作动画

我们希望屏幕上“*an animated documentary*”副标题能在影片标题下面自左而右淡入显示。最简单的方法就是应用另一个预设文本动画。

1. 将时间线移动到5:00处，该点是标题和指南针缩放到它们最终尺寸的时间点。
2. 选择Timeline面板中的副标题图层（图层2）。
3. 按Ctrl+Alt+Shift+O（Windows）或Command+Option+Shift+O（Mac OS）组合键切换到Adobe Bridge。
4. 导航到Presets/Text/Animate In文件夹。
5. 选择Fade Up Characters(字符渐强)动画预设，并在Preview面板内预览。文本逐渐显示出来，效果不错。
6. 双击Fade Up Characters，在After Effects中将它应用到副标题图层。
7. 选中Timeline面板内的副标题图层，按两次U键查看被动画预设修改的属性。在Range Selector 1中可以看到两个关键帧：一个位于5:00，另一个位于7:00，如图3.42所示。

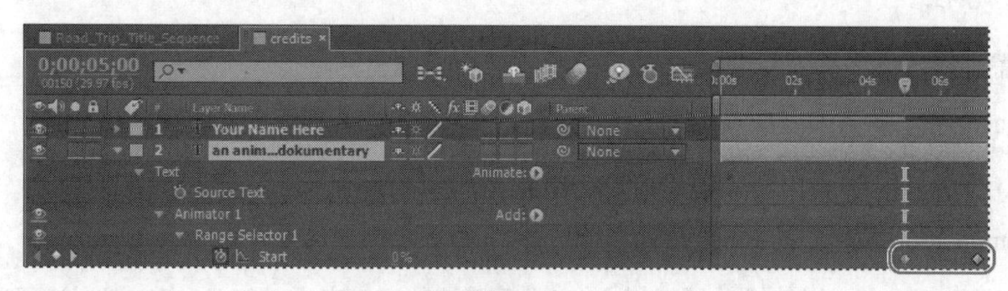

图3.42

这个合成图像还需要制作多个动画，所以需要将此特效提早 1 秒结束。

8. 移动到 6:00，然后将第二个 Range Selector 1 Start 关键帧拖放到 6:00，如图 3.43 所示。

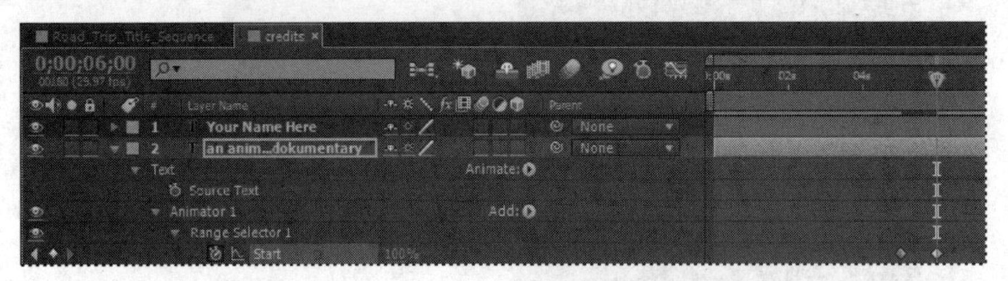

图3.43

9. 将当前时间标志沿时间标尺的 5:00 至 6:00 之间拖动，以便查看文本淡入效果。

10. 完成上述操作后，选择副标题图层，按 U 键隐藏修改过的属性。然后选择 File>Save 命令保存所做的修改。

3.8 用路径动画预设制作文本动画

你已经了解到预设文本动画强大的功能和易用性。下面将使用另一种预设文本动画为 *directed by* 文本制作动画，使它沿着路径运动。After Effects 包含一些使文本沿着预定路径运动的动画预设，这些动画预设还提供格式化的占位文本。所以，本练习将在应用动画预设之后才输入和格式化文本。

1. 选择 Timeline 面板中的 Road_Trip_Title_Sequence 选项卡。

2. 取消选择所有图层，再移动到 5:00。

3. 按 Ctrl+Alt+Shift+O（Windows）或 Command+Option+Shift+O（Mac OS）组合键切换到 Adobe Bridge。

4. 导航到 Presets/Text/Paths 文件夹。

5. 双击 Pipes（管道）预设动画。这将从 Adobe Bridge 切回 After Effects，并且自动在 After Effects 中创建一个名为 pipes 的新图层，该图层具有一个 Z 字形预定义路径，它穿过整幅合成图像。路径上的文本被影片标题遮挡而无法看清。稍后将解决这个问题。

定制预设路径

首先需要将占位字符 *pipes* 改为 *directed by*，然后再调整其路径。

1. 在 Timeline 面板中，移动到 6 :05，这时单词 pipes 水平显示在屏幕上。

2. 双击 Timeline 面板中的 pipes 图层。After Effects 切换到 Horizontal Type 工具（T），并选择 Composition 面板中的 pipes 单词。

3. 输入 directed by，以替换单词 pipes。完成后请按数字键盘上的 Enter 键，或者选择图层名称。

After Effects 将用新的图层名称更新 Timeline 面板，如图 3.44 和图 3.45 所示。

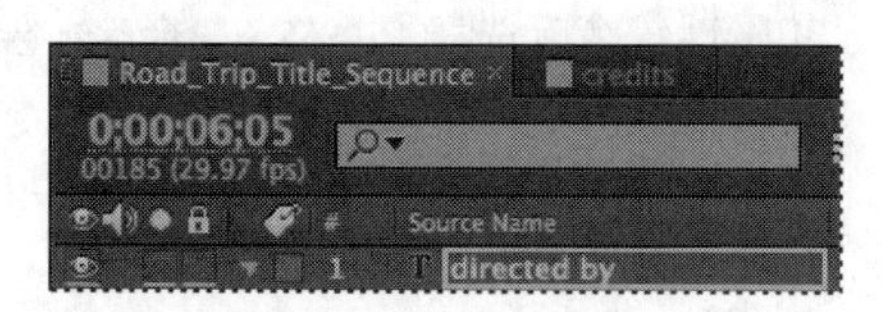

图3.44

图3.45

4. 打开 Character 面板，执行下述操作。

- 将 Font Family 设为 Minion Pro 或其他 Serif 字体。
- 将 Font Style 设为 Regular。
- 将 Font Size 设为 20 像素。
- 其余所有设置保留默认值，如图 3.46 和图 3.47 所示。

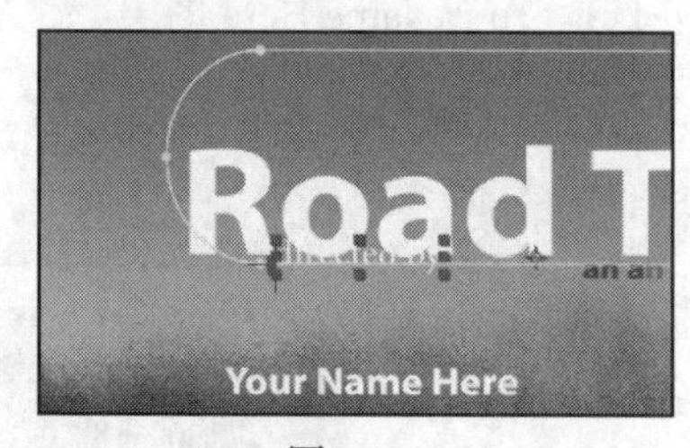

图3.46

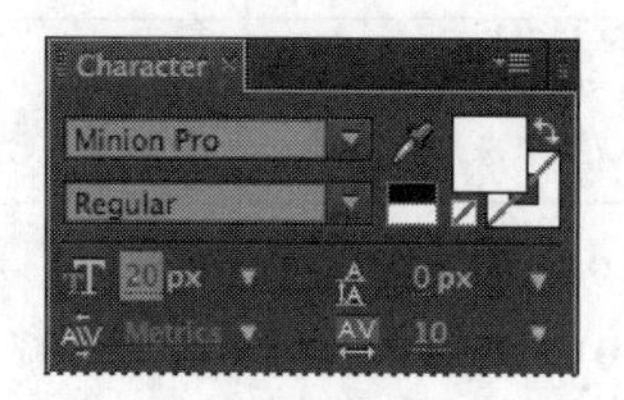

图3.47

5. 将当前时间标志沿时间标尺在 5:00 至 8:00 之间拖动，查看单词 *directed by* 在屏幕上的运动情况，以及之后是怎样离开屏幕的。

您将修改文本动画使其停留在屏幕上，但现在最好先调整路径在合成图像中的位置，使其不影响影片的标题。

6. 选择 Selection 工具（▶），双击 Composition 面板中的黄色运动路径。

7. 向下并稍向左拖动该路径，直到 Road Trip 文本位于上部曲线的中央，Your Name Here 位于曲线下部为止。这时用箭头键操作可能最方便，如图 3.48 和图 3.49 所示。

图3.48

图3.49

8. 按 Enter 或 Return 键接受修改。

本课后面会将一只卡车图形添加到该路径，看起来像是卡车将文本拖进屏幕一样。但首先要完成的是致谢名单的动画处理。

9. 选择 Timeline 面板中 directed by 图层，并隐藏其属性，然后选择 File>Save 命令，保存作品。

3.9 制作文本追踪动画

接下来要在合成图像中对导演名字的显示做动画处理，这次将使用文本追踪动画预设。用追踪动画可以使单词在屏幕上显得是向外扩展，就好像它们是从中央点显示到屏幕上一样。

3.9.1 定制占位文本

现在，导演名字只是用图层中的占位文本——Your Name Here 代替。在应用动画前，要把它改为您自己的名字。

1. 切换到 Timeline 面板中的 Credits 时间线，并选择 Your Name Here 图层。

> AE | 注意：编辑该图层中的文本时，当前时间标识的位置并不重要。通常，文本始终显示在合成图像中。一旦应用动画后它将发生改变。

2. 选择 Horizontal Type 工具（T），只会将合成图像面板中 Your Name Here 替换为您自己的名字。使用名字中的第一个字、中名和姓，这样的长字符串适合应用文字动画。完成上述操作后单击图层名，如图 3.50 所示。

图3.50

> AE | 注意：因为该图层是在 Photoshop 中命名，所以这次图层名也不会改变。

3.9.2 应用追踪预设

现在对导演名字应用追踪预设，使 *directed by* 文本移动到合成图像中央后不久，屏幕上开始显示导演名字。

1. 移动到 7:10。

2. 选择 Timeline 面板中的 Your Name Here 图层。

3. 切换到 Adobe Bridge，再导航到 Presets/Text/Tracking 文件夹，双击 Increase Tracking（增量追踪）预设，将其应用到 After Effects 中的 Your Name Here 图层。

> **AE** 提示：如果不想切换到 Adobe Bridge，不想预览该预设，则只需在 Effects & Presets 面板的搜索框中键入 Increase Tracking，再双击该特效，即可将它应用到 Timeline 面板中选中的图层。

4. 将当前时间标志沿时间标尺在 7:10 ~ 9:10 之间拖动，以手工预览追踪动画，如图 3.51 ~ 图 3.53 所示。

图3.51

图3.52

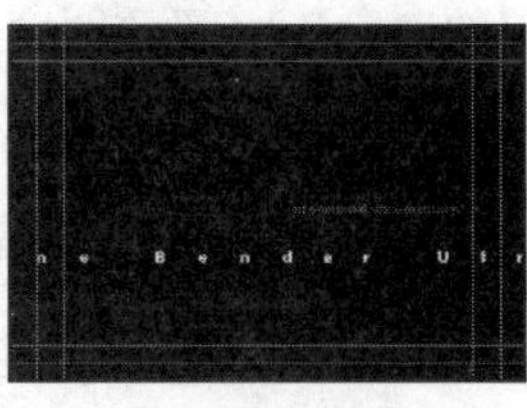

图3.53

3.9.3　定制追踪动画预设

文本扩展开，但我们希望的动画效果是：开始时字符互相紧靠在一起，然后扩展到便于阅读的合理距离，而且还希望加快动画的速度。我们将调整 Tracking Amount（追踪量）以达到这两个目的。

1. 在 Timeline 面板中选择 Your Name Here 图层，按两次 U 键以显示修改过的属性。

2. 移动到 7:10。

3. 在 Animator 1 下，将 Tracking Amount 修改为 −5，这样字母就挤压到一起，如图 3.54 和图 3.55 所示。

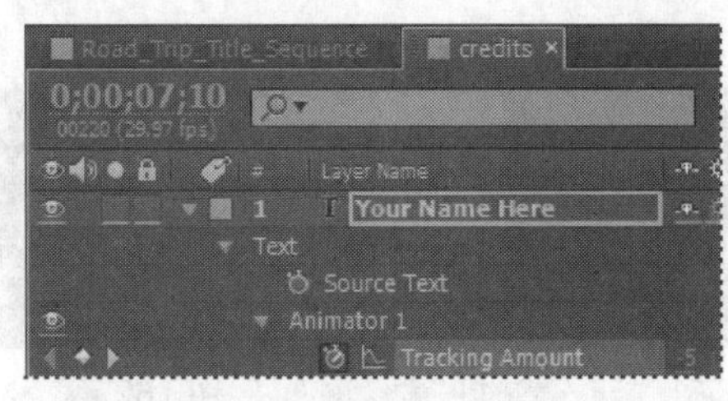

图3.54

图3.55

4. 单击 Tracking Amount 属性的 Go To Next Keyframe（移动到下一关键帧）箭头（▶），然后将其数值更改为 0，如图 3.56 和图 3.57 所示。

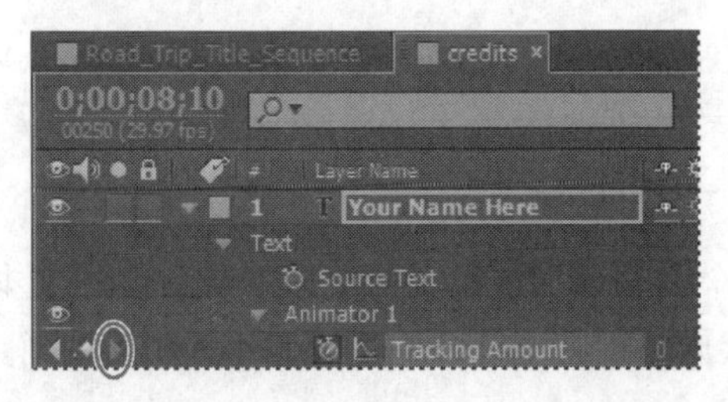

图3.56

图3.57

5. 将当前时间标志沿时间标尺在 7:10 ～ 8:10 之间拖动，文字显示在屏幕上时字母扩展开来，然后在最后一个关键帧处停止动画。

3.10 对文本不透明度做动画处理

我们来对导演名字增加进一步的动画特效，使其在字母展开时淡入到屏幕上。要实现该动画，需要对图层的 Opacity（不透明度）属性进行动画处理。

1. 选择 Credits 时间线上的 Your Name Here 图层。
2. 按 T 键只显示该图层的 Opacity 属性。
3. 移动到 7:10，将 Opacity 值设为 0%。然后单击关键帧记录器图标（⏱），设置 Opacity 关键帧。
4. 移动到 7:20，将 Opacity 值设为 100%。After Effects 添加另一个关键帧。现在，导演名字在屏幕上展开时应该具有淡入效果，如图 3.58 和图 3.59 所示。

图3.58

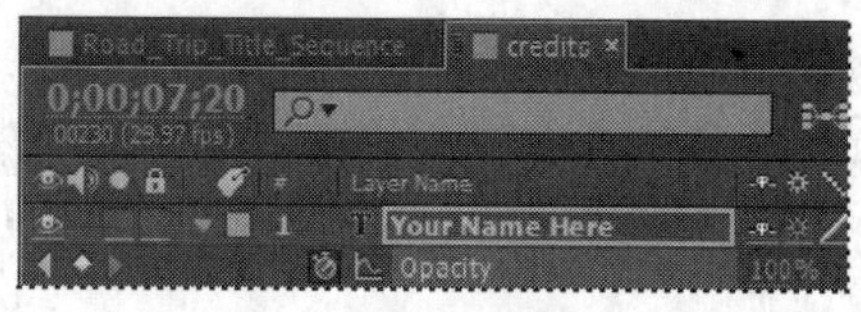

图3.59

5. 将当前时间标志沿时间标尺在 7:10 至 9:10 之间拖动，可以看到导演名字展开的同时在屏幕上淡入，如图 3.60 ～图 3.62 所示。

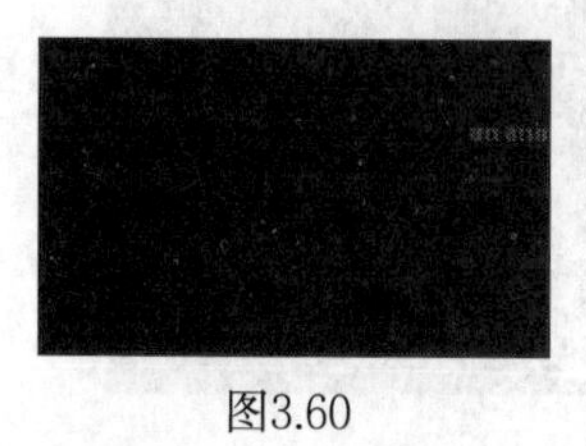
图3.60

图3.61

图3.62

6. 右键单击（Windows）或按住 Control 键单击（Mac OS）Opacity 结束关键帧，再选择 Keyframe Assistant > Easy Ease In 命令。
7. 选择 File>Save 命令。

3.11 使用文本动画组

文本动画组可以对图层中一段文本内的各个字符分别进行动画处理。你将使用文本动画组仅对中名内的字符进行动画处理，而不影响该图层内名字其他部分的追踪和不透明度动画。

1. 在 Timeline 面板中移动到 8:10。

2. 隐藏 Your Name Here 图层的 Opacity 属性。然后展开该图层，查看其 Text 属性组名称。

文本动画组

文本动画组包括一个或多个选择区以及一个或多个动画属性。选择区的功能与蒙版相似——它指出动画属性影响文本图层的哪些字符或哪一部分。使用选择区可以定义一定比例的文本、文本的特定属性或一定范围的文本。

组合使用动画属性和选择区可以创建原本需要多个关键帧才能实现的复杂文本动画。大多数文本动画仅要求对选择区的值（而不是属性值）做动画处理。因而即使是复杂动画，文本动画也只需使用少量的关键帧。

关于文本动画组更多的内容请参阅After Effects帮助。

3. 单击 Text 属性名旁边的 Animate 下拉列表，选择 Skew（斜切）命令。该图层的 Text 属性中会出现一个名为 Animator 2 的属性组，如图 3.63 所示。

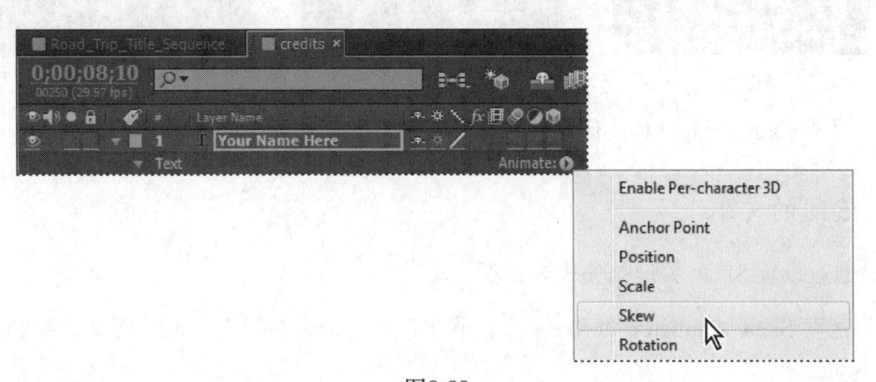

图3.63

4. 选择 Animator 2，按 Enter 键或 Return 键，将其更名为 Skew Animator。然后再次按下 Enter 键或 Return 键，确认新名字，如图 3.64 所示。

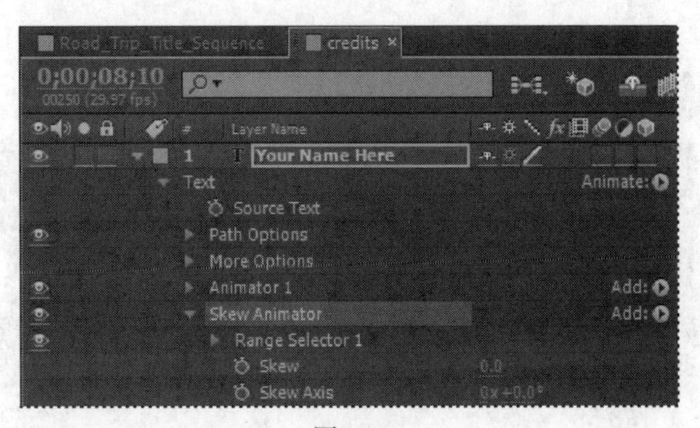

图3.64

现在我们准备定义斜切的字符范围。

5. 展开 Skew Animator 的 Range Selector 1（范围选择区 1）属性。

每个动画组都包含一个默认的范围选择区。范围选择区将动画处理限制在文本图层内特定的几个字母上。你可以向动画组增加更多范围选择区，也可以对同一范围选择区应用多个动画属性。

6. 一边监看 Composition 面板，一边向右拖动，调高 Skew Animator 的 Range Selector 1 Start（范围选择区 1 开始点）值，直到左边的选择区提示符（▸）刚好位于中名的第一个字母前（本例中，指的是 *Bender* 中的 *B*）为止。

7. 向左拖动，减小 Skew Animator 的 Range Selector 1 End（范围选择区 1 结束点）的值，直到它在 Composition 面板中的提示符（◂）刚好位于中名的最后一个字母后（本例中，指的是 *Bender* 中的 *r*）为止，如图 3.65 ~ 图 3.67 所示。

图3.65　　图3.66　　图3.67

现在，用 Skew Animator 对任何属性制作的动画特效都将只影响您选中的中名。

斜切一定范围的文本

现在，通过设置 Skew 关键帧使中名摇摆晃动。

1. 左右拖动 Skew Animator 的 Skew 值，请注意只有中名在摇摆，而该行文本中的其他部分保持不动。

2. 将 Skew Animator 的 Skew 值设为 0。

3. 移动到 8:05，单击 Skew 的关键帧记录器图标（⏱），向该属性添加关键帧，如图 3.68 和图 3.69 所示。

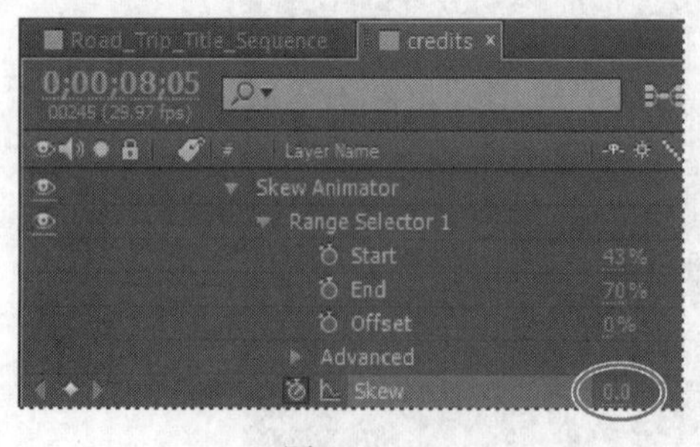

图3.68

图3.69

4. 移动到 8:08，将 Skew 值设为 50.0。After Effects 将添加一个关键帧。如图 3.70 和图 3.71 所示。

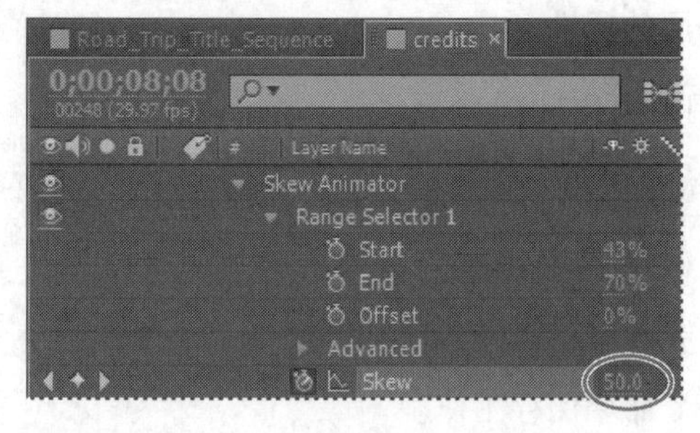

图3.70

图3.71

5. 移动到 8:15,将 Skew 值改为 -50。After Effects 会添加另一个关键帧。如图 3.72 和图 3.73 所示。

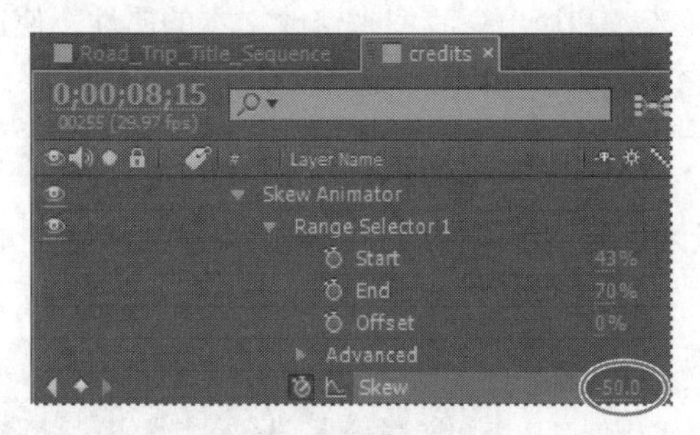

图3.72

图3.73

6. 移动到 8:20 处，将 Skew 值改为 0，设置最后一个关键帧。如图 3.74 和图 3.75 所示。

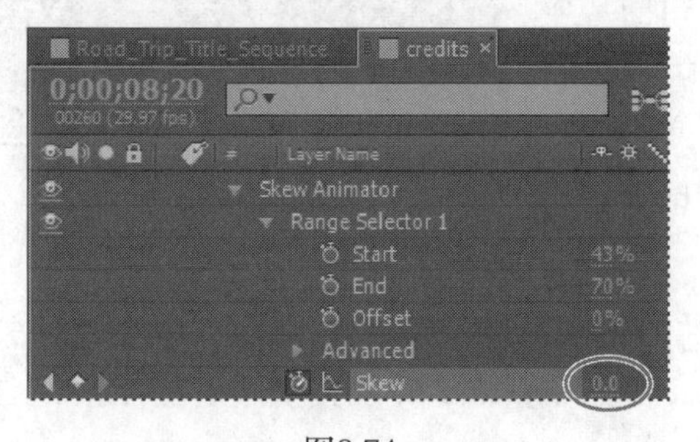

图3.74

图3.75

7. 单击 Skew 属性名，选择所有 Skew 关键帧，然后选择 Animation>Keyframe Assistant>Easy Ease 命令，对所有关键帧添加 Easy Ease 特效。

AE | 提示：要从文本图层中快速地删除所有文本动画，可以在 Timeline 面板中选择该层，之后再选择 Animation>Remove All Text Animators（移去所有文本动画）命令。如果只想删除某个动画，则在 Timeline 面板中选择该动画名，再按 Delete 键。

8. 沿着时间标尺在 7:10 ~ 8:20 之间拖动当前时间标志，查看导演名字在屏幕上怎样淡入，以及扩展，以及中名怎样摆动，而名字其他部分不受影响。
9. 隐藏 Timeline 面板中 Your Name Here 图层的属性。
10. 选择 Road_Trip_Title_Sequence 选项卡打开其时间线。
11. 按 End 键，或者将当前时间指示器移动到 9:29。然后按 N 键，将工作区的结束点设置到合成图像的结束处。
12. 按 Home 键或移动到 0:00，然后对整个合成图像进行 RAM 预览。
13. 按空格键停止播放，然后选择 File > Save 命令保存工作。

3.12 修整路径动画

现在，*directed by* 文字沿着 Pipes 预设路径淡入和淡出。我们来修改文本的属性，使这个文本在整个动画过程中都不透明，并且刚好停止在名字上方。

1. 在 Timeline 面板中选择 directed by 图层，按 U 键显示该图层的动画属性。
2. 单击 Range Selector 1 Offset（范围选择区 1 偏移）属性的关键帧记录器图标（⏱），删除其所有关键帧。
3. 根据当前时间标志在时间标尺中所处的位置不同，Range Selector 1 Offset 的最终取值可能被设置 0%，也可能不被设置为该值。如果其值不为 0%，则请将其设为 0%。如图 3.76 所示。

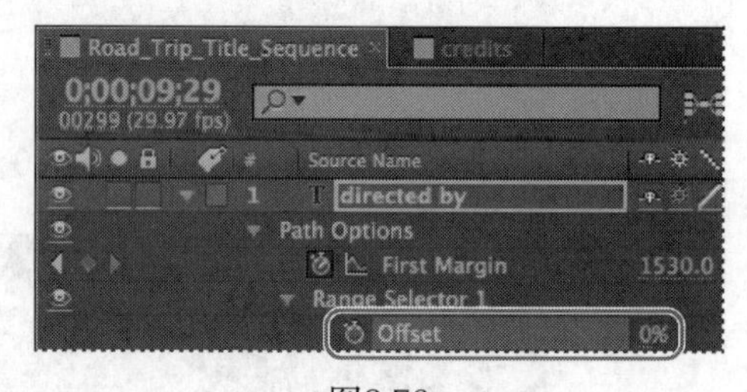

图3.76

现在，在合成图像持续时间内 *directed by* 单词将一直可见。接下来，需要修改 First Margin（开始留白）属性，使文本动画停止在您的名字上方。

4. 在 Timeline 面板中选择 First Margin 属性的最后一个关键帧，并删除它。因为中间关键帧（现在成为最后关键帧）被设置为 Easy Ease，所以 *directed By* 会慢慢停止在名字的上方，如图 3.77 和图 3.78 所示。

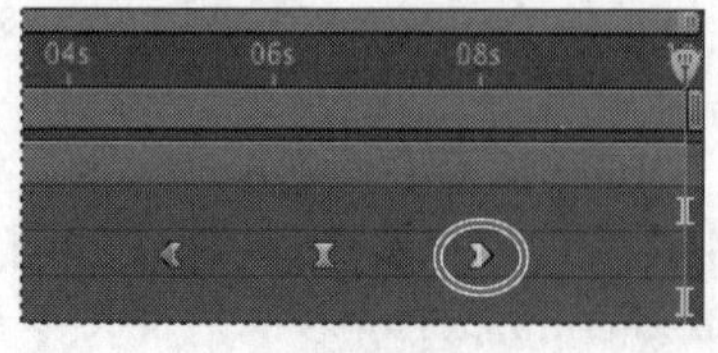

图3.77

图3.78

5. 移动到 6:14，将 First Margin 值改为 685。如图 3.79 所示。

还需要调整路径的形状，使其开始和结束都在屏幕之上。

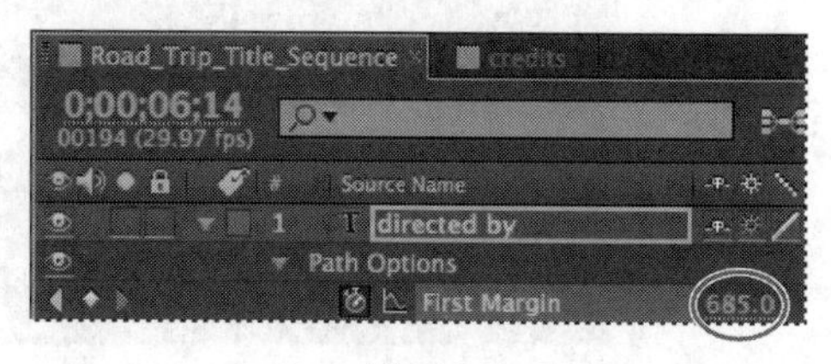

图3.79

6. 在 Composition 面板中选用 Selection 工具（![]），按住 Shift 键，向右拖动 S 形曲线顶部的控制点，并将其拖离屏幕。请将其拖得足够远，使卡车不可见。

7. 在 S 形曲线的尾部单击控制点，按下 Shift 拖放控制点到屏幕的左侧，使卡车不可见。如图 3.80 ～图 3.82 所示。

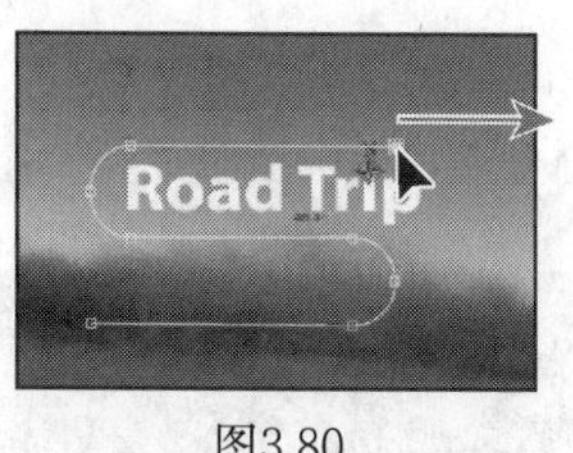

图3.80

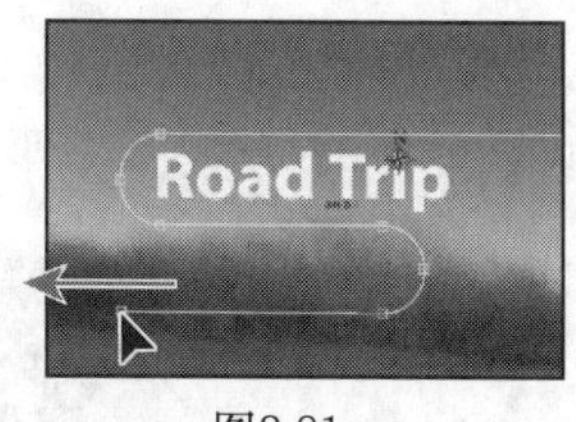

图3.81

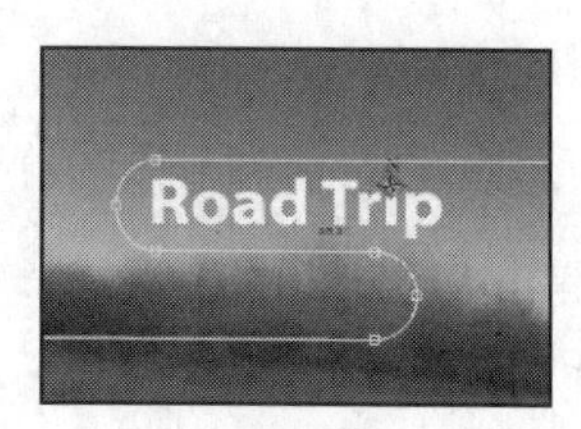

图3.82

8. 从大约 5:00 处预览动画至 9:00，查看修改后的路径动画。

> AE | 注意：根据路径的开始和结束控制点的移动距离大小，你可能需要再次改变 First Margin 的值以重新定位文本。

9. 如果文本不是停止在名字的正上方，请调整最后一个关键帧的 First Margin 数值。

10. 隐藏 Timeline 面板中 directed by 图层的属性，然后选择 File>Save 命令。

3.13 沿着运动路径对非文本图层进行动画处理

项目的最后，将用文本图层内的蒙版使非文本图层产生动画效果。具体来说，就是要利用 *directed by* 路径的蒙版形状为卡车图形创建移动路径，使其看起来像是卡车正在拖动文本一样。首先需要导入蜻蜓图形，将它添加到合成图像中。

1. 双击 Project 面板中的空白区域，打开 Import File 对话框。

2. 选择 AECC_CIB\Lessons\Lesson03\Assets 文件夹中的 car.ai 文件，从 Import As 下拉列表中选择 Composition-Retain Layer Sizes，然后单击 Import 或 Open 按钮。

3. 将 Project 面板中的 car 合成图像拖放到 Road_Trip_Title_Sequence Timeline 面板中图层栈的顶部，如图 3.83 和图 3.84 所示。

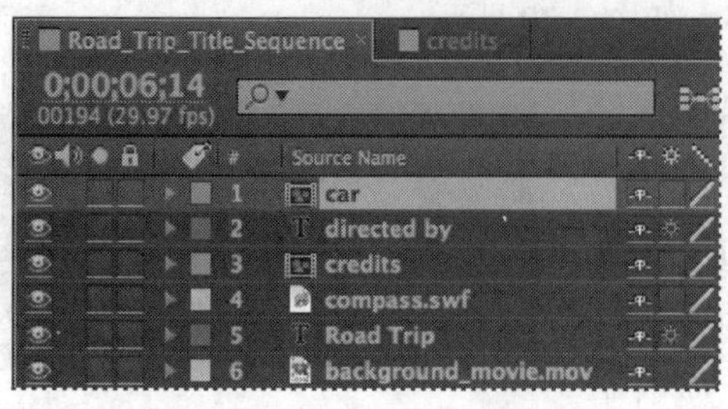

图3.83

图3.84

3.13.1 复制蒙版形状

现在准备将 directed by 图层的路径蒙版形状复制到 car 图层。

1. 移动到 5:00。
2. 在 Timeline 面板中选择 directed by 图层，按 M 键显示其 Mask Path（蒙版形状）属性。
3. 单击 Mask Shape 属性名，选择它，然后选择 Edit>Copy 命令。
4. 选择 car 图层，按 P 键显示其 Position 属性。
5. 单击选择 Position 属性名，然后选择 Edit>Paste 命令。如图 3.85 所示。

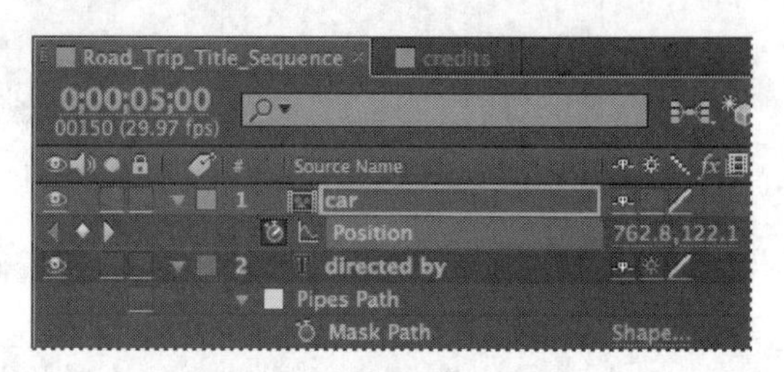

图3.85

After Effects 将 directed by 图层的 Position 关键帧复制到 car 图层。

3.13.2 确定对象的方向

不幸的是，卡车是倒着开的，但这容易解决。

1. 选择 Timeline 面板中的 car 图层，再选择 Layer>Transform>Auto-Orient（自动定向）命令。
2. 在 Auto-Orientation 对话框中，选择 Orient Along Path（沿路径定向），然后单击 OK 按钮。如图 3.86 所示。

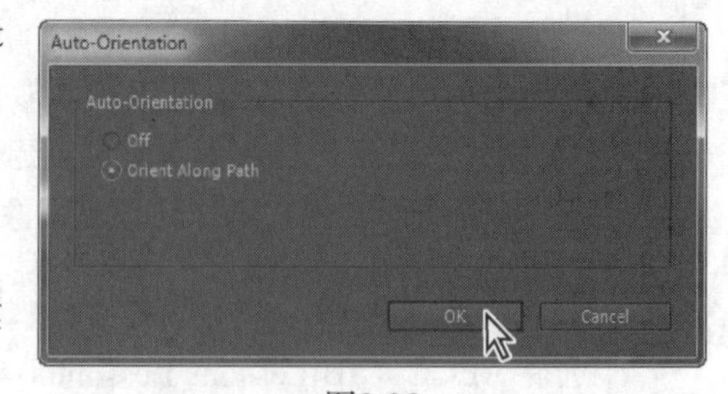

图3.86

现在卡车向前飞了。

3. 在 Timeline 面板中选择 car 图层，然后按 U 键隐藏其 Position 属性。

3.13.3 协调文本和卡车的时序

接下来需要协调卡车和 *directed by* 文本的移动时序，使文本能正好尾随在卡车后面。

1. 在 Timeline 面板中选择 directed by 图层，按 U 键显示其 Path Options（路径选项）。

2. 移动到 5:18，将 First Margin 值改为 373。After Effects 添加一个关帧，文本在卡车的后面移动。

3. 移动到 5:25，将 First Margin 值改为 559。

4. 移动到 4:24，然后将第一个 First Margin 关键帧（朝左的箭头）拖动到该点，如图 3.87 所示。

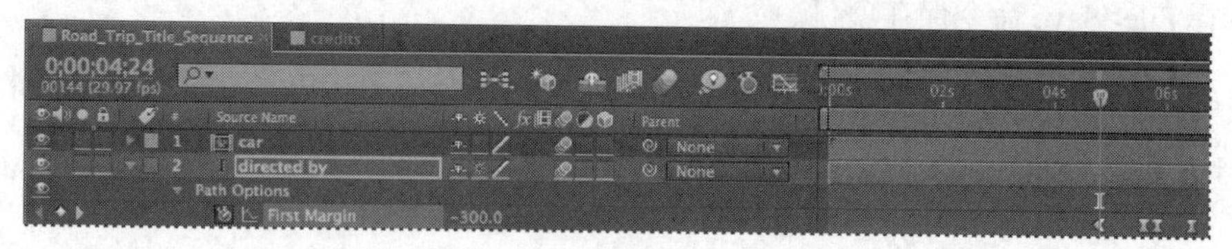

图3.87

5. 沿时间标尺将当前时间标志从 4:20 移动到 7:10，手工预览修改后的路径动画。可以看到文本跟随着卡车移动，并停止在名字上方，而卡车继续沿着路径飞出屏幕。

6. 隐藏 directed by 图层属性，然后按 Home 键或将当前时间指示器移动到时间标尺的开始点。

3.14 添加运动模糊

运动模糊是指当物体运动时产生的模糊效果。我们将应用运动模糊特效，使合成图像看起来更精美，移动显得更自然。

1. 在 Timeline 面板中，单击 background_movie 和 credits 图层之外所有图层的 Motion Blur（运动模糊）开关（），如图 3.88 所示。

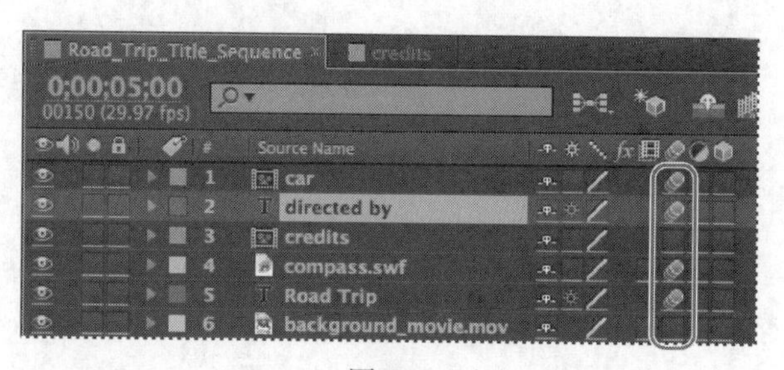

图3.88

现在，对 credits 合成图像中的图层应用运动模糊。

2. 切换到 Credits Timeline 面板，并激活其两个图层的运动模糊，如图 3.89 所示。

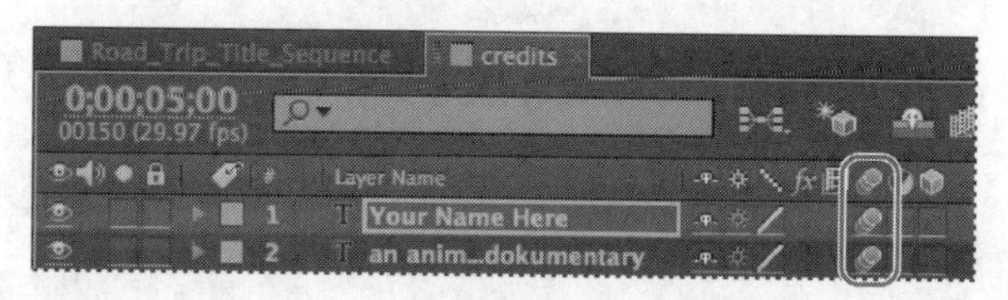

图3.89

3. 切换回 Road_Trip_Title_Sequence Timeline 面板，并选取 credits 图层的 Motion Blur 开关。然后单击 Timeline 面板顶部的 Enable Motion Blur（启用运动模糊）按钮（ ）。这样，在 Composition 面板中就能看到运动模糊。

4. RAM 预览整个完成后的动画。

5. 选择 File>Save 命令保存项目。

恭喜，您已经完成了复杂文本动画的制作。如果想把合成图像以影片文件导出，请参考第 14 课的说明。

3.15 复习题与答案

3.15.1 复习题

1. After Effects 中文本图层和其他类型图层有什么相似和不同之处？
2. 怎样预览文本动画预设？
3. 怎样把对一个图层所做的变换赋予另一个图层？
4. 什么是文本动画组？

3.15.2 复习题答案

1. After Effects 的文本图层和其他种类图层在许多方面都是相同的。可以对文本图层应用特效和表达式，对其进行动画处理，将其设为 3D 图层，还可以在以多种视图方式查看 3D 文字时编辑它。但是，与形状图层相似，这两种图层都无法在自己的 Layer 面板中打开，而且它们都是包含矢量图形的综合图层。可以用特殊的文本动画属性和选择器对文本图层中的文本进行动画处理。
2. 可以在 Adobe Bridge 中选择 Animation>Browse Presets（浏览预设）命令预览文本动画预设。Adobe Bridge 打开并显示 After Effects Presets 文件夹中的内容，导航到包含各种文本动画预设（如 Blurs 或 Paths）的文件夹，然后在 Preview 面板中观看动画预设例子。之后双击预设，将其添加到 After Effects Timeline 面板中当前选中的图层内。
3. 在 After Effects 中可以使用父化关系将对一个图层所做的变换赋给另一个图层（除了不透明变换之外）。当一个图层成为另一个图层的父图层时，另一个图层被称作子图层。图层间创建父化关系可以使父图层内所做的修改与子图层中相应的变换值保持同步。
4. 使用文本动画组能对文本图层内的各个字符的属性进行动画处理。文本动画组包含一个或多个选择区。选择区的功能与蒙版类似：它们允许您指定动画属性影响文本图层内的哪些字符或哪些区域。使用选择区可以定义一定百分比的文本、文本中指定的字符或具体的文本范围。

第4课　使用形状图层

课程概述

本课介绍的内容包括：

- 创建自定形状；
- 定制形状的填充和描边；
- 使用路径操作变换形状；
- 形状的动画处理；
- 形状的复制；
- 图层对齐；
- 使用 Brainstorm（大脑风暴）功能体验不同设计选项；
- 向视频图层添加 Cartoon（卡通）特效，以获得与众不同的显示效果；
- 使用表达式结合音频以时间方式设置动画属性。

本课大约要用 1 小时时间完成。启动 After Effects 之前，先找到附带光盘的 Lesson04 文件夹，将其复制到本地硬盘上为这些项目创建的文件夹 Lessons 中(或现在创建 Lessons 文件夹)。学习本课时，将覆盖复制的初始文件。如果需要恢复这些初始文件，从附带光盘中再复制一遍即可。

形状图层功能可以方便地创建富有表现力的背景和生动的效果。我们可以对形状进行动画处理，应用动画预设，添加副本，以增强它们的效果。

4.1 开始

当您使用任意绘图工具绘制形状时，将自动创建形状图层。我们可以对单个形状或其整个图层进行定制或变换，以创建出有趣的视觉效果。本课将用形状图层为一个名为 DJ Quad Master 的真实场景创建动态背景。你还将使用 Cartoon 特效改变影片的整体外观。该特效在支持 OpenGL 的视频卡上可以获得最佳效果。你可以选择跳过 Cartoon 特效的章节。如果这样，你也可以完成本课的项目，但与影片例子中的显示效果可能不同。

首先预览最终影片并设置项目。

1. 确认硬盘上的 AECC_CIB \Lessons\ Lesson04 文件夹中存在以下文件。

- Assets 文件夹内：DJ.mov、gc_adobe_dj.mp3。
- Sample_Movie 文件夹内：Lesson04.mov。

2. 请打开并播放影片例子文件 Lesson04.mov，查看本章将创建的效果。播放完后，退出 QuickTime Player。如果硬盘空间有限，则可以将该影片例子从硬盘删除。

启动 After Effects 时，请恢复应用程序的默认设置。详细情况请参见前言中的“恢复默认参数”。

3. 启动 After Effects 时请按下 Ctrl+Alt+Shift（Windows）或 Command+Option+Shift（Mac OS）组合键，系统询问是否删除参数文件时，单击 OK 按钮。

4. 单击 Close 按钮关闭 Welcome 窗口。

After Effects 打开后显示一个空白的无标题项目。

5. 选择 File>Save As>Save As 命令，然后导航到 AECC_CIB\Lessons\Lesson04\Finished_Project 文件夹。

6. 将该项目命名为 Lesson04_Finished.aep，然后单击 Save 按钮。

创建合成图像

接下来将导入所需的文件，并创建合成图像。

1. 双击 Project 面板中的空白区域，打开 Import File 对话框。

2. 导航到硬盘上的 AECC_CIB\Lessons\Lesson04\Assets 文件夹，按住 Shift 单击选择 DJ.mov 和 gc_adobe_dj.mp3 文件，再单击 Import 或 Open 按钮。

3. 选择 File>New>New Folder 命令，在 Project 面板中创建新文件夹。

4. 输入 Assets 命名该文件夹，再按 Enter 键或 Return 键接受输入的名字，然后将导入的素材项拖放到 Assets 文件夹中。打开文件夹就可以看到其中的内容，如图 4.1 所示。

5. 按 Ctrl+N（Windows）或 Command+N（Mac OS）组合键创建新合成图像。

6. 在 Composition Settings 对话框中，将合成图像命名为 Shapes Background，选择 NTSC DV 预设，并将时长设置为 10:00。然后单击 OK 按钮，如图 4.2 所示。

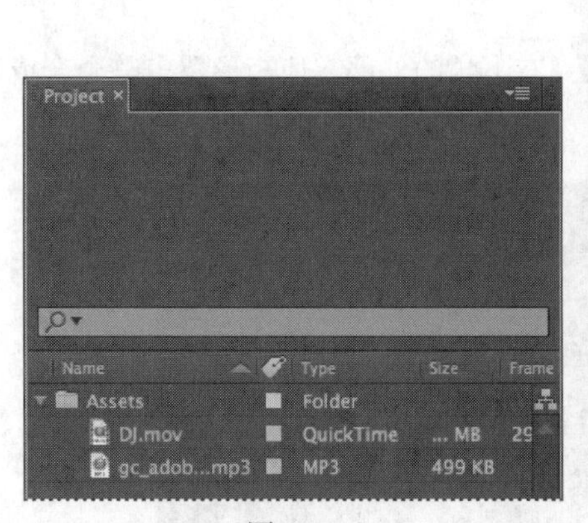

图4.1

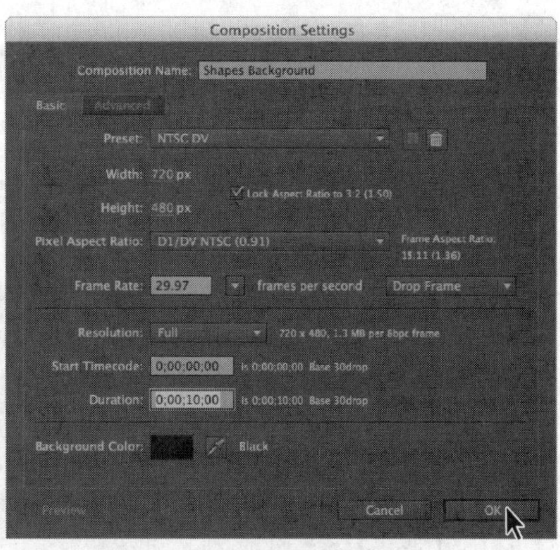

图4.2

> AE | 提示：要设置为 10 秒，请在 Duration（时长）框中输入 10.。其中点代表该位置没有数字。如需设置为 10 分钟，请在框中输入 10..。

After Effects 将在 Timeline 和 Composition 面板中打开新合成图像。

4.2 添加形状图层

与使用纯色图层相比，使用形状图层的优点是，可以使用 Fill（填充）选项创建线性或径向渐变。下面将使用 Rectangle（矩形）工具为合成图像创建渐变背景。

4.2.1 关于形状

After Effects 提供 5 种形状工具：Rectangle（矩形）、Rounded Rectangle（圆角矩形）、Ellipse（椭圆）、Polygon（多边形）以及 Star（星形）。当直接在 Composition 面板中绘制形状时，After Effects 将向合成图像添加一个新的形状图层。我们可以向形状应用描边或填充设置，改变其路径，也可以应用动画预设。形状属性都显示在 Timeline 面板中，可以在动画的不同时间点改变任一属性设置。

同一种绘图工具可以用来创建形状，也可以创建蒙版。蒙版应用到图层，以隐藏或显示图像的特定区域，而形状则拥有它们自己的图层。选择绘图工具时，可以指定是绘制形状还是蒙版。

4.2.2 绘制形状

我们先绘制矩形，它将包含渐变填充。

1. 选择 Rectangle 工具（ ），如图 4.3 所示。

2. 从 Composition 面板底部的 Magnification Ratio（放大率）下拉列表中选择 50%，这样可以看到整个合成图像。

图4.3

3. 单击合成图像左上角的外部，并拖动绘图工具到右下角的外部，使矩形覆盖整个合成图像，如图 4.4 所示。

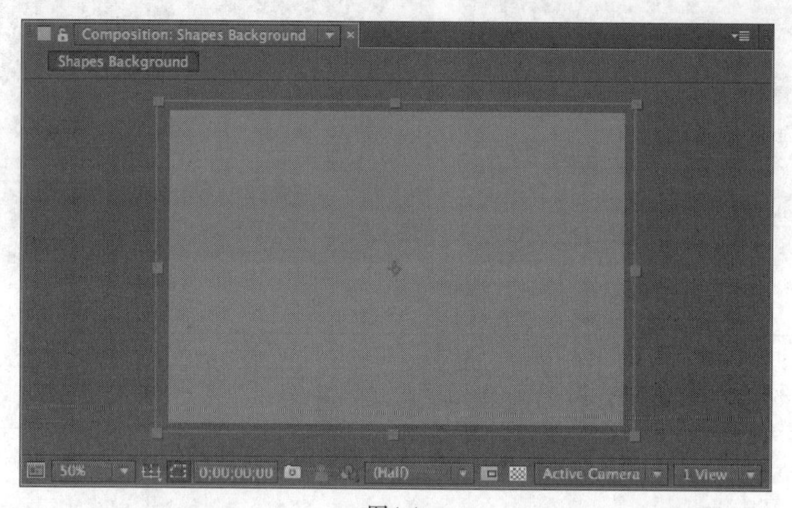

图4.4

Composition 面板中将显示该形状，同时 After Effects 在 Timeline 面板中添加一个名为 Shape Layer 1 的形状图层，如图 4.5 所示。

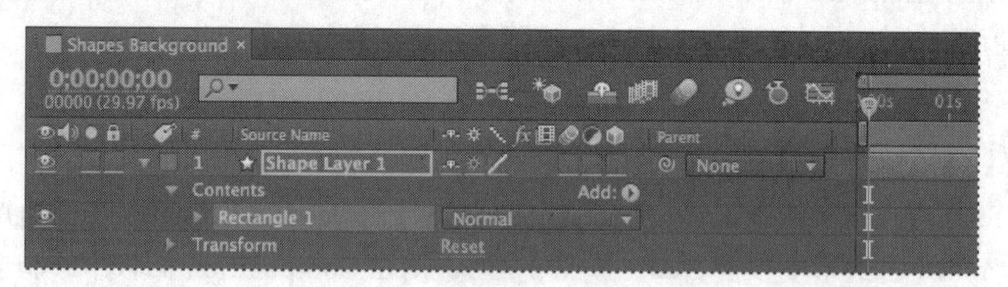

图4.5

4.2.3 应用渐变填充

在 Tools 面板中更改形状的 Fill 设置，可以改变形状的颜色。单击 *fill* 文字，打开 Fill Options（填充选项）对话框，从中可以选择填充类型、混合模式以及不透明度。单击 Fill Color（填充颜色）框，如果填充的是纯色，将打开 Adobe Color Picker（Adobe 拾色器）窗口；如果填充的是渐变，则将打开 Gradient Editor（渐变编辑器）窗口。

1. 单击文字 fill，打开 Fill Options 对话框，如图 4.6 所示。

图4.6

2. 选择 Radial Gradient（径向渐变）选项（ ），单击 OK 按钮，如图 4.7 和图 4.8 所示。

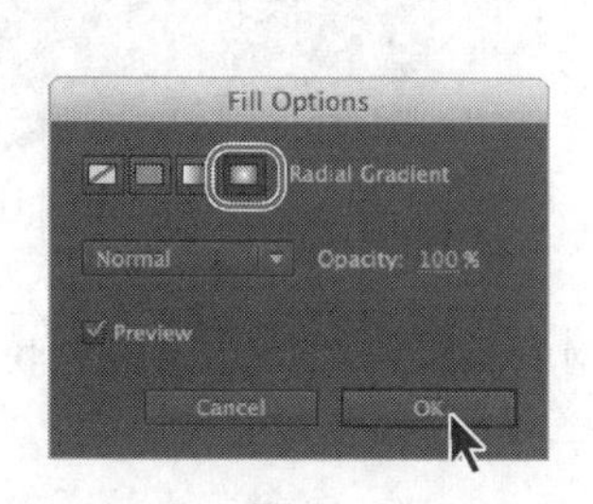

图4.7

图4.8

3. 单击 Fill Color 框（Fill 单词旁边），打开 Gradient Editor 窗口。

4. 选择白色色标（渐变条下方左侧色标），并选择淡蓝色（我们采用 R=100，G=185，B=240）。

5. 选择黑色色标（渐变条下方右侧色标），并选择深蓝色（我们采用 R=10，G=25，B=150）。

6. 单击 OK 按钮应用新的渐变色，如图 4.9 所示。

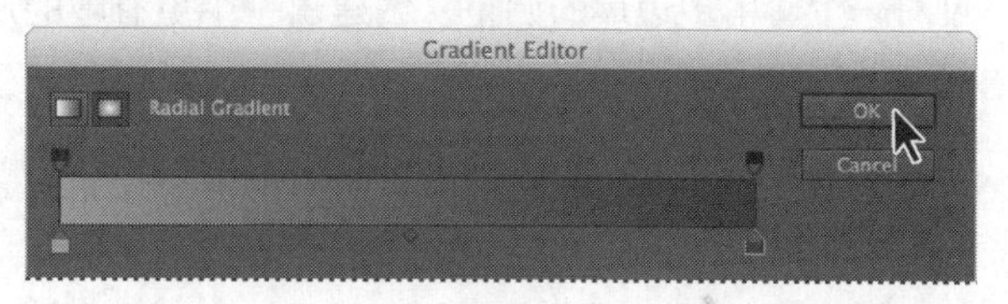

图4.9

4.2.4 更改渐变设置

现在渐变覆盖的范围很小，它会快速衰退。下面将调整形状图层的设置，扩展渐变。

1. 在 Timeline 面板中，展开 Shape Layer 1 > Contents（内容）> Rectangle 1 > Gradient Fill 1。

2. 将 Start Point（开始点）更改为（0,225），而 End Point（结束点）更改为（0,740），如图 4.10 和图 4.11 所示。

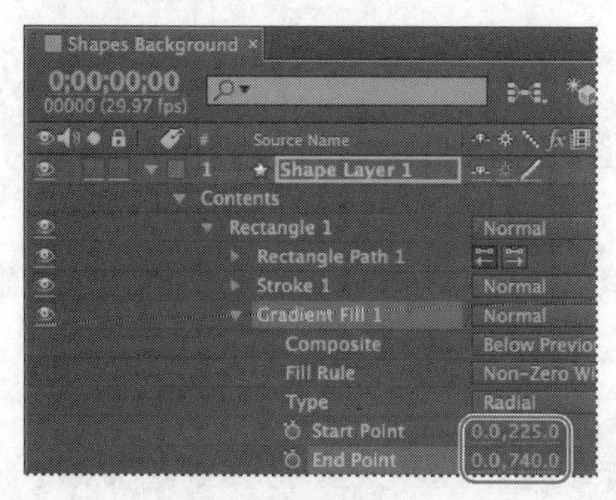

图4.10

图4.11

现在渐变从屏幕底部开始，到接近合成图像顶部边缘附近的区域结束。

3. 隐藏显示 Shape Layer 1 属性。

4. 选择该图层名（Shape Layer 1），按 Enter 键或 Return 键，然后键入 Background。按 Enter 键或 Return 键确认新图层名。

5. 单击 Background 图层的 Lock（🔒）（锁定）列，避免会不经意间选择它，如图 4.12 所示。

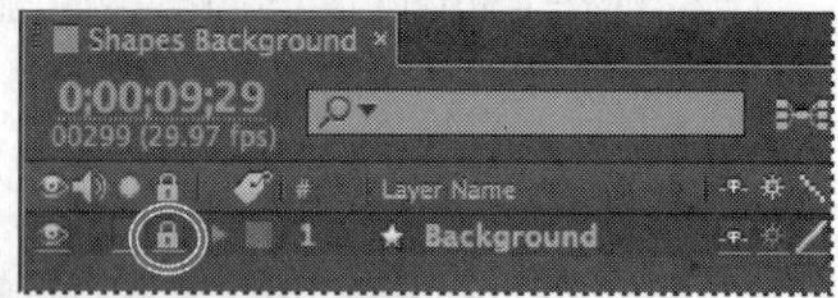

图4.12

4.3 创建自定形状

虽然只有 5 种形状工具，但是通过修改我们所绘制的路径可以创建多种形状。尤其 Polygon 工具，它具有极大的灵活性。下面将用它在背景中创建一个旋转的太阳。

4.3.1 绘制多边形

默认情况下，使用 Polygon 工具绘制形状时，它采用上一次该工具绘制时的设置。但是，通过调整绘制点、位置、旋转、外半径、外圆角等属性，可以极大地改变最初的形状。下面我们通过对一个简单多边形的调整，创建出一个更有趣的形状。

1. 选择 Polygon 工具（⬢），该工具隐藏在 Rectangle 工具（▭）后面。

2. 在 Composition 区域内拖放出多边形，如图 4.13 和图 4.14 所示。

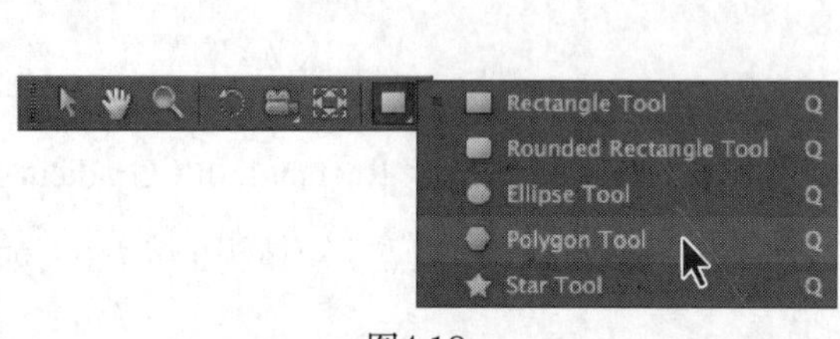

图4.13

图4.14

> **AE** | **提示**：拖出形状时，按空格键可以在 Composition 面板内对形状进行重定位。

3. 在 Timeline 面板中，展开 Shape Layer 1 > Polystar 1 > Polystar Path 1。

4. 将 Points（绘制点）更改为 6，Rotation 修改为 0 度，Outer Radius（外半径）设置为 150。

5. 将 Outer Roundness 修改为 –500%，如图 4.15 和图 4.16 所示。

> **AE** | **提示**：可以将设置修改为小于 0 或大于 100%，这样产生的效果将更富戏剧性。

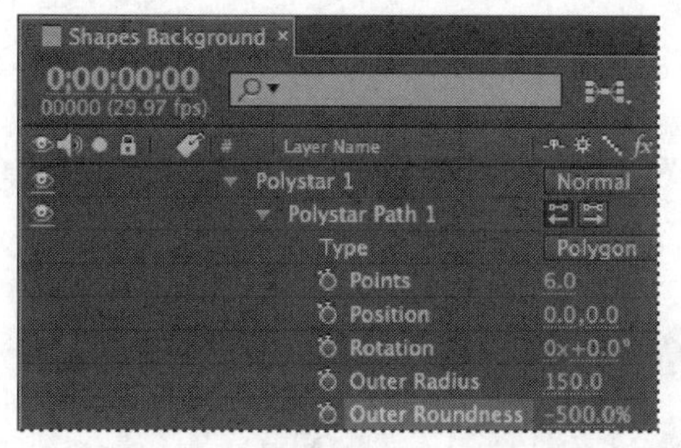

图4.15

图4.16

6. 隐藏 Polystar Path 1 属性。

7. 在 Tools 面板中单击文字 *fill*，打开 Fill Options（填充选项）对话框。选择 Solid Color（纯色）图标（▭），然后单击 OK 按钮，如图 4.17 和图 4.18 所示。

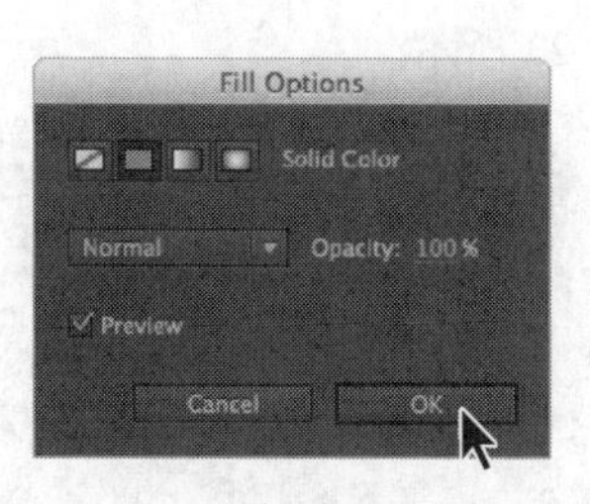

图4.17

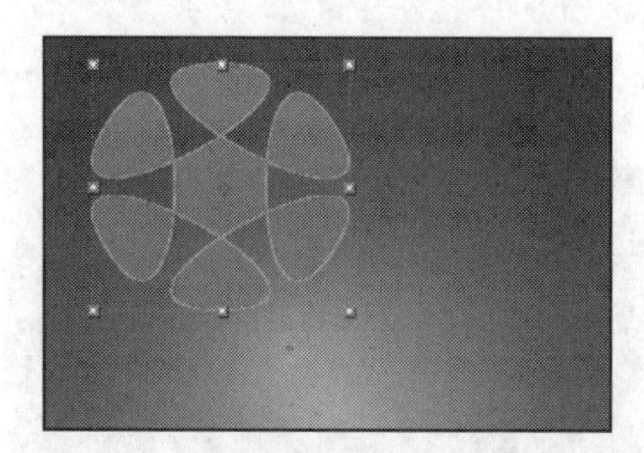

图4.18

8. 单击 Fill Color 框，选择亮黄色（我们采用 R=250，G=250，B=0），然后单击 OK 按钮。

9. 单击 Stroke Color（描边颜色），选择亮灰色（我们采用 R=230，G=230，B=230）。然后单击 OK 按钮。

10. 在 Tools 面板中将 Stroke Width（描边宽度）更改为 5 个像素，以加重描边，如图 4.19 和图 4.20 所示。

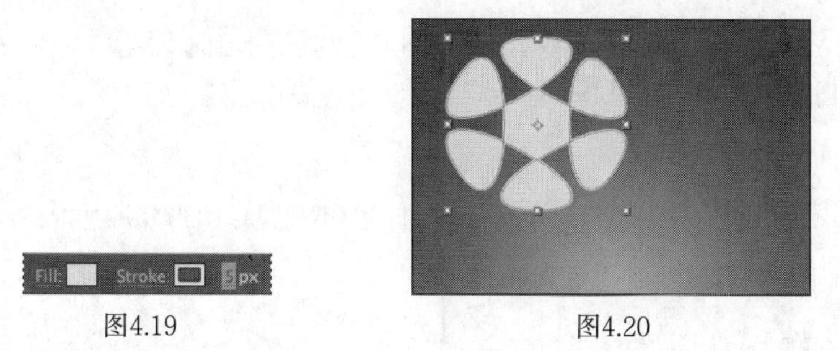

图4.19　　图4.20

4.3.2　扭曲形状

Twist 路径操作对形状中央部分的旋转效果远大于对边缘部分的旋转效果。该属性设置为正值使其顺时针旋转，设置为负值使其逆时针旋转。我们将使用 Twist（扭曲）路径操作，使形状显得更清晰些。

1. 在 Timeline 面板中，单击 Shape Layer 1 图层 Contents 旁的 Add（添加）下拉列表，然后选择 Twist，如图 4.21 所示。

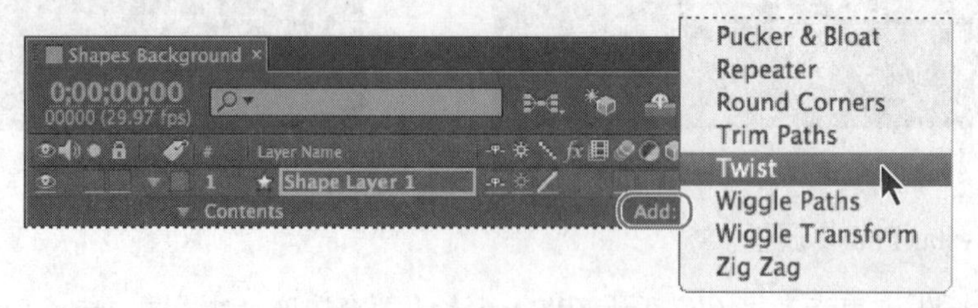

图4.21

2. 展开 Expand Twist 1。

3. 将 Angle（角度）值更改为 160，如图 4.22 和图 4.23 所示。

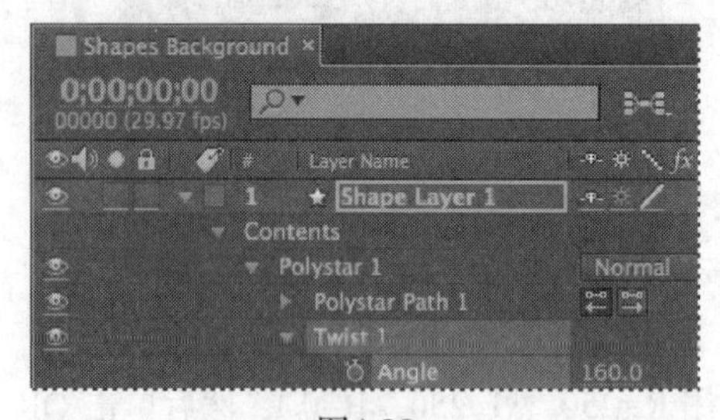

图4.22

图4.23

4. 隐藏 Polystar 1 属性。

5. 选择 File>Save 命令保存目前的工作。

4.3.3 复制形状

我们已创建了将在背景中使用的基本形状，但需要其更多副本才能填充合成图像。我们可以手工复制形状，但我们这里将应用 Repeater（重复）路径操作创建多行太阳。

1. 选择 Shape Layer 1。

之所以选择图层是因为我们希望对整个形状组，而不仅是单个形状添加 Repeater 特效。

2. 单击 Add 下拉列表，然后选择 Repeater。

3. 展开 Repeater 1。

4. 将拷贝数更改为 5。

Repeater 将创建该形状的 4 个拷贝，它们彼此重叠。我们接下来将把它们分开。

5. 展开 Transform：Repeater 1。

> AE | 注意：在 Timeline 面板中面板中有多个 Transform 属性，分别应用于不同的路径操作。一定要选择对象合适的 Transform 属性。本例中，我们只希望影响 Repeater。

6. 将 Position 属性更改为（345，0），其中第一个值代表 x 轴。如果要使这些形状靠得更近些，则可以使用较小的 x 轴数值；如果要使这些形状离得更远，则可以使用较大的数值，如图 4.24 和图 4.25 所示。

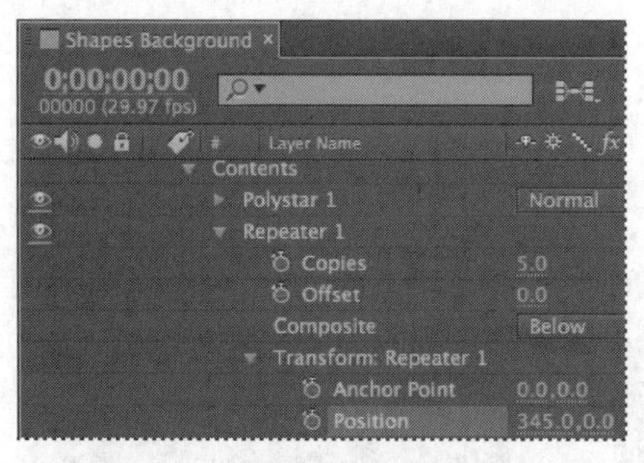

图4.24

图4.25

现在形状已经分开，但我们无法同时看到它们。如果要移动所有形状，则需要移动整个形状图层。

7. 隐藏 Transform：Repeater 1 属性。

8. 选择 Shape Layer 1，然后按 P 键显示图层的 Position 属性。将 Position 值更改为(−50，65)，如图 4.26 和图 4.27 所示。

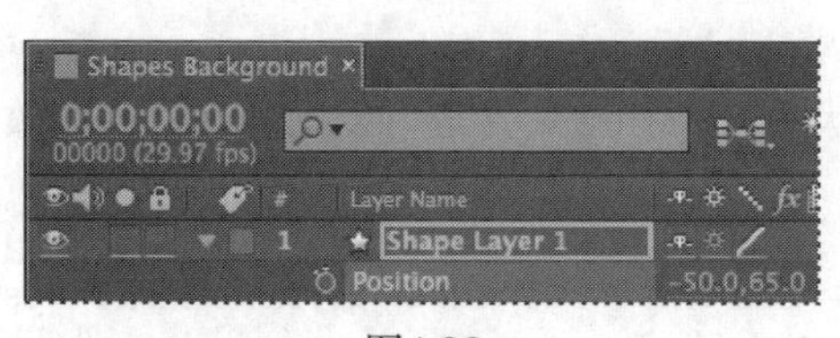

图4.26

图4.27

现在形状图层位于合成图像的左上角。下面我们将对图层进行缩放，并添加更多行。

9. 选择 Shape Layer 1，然后按 S 键显示图层的 Scale（缩放）属性。将 Scale 属性值更改为 50%，如图 4.28 和图 4.29 所示。

> AE | 注意：因为 Scale 属性的水平和垂直数值是相互关联的，所以更改其中一个值后，两个值将同时改变。

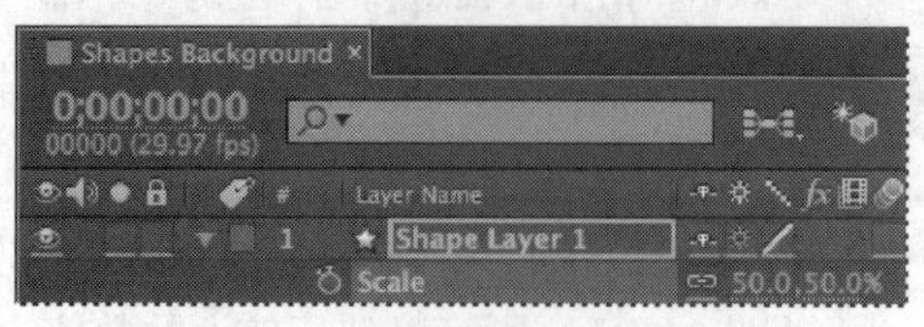

图4.28

图4.29

10. 按 S 键隐藏图层的 Scale 属性。

11. 展开 Shape Layer 1>Contents。

12. 选择 Shape Layer 1，单击 Add 按钮，然后从下拉列表中选择 Repeater。

13. 展开 Repeater 2 >Transform：Repeater 2。

14. 将 Position 属性值更改为（0，385），使行间垂直方向保持一定距离，如图 4.30 和图 4.31 所示。

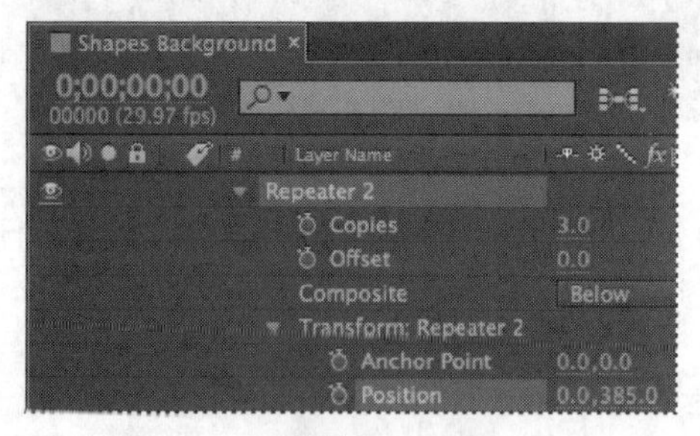

图4.30

图4.31

15. 隐藏 Repeater 2 属性。

4.3.4 旋转形状

太阳应该在背景中旋转。我们将对原来形状的 Rotation 属性进行动画处理，这些改变将自动应用到复制生成的形状上。

1. 在 Timeline 面板中，展开 Shape Layer 1 > Contents > Polystar 1 > Transform：Polystar 1。

2. 按 Home 键或拖动当前时间指示器，移动到时间线的起点。

3. 单击 Rotation 属性旁的关键帧记录器图标（⏱），为该图层创建初始关键帧。

4. 按 End 键或拖动当前时间指示器，移动到时间线的终点。

5. 将 Rotation 属性值更改为 3*x*+0 度，这将导致形状在 10 秒内旋转 3 次，如图 4.32 和图 4.33 所示。

6. 隐藏 Shape Layer 1 的属性。

7. 在时间线上拖动当前时间指示器，预览旋转效果。

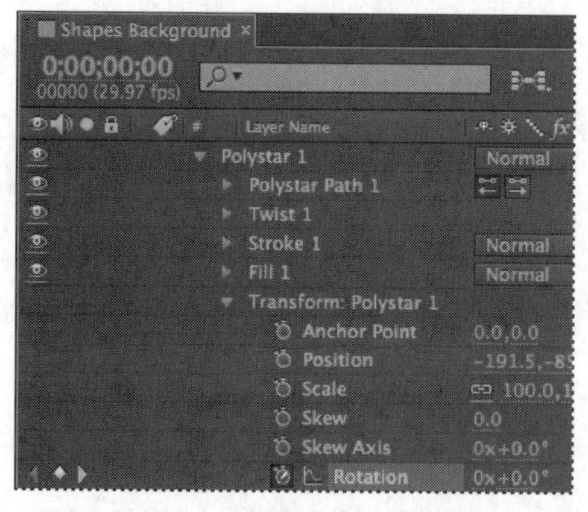

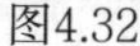
图4.32

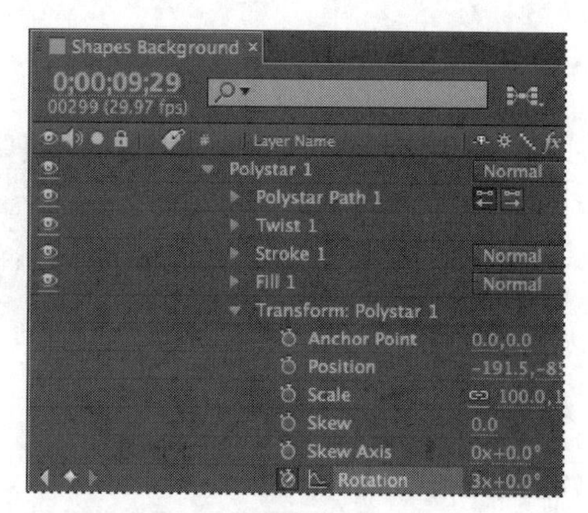

图4.33

4.3.5 将形状与背景混合

旋转的太阳看起来效果很好，但与背景反差太强烈。我们希望主视频中的文字能成为关注的焦点。下面将更改形状图层的混合模式和不透明度，使背景看起来更舒适些。

1. 单击 Timeline 面板底部的 Toggle Switches/Modes（开关 / 模式切换）。

2. 从 Shape Layer 1 图层的 Mode（模式）下拉列表中选择 Overlay（叠加），如图 4.34 和图 4.35 所示。

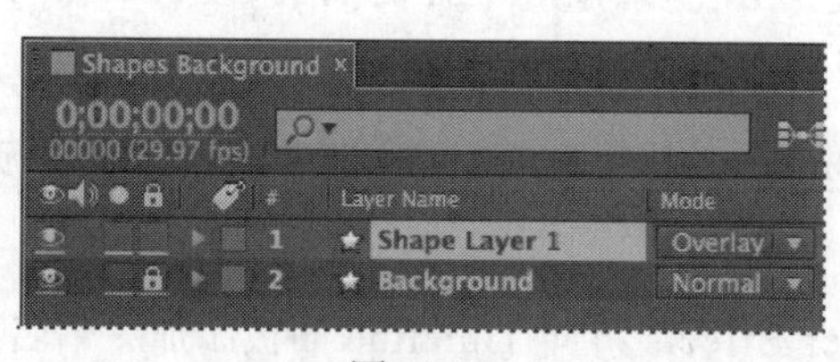

图4.34

图4.35

3. 选择 Shape Layer 1，然后按 T 键，显示该图层的 Opacity 属性。

4. 将 Opacity 属性值更改为 25%。

> AE | **注意**：如果不想改变整个图层的不透明度，则可以修改原来形状的不透明度。该值将应用到所有副本。

5. 按 T 键隐藏 Opacity 属性。

6. 选择 Shape Layer 1，按 Enter 键或 Return 键，图层名称输入 Suns，再次按 Enter 键或 Return 键。

7. 锁定该图层，以防意外更改，如图 4.36 和图 4.37 所示。

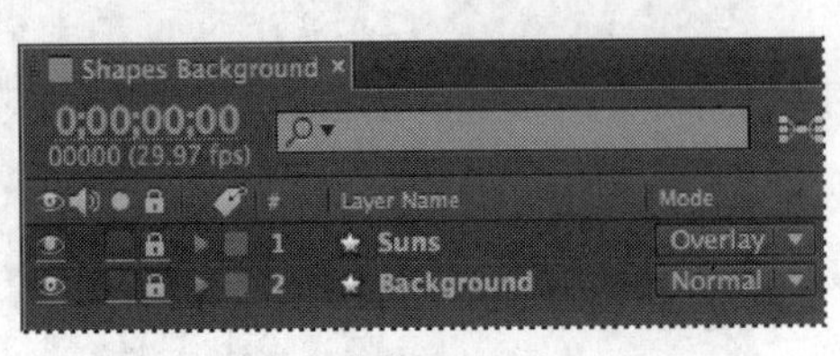

图4.36

图4.37

4.4 创建星形形状

Star（星形）工具与 Polygon 工具类似。Polygon 工具只是一个没有 Inner Radius 和 Inner Roundness 属性的 Star 工具，这两种工具都可以创建出所谓的多角星形。我们将使用 Star 工具为背景绘制星形，之后再使用 Pucker & Bloat（凹陷 & 膨胀）操作改变星形的形状。然后再复制星星，并使其围绕图层的轴点旋转。

4.4.1 绘制星形

Star 工具与其他形状工具在同一组。要绘制星形，请在 Composition 面板中拖动 Star 工具。

1. 选择 Star 工具（☆），它隐藏于 Polygon（⬡）工具之下。

2. 绘制星形前，先修改形状的填充和描边设置。

- 单击 Fill Color 框，并选择一种中蓝色（我们采用 R=75，G=120，B=200），然后单击 OK 按钮。
- 单击文字 Stroke（描边），并在 Stroke Options（描边选项）对话框中单击 None（无）（▨），然后单击 OK 按钮。

3. 在合成图像中央附近绘制一颗星形。After Effects 将向 Timeline 面板添加一个名为 Shape Layer 1 的形状图层。

4. 在 Timeline 面板中，展开 Shape Layer 1 > Polystar 1 > Polystar Path 1。

5. 将 Points 值更改为 6，Rotation 值更改为 150°。

6. 将 Inner Radius 值更改为 50，Outer Radius 值更改为 90。半径值改变星形的形状，如图 4.38 和图 4.39 所示。

> AE | 注意：如果难以查看背景前的星形，可以单击 Timeline 面板中 Suns 和 Background 图层的 Video 开关（眼睛图标），暂时隐藏这些图层。

7. 展开 Transform：Polystar 1 属性。

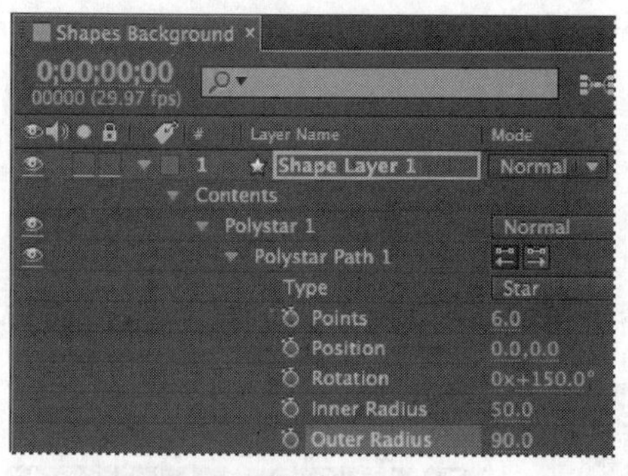

图4.38

图4.39

8. 将 Position 属性值更改为（–180，–70）。

9. 折叠 Polystar 1 属性，隐藏它们。

4.4.2 应用 Pucker & Bloat

After Effects 提供一种功能强大的路径操作——Pucker & Bloat。我们可以通过向外拉路径的顶点，使路径段向内弯曲，从而使形状变得凹陷；也可以向内拉路径的顶点，使路径段向外弯曲，从而使形状变得膨胀。负值将使形状凹陷，正值将使形状膨胀。接下来我们让星形变凹陷，使其显得更有特色。

1. 选择 Shape Layer 1。

2. 从 Add 下拉列表中选择 Pucker & Bloat。

3. 展开 Pucker & Bloat 1。

4. 将 Amount（数量）更改为 –125，使星形变得凹陷，如图 4.40 和图 4.41 所示。

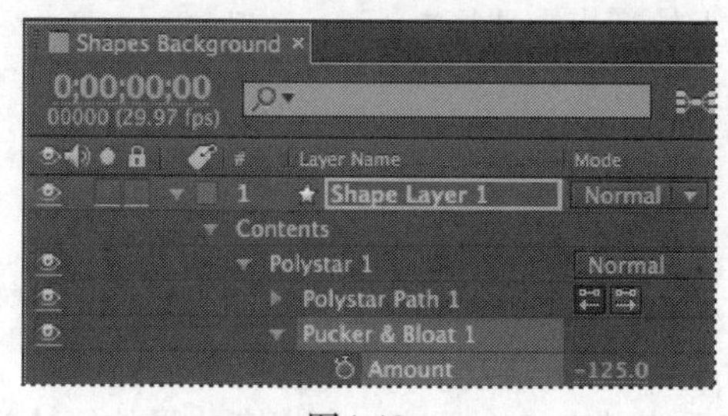

图4.40

图4.41

背景中的这个星形看起来效果很好。现在可以对其进行复制和动画处理。

4.4.3 复制形状

我们希望屏幕上旋转着几颗大小不同的星形。我们将再次使用 Repeater 路径操作，但这次将更改 Repeater 的 Transform 属性，以便得到不同的效果。

1. 选择 Shape Layer 1，并从 Add 下拉列表中选择 Repeater。

2. 展开 Repeater 1，将副本数更改为 6。

现在屏幕上出现了 6 颗星。

3. 展开 Transform：Repeater 1。

4. 将 Position 值更改为（0，0），并将 Rotation 更改为 230°，如图 4.42 和图 4.43 所示。

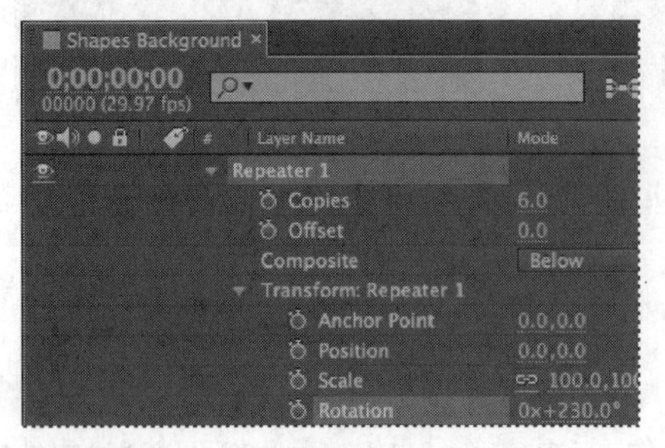

图4.42

图4.43

因为我们对 Repeater（副本，而不是原形状）应用了旋转，所以每颗星围绕着图层的轴点旋转不同的角度。在改变副本的 Transform 属性值后，其修改值将乘以创建的副本数。例如，如果创建了 10 个形状副本，并将 Rotation 值设置为 10°，则第一个形状将保持原来值 0，第二个形状将旋转 10°，第三个形状旋转 20°，依此类推。Transform 每个属性的改变与此相同。

木项目中，图层的锚点与形状的位置不同，所以星形链开始绕着自身变形。

5. 将 End Opacity（结束点的不透明度）更改为 65%。使每颗星比前一颗星形透明。

6. 隐藏 Repeater 1 属性。

7. 选择 Shape Layer 1 图层，并再次从 Add 下拉列表中选择 Repeater，对 Shape Layer 1 图层添加其他 Repeater。

8. 展开 Repeater 2 > Transform：Repeater 2。

9. 将 Position 属性值更改为（−140，0），并将 Rotation 属性值更改为 40°。

10. 将 Scale 属性值更改为 80%。

星的每个副本都比其前一颗小。因为第一组星中共有 3 个副本，所以有些星的尺寸为原来尺寸的 64%。

11. 将 End Opacity 属性值更改为 0%，如图 4.44 和图 4.45 所示。

12. 折叠 Repeater 2 属性，隐藏它们。

13. 选择 File > Save 命令。

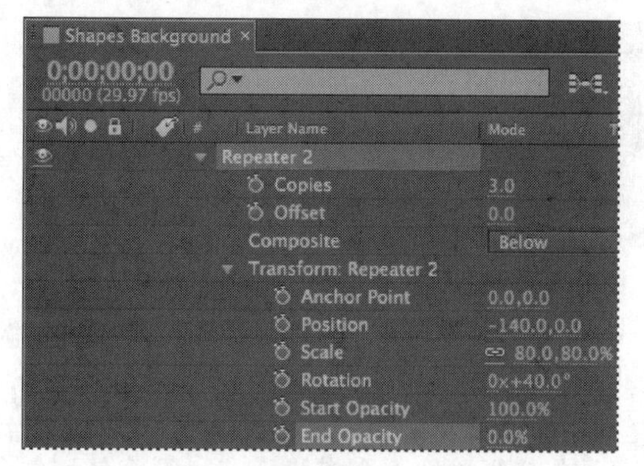

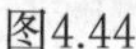

图4.44

图4.45

4.4.4 旋转形状

我们已经使星形围绕着图层的锚点旋转。现在要对每颗星做动画处理,使其围绕自己的轴旋转。为了达到这一目的，我们将对多角星形本身（而不是图层或副本）的 Rotation 属性进行动画处理。

1. 展开 Polystar 1 > Transform：Polystar 1。

2. 按 Home 键或拖动当前时间指示器，移动到时间线的起点。

3. 单击 Rotation 属性的关键帧记录器图标（⏱）创建一个初始关键帧。

4. 按 End 键或拖动当前时间指示器，移动到时间线的终点。

5. 将 Rotation 属性值更改为 180°，如图 4.46 和图 4.47 所示。

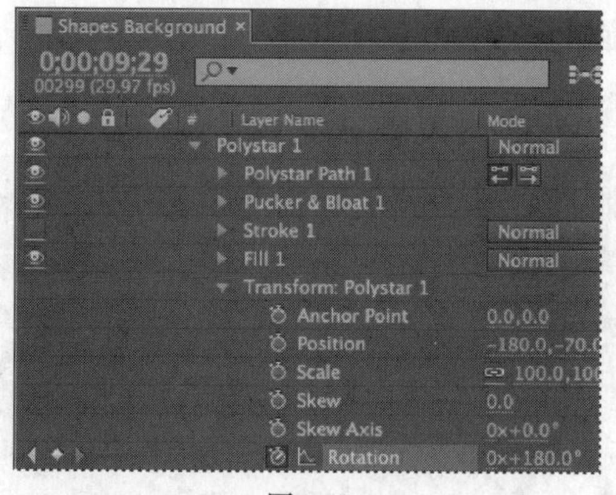

图4.46

图4.47

6. 沿时间线拖动当前时间指示器，手工预览合成图像。确认所有对象都已发生旋转后，请折叠该图层。

7. 将 Shape Layer 1 图层更名为 Stars，并按 Enter 键或 Return 键接受该图层名。

8. 锁定 Stars 图层，如图 4.48 所示。

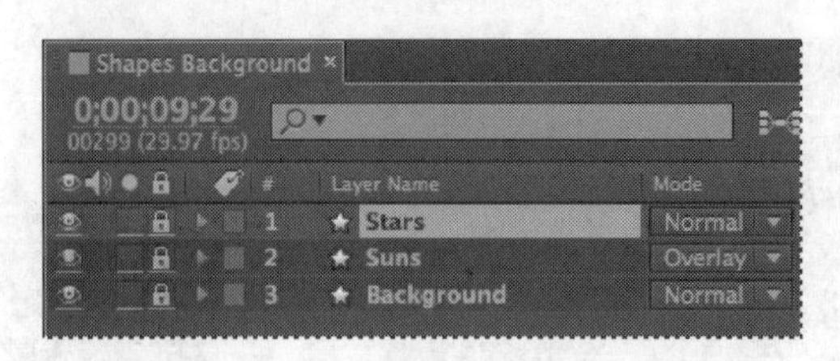

图4.48

4.5 使用捕捉布置图层

完成旋转的太阳和星星是一个好的开始。现在需要添加一个棋盘模式，混合使用纯色图层。使用 After Effects 中的捕捉功能可以容易地布置图层。你可以创建新的合成图像，内嵌到主合成图像中。

4.5.1 新建合成图像

该棋盘背景包含多个图层，所以需要为其新建一个合成图像。

1. 按下 Ctrl+N（Windows）或者 Command+N（Mac OS）组合键，创建新的合成图像。

2. 在 Composition Setting 对话框中，命名该合成图像为 Checkerboard，在 Preset 菜单中选择 NTSCDV，并设置 Duration 值为 10:00。然后单击 OK 按钮。如图 4.49 所示。

After Effects 在 Timeline 和 Composition 面板中打开 Checkerboard 合成图像。现在开始为其添加两个纯色图层，作为棋盘背景。

3. 选择 Layter>New>Solid 命令，创建一个纯色图层。

4. 在 Solid Setting 对话框中，完成如下内容，然后单击 OK 按钮，如图 4.50 所示。

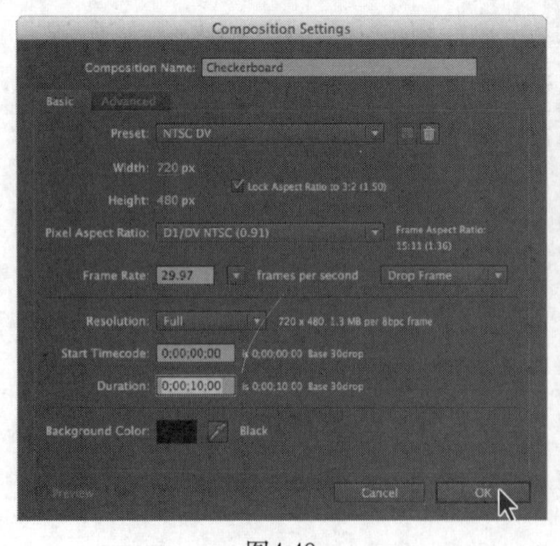

图4.49

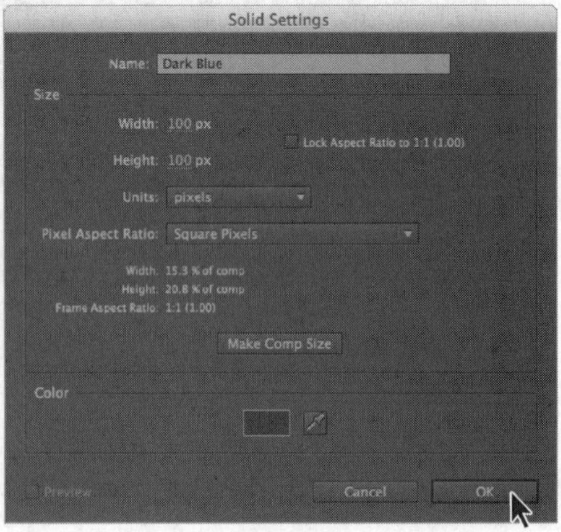

图4.50

- 图层命名为 Dark Blue。
- 宽度和高度都设置为 100px。
- 从 Pixel Aspect Ratio（像素高宽比）菜单中选择 Square Pixels（正方形像素）。
- 选择使用藏青色（R=25，G=50，B=150）。

5. 在 Timeline 面板中选择 Dark Blue 图层后，按下 R 键显示该图层的 Rotation 属性。然后将 Rotation 设置为 45°。

6. 选择 Selection 工具，然后在 Composition 面板中，向上拖放该图层，直到合成图像中只能显示钻石按钮的一半。如图 4.51 和图 4.52 所示。

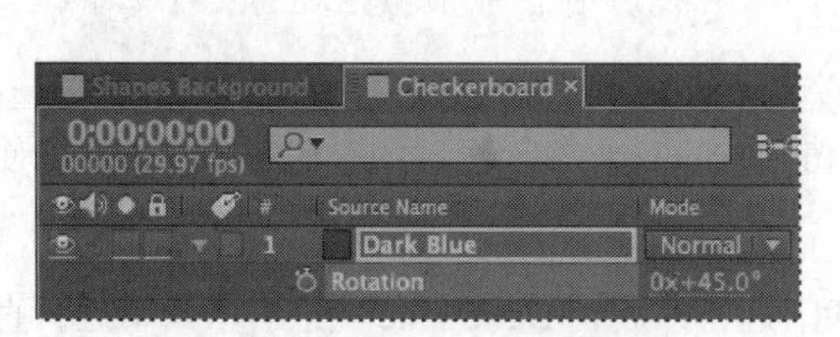

图4.51

图4.52

7. 按下 Ctrl+Y（Windows）或 Command+Y（Mac OS）组合键创建另外一个纯色图层。

8. 在 Solid Settings 对话框中，如图 4.53 所示，命名图层为 Light Blue，将颜色改为淡蓝色（R=70，G=100，B=230），然后单击 OK 按钮。

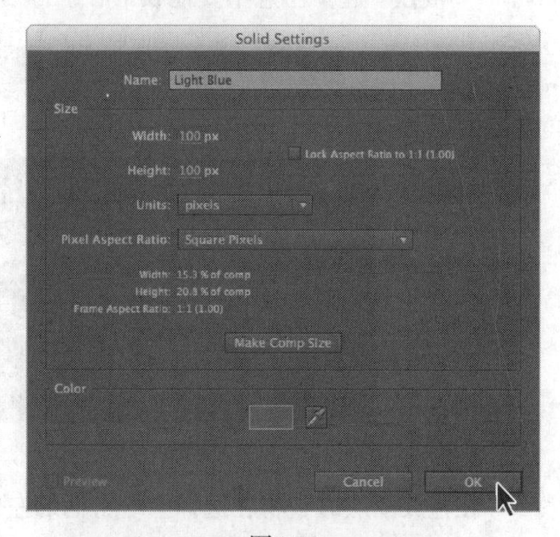

图4.53

该新纯色图层的默认宽度和高度，与之前使用的设置保持一致，所以 Light Blue 层与 Dark Blue 层有相同的钻石图案。

9. 在 Timeline 面板中选择 Light Blue 图层后，按下 R 键显示 Rotation 属性。然后将 Rotation 改为 45°，如图 4.54 和图 4.55 所示。

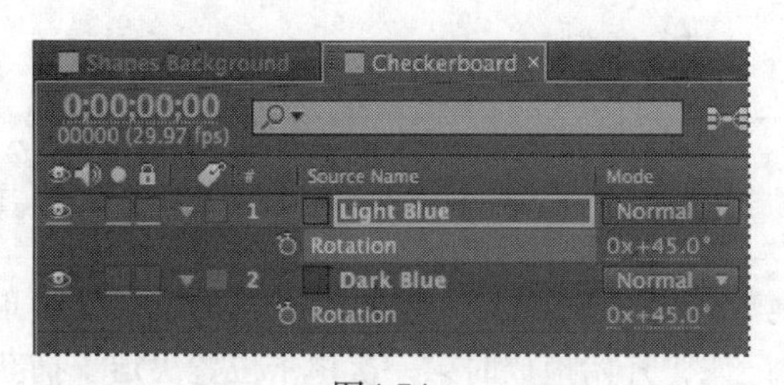

图4.54

图4.55

4.5.2 移动图层到指定位置

虽然创建两个图层，但是在合成图像中它们之间没有任何关系。可以使用 After Effects 中的 Snapping 选项快速对齐图层。当 Snapping 选项使能后，距离单击位置最近的图层特征将成为捕获特征。当拖放层图靠近到其他图层时，将高亮其他图层的特征，通知用户释放鼠标将捕获的捕获特征。

> AE **注意：**在本练习中，能够很好地捕获纯色图层，但是不能捕获形状的图层。另外，捕获的图层必须处于可视状态，2D 图层捕获为 2D 图层，3D 图层捕获为 3D 图层。

1. 在 Tool 面板的可选项中如果没有选择 Snapping，请先选择。

2. 使用选择工具（↖），在 Composition 面板中选择 Light Blue 图层。

> AE **提示：**如果 Snapping 选择没有被选中，可以临时在单击和拖放图层过程中，按下 Ctrl（Windows）或 Command（Mac OS）键实现。

在 Composition 面板中，选择图层时，After Effects 将显示图层的手柄和锚点。可以使用其中任何一点作为图层的捕获特征。

3. 在 Light Blue 图层左侧，单击中心手柄附近，拖放到 Dark Blue 图层右下角附近，直到边邻接在一起。注意不要拖放中心，否则会改变图层的大小。如图 4.56 ~ 图 4.58 所示。

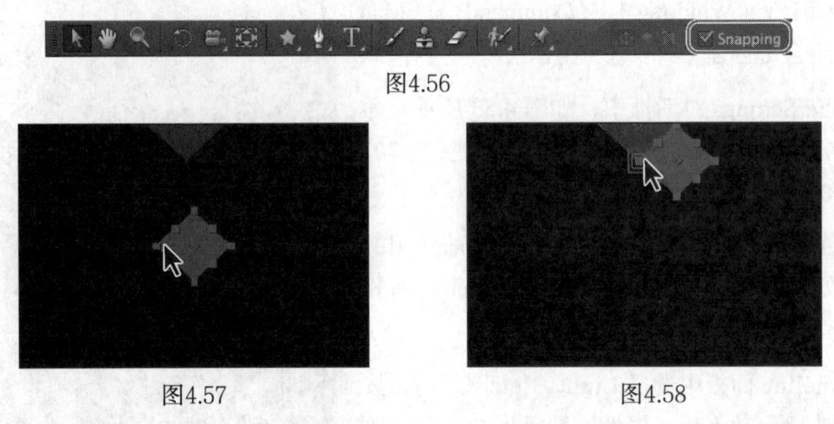

图4.56

图4.57　　图4.58

在拖放图层时，将在选择中心手柄的左侧出现一个框，提示说明它正在捕获特征。

4. 在 Timeline 面板中，选中这两个图层，然后按下 R 键，隐藏这两个图层的 Rotation 属性。

5. 两个图层选中后，选择 Edit>Duplicate 命令进行复制。

> AE **提示：**不通过选择 Edit>Duplicate 命令，可以使用 Ctrl+D（Windows）或 Command+D（Mac OS）组合键复制图层。

6. 在 Composition 面板中，向左下方向拖放这两个新图层，然后再向右下方，使新的 Dark Blue 图层邻接原来的 Light Blue 图层。记住，开始拖放时第一次单击位置决定了捕获特征。

如图 4.59 和图 4.60 所示。

图4.59

图4.60

7. 重复两次第 5 步 ~ 第 6 步，将会一列钻石填充屏幕。如图 4.6 所示。

8. 在 Timeline 面板中，选择 Edit>Select All 命令选择图层。

9. 按下 Ctrl+D（Windows）或 Command+D（Mac OS）组合键复制图层，然后在 Composition 面板中向左移动直到卡入到位。如图 4.62 所示。

10. 重复第 9 步，直到 Composition 面板填充满，如果有需要左右拖放复制图层。记住，每次拖放时，单击近似的捕获特征。如图 4.63 所示。

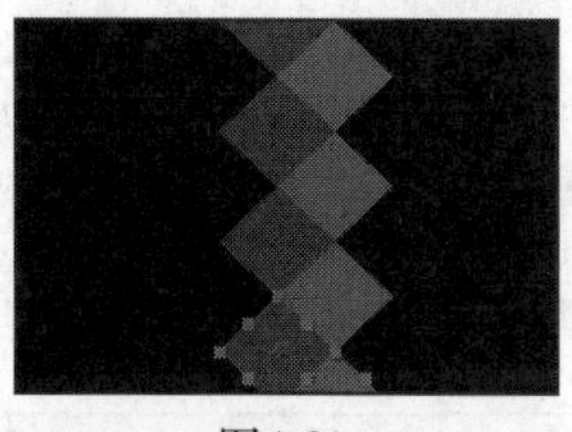

图4.61

图4.62

图4.63

> AE | **提示：** 如果需要快速地生成一个棋盘，可以使用 CheckerBoard 特效。想获得更多信息，请参考 After Effects 帮助。

4.5.3　内嵌合成图像

Checkerboard 合成图像已经完成，现在需要将其内嵌到主合成图像中。为混合其他背景到棋盘中，需要更改它的混合模式。

1. 在 Timeline 面板中，选择 Shapes Background 标签。

2. 从 Project 面板中拖放 CheckerBoard 合成图像到 Timeline 面板中，把它置放在 Background 层的上面。

3. 在 Timeline 面板中，从 CheckerBoard 图层的 Mode 菜单中，选择 Soft Light（柔光）。

4. 锁定 Checkerboard 图层，确保不会对其误操作。如图 4.64 和图 4.65 所示。

5. 保存工作。

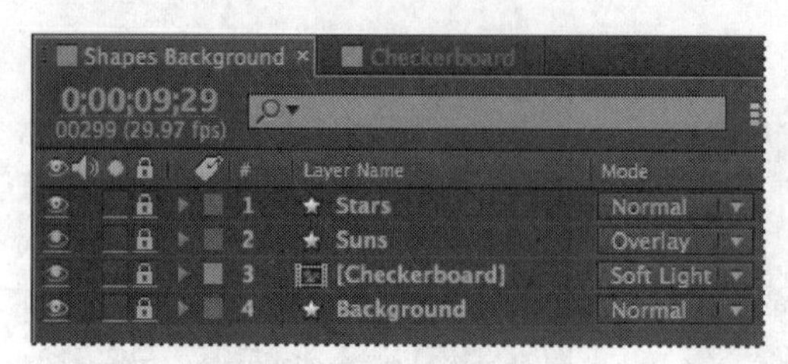

图4.64

图4.65

4.6 合并视、音频图层

背景已制作好。现在可以添加 DJ 视频和音轨以完成合成图像。

4.6.1 添加音、视频文件

本章开始我们已导入了文件，现在将把它们添加到合成图像。DJ.mov 剪辑没有背景，它是用预乘 Alpla 通道进行渲染的，所以其下方图层是可见的。

1. 按 Home 键或拖动当前时间指示器，移动到合成图像的起点。

2. 如果没有打开 Project 面板中的 Assets 文件夹，请打开它。

3. 将 DJ.mov 素材项拖放到 Timeline 面板，将其放置在其他图层的上方。

4. 将 gc_adobe_dj.mp3 素材项从 Project 面板拖放到 Timeline 面板，将其放置在其他图层的下方。

> AE | 注意：可以将音频图层放置在图层堆栈的任意位置，但将其放置在图层栈的底部不会妨碍对图像的处理。

5. 锁定刚添加到 Timeline 面板的音频图层，以免之后不经意间选择或移动它。然后选择 File > Save 命令，如图 4.66 和图 4.67 所示。

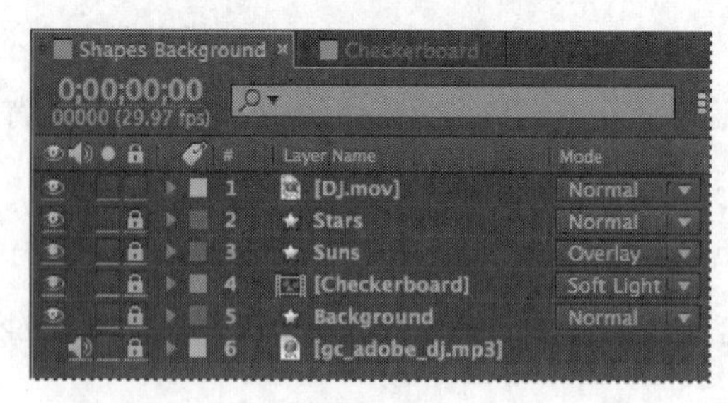

图4.66

图4.67

4.6.2 调整工作区

DJ.mov 剪辑时长仅 5 秒，而合成图像长达 10 秒。如果现在渲染该影片，影片播放到一半时

DJ 将消失。为了解决这个问题，我们将工作区的结束点移动到 5 秒位置。这样，将仅渲染影片的前 5 秒。

1. 将当前时间指示器移动到 5 秒标记处。可以拖动 Timeline 面板中的当前时间指示器，也可以单击 Current Time（当前时间）框，然后输入 500。
2. 按 N 键将工作区的结束点移动到当前时间，如图 4.68 所示。

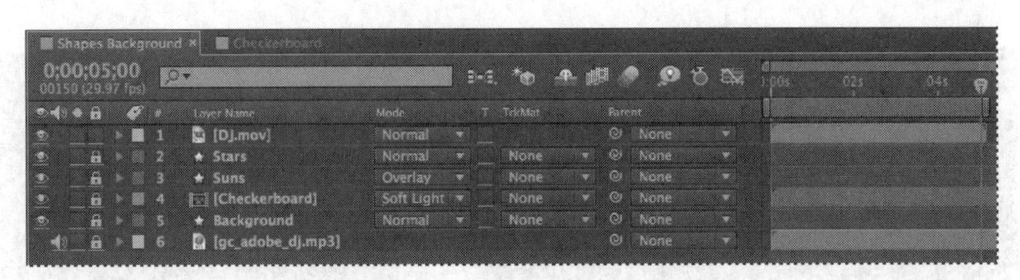

图4.68

AE 注意：如果您不想保留合成图像的最后 5 秒，则可以将合成图像的时长更改为 5 秒。为此，请选择 Composition > Composition Settings 命令，然后在 Duration 框中键入 5.00。

4.7 应用 Cartoon 特效

After Effects 提供了 Cartoon 特效，这样很容易创建出风格化的外观。因为本章 DJ Quad Master 真实场景的影片与其他真实场景有很大差别，所以 Cartoon 特效非常适用于本章的例子。

1. 选择 Timeline 面板中的 DJ.mov 图层。
2. 选择 Effect > Stylize（程式化）> Cartoon 命令。

Cartoon 特效对图层进行 3 项处理。首先，它对图层进行平滑处理，删除其中大量细节信息。因此，它最适用于视频素材（例如本项目中的背景），而不是图形图层。接下来，Cartoon 特效将根据形状的亮度增强其边缘。最后，它将简化图层中的颜色，如图 4.69 所示。

图4.69

尽管默认配置已经很好地满足需求，不过也可以在 Effect Controls 面板中调整配置。

AE 提示：可以尝试将 Cartoon Render 选项从 Fill & Edges 更改为 Fill（纯彩色效果）或 Edges（黑白二值效果），以获得新颖的显示效果。

3. 在 Effect Controls 面板中，从 Render 下拉列表中选择 Fill。

对于这个项目，我们只是暂时选择 Fill，以便调整时更方便查看 Fill 设置的效果。

4. 将 Detail Radius（细节半径）值更改为 20，Detail Threshold（细节阈值）更改为 50。

这些设置控制被清除的细节数量以及平滑处理的方式。数值越高则被删除细节越多。

5. 在 Fill 区内，将 Shading Steps（阴影步数）值更改为 10，并确认 Shading Smoothness（阴影平滑）值为 70，如图 4.70 和图 4.71 所示。

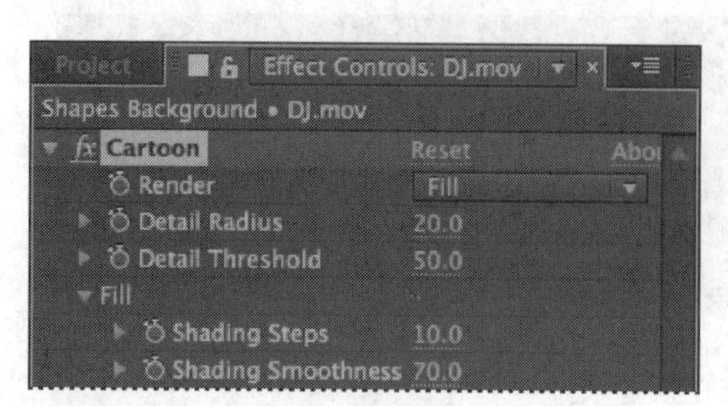

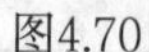
图4.70

图4.71

这些设置决定颜色减少和渐变保留的方式。本项目中，这些数值的改变将减少 DJ 衬衫内的颜色数，以创建出更加简单的设计。

6. 从 Render 下拉列表中选择 Edges，使您可以专注于图像边缘的处理。图层暂时变为黑白。

7. 在 Edge 区，将 Threshold 值调整为 1.25，Width 值调整为 1。

这些设置将减少对象上黑色线条的数目。

8. 保留 Softness（柔化）当前设置（60）不变，但将 Opacity（不透明度）值调低到 60%，使线条更细，如图 4.72 和图 4.73 所示。

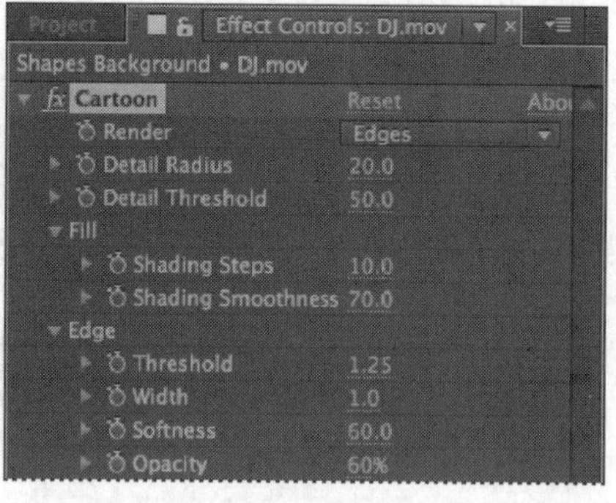

图4.72

图4.73

9. 从 Render 下拉列表中选择 Fill & Edges，恢复颜色。

10. 展开 Advanced 选项，显示高级控制项，这些选项使您可以精确地控制边缘的显示效果。

11. 将 Edge Enhancement（边缘增强）值更改为 50，锐化图层的边缘。

12. 将 Edge Black Level（边缘黑色级别）值调整为 2，使图像中更多区域填充为黑色。这将使图像更具卡通效果，如图 4.74 和图 4.75 所示。

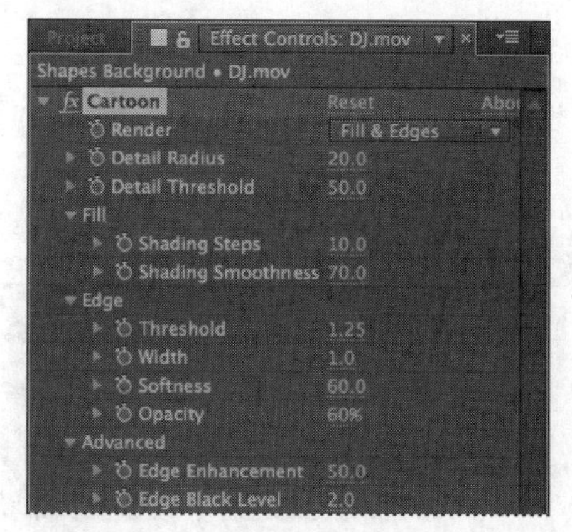

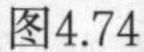
图4.74

图4.75

13. 锁定 DJ.mov 图层，确保在继续处理项目时不会意外更改到它。

4.8 添加标题栏

我们已创建了精彩的背景，并添加了 DJ 视频及音轨。现在只差用来标识节目的标题还未完成。我们将应用 Rectangle 工具和路径操作创建动态形状，然后添加文本。

4.8.1 创建自我动画形状

Wiggle Paths（摆动路径）将标准矩形转换为一系列凹凸的锯齿状形状。我们将使用该功能创建形似声波的形状。因为该操作能创建自我动画效果，所以我们只需修改整个形状中的几个属性，整个形状即可动起来。

1. 选择隐藏在 Star 工具（☆）下面的 Rectangle 工具（□）。

2. 单击 Fill Color 框，选择淡黄色（我们采用 R=255，G=255，B=130），然后单击 OK 按钮。

3. 单击文字 Stroke。在 Stroke Options 对话框中，选择 Solid Color，并单击 OK 按钮。

4. 单击 Stroke Color 框，选择淡灰色（我们采用 R=200，G=200，B=200），单击 OK 按钮。

5. 将 Stroke Width（描边宽度）更改为 10 个像素。

6. 在合成图像中的按钮位置处拖放一个矩形，高度大约为 50 像素。

> AE | **提示**：如果需要重定位矩形，请使用 Composition 面板中的 Selection 工具将其拖放到合适位置。

7. 在 Timeline 面板中，展开 Rectangle 1 > Rectangle Path 1。

8. 取消 Size（尺寸）值的关联，然后将其更改为（680，50）。

9. 展开 Stroke 1，并将 Stroke Opacity（描边不透明度）更改为 30%，如图 4.76 和图 4.77 所示。

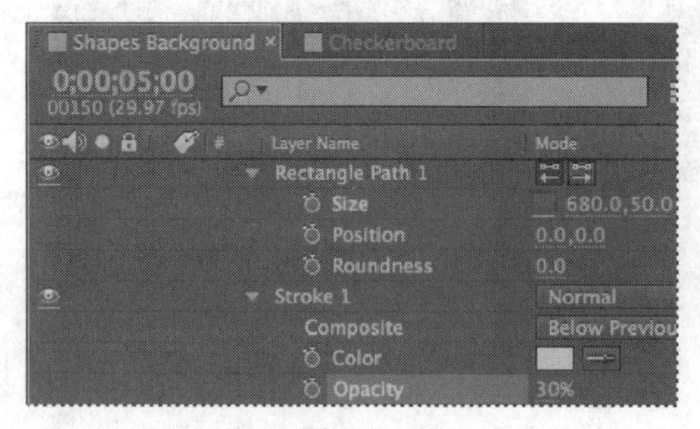

图4.76

图4.77

10. 隐藏 Rectangle 1 属性。

11. 选择 Shape Layer 1，并从 Add 下拉列表中选择 Wiggle Paths。

12. 展开 Wiggle Paths 1。然后将 Size 值更改为 150，Detail（细节）值更改为 80。

13. 从 Points 下拉列表中选择 Smooth（平滑），使路径变得更平滑。

14. 将 Wiggles/Second（摆动 / 秒）属性值设置为 5，提高形状运动速度，如图 4.78 和图 4.79 所示。

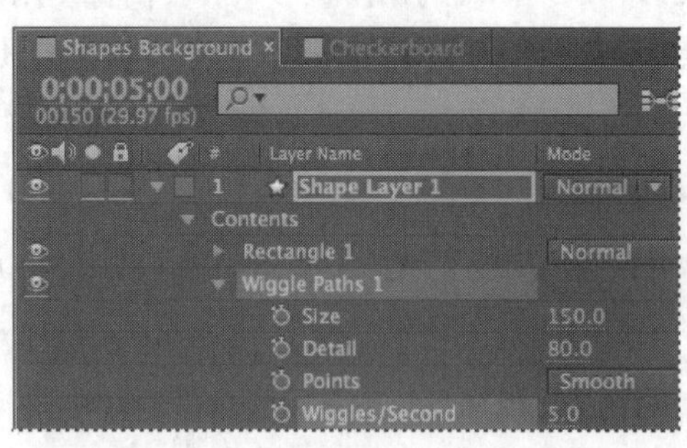

图4.78

图4.79

15. 在时间线上移动当前时间指示器，查看形状的运动效果。

这不是真正的音频波形图，但可以以假乱真。

16. 隐藏该图层的所有属性。

17. 将图层重命名为 Lower Third，然后锁定该图层。

4.8.2 添加文字

我们需要做的只是添加节目的标题，我们将使用动画预设，使文字显得更加突出。

1. 按 Home 键或拖动当前时间指示器，移动到合成图像的起点。

2. 选择 Horizontal Type 工具（T）。在 Character 面板中选择 sans serif 字体，如 Arial Black，并将字体尺寸设置为 60 个像素。

3. 在 Character 面板中单击 Fill Color 框，并选择黑色（R= 0，G=0，B=0）。然后单击 Stroke Color 框，选择白色（R=255，G=255，B=255）。

4. 将 Stroke Width 属性值更改为 2 个像素。

5. 在 Composition 面板中单击文字插入点，并键入 DJ Quad Master。

6. 选择 Selection 工具（），然后将文字重定位到波形形状上面，如图 4.80 和图 4.81 所示。

图4.80

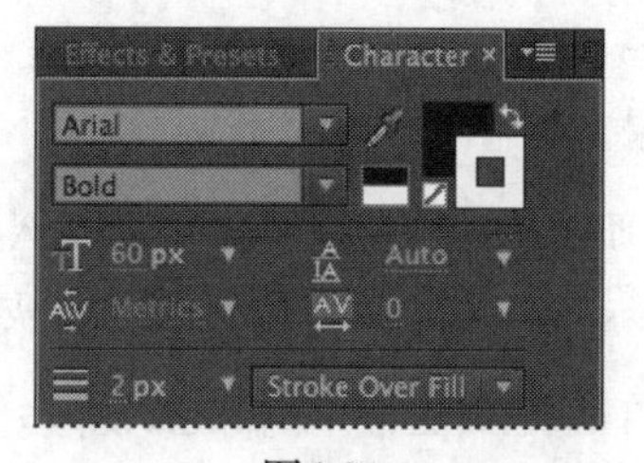

图4.81

7. 在 Composition 面板中，选择文本。然后在 Effect & Presets 面板内，搜索框中键入 3D Rotate In By Character，然后拖放 3D Rotate In By Character 动画预置到选择的文本上。如图 4.82 所示。

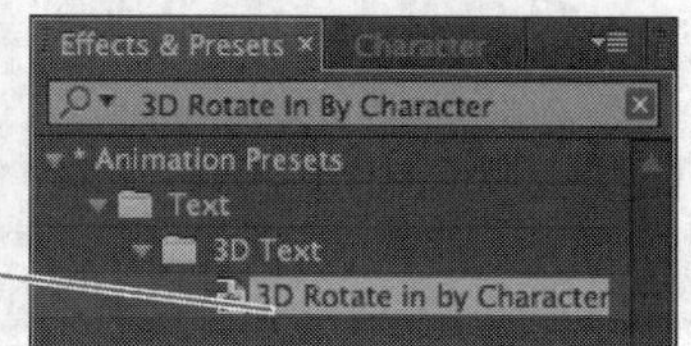

图4.82

After Effects 将该预设应用到选择的文字

8. 进行 RAM 预览，观赏影片效果，按空格键停止预览，如图 4.83 ~图 4.85 所示。

图4.83

图4.84

图4.85

AE | 注意：Cartoon 特效应用后，RAM 预览时渲染和开始播放所需的时间比通常更长。

4.9 体验 Brainstorm 功能

Brainstorm（头脑风暴）功能使我们可以轻松尝试特效的不同设置，并快速应用我们喜欢的设置。要使用 Brainstorm 功能，请选择要应用该功能的图层或属性，然后单击 Brainstorm 图标。Brainstorm 对话框将根据随机设置显示多种不同的图像。我们可以保存其中的一种或多种，将其中一种应用到合成图像，也可以重新执行 Brainstorm 操作。

Brainstorm 功能尤其适用于动画预设。在该项目中，我们将在前面创建的 Suns 图层尝试其各种可能的效果。

1. 保存项目，然后选择 File > Save As 命令，将该项目新的副本命名为 Brainstorm，将它保存在 Lcsson04/Finished_Project 文件夹中。
2. 解锁 Timeline 面板中的 Suns 图层。
3. 单击 Suns 和 Background 图层的 Solo 开关（●），以便在 Composition 面板中只观察这两个图层，如图 4.86 和图 4.87 所示。

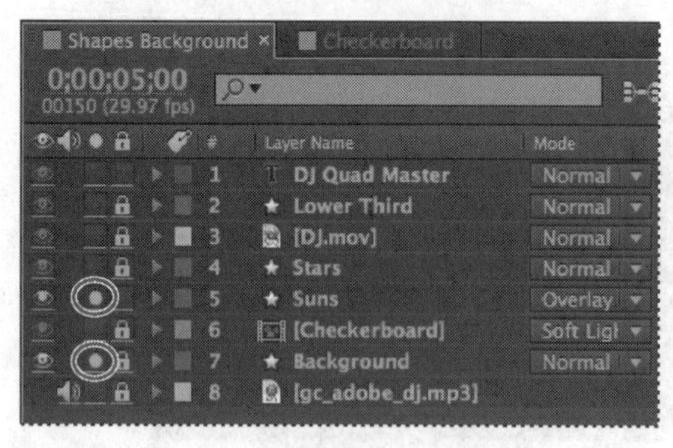

图4.86

图4.87

应用 Soloing（独奏）功能，可以隔离一个或多个图层，以便进行动画处理、预览或者渲染。Soloing 功能将排除 Composition 面板中所有其他同类图层。

4. 展开 Suns 图层，然后选择 Contents。

> **注意**：选择 Contents 将选择该图层的所有属性，所以该操作中将对所有属性应用 Brainstorm 功能。我们也可以针对一个或几个特定属性应用 Brainstorm 功能。

5. 单击 Timeline 面板顶部的 Brainstorm 图标（ ），打开 Brainstorm 对话框。

6. 选择 Brainstorm 应用于图层属性的随机级别，其默认值是 25%，为了获得强烈的变化效果，试试大的数值。

7. 单击 Brainstorm 按钮。这将对属性值进行随机设置，并显示各种变化。我们可以多次单击 Brainstorm 按钮，每次单击时，都会按我们已经选择的随机级别随机改变属性的设置，如图 4.88 所示。

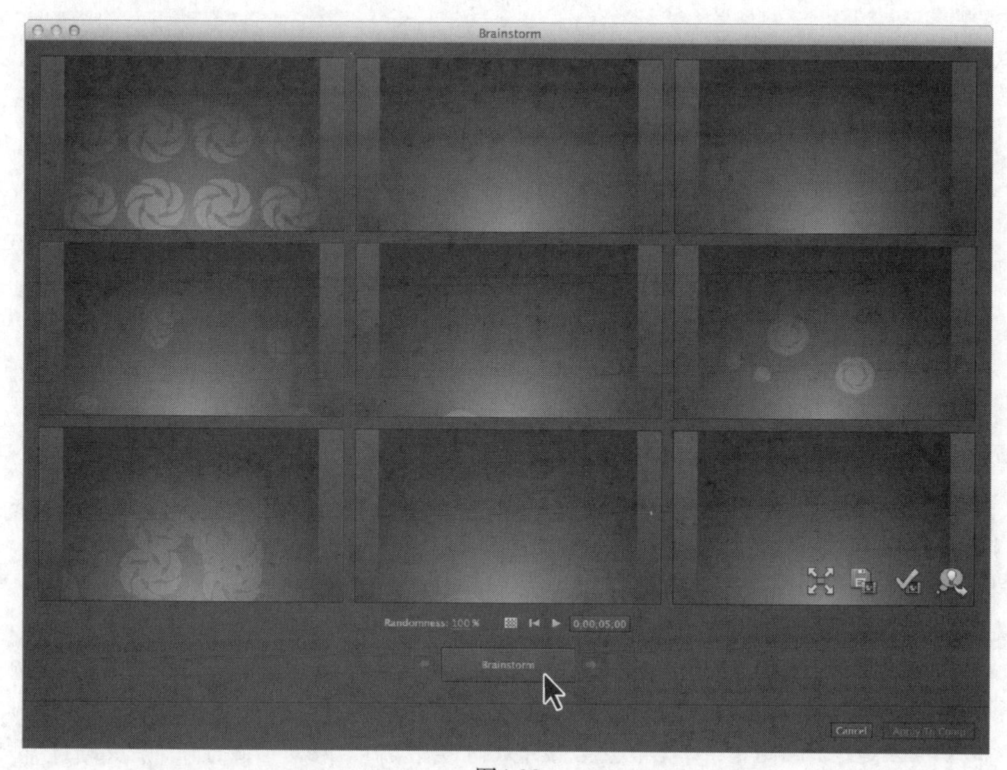

图4.88

> **提示**：要返回上一次的效果，请单击 Back 按钮。要查看所有变化效果，请单击 Play 按钮。

8. 找到理想的效果后，请将鼠标移动到该效果上，之后单击选取标记图标，将其应用到合成图像，如图 4.89 所示。

图4.89

9. 如果不想应用所做的修改，单击 Cannel 按钮关闭 Brainstorm 对话框。然后取消太阳和背景图层的 solo 功能。

调整图像匹配音频

当前，太阳和星星都是按照自己的节奏移动。如果棋盘背景可以随音乐做动态变化，那么影片将更加引人入胜。通过缩放钻石比例，使得背景及时与音频文件的频率相互协调。首先，需要根据音频信息创建关键帧。

1. 在 Timeline 面板中打开 gc_adobe_dj.mp3 图层的锁定。然后在图层上右击或者按下 Control 键同时单击，选择 Keyframe Assistant > Convert Audio To Keyframes 命令。

After Effects添加了Audio Amplitude（音频振幅）图层。新图层将是一个空的对象图层，也就是说，它没有大小和形状，并且不会出现在最终的渲染中。通过空对象可以对父图层或子图层进行特效处理。

2. 选择 Audio Amplitude 图层，并选择 Edit > Cut 命令。
3. 在 Timeline 面板中，选择 Checkerboard 标签，然后选择 Edit>Paste 命令粘贴 Audio Amplitude 图层到合成图像中。
4. 选中 Audio Amplitude 图层后，按下 E 键显示图层的特效属性。

该图层可以运用3类特效属性：左通道、右通道和双向通道。在这里只需要双向通道，所以需要删除加外两个。

5. 删除左通道和右通道条目后，然后点开双向通道条目。移动当前的时间标尺横过时间轴，并注意观察在移动关键帧时 Slider 值的变化。如图 4.90 所示。

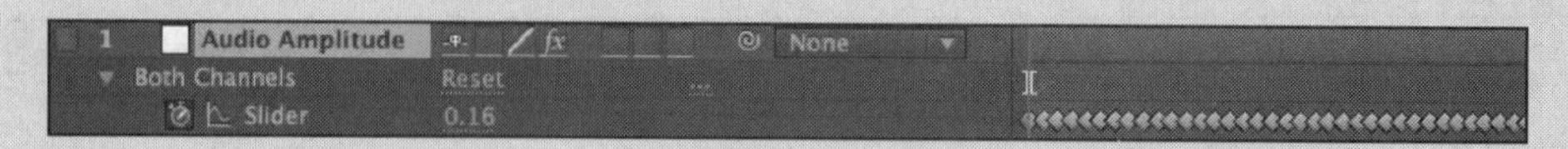

图4.90

在把音频转换为关键帧时，After Effects创建了关键帧，并确定了在图层的每个帧中音频文件的振幅。

6. 在 Composition 面板中，选择浅色钻石。然后按下 S 键在 Timeline 面板中显示它的 Scale 属性。

7. 在 Timeline 面板中，按下 Alt 键并单击（Windows）或按下 Option 键并单击（Mac OS）Scale stopwatch 添加表达式。在该图层的时间规则中将出现 transform.scale 字样。如图 4.91 所示。

图4.91

在时间规则中选中transform.scale表达式，在Expression：Scale行中单击pick whip图标（ ），并拖放到Audio Amplitude图层的Slider属性名上。可能需要展开Timeline面板查看选中的浅蓝色图层和Audio Amplitude图层，这取决于你选中的是那个浅蓝色图层。如果有需要，可以在图层栈中移动Audio Amplitude图层到不同的位置。如图4.92所示。

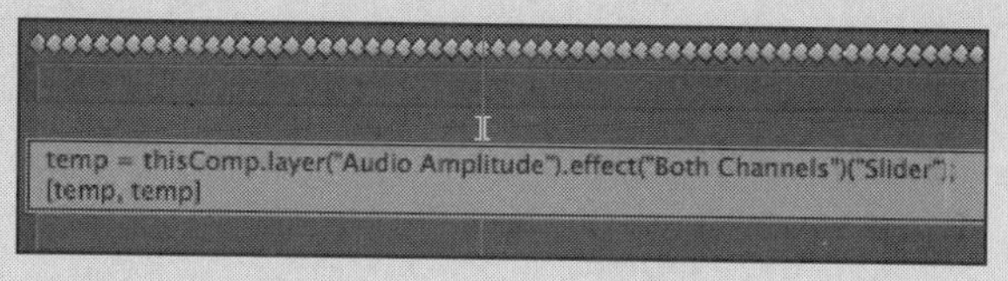

图4.92

8. 在释放鼠标后，pick whip 进行快照，在固色图层时间规则中的表达式变为“temp = thisComp.layer（"Audio Amplitude"）.effect（"Both Channels"）（"Slider"）;（temp, temp）”，这也意味着，该固色图层的 Scale 值取决于 Audio Amplitude 图层的 Slider 值。

> AE | **注意**：在第 6 课中，有更多的相关内容。

9. 选择 Edit > Deselect All 命令取消图层的选择。然后，在时间规则中移动当前时间标尺，查看音频振幅下的钻石尺寸。

10. 在时间规则中，为浅蓝色图层选择表达式。在分号之前单击一个插入点，并输入 *2.5 比例放大 2.5 倍。然后单击时间规则的外面，接受所做的修改。现在取消时间规则，观看钻石尺寸的变化。如图 4.93 所示。

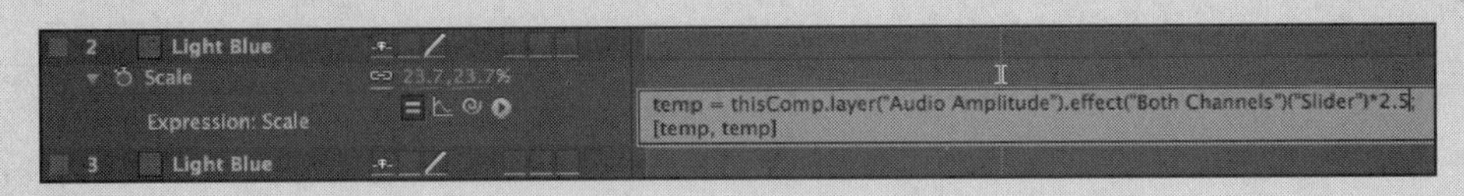

图4.93

11. 选择浅蓝色图层的Scale属性名，并选择Edit > Copy命令复制属性和表达式。

12. 选择Timeline面板中，选择所有其他固色图层，并选择Edit>Paste命令，确保所有的钻石随音乐变化大小。然后拖动时间规则观看效果。

13. 在时间面板中单击Shapes Background标签，返回到主合成图像。隐藏太阳图层简化背景，然后进行RAM预览，观看伴随音乐钻石的及时缩放。

4.10 复习题与答案

4.10.1 复习题

1. 什么是形状图层，怎样创建形状图层？
2. 怎样快速创建形状图层的多个副本？
3. 怎样快照一个图层到另一个图层？
4. Pucker & Bloat 路径操作有什么功能？
5. Cartoon 特效的工作方式是什么？

4.10.2 复习题答案

1. 简单地说，形状图层是一种图层，其中包含被称作形状的矢量图形。要创建形状图层，请使用任何一种绘图工具或 Pen 工具直接在 Composition 面板中绘制形状。
2. 要快速多次复制形状，请对该形状图层应用 Repeater 操作。Repeater 路径操作将创建图层中所有路径、描边以及填充的副本。
3. 在 Composition 面板中，快照一个图层到另一个图层，需要打开 Tools 面板中的可选项 Snapping，然后单击下一步处理或指定快照的特征，并拖放图层到对齐的位置。松开鼠标后，After Effects 将会高亮显示对齐的位置。注意不能快照形状图层。
4. Pucker & Bloat 操作向外拉伸路径的顶点，使路径段向内弯曲（凹陷）；也可以把路径的顶点向内拉，使路径段向外弯曲（膨胀）。负值将使形状凹陷，正值将使形状膨胀。
5. Cartoon 特效用于删除一些细节，增强其他细节，并简化其颜色，从而对图层进行风格化处理。可以在 Effect Controls 面板中进一步调整该特效的处理效果。

第5课　多媒体演示动画

课程概述

本课介绍的内容包括：

- 创建多图层复杂动画；
- 调整图层的持续时间；
- 使用形状图层剪辑实时活动视频；
- 使用 Position、Scale 和 Rotation 关键帧进行动画处理；
- 使用重组图层进行动画处理；
- 对纯色图层应用 Radio Waves（无线电波）特效；
- 向项目添加音频；
- 使用时间重映射功能添加循环播放音轨。

本课大约要用 1 小时时间完成。启动 After Effects 之前，先找到附带光盘的 Lesson05 文件夹，将其复制到本地硬盘上为这些项目创建的文件夹 Lessons 中(或现在创建 Lessons 文件夹)。学习本课时，将覆盖复制的初始文件。如果需要恢复这些初始文件，从附带光盘中再复制一遍即可。

Adobe After Effects 项目通常需要使用各种导入的素材，将它们组合成合成图像，用 Timeline 面板可以对它们进行编辑和动画处理。本课将创建一个多媒体展示，使你更熟悉动画基础。

5.1 开始

本项目中，专业插图师 Gordon Studer 创作了一个描绘城市景色的 Photoshop 文件，其中的对象位于单独的图层上，我们将在 After Effects 中对这些对象进行动画处理。事实上，Gordon Studer 已准备了一个 After Effects 项目，该项目包含这个 Photoshop 图层文件，以及本课稍后将要使用的视频和音频素材。

你将对一张描绘画家在城市道路上开车的插图应用动画，该动画的最后显示出一个画架，画架上显示该画家作品的幻灯。这是个复杂的动画，首先为背景和一些对象创作动画，模拟摄像机从左到右移动拍摄场景时的效果。然后制作汽车沿道路行驶的动画，并将插图师面部图像蒙版到驾驶室内。接下来将对经过的交通工具和建筑物进行动画处理，丰富画面的背景。最后为画架作品幻灯展示制作动画。

1. 请确认下述文件存在于计算机硬盘的 AECC_CIB\Lessons\Lesson05 文件夹中。
   - Start_Project_File 文件夹：Lesson05_Start.aep。
   - Assets 文件夹：CarRide.psd、GordonsHead.mov、piano.wav 以及一些文件名以“studer_”开头的 JPEG 图像文件。
   - Animation_preset 文件夹：HeadShape.ffx。
   - Sample_Movie 文件夹：Lesson05.mov。
2. 请打开并播放 Lesson05.mov 影片例子，查看在本章中将创建的效果。播放完后，退出 QuickTime 播放器。如果硬盘存储空间有限，则可以将该影片例子从硬盘删除。

启动 After Effects 时，恢复该应用程序的默认设置。详见本书前言中的“恢复默认参数”。

3. 启动 After Effects 时请按下 Ctrl+Alt+Shift（Windows）或 Command+Option+Shift（Mac OS）组合键，系统询问是否删除参数文件时，单击 OK 按钮。
4. 单击 Close 按钮关闭 Welcome 窗口。
5. 选择 File>Open Project 命令。
6. 导航到 AECC_CIB\Lessons\Lesson05\Start_Project_File 文件夹，选择 Lesson05_Start.aep 文件，单击 Open 按钮，如图 5.1 所示。

图5.1

CarRide 合成图像已经在 Composition 和 Timeline 面板中打开。

7. 选择 File>Save As>Save As 命令。
8. 在 Save As 对话框中，导航到 AECC_CIB\ Lessons\Lesson05\Finished_Project 文件夹。将该项目命名为 Lesson05_Finished.aep，然后单击 Save 按钮。

5.2 用父化关系对场景做动画处理

利用父化关系可以高效地为场景中的各个元素和背景制作动画效果。正如您在第 3 课中所了解的，在图层之间创建父化关系可以使父图层内所做的修改与子图层的相应变换值同步。第 3 课用父化关系快速地将一个图层的缩放变换应用到另一个图层。现在将利用父化关系将 3 个图层——Leaves、Full Skyline 和 FG（前景）图层——内对象的移动与动画的 BG（背景）图层同步。

5.2.1 设置父化关系

首先在 Timeline 面板内的相关图层之间设置父化关系。

1. 在 Timeline 面板中按下 Ctrl 键的同时单击（Windows）或按下 Command 键的同时单击（Mac OS）选择 Leaves、FG 和 Full Skyline 图层。

2. 从任一个被选择图层的 Parent 栏下拉菜单中选择 8.BG，这将把被选择的 3 个图层设为 8.BG（背景）父图层的子图层，如图 5.2 所示。

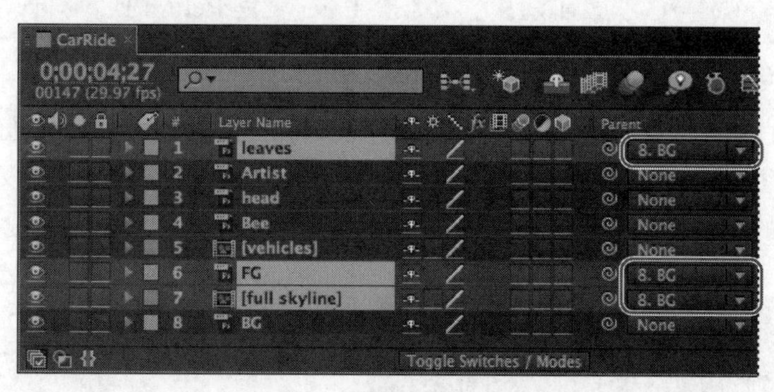

图5.2

> AE | 提示：如果看不到 Parent 栏，请从 Timeline 面板菜单中选择 Columns>Parent 命令。

5.2.2 对父图层进行动画处理

现在，我们将对背景图层（父图层）的位置进行动画处理，使其沿水平方向移动。这样，子图层将按同样的方式进行动画处理。

1. 按 Home 键，或将当前时间指示器拖动到时间标尺的开始点。

2. 在 Timeline 面板中选择 BG 图层，按 P 键显示其 Position 属性。

3. 将 BG 图层的 Position 属性值设为（1029，120），然后单击秒表图标（⏱），创建 Position 关键帧。

这将使背景图层移出场景的左边，好像移动摄像机一样，如图 5.3 和图 5.4 所示。

图5.3

图5.4

4. 移动到 10:15。

> **AE** 提示：可以采用快捷方式定位帧，即按 Alt+Shift+J（Windows）或 Option+Shift+J（Mac OS）组合键打开 Go To Time 对话框，然后输入所需的时间（不带标点符号，如 1015 代表 10:15），之后按 Enter 键或 Return 键。

5. 将 BG 图层的 Position 属性值设为（−626，120）。

After Effects 自动在该点创建另一个关键帧，在 Composition 面板内显示动画的运动轨迹。现在背景在整个合成图像内移动，因为 Leaves、Full Skyline 和 FG 图层是 BG（父）图层的子图层，所以它们也从相同的起点位置水平移动，如图 5.5 和图 5.6 所示。

图5.5

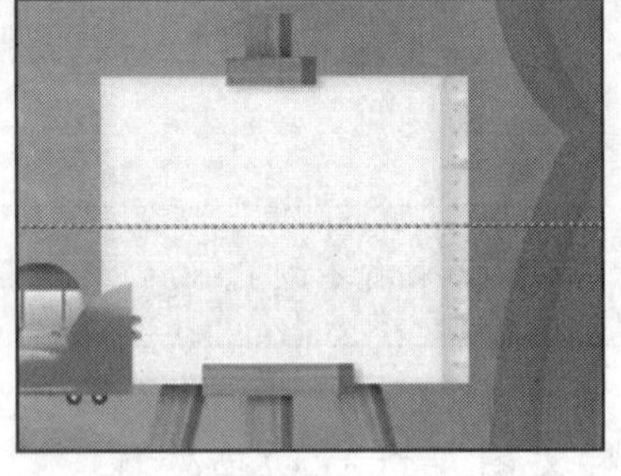
图5.6

6. 选择 BG 图层，按 P 键隐藏其属性，使 Timeline 面板显得整洁。

5.2.3　对蜜蜂的位置做动画处理

在动画的开始，在场景中移动的另一个合成图像元素是蜜蜂，接下来对其进行动画处理。

1. 按 Home 键，或移动到 0:00。

2. 在Timeline面板选择Bee图层，按P键显示其Position属性（蜜蜂在Composition面板中的0:00处不可见）。

3. 将Bee图层的Position值设为（825，120），这将使蜜蜂在动画开始时位于屏幕左边外侧。然后单击秒表图标（⏱）创建一个Position关键帧。

4. 移动到1:00，将Bee图层的Position值设为（1411，120），这将使蜜蜂从屏幕右边消失。After Effects添加一个关键帧。

> AE | **提示**：还可以使用Selection工具在Composition面板中拖动Bee图层来改变其Position值，直到将该图层拖放到适当的位置为止。

5. 选择Bee图层，然后按P键在Timeline面板中隐藏其Position属性，如图5.7所示。

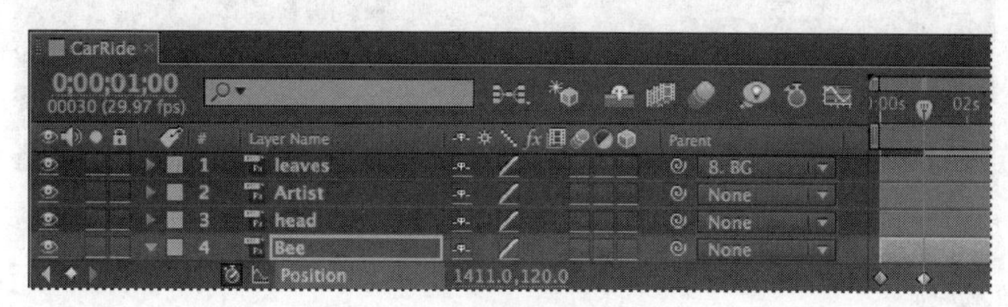

图5.7

5.2.4 对图层进行裁剪

因为希望1:00后蜜蜂从合成图像中消失，所以需要对该图层进行裁剪。在图层的开始或结尾处裁剪（隐藏）素材，可以改变合成图像开始点或结束点对应的帧。第一个出现的帧被称作In（入）点，最后一帧被称作Out（出）点。可以根据需要改变Layer面板或Timeline面板中的In点和Out点，从而实现对图层的裁剪。本练习将在Timeline面板中改变Bee图层的Out点。在Timeline面板中选择Bee图层，将当前时间指示器移动到1:00，按Alt+]（Windows）或Option+]（Mac OS）组合键，将Out点设置为当前时间。

1. 确保时间指示器处于1:00位置，并且在Timeline面板中选中Bee图层。

2. 按Alt+]（Windows）或Option+]（Mac OS）组合键，将Out点设置为当前时间，如图5.8所示。

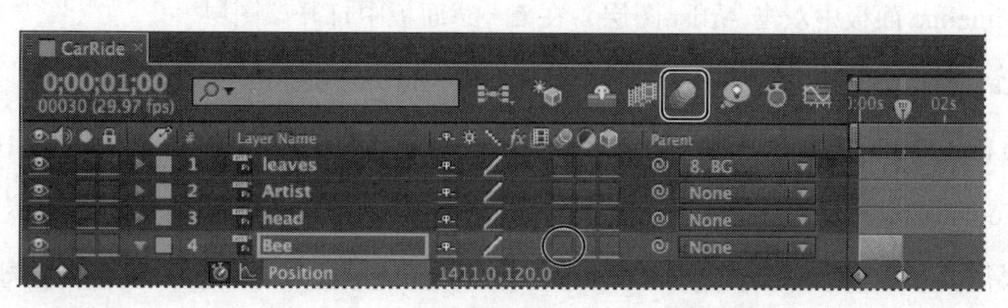

图5.8

AE | 提示：还可以通过拖动图层时长条的右侧来改变 Out 点。

5.2.5 应用运动模糊特效

为了完成对蜜蜂的动画处理，我们将应用运动模糊特效，以获得更加逼真的运动效果。

1. 单击 Bee 图层的 Motion Blur 开关（ ），应用运动模糊特效。

2. 单击 Timeline 面板顶部的 Enable Motion Blur 按钮（ ），以便在 Composition 面板中查看运动模糊效果，如图 5.9 所示。

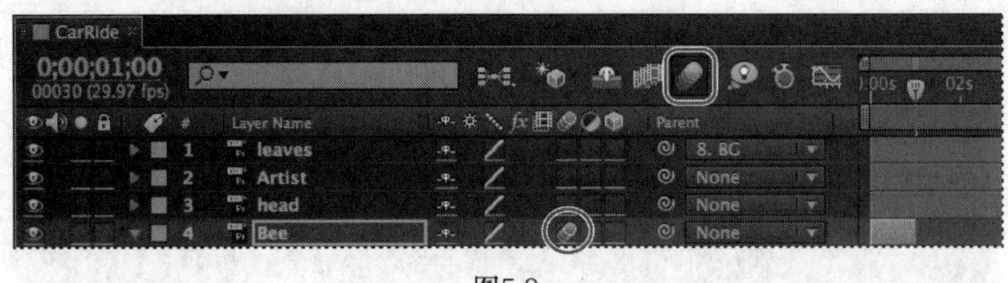

图5.9

5.2.6 预览动画

采用快速手动预览方式查看动画场景中各元素的动画效果。

1. 将当前时间指示器从 0:00 拖动到 10:15。背景、树叶、蜜蜂、前景对象以及地平线上的对象都在移动，看起来仿佛摄像机扫过整个场景一样。

2. 预览完成后，将当前时间指示器移回 0:00，然后选择 File>Save 命令保存作品。

5.3 调整轴点

背景可以移动了，现在该对坐着红色汽车的画家进行动画处理，使其看起来像是开着车穿过合成图像。为了实现这种动画效果，首先必须移动红色汽车图层的轴点，但不改变该图层在合成图像中的相对位置。红色汽车位于 Artist 图层上。为了编辑 Artist 图层的轴点，需要在 Layer 面板中选择 Artist 图层。

1. 在 Timeline 面板中双击 Artist 图层，在 Layer 面板中打开该图层。

2. 在 Layer 面板底部，从 View 下拉列表中选择 Anchor Point Path。

Anchor Point Path 显示该图层的轴点，默认情况下轴点位于图层的中心，如图 5.10 所示。

3. 在 Tools 面板中选择 Pan Behind 工具（ ）（或按 Y 键选择该工具）。

4. 如果需要查看整个图层，请从 Magnification Ratio（放大倍率）下拉菜单中选择 Fit Up To 100%，然后将轴点拖放到汽车的左下角，如图 5.11 所示。

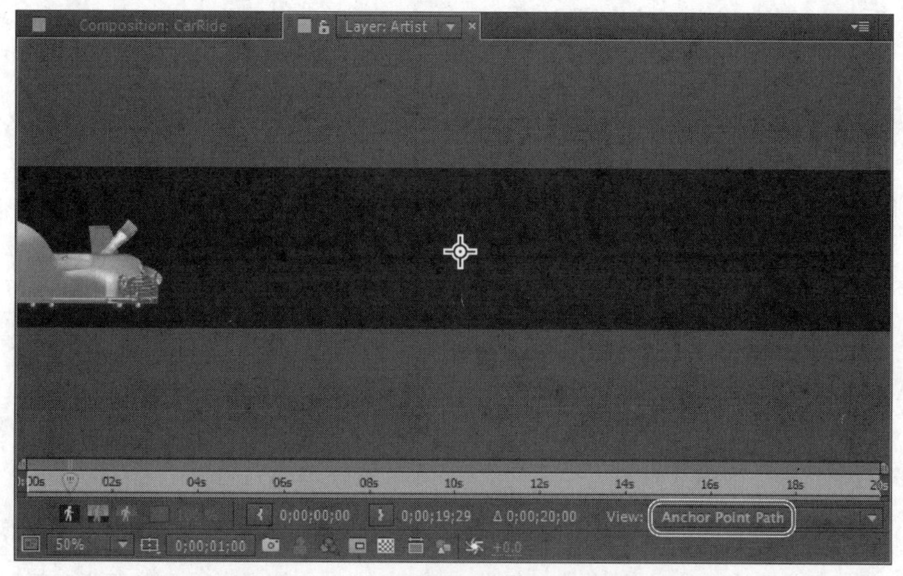

图5.10

图5.11

5. 单击 Composition:CarRide 选项卡，查看 CarRide 合成图像。

6. 在 Timeline 面板中选择 Artist 图层，按 P 键显示其 Position 属性。

7. 将 Artist 图层的 Position 值设为（50，207），使汽车位于帧的正中，然后单击秒表图标（⏱），设置 Position 关键帧。

这只是临时设置的关键帧，目的是为了下一步对汽车驾驶员应用蒙版时能在屏幕上看到汽车。接下来将对汽车进行动画处理，使其穿过合成图像，如图 5.12 和图 5.13 所示。

图5.12

图5.13

8. 选择 Artist 图层，再按 P 键隐藏其属性，然后选择 File>Save 命令保存作品。

5.4 使用矢量形状对图像进行蒙版处理

汽车位于屏幕上时，你可以添加一位驾驶员。我们将使用自定动画预设从形状图层创建蒙版。该形状将头像正视图转换成侧视图轮廓形状，这是“毕加索式”的艺术作品风格。

> **AE** | 注意：第 7 课将介绍更多关于蒙版的内容。

5.4.1 创建新的合成图像

为了便于以后管理该图层的移动，我们将创建新合成图像，并将其添加到主合成图像中。

1. 从 Project 面板的 Source 文件夹中将 GordonsHead.mov 剪辑拖放到该面板底部的 Create A New Composition 按钮（ ）上。

After Effects 根据该电影文件的设置创建名为 GordonsHead 的新合成图像，并在 Timeline 面板和 Composition 面板中打开这个新合成图像，如图 5.14 和图 5.15 所示。

图5.14

图5.15

不幸的是，影片 GordonsHead 与 CarRide 合成图像的分辨率不同，所以现在需要解决这个问题。

2. 在 Project 面板中选择 GordonsHead 合成图像，并选择 Composition > Composition Settings 命令。

3. 在 Composition Settings 对话框中，将 Width（宽度）修改为 360 像素。如果 Lock Aspect Ratio（锁定长宽比）选项被选中，After Effects 自动将 Height（高度）改为 240 像素，单击 OK 按钮，如图 5.16 所示。

现在，我们将图层大小缩放到合成图像的大小。

4. 在 Timeline 面板中选择 GordonsHead 图层，再选择 Layer>Transform> Fit To Comp 命令，如图 5.17 所示。

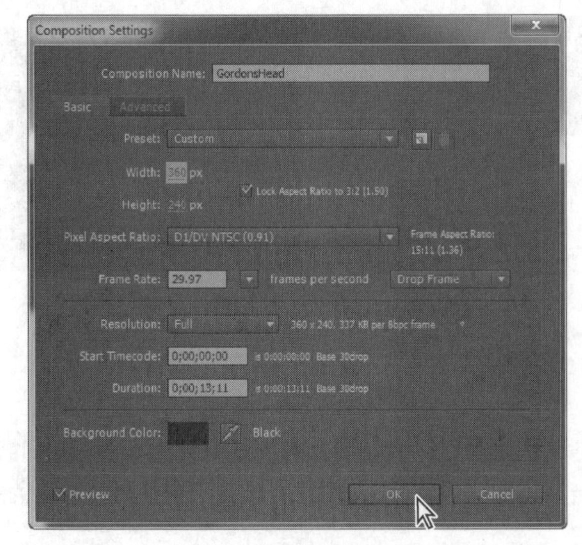

图5.16

图5.17

5.4.2 对形状图层应用动画预设

如果你像 Gordon Studer 一样，是富有创造力的那类人，则可以创建形状图层，并将其保存为动画预设，以应用于将来的项目。我们将对形状图层应用动画预设，以改变 Gordon 头部的外观。

1. 选择 Layer > New > Shape Layer 命令。After Effects 将新的形状图层添加到合成图像中。

2. 选择 Timeline 面板中的 Shape Layer 1，然后选择 Animation> Apply Animation Preset 命令。

3. 在打开的对话框中，导航到硬盘上的 AECC_CIB\Lessons\Lesson05\Animation_preset 文件夹。

4. 选择 HeadShape.ffx 文件，单击 Open 按钮将其应用到 Shape Layer 1，如图 5.18 所示。

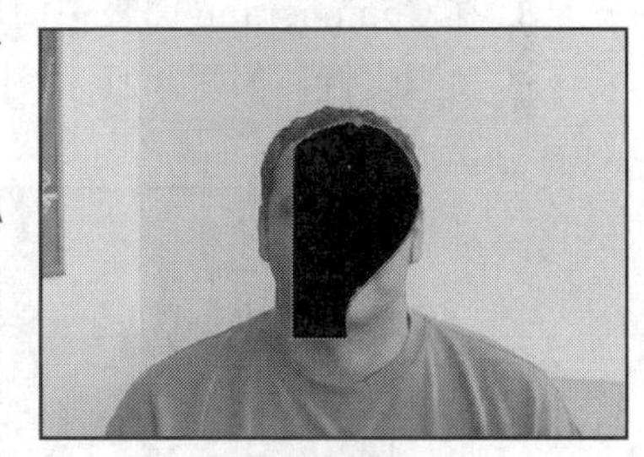

图5.18

5.4.3 使用 Alpha Matte 约束图层

在 After Effects 中有多种方法可以对图层应用蒙版。例如，可以使用形状工具或钢笔工具绘制蒙版。本章将使用 Alpha matte，即使用图层的 Alpha 通道蒙版其他图层。

1. 单击 Timeline 面板底部的 Toggle Switches/Modes，以显示 Mode 栏。

2. 从 GordonsHead 图层的 TrkMat 栏中选择 Alpha Matte“Shape Layer 1”，如图 5.19 所示。

该图层现在受形状图层约束，如图 5.20 所示。

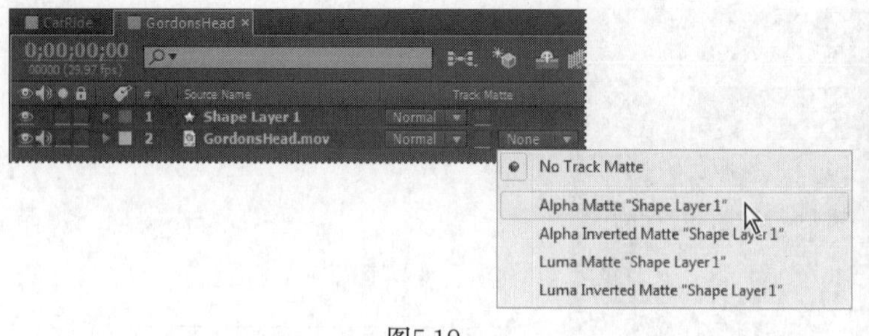

图5.19

图5.20

5.4.4 将合成图像交换到图层中

现在 Gordon Studer 的面部已经被蒙版为矢量形状，我们需要将其粘贴到汽车上。我们需要回到 CarRide 主合成图像，将 GordonsHead 合成图像交换到 Head 图层，该图层当前是一个纯色图层，仅起占位作用。

1. 单击 Timeline 面板中的 CarRide 选项卡。

2. 在 Timeline 面板中选择 Head 图层，再执行如下操作。

- 在 Project 面板中选择 GordonsHead 合成图像，按 Ctrl+Alt+/（Windows）或 Command+Option+\（Mac OS）组合键。
- 按住 Alt（Windows）键或 Option（Mac），将 GordonsHead 合成图像从 Project 面板拖放到 Timeline 面板中的 Head 图层。

3. 在 Composition 面板中使用 Selection 工具（▶）拖动 Head 图层，使 Gordon 坐在汽车内的适当位置，如图 5.21 和图 5.22 所示。

图5.21

图5.22

现在，再次应用父化功能，使 Gordon 的头像与汽车同步运动。

4. 在 Timeline 面板中的 Head 图层内，从 Parent 下拉列表中选择 2.Artist，如图 5.23 所示。

5. 选择 File>Save 命令保存作品。

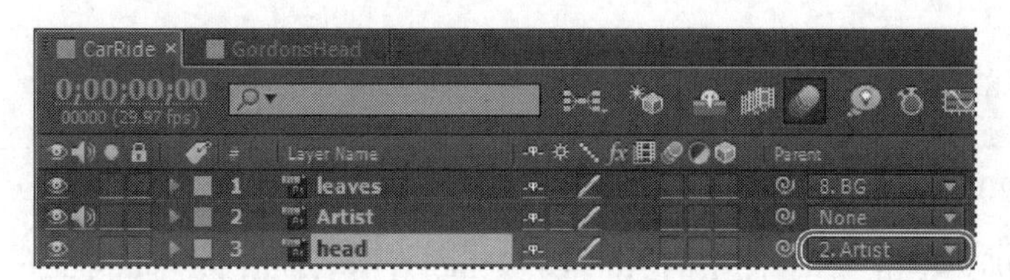

图5.23

5.5 创建运动路径关键帧

最后，准备对汽车进行动画处理，使其在合成图像开始处驶入屏幕，然后在合成图像的中间部分逐渐放大（仿佛汽车正驶向摄像机一样），之后前轮向上驶出屏幕。首先需要对汽车的位置创建关键帧，使其显示在屏幕上。

1. 按 Home 键，或将当前时间指示器移动到时间标尺的起点。
2. 单击 Timeline 面板中 Leaves 图层的 Video 开关（👁），隐藏 Leaves 图层，以便能清楚地查看该图层下方的 Artist 图层，如图 5.24 和图 5.25 所示。

图5.24

图5.25

3. 选择 Timeline 面板中的 Artist 图层，展开其 Transform 属性。
4. 将图层的 Position 值修改为（−162，207），把该图层定位到屏幕左侧之外（位于树叶之后），如图 5.26 和图 5.27 所示。

图5.26

图5.27

AE | **注意：**在上面的轴点练习中，已经在该时间点设置了一个关键帧。

5. 移动到 2:20，将 Artist 图层的 Position 值设为（54.5，207），After Effects 添加一个关键帧。

6. 移动到 6:00，单击 Artist 图层的 Add Or Remove Keyframe At The Current Time（在当前时间点添加或删除关键帧）按钮（在 Switches 栏），以相同的数值（54.5，207）为 Artist 图层添加一个 Position 关键帧，如图 5.28 所示。

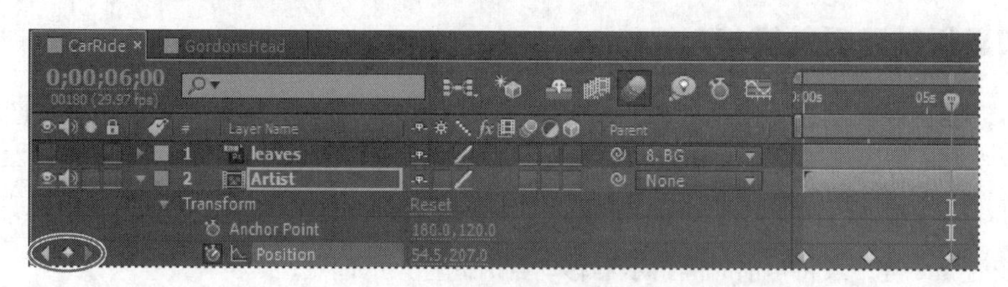

图5.28

当对 Position 属性做动画处理时，After Effects 将运动显示为运动路径。可以为图层的位置或轴点创建运动路径，位置运动路径显示在 Composition 面板内，轴点运动路径显示在 Layer 面板内。运动路径显示为一系列的点，其中每个点标记各帧中图层的位置。路径中的框标记关键帧的位置。运动路径中框之间的点密度代表图层的相对速度。点距较近表示移动速度较慢，点距较远表示移动速度较快。

AE | **注意：**不能通过单击秒表图标添加关键帧——它已处于激活状态。如果还未输入新值，After Effects 不会自动添加新关键帧。所以，必须单击 Add Or Remove Keyframe At Current Location 按钮，才能以相同数值添加关键帧。

5.5.1 设置缩放和旋转变换关键帧

现在，汽车正在屏幕上放大显示，通过放大其尺寸，可以使汽车看起来好像正在驶向摄像机。然后通过设置 Rotation 属性关键帧使汽车车头向上。

1. 移动到 7:15，将 Artist 图层的 Scale 值设为（80，80%）。然后单击秒表图标（⏱），设置 Scale 关键帧，如图 5.29 和图 5.30 所示。

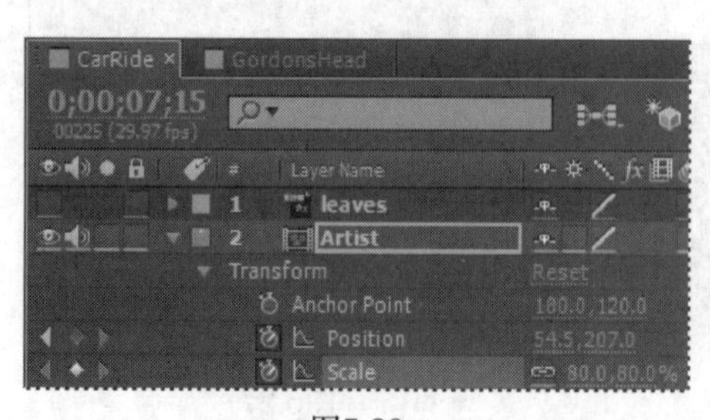

图5.29

图5.30

2. 移动到 10:10，将 Artist 图层的 Position 值设为（28，303）。After Effects 添加一个关键帧。

3. 仍然在 10:10 处，将 Scale 值设为（120，120%）。After Effects 添加一个关键帧。

4. 仍然在 10:10 处，单击 Rotation 属性的秒表图标（⏱），用默认值 0.0° 设置 Rotation 关键帧，如图 5.31 和图 5.32 所示。

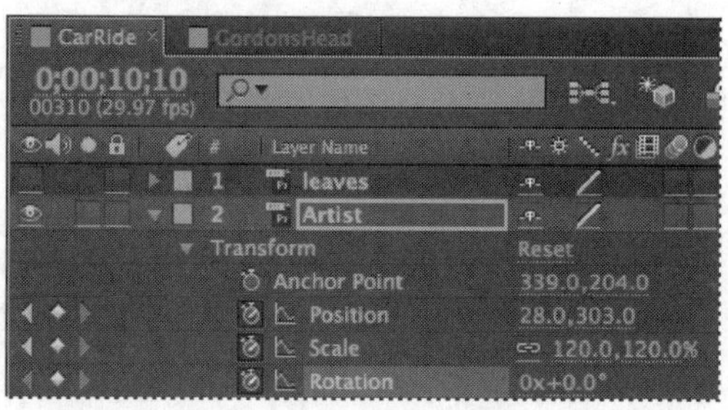

图5.31

图5.32

5. 移动到 10:13，将 Rotation 值修改为 0x-14.0°。After Effects 添加一个关键帧，现在汽车车头向上了，如图 5.33 和图 5.34 所示。

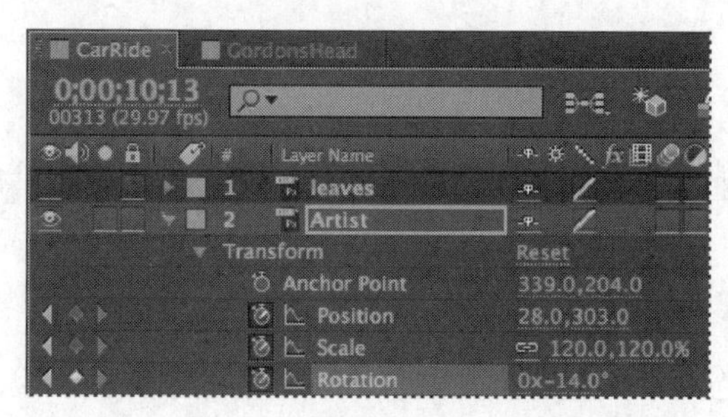

图5.33

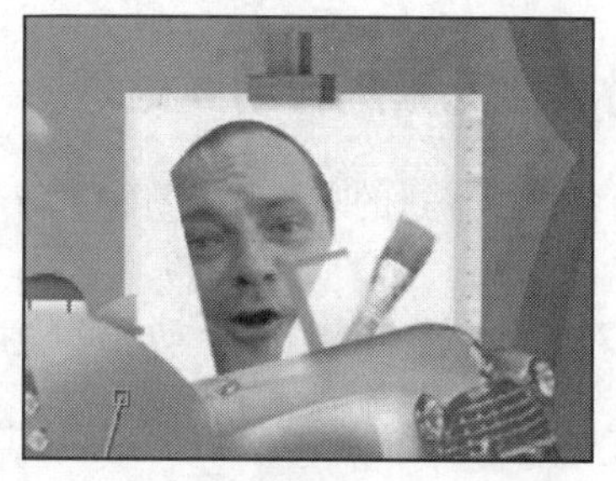
图5.34

现在，要制作汽车驶离屏幕的动画了。

6. 移动到 10:24，将 Artist 图层的 Position 值设为（369，258）。After Effects 添加一个关键帧，如图 5.35 和图 5.36 所示。

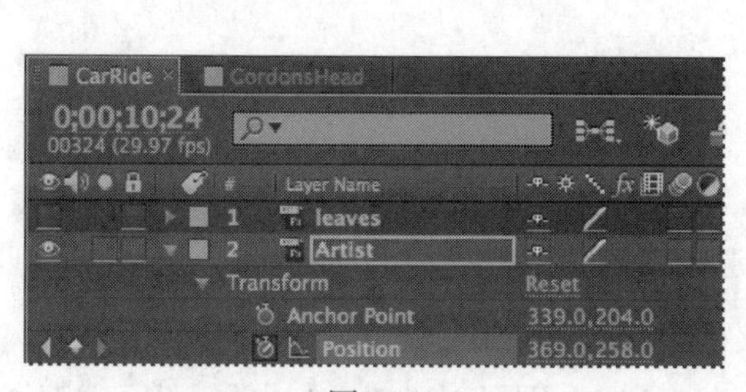

图5.35

图5.36

5.5.2 添加运动模糊特效

最后，应用运动模糊特效，使汽车的运动显得更平滑。

1. 隐藏 Timeline 面板中 Artist 图层的属性。

2. 打开 Artist 图层和 Head 图层的 Motion Blur 开关（ ）。

汽车离开屏幕时将显示运动模糊特效，同样地，飞舞的蜜蜂也将呈现这样的效果，因为在本章的前面部分已经对该图层应用了运动模糊特效，所以预览合成图像时将会看到所有这些效果。

5.5.3 预览作品

既然运动汽车的关键帧已经设置好了，现在可以预览整个素材，并且确保把驾驶员图像框取到合成图像中的合适位置。

1. 单击 leaves 图层的 Video 开关（ ），显示出该图层。

2. 单击 Preview 面板中的 RAM Preview 按钮预览该动画。

3. 选择 File>Save 命令保存目前的作品。

5.6 对其他元素进行动画处理

在对背景中经过的车辆和建筑物进行动画处理的过程中，你将练习创建更多的关键帧动画处理。

5.6.1 对经过的车辆进行动画处理

也许在刚才的预览中已经注意到：蓝色汽车尾随着坐在红色汽车里的画家行驶。实际上，蓝色汽车位于一个重组层内，该图层还包含一辆黄色汽车。接下来，为了使场景更具动感，我们将对蓝色和黄色汽车进行动画处理，使他们在背景中驶过画家的汽车。

> AE | 注意：请记住，重组层只是带有嵌套图层的图层。在本例中，Vehicles 图层包含一个蓝色汽车的嵌套层和一个黄色汽车的嵌套层。

1. 在 Timeline 面板中选择 Vehicles 图层，然后单击 Solo 开关（ ）将该图层隔离开。

2. 按 P 键显示该图层的 Position 属性。

3. 移动到 3:00。

4. 在 Composition 面板中使用 Selection 工具（ ），拖动 Vehicles 图层，使这两辆汽车均驶出屏幕右边。开始拖动时请按住 Shift 键，以确保鼠标沿垂直方向运动。或者，也可以简单地将 Vehicles 图层的 Position 属性值设为（684，120）。

5. 单击 Vehicles 图层的秒表图标（ ），为 Vehicles 图层创建 Position 关键帧，如图 5.37 所示。

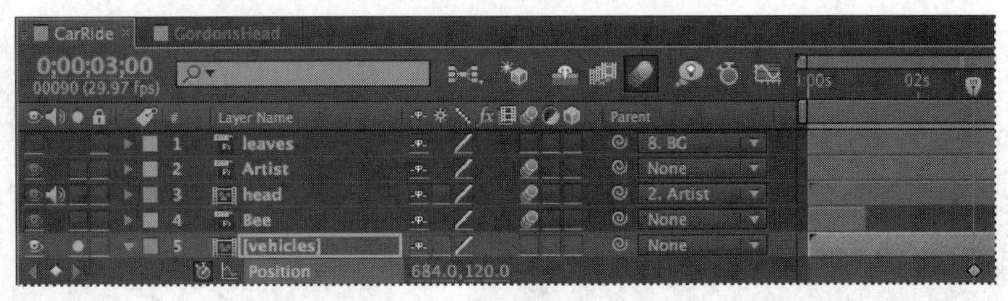

图5.37

6. 移动到 4:00，在 Composition 面板中拖动 Vehicles 图层，使这两辆汽车均驶出屏幕的左边。或者，简单地将该图层的 Position 属性值设为（93，120）。After Effects 会添加一个关键帧。

7. 打开 Vehicles 图层的运动模糊开关，如图 5.38 所示。

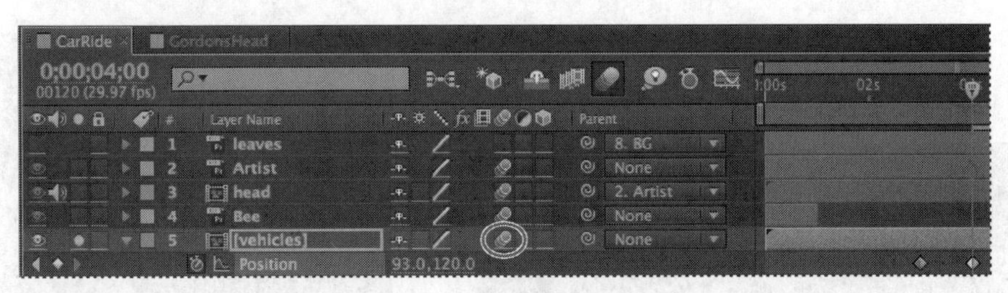

图5.38

8. 在 Timeline 面板中选择 Vehicles 图层，然后按 P 键隐藏其 Position 属性。

9. 解除 Vehicles 图层的隔离状态，然后在大约 2:25 ~ 4:06 之间拖动当前时间指示器，手动预览车辆经过的效果。

5.6.2 对建筑物进行动画处理

对建筑物做动画处理？是的。你将对几个建筑物进行动画处理，在画家巡游于旧金山市区时，使这些建筑物从背景中升起来或“冒出”。你将再次使用重组层（Full Skyline），但我们将打开它并对其中嵌入的图层单独进行动画处理。

1. 双击 Project 面板中的 full skyline 合成图像，在其自己的 Timeline 和 Composition 面板中打开该它。

请注意，该合成图像具有 3 个图层：Skyline、Building 和 Buildings。我们将先从 Buildings 图层开始处理。

2. 移动到 5:10，选择 Timeline 面板中的 Buildings 图层，然后按 P 键显示其 Position 属性。

3. 单击 Buildings 图层的秒表图标（⏱），在默认值（127，120）处设置 Position 关键帧，如图 5.39 和图 5.40 所示。

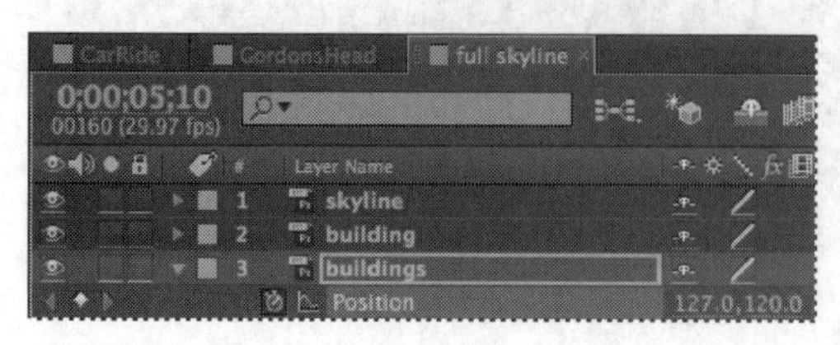

图5.39

图5.40

4. 移动到 4:20，在 Composition 面板中使用 Selection 工具（↖）向下拖动 Buildings 图层，将其拖出合成图像底部，直到其 Position 属性的 *y* 值为 350 为止。开始拖动后请按住 Shift 键，约束其水平轴。After Effects 添加一个关键帧，如图 5.41 和图 5.42 所示。

图5.41

图5.42

> **AE** | **提示**：将图层拖动到位是一个很好的练习，但是，如果您不想在 Composition 面板中拖动图层，也可以在第 4 步和第 5 步中直接键入的 *y* 坐标值。

5. 移动到 5:02，在 Composition 面板中向上拖动 Buildings 图层，直到其 Position 属性的 *y* 坐标值为 90 为止。After Effects 添加一个关键帧，如图 5.43 和图 5.44 所示。

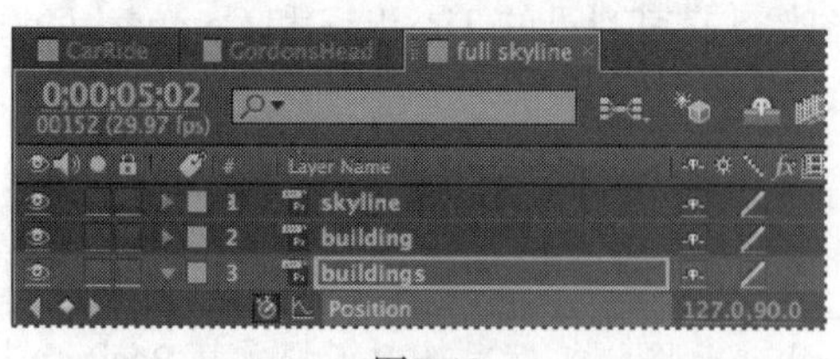

图5.43

图5.44

很好，你已经完成了第一个建筑物的动画处理。接下来，我们将改善建筑物移动到高点时的效果，使运动显得更自然（自然冒出的建筑物？噢。这很有趣的）。

5.6.3 添加缓入缓出特效

下面通过添加 Easy Ease 特效，改善建筑物移动到高点时的效果。

1. 右键单击（Windows）或者按住 Control 键单击（Mac OS）5:02 处的关键帧，然后选择 Keyframe Assistant>Easy Ease 命令。

这将调整动画在靠近和离开该关键帧时变化的速度。

2. 将当前时间指示器从 4:20 拖动到 5:10，预览起伏跳跃的建筑物。

5.6.4 复制建筑物动画

为了对 Full Skyline Composition 面板中其他图层进行动画处理，我们将复制 Buildings 图层的关键帧，并把它们粘贴到其他那些图层——但是粘贴的时间点不同——使这些元素按顺序跳起。

1. 单击 Buildings 图层的 Position 属性名，以选择 Position 属性的所有关键帧，然后选择 Edit>Copy 命令，或者按 Ctrl+C（Windows）或者 Command+C（Mac OS）组合键。
2. 移动到 5:00，在 Timeline 面板中选择 Building 图层。然后选择 Edit>Paste 命令，或者按 Ctrl+V（Windows）或者 Command+V（Mac OS）组合键，将关键帧粘贴到该图层（如果 Position 属性不可见，将看不到粘贴的关键帧）。
3. 移动到 5:10，选择 Skyline 图层。然后再次选择 Edit>Paste 命令，或者按 Ctrl+V（Windows）或者 Command+V（Mac OS）组合键，将关键帧也粘贴到该图层。
4. 如果 Position 属性还不可见，选择 Building 图层名，再按 P 键查看复制的关键帧。对 skyline 图层也重复同样的操作。
5. 对所有 3 个图层应用运动模糊特效，然后切换到 CarRide Timeline 面板，打开 Full Skyline 重组层的运动模糊开关。这将把运动模糊特效应用到所有嵌套图层，如图 5.45 所示。

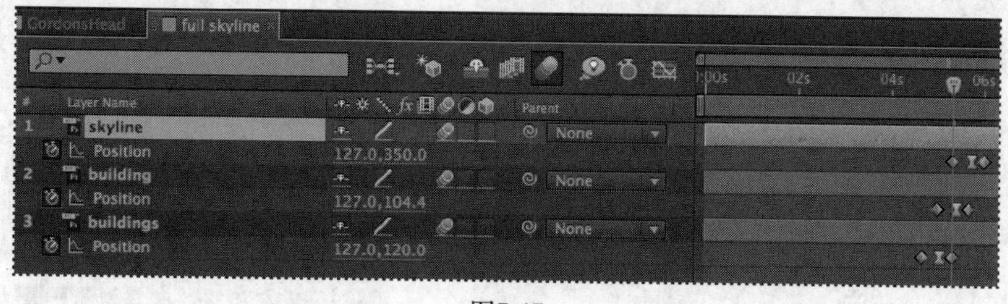

图5.45

你已经完成了许多工作，让我们从开始处观看动画效果吧。

6. 进行 RAM 预览，然后选择 File>Save 命令保存作品。

5.7 应用特效

我们已经在本项目中创建一些关键帧动画。接下来将对这些动画应用特效，该特效将使Transamerica Pyramid建筑物产生无线电波发射动画。

5.7.1 添加纯色图层

下面将对一个纯色图层应用无线电波特效。

纯色图层

在After Effects中可以创建任意颜色和尺寸的纯色图像（最大30000像素×30000像素）。After Effects像处理所有其他素材项一样处理纯色图像：可以修改纯色图层的蒙版、改变属性和应用特效。如果所修改的纯色图像的设置被多个图层使用，则可以将修改应用到所有使用该纯色图像的图层，或只将它应用到纯色图像内的单个纯色位置。用纯色图层可以着色背景，或者创建简单的图形图像。

1. 确认 CarRide Timeline 面板为打开状态。
2. 选择 Layer>New>Solid 命令。在 Solid Settings 对话框中，将新图层命名为 radio waves，然后单击 Make Comp Size 按钮。再单击 OK 按钮创建该图层。
3. 在 Timeline 面板中拖动 Radio Waves 图层，使其位于 BG 图层的正上方，如图 5.46 和图 5.47 所示。

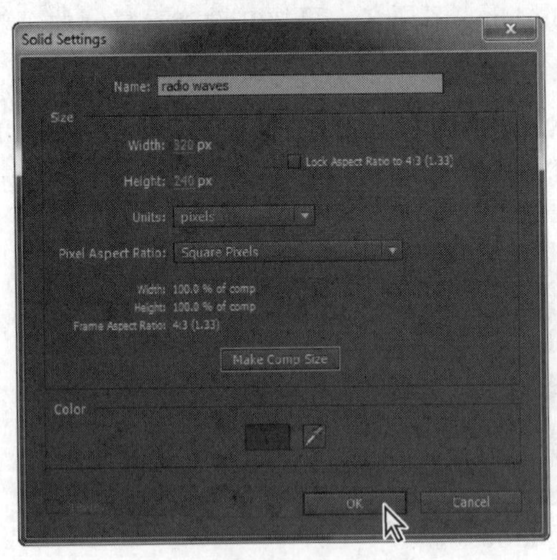

图5.46

图5.47

默认情况下，Radio Waves 图层的持续时间与合成图像相同。但是，现在我们只需该图层持续几秒钟时间，以保持该特效的长度。所以将改变该图层的持续时间。

4. 单击 Timeline 面板左下角的 Expand Or Collapse The In\Out\Duration\Stretch Panes 按钮( )，以便看到那 4 栏。

5. 单击 Radio Waves 图层中橙色的 Duration 属性值，如图 5.48 所示。

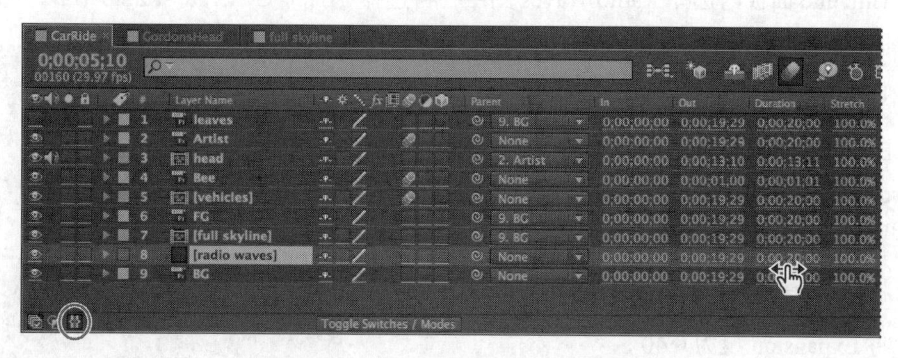

图5.48

6. 在 Time Stretch 对话框中，将 New Duration 字段设为 8:00，然后单击 OK 按钮，如图 5.49 所示。

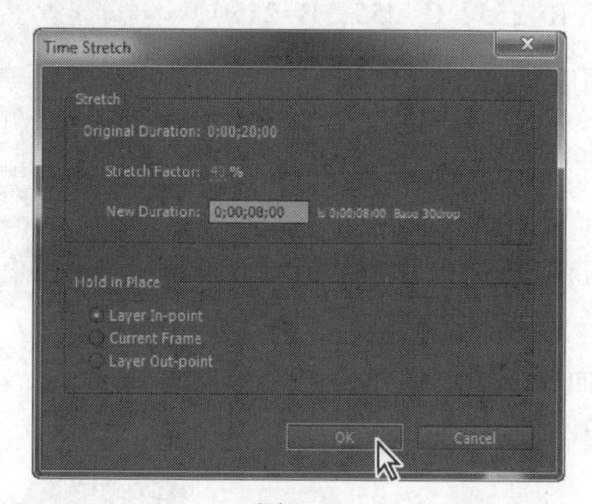

图5.49

7. 在时间标尺中，拖动 radio waves 图层时长条（从中间拖动），使其从 6:00 开始。查看该图层的 In 值，以确认拖动到 6:00，你也可以手工输入 In 值，如图 5.50 所示。

图5.50

8. 移动到 6:00，这是无线电波特效的第一帧。

5.7.2 应用特效

现在准备向纯色图层应用无线电波特效。

1. 在 Timeline 面板内选择 Radio Waves 图层，再选择 Effect>Generate>Radio Waves 命令。

因为此时第一束电波还未发射，所以在 Composition 面板中看不到任何变化。

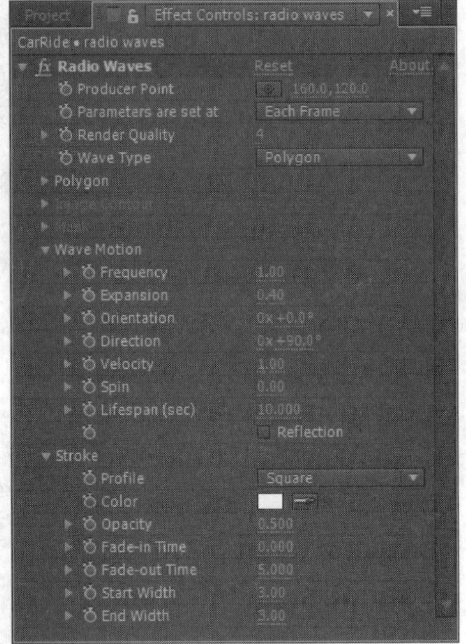

图5.51

2. 在 Effect Controls 面板中，如果 Wave Motion 和 Stroke 属性还不可见，请展开它们。然后执行下述操作。

- 将 Parameters Are Set At 字段选择为 Each Frame。
- 将 Expansion 设为 0.40。
- 将 Velocity 设为 1.00。
- 将 Color 设为白色（R=255，G=255，B=255）。
- 将 Opacity（不透明度）设为 0.50。
- 将 Start Width 和 End Width 都设为 3.00，如图 5.51 所示。

3. 仍处于 Effect Controls 面板中，单击靠近该面板顶部的 Producer Point 设置字段中的十字形按钮，然后在 Composition 面板中，通过单击将信号发生点设置在发射塔的顶端，如图 5.52 和图 5.53 所示。

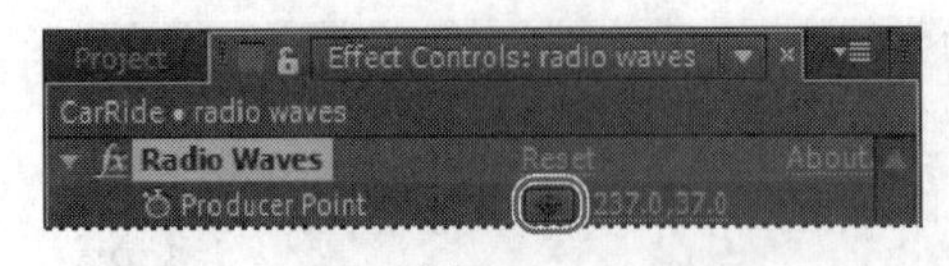

图5.52

图5.53

现在发射塔顶端将按我们指定的设置发射出无线电波。我们只需将 Full Skyline 图层设为 Radio Waves 图层的父层，这样，建筑物在整个合成图像内移动时将一直伴随着电波的传播。

4. 在 Radio Waves 图层的 Parent 栏中，从下拉列表中选择 7.Full Skyline，如图 5.54 所示。

5. 移动到 5:28，即刚好在无线电波特效的开始点之前，在 Preview 面板中选取 From Current Time（为了查看所有选项，可能需要展开 Preview 面板）。

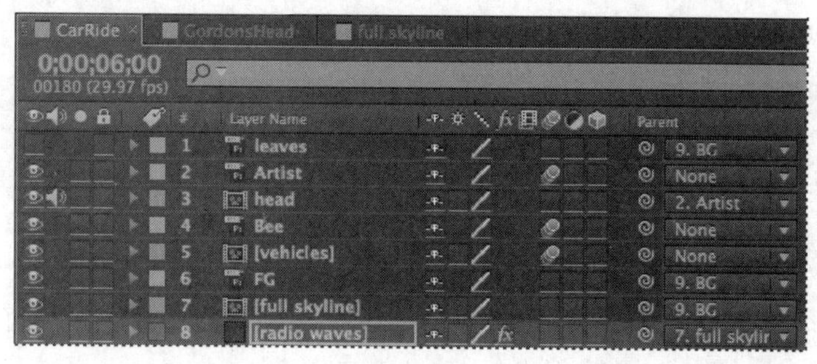

图5.54

6. 单击 RAM Preview 按钮（ ），查看应用 Radio Waves 特效以来的 RAM 预览。

预览完成后，整理 Timeline 面板。

7. 单击 Expand Or Collapse The In\Out\Duration\Stretch Panes 按钮（ ）隐藏那些栏，然后按 Home 键，或者将当前时间指示器移动到时间标尺的起点。

8. 选择 File>Save 命令保存作品。

5.8 创建动画效果的幻灯展示

我们已经完成画家驱车穿过都市街景这一复杂动画，现在该向画架上添加画家的作品样品了。这很重要，毕竟它可以向潜在的新客户展示画家的作品。然而，这种幻灯展示技术可以很容易地用在其他方面，例如展示家庭相片或者进行商业展示。

5.8.1 导入幻灯片

画家已经提供了一个装有其创作样品的文件夹，但我们只想使用其中的一些图像。为了便于选择，请使用 Adobe Bridge 预览这些作品。

1. 选择 File> Browse In Bridge 命令，切换到 Adobe Bridge。

2. 在 Folders 面板中，导航到硬盘上的 AECC_CIB\Lesson05\Assets 文件夹。

3. 单击各个以“studer_”开头的图像，在 Preview 面板中研究它们。

4. 按住 Ctrl 键单击（Windows）或者按住 Command 键单击（Mac OS）选择 5 个最喜欢的图像文件，然后双击将它们全部添加到 After Effects 的 Project 面板中。这里我们选择 studer_Comcast.jp、studer_map.jpg、studer_music.jpg、studer_Puzzle.jpg 和 studer_Real_Guys.jpg 文件，如图 5.55 所示。

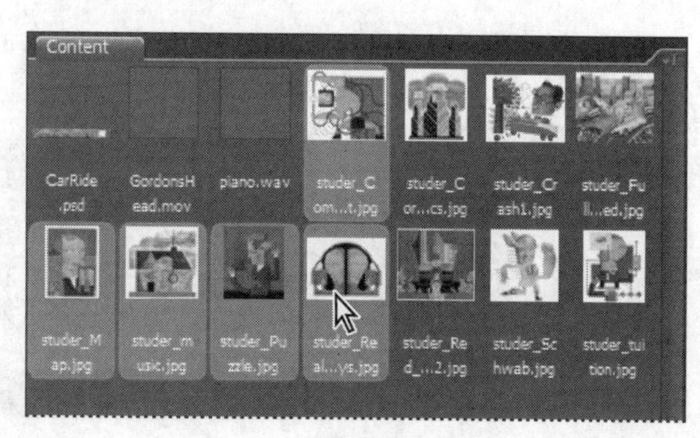

图5.55

5. 让 Adobe Bridge 在后台保持打开状态。

> AE | **注意：**如果不安装 Bridge，当我们选择 Browse In Bridge 时，系统会提示我们安装它。

5.8.2 创建新的合成图像

我们要将这些图像放在它们自己的合成图像中，以便更容易将它们以幻灯演示的形式展现出来，同时在幻灯片之间实现过渡特效。

1. 在 After Effects 中，单击 Project 选项卡查看 Project 面板。

2. 取消选择 Project 面板中所有项。然后在按下 Shift 键的同时单击选择 5 个 Studer 图像，将它们拖放到该面板底部的 Create A New Composition 按钮（▣）上。

3. 在 New Composition From Selection 对话框中，执行如下操作。

- 在 Create 区选择 Single Composition。
- 在 Options 区中，将 Still Duration 设为 2:00。
- 选取 Sequence Layers 和 Overlap 复选框。
- 将 Duration 设为 0:10。
- 从 Transition 下拉列表中选择 Cross Dissolve Front And Back Layers。
- 单击 OK 按钮，如图 5.56 所示。

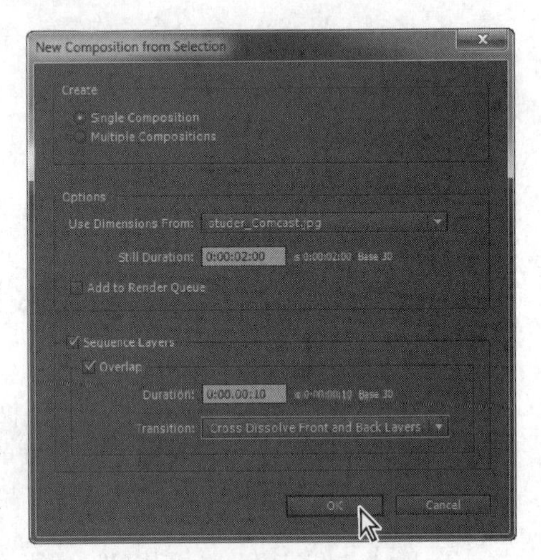

图5.56

过渡选项将创建一系列静态图像，它把一幅图像溶解到下一幅图像内。单击 OK 按钮后，After Effects 在 Composition 面板和 Timeline 面板内打开新的合成图像，该合成图像以 Project 面板中 Studer 图像列表的第一幅图像命名。在继续操作之前，请将该合成图像重命名为更直观的名字。

4. 选择 Composition>Composition Settings 命令，将合成图像重命名为 Artwork，然后单击 OK 按钮，如图 5.57 和图 5.58 所示。

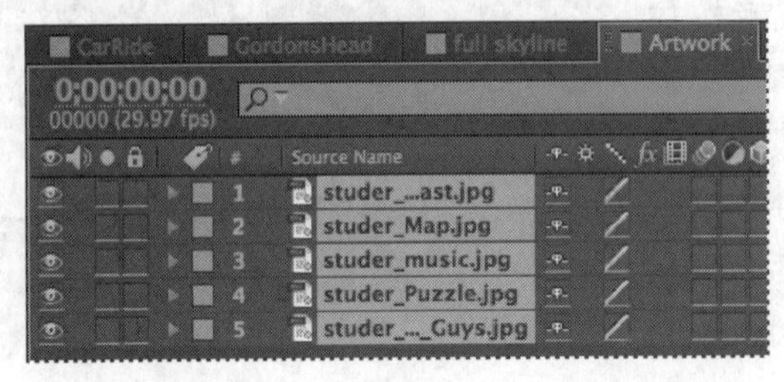

图5.57

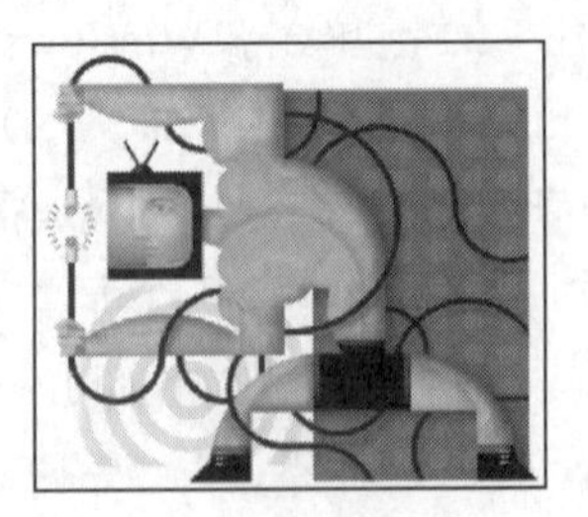
图5.58

5.8.3 定位幻灯片

制作幻灯片不是很简单吗？现在我们将幻灯片定位在画架的画布上。幻灯片实际上比画布大，但因为它们位于合成图像中，所以可以将它们整体进行缩放。

1. 切换到 CarRide Timeline 面板，移动到 11:00，此时画布位于合成图像的正中间。
2. 将 Artwork 合成图像从 Project 面板拖放到 CarRide Timeline 面板内，将其置于图层栈的顶部，如图 5.59 和图 5.60 所示。

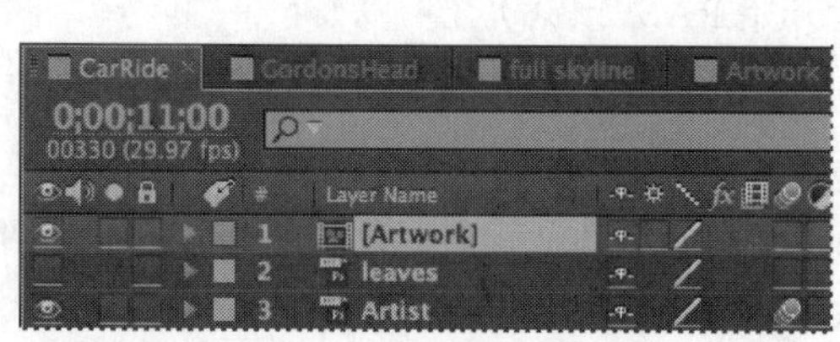

图5.59

图5.60

现在 Artwork 图层设置为从 0:00 开始，我们需要调整该图层的时序，使它在 11:00 处显示。

3. 在时间标尺内拖动 Artwork 图层的时长条（从中间开始），使其 In 点为 11:00。单击 Expand Or Collapse The In/Out/Duration/Stretch Panes 按钮（{}），可以精确地查看 In 点，如图 5.61 所示。

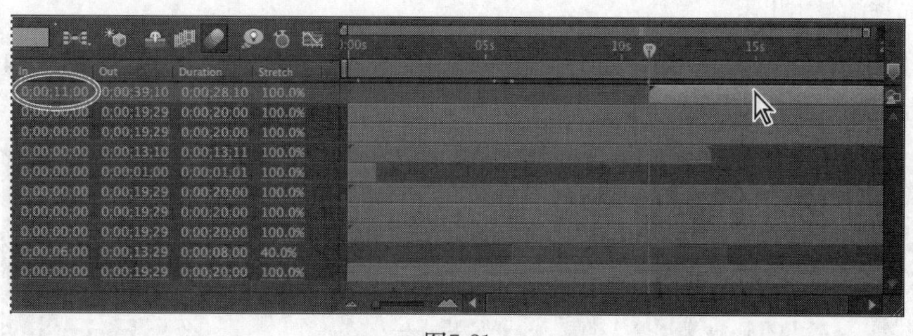

图5.61

现在，将幻灯片尺寸缩放到画布大小。

4. 确保 Timeline 面板中的 Artwork 图层被选中，按 S 键显示其 Scale 属性，并且将 Scale 属性值设为（45，45%）。
5. 按 P 键显示其 Position 属性，并且把 xPosition 属性值往下（往左边）拖动，直到幻灯片位于正中间（大概在 144.0）。
6. 选择 Timeline 面板中的 Artwork 图层，然后选择 Layer>Blending Mode>Darken 命令。这将用画布中柔和的白色代替每幅图像中的纯白色，如图 5.62 和图 5.63 所示。

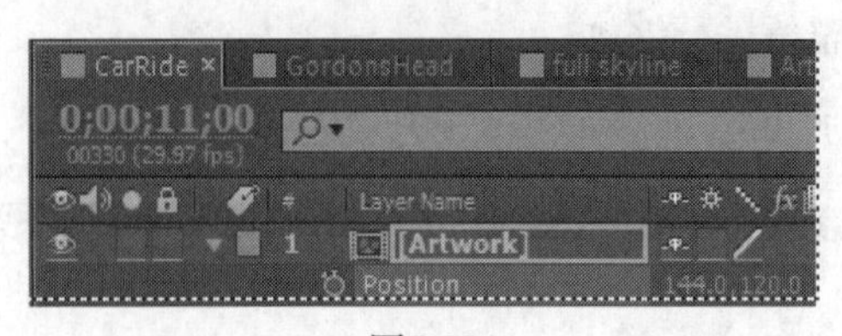

图5.62

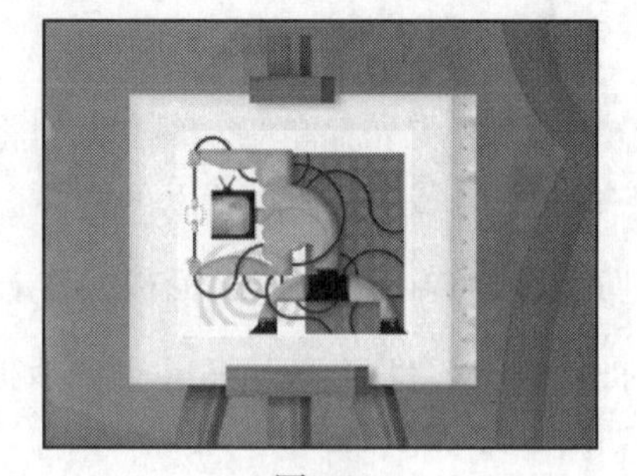
图5.63

7. 单击 Preview 面板中的 RAM Preview 按钮（ ），查看幻灯片的 RAM 预览（一定要选取 From Current Time 复选框，从 11:00 处开始 RAM 预览）。

5.8.4 淡入第一张幻灯片

正如其位置那样，第一张幻灯片在 11:00 时立即显示到画架上。我们来对 Artwork 图层的不透明度做动画处理，使第一张幻灯片呈现淡入效果。

1. 选择 Timeline 面板中的 Artwork 图层，然后按 T 键显示其 Opacity 属性。
2. 移动到 11:00。
3. 将 Artwork 图层的 Opacity 设为 0%，然后单击秒表图标（ ），设置一个 Opacity 关键帧。
4. 移动到 11:03，将 Artwork 图层的 Opacity 设为 100%，After Effects 添加一个关键帧。现在作品逐渐显示出来。
5. 手工预览从 11:00 ~ 11:03 的动画，查看第一张幻灯片的淡入效果，如图 5.64 ~ 图 5.66 所示。

图5.64

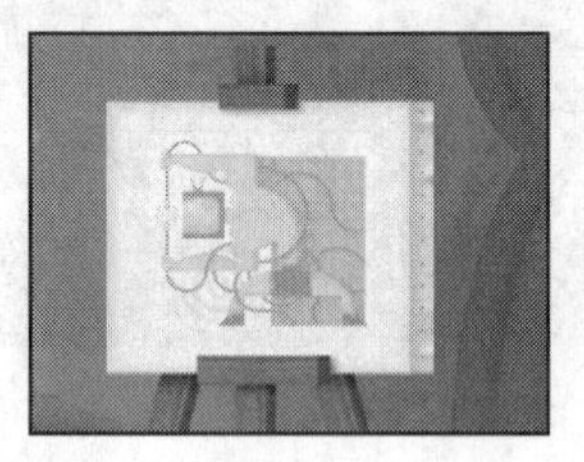
图5.65

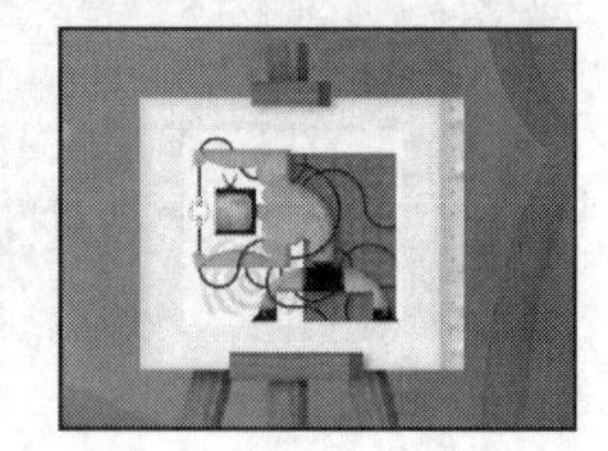
图5.66

6. 在 Timeline 面板中选择 Artwork 图层，按 T 键隐藏其 Opacity 属性，然后选择 File>Save 命令保存作品。

5.9 添加音轨

我们已在本项目中完成了许多动画处理，但还没有最终完成。虽然 Gordon Studer 驱车穿过合成图像时一边对观众说着话，但如果在背景中添加音轨将使合成图像变得更生动。

1. 选择 File>Browse In Bridge 命令，切换到 Adobe Bridge。

2. 在 Content 面板内，选择 piano.wav 缩略图预览。

Adobe Bridge 会让您预览该音频文件。

3. 如果选择文件后未自动播放该文件，请单击 Preview 面板中的 Play 按钮（▶）试听该音频。单击 Pause 按钮（‖）或按空格键停止播放。

4. 双击 piano.wav 文件，将它导入到 After Effects 的 Project 面板。

5. 取消选择 Project 面板中的任何东西，然后将 piano.wav 项从 Project 面板拖放到 CarRide 的 Timeline 面板，将它放置到图层栈的底部，如图 5.67 所示。

图5.67

支持的音频文件格式

可以将下列任一种音频格式文件导入到After Effects。

- Adobe Sound Document（ASND，将多轨文件导入为合并的音轨文件）。
- Advanced Audio Coding（ACC、M4A）。
- Audio Interchange File Format（AIFF、AIFF）。
- MP3（MP3、MPEG、MPG、MPA、MPE）。
- Video for Windows（AVI、WAV，在 Mac OS 中需要 QuickTime）。
- Waveform（WAV）。

5.9.1 循环播放音轨

Piano 图层的时长和合成图像不一样，所以需要循环播放该图层。幸运的是，这个音乐轨道具有明显的循环节奏。我们将使用时间重映射功能循环播放音频剪辑。第 6 课将更深入介绍怎样使用 Time Remapping 功能。

1. 在 Timeline 面板中选择 piano.wav 图层。

2. 选择 Layer>Time>Enable Time Remapping 命令。Timeline 面板中将显示出该图层的 Time Remap 属性，同时，时间标尺上显示该图层的两个 Time Remap 关键帧，如图 5.68 所示。

图5.68

3. 按住 Alt（Windows）键或者 Option（Mac OS）键单击该图层 Time Remap 属性的秒表图标（ ），这将为 Time Remapping 设置默认表达式，它在 Composition 面板中并不立即显示出效果。

4. 在 Piano 图层的 Expression: Time Remap 属性中，单击 Expression Language 下拉列表，选择 Property>loopOut（type = "cycle", numKeyframes=0），如图 5.69 所示。

图5.69

现在该音频被设成周期性循环，它不断地重复播放该素材，现在你要做的只是将该图层的 Out 点扩展到合成图像的终点。

5. 在 Timeline 面板中选择 piano 图层，并移动到时间标尺的终点。然后再按 Alt+]（Windows）或者 Option+]（Mac OS）组合键，将该图层扩展到合成图像的终点。

你很快就可以预览整个合成图像了。

6. 隐藏 piano 图层的属性，然后选择 File>Save 命令保存作品。

5.10 放大最终的特写镜头

现在一切看起来还不错，但如果能放大显示幻灯片最终的特写镜头，就能将观众的吸引力集中到画家的作品上。

1. 在 Project 面板中，将 CarRide 合成图像拖放到面板底部的 Create A New Composition 按钮（ ）上。

After Effects 创建名为 CarRide 2 的新合成图像，并在 Timeline 和 Composition 面板中打开它。请重命名该合成图像，以免产生混淆。

2. 选中 Project 面板中的 CarRide 2 合成图像，按下 Enter 键或 Return 键，然后输入 Lesson05，之后再次按下 Enter 键或 Return 键接受新名称。

3. 在 Lesson05 Timeline 面板中，移动到 10:24，这是汽车冲出合成图像右边时的第一帧。

4. 在 Lesson05 Timeline 面板中选择 CarRide 图层，然后按 S 键显示其 Scale 属性。

5. 单击秒表图标（ ），将 Scale 关键帧设为默认值（100，100%）。

6. 移动到 11:00，将 Scale 值修改为（110，110%）。After Effects 添加一个关键帧，在剩余的合成图像中，幻灯片将显得十分突出和抢眼，如图 5.70 所示。

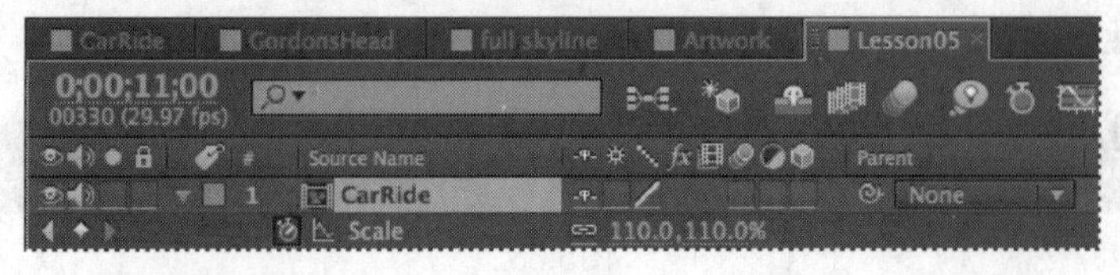

图5.70

7. 选择 CarRide 图层，按下 S 键隐藏其 Scale 属性。

5.10.1 预览整个合成图像

现在是观看整个动画整体播放效果的时候了。

1. 在 Preview 面板中，取消选取 From Current Time 复选框，然后单击 RAM Preview 按钮（ ），查看整个合成图像的 RAM 预览。

2. 预览完成后按空格键停止播放。

3. 选择 File>Save 命令。

恭喜！你已经创建了一个相对复杂的动画，练习 After Effects 的各项技术和功能，包括从父化关系到音频循环播放等。

酷文解码

在Adobe Audition里编辑音频文件

可以对After Effects里的音频做一些非常简单的修改。如果需要更多实质性的编辑，可以使用Adobe Audition。Adobe Creative Cloud会员可以使用完整的Audition。

Audition可以用于改变刚刚创建的影片的背景音乐。把对音频文件的修改动作保存下来，这将在下次使用RAM预览或者在After Effects里渲染成分时反映出来。

1. 如果之前把 Lesson05_Finished.aep 文件关闭了，现在请打开该文件。

2. 选择 Project 面板里的 piano.wav 文件，并选择 Adobe Audition 里的 Edit>Edit 命令。

3. 在 Audition 里，按下 Play 按钮就可以看到音频文件几秒钟的样本。

4. 选择 Effects > Time And Pitch > Stretch And Pitch 命令。

5. 在 Effects-Stretch And Pitch 对话框里，把 Stretch 滑块移动到 100%，然后把 Pitch Shift 的值改为 20。然后单击 OK 按钮，如图 5.71 和图 5.72 所示。

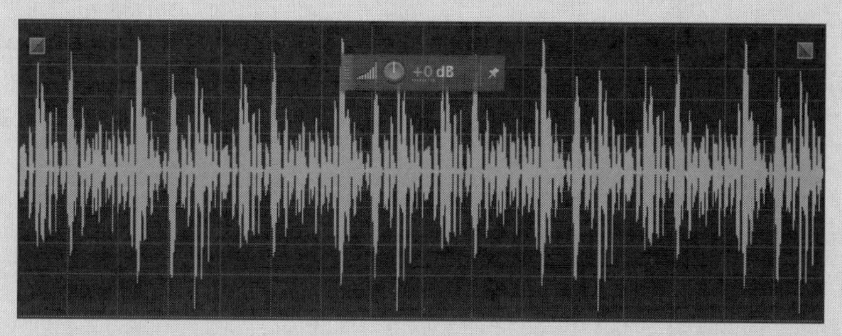

图5.71

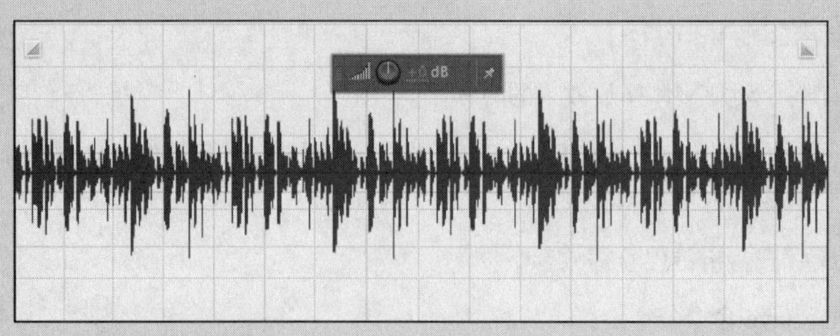

图5.72

所做的修改会在Audition里的Editor面板中反映出来。

6. 单击 Play 按钮可以预览声音。

7. 选择 File>Save 命令。

8. 在 After Effects 里，选择 RAM 预览可以连贯地试听所编辑的音轨声音。

5.11 复习题与答案

复习题

1. After Effects 是怎样显示动画的 Position 属性？
2. 什么是纯色图层？纯色图层有什么作用？
3. After Effects 项目可以导入哪些类型的音频文件？

复习题答案

1. 当对 Position 属性进行动画处理时，After Effects 将物体的移动显示为运动路径。可以为图层的位置或轴点创建运动路径。位置运动路径显示在 Composition 面板内，轴点运动路径显示在 Layer 面板内。运动路径显示为一系列的点，每个点标记各帧中该图层的位置。路径中的盒子标记关键帧的位置。
2. 在 After Effects 中可以创建任意颜色和尺寸（最大 30000 像素 ×30000 像素）的纯色图像。After Effects 像处理所有其他素材项一样处理纯色图像：可以修改蒙版、变换属性和向纯色图层应用特效。如果修改一个被多个图层使用的纯色图像的设置，则可以把该修改应用到所有使用该纯色图像的图层，或者将它们只应用到出现该纯色图像的单个地方。纯色图层用于着色背景或者创建简单的图形图像。
3. 可以将下述任一种音频格式文件类型导入到 After Effects：Adobe Sound Document（ASND，将多轨文件导入为合并的音轨文件）、Advanced Audio Coding（ACC、M4A）、Audio Interchange File Format（AIFF、AIFF）、MP3（MP3、MPEG、MPG、MPA、MPE）、Video for Windows（AVI、WAV，在 Mac OS 中需要 QuickTime）以及 Waveform（WAV）。

第6课 对图层进行动画处理

课程概述

本课介绍的内容包括：

- 对 Adobe Photoshop 图层文件进行动画处理；
- 应用 Pick Whip 功能复制动画；
- 使用导入的 Photoshop 图层样式；
- 应用 Track Matte 来控制图层的可见性；
- 应用 Corner Pin 特效对图层进行动画处理；
- 对纯色图层应用 Lens Flare 特效；
- 应用 Time Remapping 和 Layer 面板对素材进行动态时间变换处理；
- 在 Graph Editor 中编辑 Time Remap 关键帧。

本课大约要用 1 小时时间完成。启动 After Effects 之前，先找到附带光盘的 Lesson06 文件夹，将其复制到本地硬盘上为这些项目创建的文件夹 Lessons 中（或现在创建 Lessons 文件夹）。学习本课时，将覆盖复制的初始文件。如果需要恢复这些初始文件，从附带光盘中再复制一遍即可。

动画就是根据时间的改变而做变化——改变对象或图像的位置、不透明度、缩放尺寸以及其他属性。本课将提供更多的练习机会，对Photoshop文件的图层进行动画处理，包括动态时间变换处理。

6.1 开始

Adobe After Effects 提供一些工具和特效，使你可以用 Photoshop 图层文件模拟活动视频。本课将导入一个阳光穿过窗户的 Photoshop 图层文件，然后对其进行动画处理，以便模拟太阳在窗外升起的效果。这是一个程序化的动画，开始时运动加速，然后移动速度慢下来，最后云朵和小鸟从窗前飞过。

首先你将预览最终影片效果，并设置项目。

1. 请确认下述文件存在于你计算机硬盘的 AECC_CIB\Lessons\Lesson06 文件夹中。
    - Assets 文件夹：clock.mov、sunrise.psd。
    - Sample_Movie 文件夹：Lesson06_regular.mov、Lesson06_retimed.mov。
2. 请打开并播放 Lesson06_regular.mov 文件，查看本课将要创建的简单定时顺序动画。
3. 请打开并播放 Lesson06_retime.mov 文件，查看在前个动画基础上进行时间重映射处理后的结果，本课也要创建它。
4. 播放完后，请退出 QuickTime Player。如果你的存储空间有限，可以将这些影片例子从硬盘中删除。

开始本课之前，请恢复 After Effects 应用程序的默认设置。详细情况请参见前言中的“恢复默认参数”。

5. 启动 After Effects 时，然后按下 Ctrl+Alt+Shift（Windows）或 Command+Option+Shift（Mac OS）组合键，恢复首选默认设置。系统询问是否要删除参数文件时，单击 OK 按钮。单击 Close 按钮关闭 Welcome 窗口。

After Effects 打开后显示一个空的无标题项目。

6. 选择 File>Save As>Save As 命令。
7. 在 Save As 对话框中，导航到 AECC_CIB\Lessons\Lesson06\Finished_Project 文件夹。
8. 将该项目命名为 Lesson06_Finished.aep，然后单击 Save 按钮。

6.1.1 导入素材

需要导入本课的一个源素材项。

1. 双击 Project 面板中的空白区域，打开 Import File 对话框。
2. 导航到硬盘中的 AECC_CIB\Lessons\Lesson06\Assets 文件夹，然后选择 sunrise.psd 文件。
3. 从 Import As 下拉菜单中选择 Composition-Retain Layer Sizes，这将使每个图层的尺寸与该图层的内容相符。

4. 单击 Import 或者 Open 按钮。

5. 在 Sunrise.psd 对话框中，确认 Import Kind 下拉菜单中已选择 Composition-Retain Layer Sizes，然后单击 OK 按钮，如图 6.1 所示。

继续操作前，我们先花些时间了解一下刚才导入的图层文件。

6. 在 Project 面板中，展开 sunrise Layers 文件夹，查看 Photoshop 图层。如果有需要，可以重置 Name 栏的宽度，以方便查看，如图 6.2 所示。

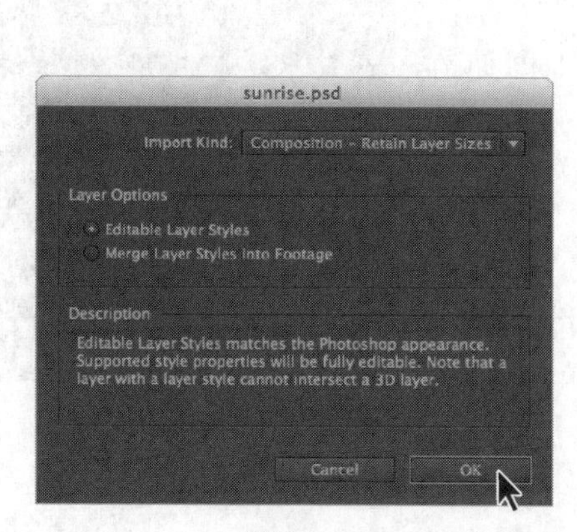

图6.1

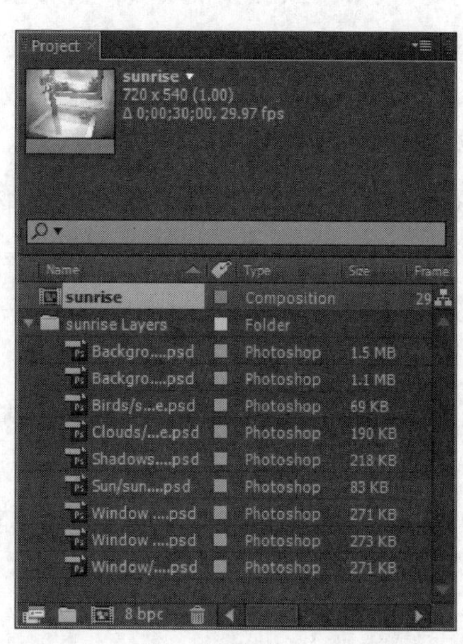

图6.2

将在 After Effects 中进行动画处理的每个元素——影子、小鸟、云朵和太阳——都位于单独的图层上。此外，有一个图层用来描绘动画开始时黎明前的曙光照射下的房间内的情景（Background 图层），第二个图层则用来描绘动画结束时屋内明亮的日光（Background Lit 图层）。同样地，还有两个图层用于描绘窗外的两种光线条件：Window 和 Window Lit 图层。Window Pane 图层包含一个 Photoshop 图层样式，它可以模拟玻璃窗的显示效果。

After Effects 将保留 Photoshop 源文档中的图层顺序、透明度信息和图层样式。它还保留其他一些信息，如调整图层及其类型，但是本项目中将不会使用这些信息。

准备Photoshop图层文件

在导入Photoshop图层文件前，精心地为图层命名可以缩短预览和渲染时间，同时还可避免导入和更新图层时出现问题。

- 组织并命名图层。如果在 Photoshop 文件导入到 After Effects 后再修改其中的图层名，After Effects 会仍然保留到原来图层的链接。然而，如果删除导入的图层，After Effects 将无法找到原来的图层，并在 Project 面板中将该图层标识为丢失状态。
- 确保每个图层的名称唯一，以免产生混淆。

6.1.2 创建合成图像

本课将用导入的 Photoshop 文件作为合成图像基础。

1. 在 Project 面板中双击 sunrise 合成图像，以便在 Composition 面板和 Timeline 面板中打开它，如图 6.3 和图 6.4 所示。
2. 选择 Composition>Composition Settings 命令。
3. 在 Composition Settings 对话框中，将 Duration 修改为 10:00，使合成图像持续时间为 10 秒，然后单击 OK 按钮，如图 6.5 所示。

图6.3

图6.4

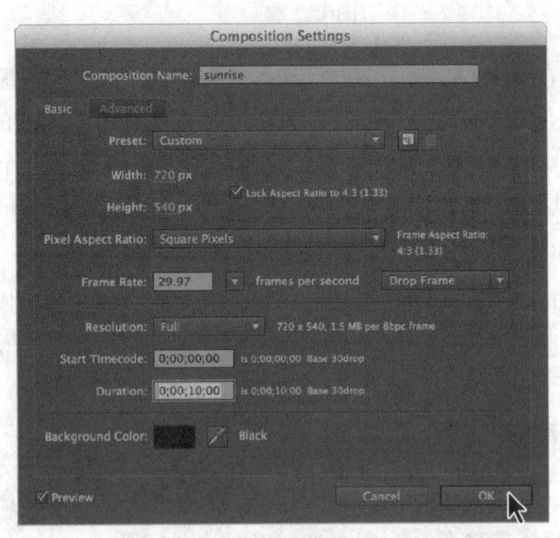

图6.5

关于Photoshop图层样式

Adobe Photoshop提供多种图层样式——如投影、发光和斜面——它们可以改变图层的效果。在导入Photoshop图层时，After Effects可以保留这些图层样式。我们也可以在After Effects中应用图层样式。

虽然在Photoshop中图层样式被称作特效，但它们更像After Effects中的混合模式。图层样式按标准的渲染顺序进行变换，而特效则在变换之前应用。另一个不同点是每个图层样式与合成图像中其下方的所有图层直接混合，而特效仅渲染到它所应用的图层，其结果将与其下方的图层结合成一个整体。

在Timeline面板中可以使用图层样式属性。

如果要了解更多关于After Effects中怎样处理图层样式的知识，请查阅After Effects帮助。

6.2 模拟光照变化

动画的第一部分涉及照亮黑暗的房间。我们将使用 Opacity 关键帧对光照进行动画处理。

1. 在 Timeline 面板中，单击 Background Lit 和 Background 两图层的 Solo 开关（ ）。这将隔离这些图层，以便加快动画处理、预览和渲染的速度，如图 6.6 和图 6.7 所示。

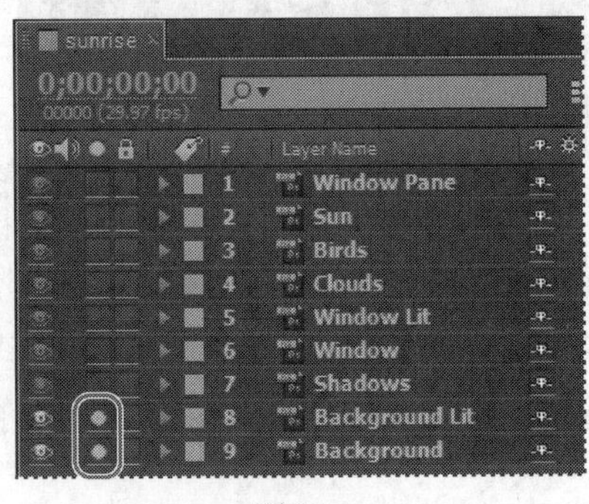

图6.6

图6.7

现在，亮的背景位于正常（暗）背景之上，遮盖住它，使动画的初始画面变亮。然而，我们想要的是先暗后亮的动画效果。为了实现这个效果，我们将使 Background Lit 图层最初变为透明的，然后再使它“淡入”，随着时间的推移逐渐照亮背景。

2. 移动到 5:00。

3. 在 Timeline 面板中选择 Background Lit 图层，再按 T 键显示其 Opacity 属性。

4. 单击秒表图标（![stopwatch]），设置一个 Opacity 关键帧。请注意此时 Opacity 值是 100%，如图 6.8 和图 6.9 所示。

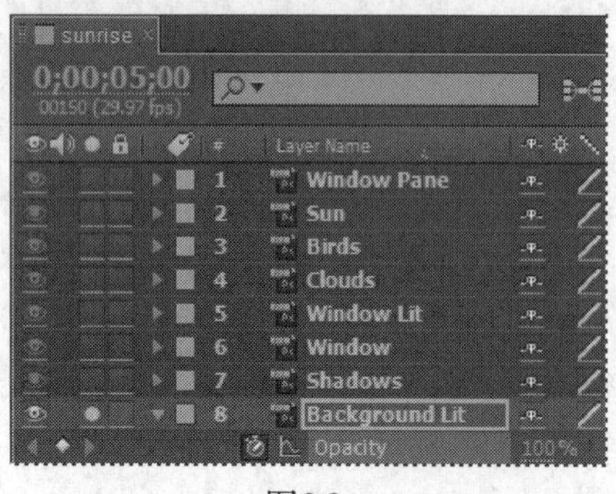

图6.8

图6.9

5. 按 Home 键，或将当前时间指示器移动到 0:00。然后将 Background Lit 图层的 Opacity 值设为 0%，After Effects 添加一个关键帧。

现在，在动画开始时，Background Lit 图层是透明的，这将使暗的 Background 图层透显出来，如图 6.10 和图 6.11 所示。

图6.10

图6.11

6. 单击 Background Lit 和 Background 两图层的 Solo 图标（ ），恢复其他图层（包括 Window 和 Window Lit 图层）视图。要确保 Background Lit 图层的 Opacity 属性处于可见状态。

7. 展开 Window Pane 图层的 Transform 属性。Window Pane 图层包含一个 Photoshop 图层样式，它创建窗户上的斜面。

8. 移动到 2:00，并单击 Window Pane 图层 Opacity 属性旁的秒表图标，以当前 Opacity 属性值 30% 创建一个关键帧，如图 6.12 和图 6.13 所示。

9. 按 Home 键，或将当前时间指示器移动到时间标尺的起点。将 Opacity 属性值修改 0%，如图 6.14 和图 6.15 所示。

10. 隐藏 Window Pane 图层的属性。

11. 单击 Preview 面板中的 Play/Pause 按钮（ ）或按空格键预览动画。

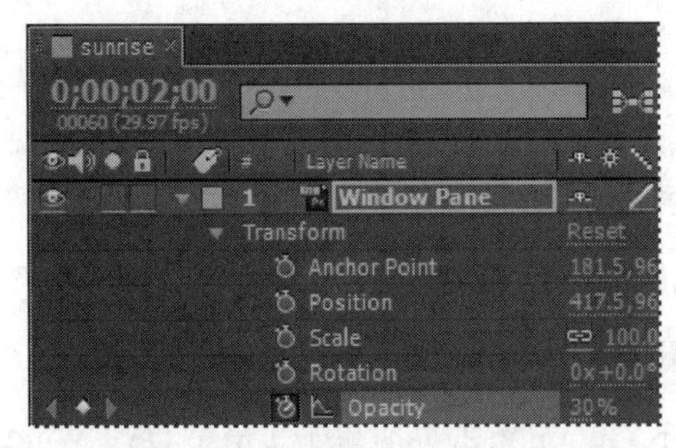

图6.12

图6.13

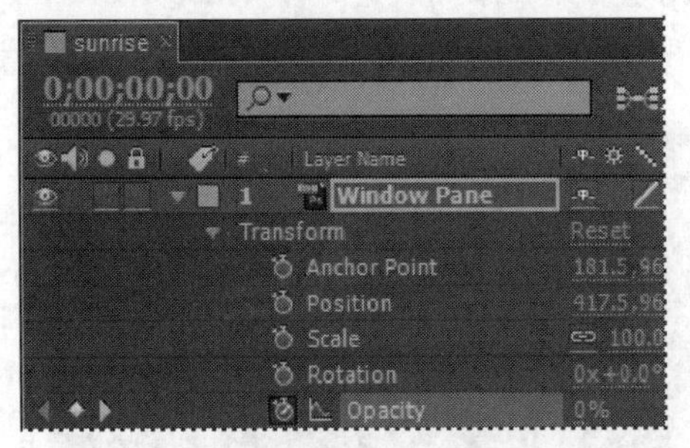

图6.14

图6.15

可以看到房间内光线逐渐地由暗变亮。

12. 在 5:00 后的任意时间按空格键停止播放。

13. 选择 File>Save 命令。

表达式

如果你想要创建和链接复杂动画，例如多个车轮的转动，但又想避免手工创建大量的关键帧，则可以用表达式。用表达式可以建立图层属性之间的关系，并用一个属性的关键帧使另一图层动态地产生动画。例如，如果设置了一个图层的旋转关键帧，然后应用Drop Shadow特效，则可以用表达式将Rotation属性值和Drop Shadow特效的Direction值链接起来。这样，当图层旋转时，投影就会相应改变。

表达式基于JavaScript语言，但你并不需要掌握和使用JavaScript语言。您可以通过根据自己的需要来修改简单的例子这种方法来创建表达式，也可以通过把对象和方法链接到一起来创建表达式。

可以在Timeline面板或Effect Controls面板中使用表达式。可以用pick whip创建表达式，也可以在表达式字段中手动输入和编辑表达式——表达式字段是一个文本字段，它位于属性下方的时间曲线栏中。

更多关于表达式的说明，请参见After Effects帮助。

6.3 用 pick whip 复制动画

现在，需要通过窗户使房间变亮。这将用 pick whip 功能复制刚才创建的动画来实现。用 pick whip 功能创建表达式，它把一个属性的值或特效链接到另一个上。

1. 按 Home 键，或将当前时间指示器移动到时间标尺的起点。

2. 选择 Window Lit 图层，按 T 键以便显示其 Opacity 属性。

3. 按下 Alt 键的同时单击（Windows）或按下 Option 键的同时单击（Mac OS）Window Lit 图层的 Opacity 秒表图标，为默认的 Opacity 值 100% 添加表达式。Window Lit 图层的时间标尺内将显示 transform.opacity，如图 6.16 所示。

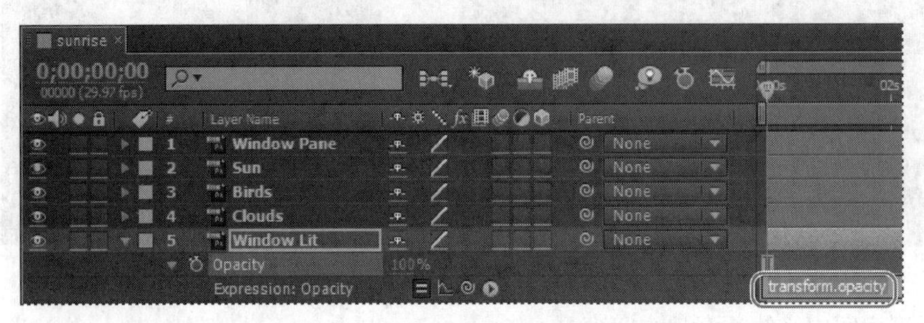

图6.16

4. 在时间标尺内的 transform.opacity 表达式被选择时，单击 Window Lit 图层的 Expression:Opacity 行上的 pick whip 图标（ ），并将其拖放到 Background Lit 图层里的 Opacity 属性名上。当释放鼠标时，Window Lit 图层的时间标尺内的表达式变为 “thisComp. layer（“Background Lit”）.transform.opacity”。这意味着 Background Lit 图层的 Opacity 属性值（0%）取代了前面 Window Lit 图层的 Opacity 属性值（100%），如图 6.17 和图 6.18 所示。

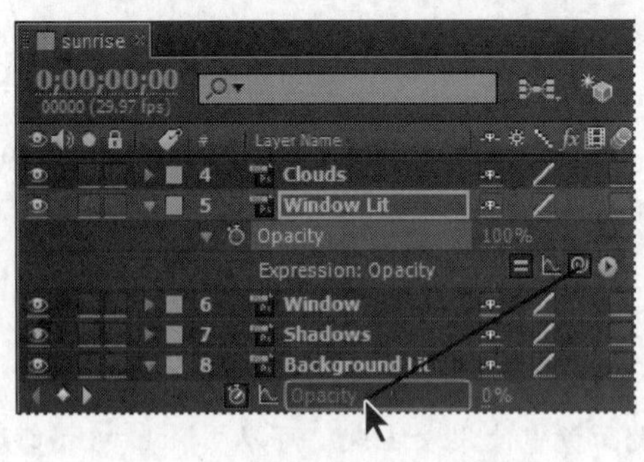

图6.17

图6.18

5. 将当前时间标志从 0:00 拖动到 5:00，请注意这两个图层的 Opacity 值完全相同。

6. 移动到时间标尺的起点，然后按空格键，再次预览该动画。请注意窗外天空变亮时，窗内的房间也变亮。

7. 按空格键停止播放。

8. 隐藏 Window Lit 和 Background Lit 两个图层的属性，使 Timeline 面板保持整洁，便于完成接下来的任务。

9. 选择 File>Saver 命令保存项目。

6.4 对场景的移动进行动画处理

窗外的风景一直不变，这显然不真实。首先，太阳应该升起。此外，漂移的云朵、飞翔的小鸟，都将使这个场景变得更有活力。

6.4.1 对太阳进行动画处理

为了让太阳从天空中升起，我们将为其 Position、Scale 和 Opacity 属性设置关键帧。

1. 在 Timeline 面板中，选择 Sun 图层，并展开其 Transform 属性。

2. 移动到 4:07，单击秒表图标（⏱），将 Position、Scale 和 Opacity 属性的关键帧设置为它们的默认值，如图 6.19 和图 6.20 所示。

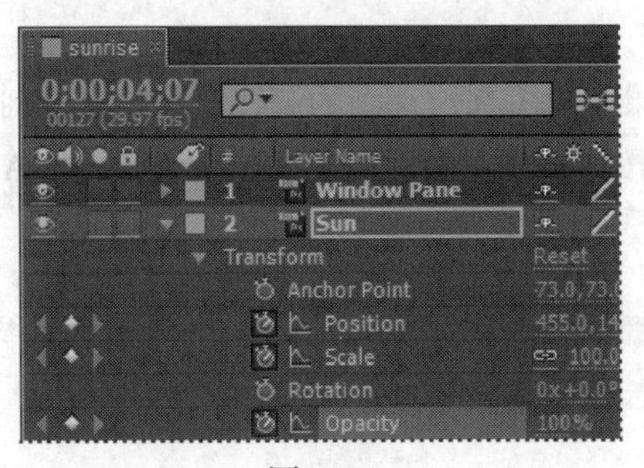

图6.19

图6.20

3. 移动到 3:13。

4. 仍然在 Sun 图层内，将其 Scale 设为 33.3%，其 Opacity 属性值设为 10%。After Effects 为每个属性添加一个关键帧，如图 6.21 和图 6.22 所示。

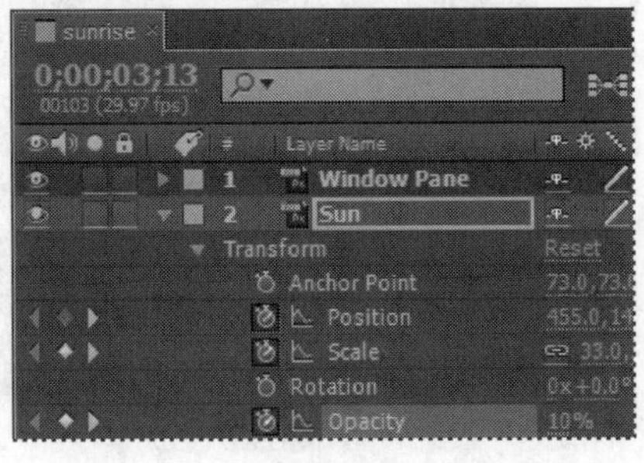

图6.21

图6.22

5. 按 End 键，或移动当前时间指示器到合成图像的终点。

6. 对于 Sun 图层的 Position 属性，将 *y* 值设为 18，然后将 Scale 值设为（150，150%）。After Effects 添加两个关键帧，如图 6.23 和图 6.24 所示。

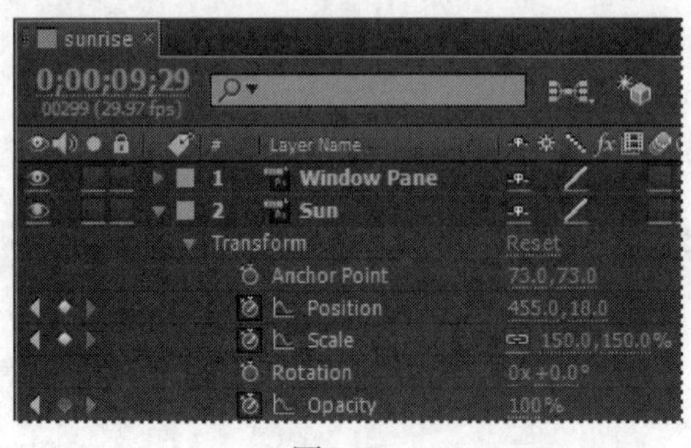

图6.23

图6.24

刚才设置的关键帧使太阳升起并穿过天空，且在太阳升起的过程中会变得更大更亮。

7. 隐藏 Sun 图层的属性。

6.4.2　对小鸟进行动画处理

接下来，将制作小鸟在天空中飞过的动画效果。为了加快动画的制作过程，可以利用 Timeline 面板中的 Auto-Keyframe 按钮。Auto-Keyframe 按钮被激活后，每当更改属性值时，After Effects 将自动创建一个关键帧。

1. 在 Timeline 面板中选择 Birds 图层，按 P 键显示其 Position 属性。

2. 单击 Timeline 面板顶部的 Auto-Keyframe 按钮（）。

秒表图标被选中时将变为红色。

3. 移动到 4:20，将 Birds 图层的 Position 值设置为（200，49）。After Effects 将自动添加一个关键帧，如图 6.25 和图 6.26 所示。

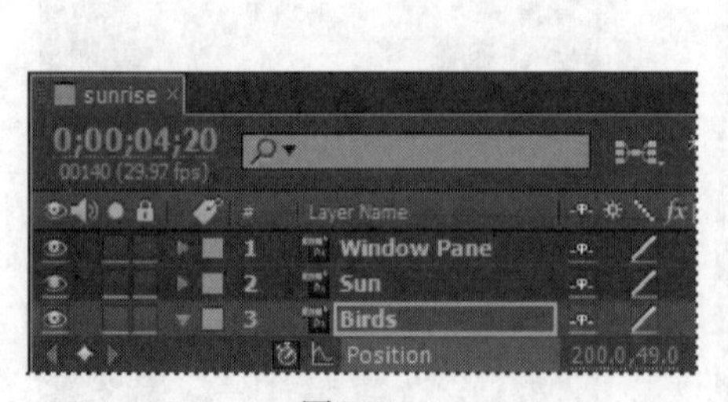

图6.25

图6.26

> **AE** **注意**：Auto-Keyframe 按钮可以使处理变得简单，但同时它创建的关键帧也可能超出需要。仅在特殊情况下确实需要时，才激活 Auto-Keyframe 按钮，在完成处理后切记关闭它！

4. 移动到 4:25，将 Birds 图层的 Position 值设置为（670，49）。After Effects 添加一个关键帧，如图 6.27 和图 6.28 所示。

图6.27

图6.28

5. 选择 Birds 图层，按 P 键隐藏其 Position 属性。

6.4.3 对云朵进行动画处理

接下来制作云朵在天空中漂移的动画效果。

1. 在 Timeline 面板中选择 Clouds 图层，展开其 Transform 属性。

2. 移动到 5:22，单击 Position 属性的秒表图标（⏱），将 Position 关键帧设为当前值（406.5，58.5）。

3. 仍在 5:22 点处，将 Clouds 图层的 Opacity 属性值设为 33%。

因为 Auto-Keyframe 按钮仍处于激活状态，After Effects 自动添加一个关键帧，如图 6.29 和图 6.30 所示。

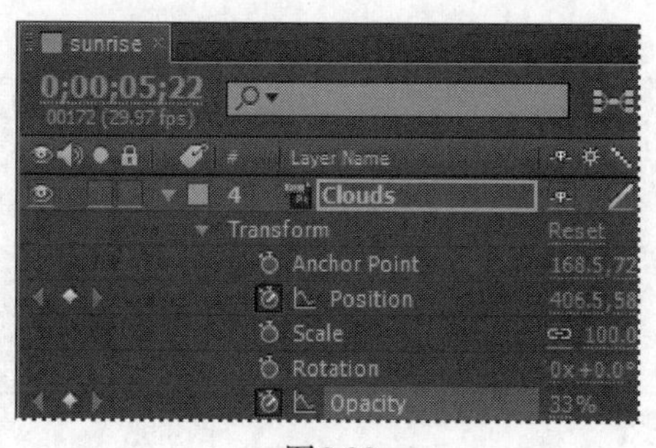

图6.29

图6.30

4. 单击 Auto-Keyframe 按钮取消选择。

5. 移动到 5:02，将 Clouds 图层的 Opacity 值设为 0%。

虽然 Auto-Keyframe 按钮已取消选择，但 After Effects 仍将添加一个关键帧。如果某属性在时间线上已存在关键帧，更改该属性值时，After Effects 将添加一个关键帧。

6. 移动到 9:07，将 Clouds 图层的 Opacity 值设为 50%。After Effects 添加一个关键帧。

7. 按 End 键，或移动当前时间指示器到合成图像的终点。

8. 将 Clouds 图层的 Position 设为（456.5，48.5）。After Effects 添加一个关键帧，如图 6.31 和图 6.32 所示。

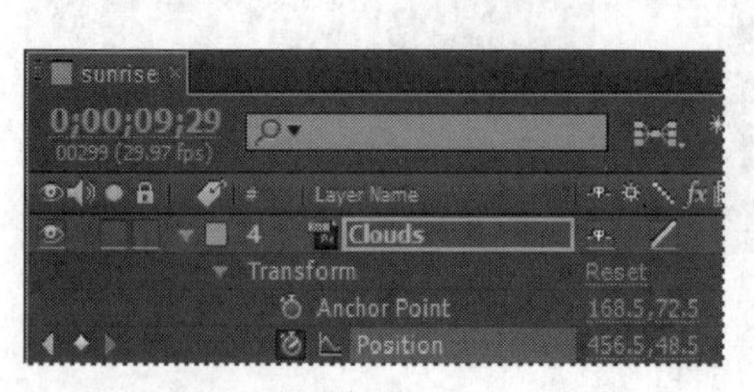

图6.31

图6.32

6.4.4 预览动画

现在，让我们看看动画的整体效果。

1. 按 Home 键，或者移动到 0:00。

2. 按 F2 键或单击 Timeline 面板中的空白区域，取消对所有对象的选择，然后按空格键预览动画。

太阳在天空中升起，小鸟（快速地）来回飞翔，云朵在天空中漂动。目前为止，一切都很美好。但存在一个根本性的问题：这些元素都重叠到窗口画面——小鸟甚至飞进房间内。接下来将解决这个问题，如图 6.33 ~ 图 6.35 所示。

图6.33

图6.34

图6.35

3. 按空格键停止播放。

4. 隐藏 Clouds 图层的属性，然后选择 File>Save 命令。

6.5 调整图层并创建 Track Matte

为解决太阳、小鸟和云朵在窗户画面重叠的问题，首先必须调整合成图像内图层的顺序。然后再应用 alpha track matte 使窗外的风景透过窗户显示出来，但不要显示在房间内。

6.5.1 重组图层

首先，我们将 Sun、Birds 和 Clouds 图层重组为一个合成图像。

1. 在 Timeline 面板内按下 Shift 键同时单击选择 Sun、Birds 和 Clouds 图层。

2. 选择 Layer>Pre-Compose 命令。

3. 在 Pre-Compose 对话框中，将新合成图像命名为 Window Contents。一定要选择 Move All Attributes Into The New Composition 选项，并选取 Open New Composition，然后单击 OK 按钮，如图 6.36 和图 6.37 所示。

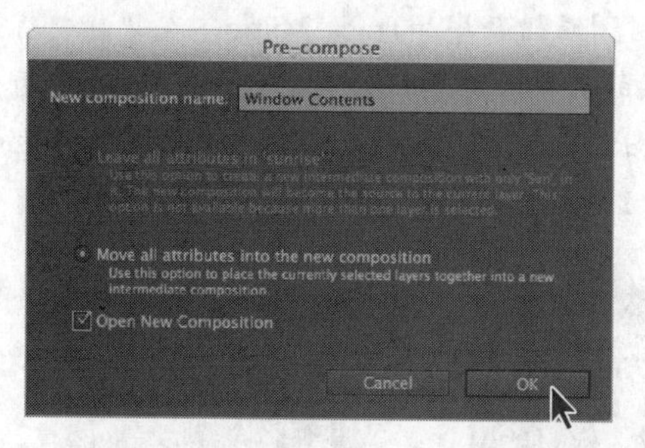

图6.36

图6.37

一个新的名为 Window Contents 的 Timeline 面板出现了。其中包含上面第 1 步中选择的 Sun、Birds 和 Clouds 图层。同时，Window Contents 合成图像也显示在 Composition 窗口中。

4. 单击 Sunrise Timeline 面板，查看主合成图像的内容。请注意 Sun、Birds 和 Clouds 图层已被 Window Contents（指 Window Contents 合成图像）图层所取代，如图 6.38 所示。

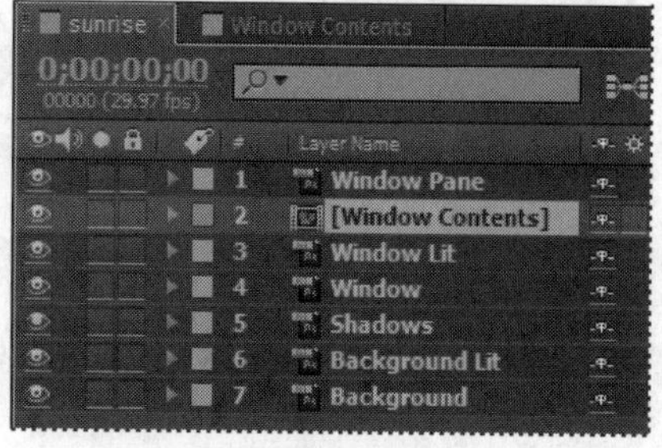

图6.38

6.5.2 创建 Track Matte

现在，将创建 Track Matte，以便将除了窗户外的所有外部风景都隐藏起来。为完成这项工作，需要复制 Window Lit 图层，并使用其 Alpha 通道。

Track Matte和Traveling Matte

当需要一个图层显示出另一图层中的某个区域时，应设置Track Matte。Track Matte的设置需要两个图层——一个用作Matte，另一个图层用来填充Matte中的“洞”。可以对Track Matte或填充层进行动画处理。对Track Matte图层进行动画处理时，需要创建Traveling Matte。如果想用同样的设置对Track Matte图层和填充图层进行动画处理，则可以将这两个图层重组。

可用取自Track Matte图层Alpha通道或其像素亮度的值来定义Track Matte的透明度。用下面两种图层创建Track Matte时，利用像素的亮度来定义Track Matte的透明度是很方便的：没有Alpha通道的图层，或者从无法创建Alpha通道的程序导入的图层。无论是Alpha通道Matte还是亮度Matte，其像素值越高就越透明。大多数情况下，使用高对比度的Matte，以便使区域变为完全透明，或者完全不透明。而中间阴影只应该在我们需要部分透明或渐变透明的区域出现，如柔和的边缘。

After Effects在复制或拆分图层后保留图层的顺序和Track Matte。在复制或拆分的图层中，Track Matte图层位于填充图层的上方。例如，如果项目中包含A和B两个图层，X是Track Matte图层，而Y是填充图层，那么，复制或拆分这两个图层产生的图层顺序应该为XYXY，如图6.39～图6.41所示。

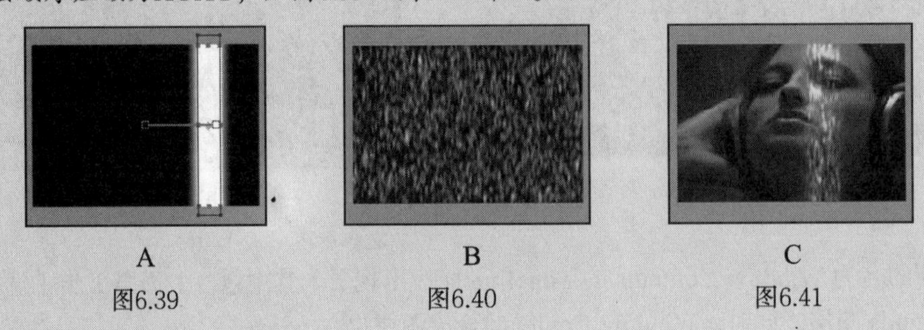

A 图6.39　　B 图6.40　　C 图6.41

下面来剖析移动的Matte。

A. Track Matte图层：带矩形蒙版的纯色，被设置为Luma Matte。该蒙版经过动画处理后将从屏幕穿过。

B. 填充图层：带有图案特效的纯色图层。

C. 结果：在Track Matte形状内可以看到图案，图案被添加到图像图层，该图层位于Track Matte图层下方。

1. 在 Sunrise Timeline 面板中，选择 Window Lit 图层。

2. 选择 Edit>Duplicate 命令。

3. 在图层栈中向上拖动副本图层，Window Lit 2，使其位于 Window Contents 图层上方。

4. 单击 Timeline 面板中的 Toggle Switches/Modes 显示 TrkMat 栏，这样就可以应用 Track Matte。

5. 选择 Window Contents 图层，并从 TrkMat 下拉菜单中选择 Alpha Matte“Window Lit 2”，如图 6.42 所示。

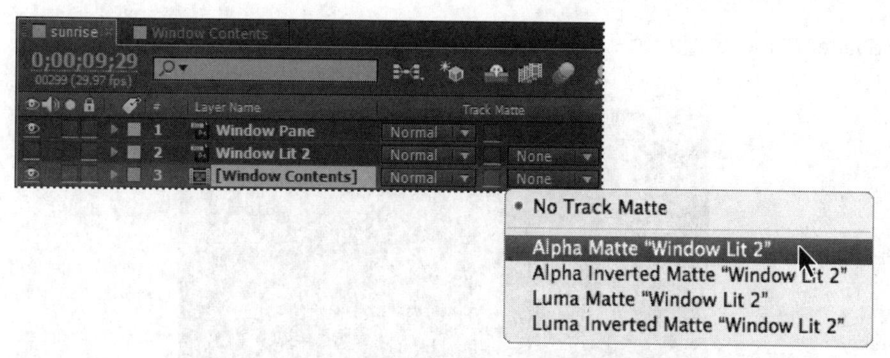

图6.42

该图层上方的 Alpha 通道（Window Lit 2）被用来设置 Window Contents 图层的透明度，以便使窗外的风景能透过窗户的透明区域显示出来。

6. 按 Home 键，或将当前时间指示器移动到时间标尺的起点，然后按空格键预览动画。预览完成后再次按空格键。

7. 选择 File>Save 命令，保存项目。

6.5.3 添加运动模糊特效

如果对小鸟添加运动模糊特效，将使其显得更真实。我们将添加运动模糊特效，并设置快门角度和相位，以控制运动模糊的强度。

1. 切换到 Window Contents Timeline 面板。

2. 移动到 4:22——小鸟运动的中间点。然后选中 Birds 图层，选择 Layer>Switches>Motion Blur 命令，打开该图层的运动模糊开关。

3. 单击 Timeline 面板顶部的 Enable Motion Blur 开关（ ），以便在 Composition 面板中显示 Birds 图层的运动模糊效果，如图 6.43 所示。

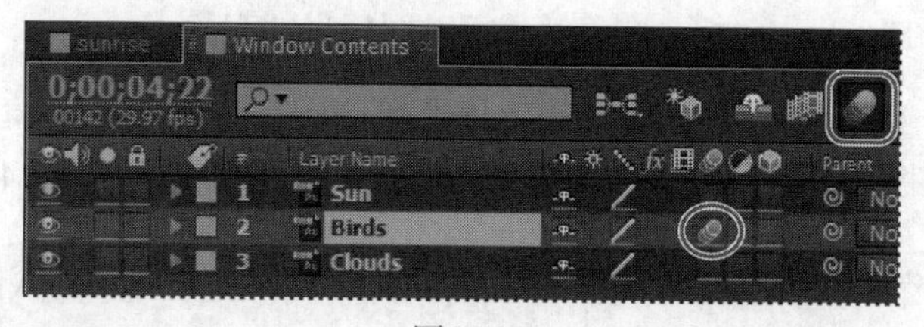

图6.43

4. 选择 Composition>Composition Settings 命令。

5. 在 Composition Settings 对话框中，单击 Advanced 选项卡，将 Shutter Angle 降低到 30°。

Shutter Angle 的设置模拟调整实际摄像机快门角度所产生的效果，它控制摄像机光圈打开的时间长度以及捕获的光量。该数值越大，产生运动模糊的效果就越明显。

6. 将 Shutter Phase 设置为 0°，然后单击 OK 按钮，如图 6.44 所示。

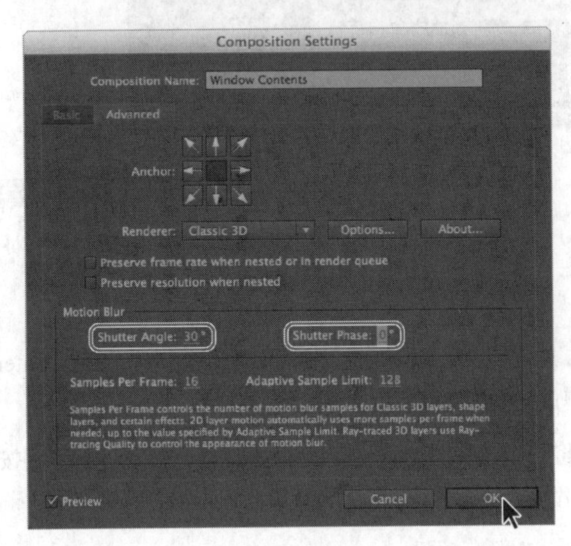

图6.44

6.6 对投影进行动画处理

现在将注意力转移到时钟和花瓶在桌面上投下的阴影上。在实际与时间相关的图像中，阴影将随着太阳的升起而缩短。

在 After Effects 中有几种方法可以创建投影，并对它做动画处理。例如，可以利用 3D 层和光照进行处理。但是，本项目将采用 Corner Pin 特效来扭曲导入的 Photoshop 图像的 Shadow 图层。使用 Corner Pin 特效就像使用 Photoshop 的自由变换工具一样——该特效通过重新定位图像四角的位置来扭曲图像。使用该特效可以拉伸、收缩、斜切或扭曲图像，也可以使用该特效模拟以图层的边缘为轴所做的透视或转动效果，就像门打开一样。

1. 切换到 Sunrise Timeline 面板，并确认处于时间标尺的起始点。

2. 在 Timeline 面板中选择 Shadows 图层，然后选择 Effect>Distort>Corner Pin 命令。Composition 面板中阴影层的角点周围将显示出一些小圆圈，如图 6.45 和图 6.46 所示。

> AE | 注意：如果看不到这些控件，请从 Composition 面板菜单中选择 View Options。在 View Option 对话框中，选取 Handles 和 Effect Controls 复选框，然后单击 OK 按钮。

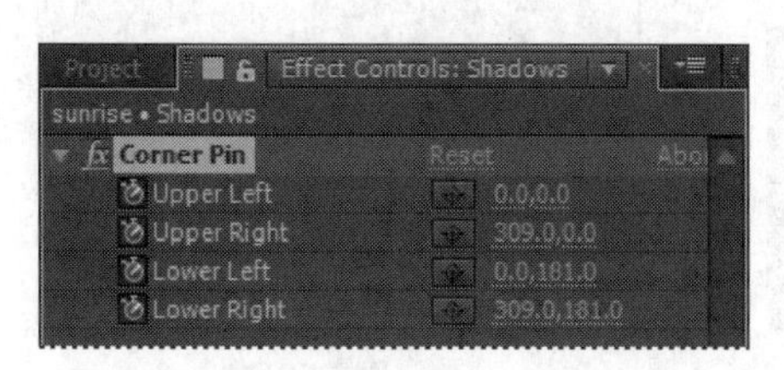

图6.45

图6.46

首先设置 Shadows 图层的四角，使其与玻璃桌面的四角位置相符。我们将从该动画的中间处开始处理，这时太阳的高度足以对阴影产生影响。

3. 移动到 6:00，然后将四角的手柄分别拖放到玻璃桌面的相应角上。请注意 Effect Controls 面板中 *x* 和 *y* 坐标值的改变。

> AE
>
> **提示：**Shadows 图层的右下角超出屏幕。为了调整该角，请切换到 Hand 工具（），在 Composition 面板中向上拖，这样就可以在该图像的下方看到一些空白区域。然后切换回 Selection 工具（），将右下角手柄大致拖放到玻璃桌面右下角的位置。

如果在定位阴影时出现问题，则可以按手工输入数值。按照步骤 4 输入数值。

4. 在 Effects Controls 面板内单击各个位置的秒表图标（），在 6:00 处为各角设置关键帧，如图 6.47 和图 6.48 所示。

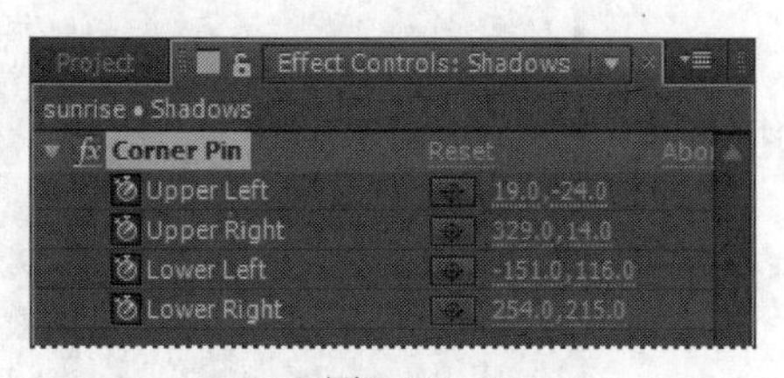

图6.47

图6.48

5. 按 End 键，或移动当前时间指示器到合成图像的最后一帧。

6. 使用 Selection 工具（），以缩短阴影：拖动下面两个角的手柄，将它们向桌面后沿拖近大约 25%。可能还需要轻微拖动上面两个角，使阴影的底部仍与花瓶和时钟正确对齐。角点的数值应与下图所示的类似。如果你不愿意拖动这些角，你可以直接输入数值。After Effects 添加关键帧，如图 6.49 和图 6.50 所示。

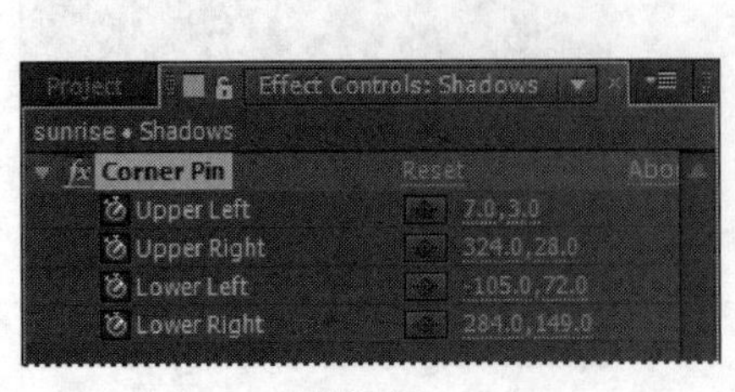

图6.49

图6.50

7. 如果有需要，请选择 Hand 工具（ ），向下拖动合成图像，使其位于 Composition 面板垂直方向的正中位置。然后，切换回 Selection 工具（ ），并取消选择该图层。

8. 移动到 0:0，然后按空格键预览整个动画，包括定角特效。预览完成后，再次按空格键，如图 6.51 ~ 图 6.53 所示。

图6.51

图6.52

图6.53

9. 选择 File>Save 命令，保存项目。

6.7 添加镜头眩光特效

在摄影中，当强光（如太阳光）从相机镜头反射时，会产生眩光特效。镜头眩光可以是明亮的、色彩丰富的圆圈和光晕，这取决于相机所使用的镜头类型。After Effects 提供几种镜头眩光特效。现在，我们将添加一种特效，以增强这幅时间延迟摄影合成图像的真实感。

1. 移动到 5:10，这时太阳光强烈地照射进摄像机的镜头。

2. 选择 Layer>New>Solid 命令。

3. 在 Solid Settings 对话框中，将该图层命名为 Lens Flare，并单击 Make Comp Size 按钮。然后按以下操作将 Color 设为黑色：单击色板，在 Solid Color 对话框内将所有 RGB 值设为 0。单击 OK 按钮返回 Solid Settings 对话框中。

4. 单击 OK 按钮创建 Lens Flare 图层，如图 6.54 所示。

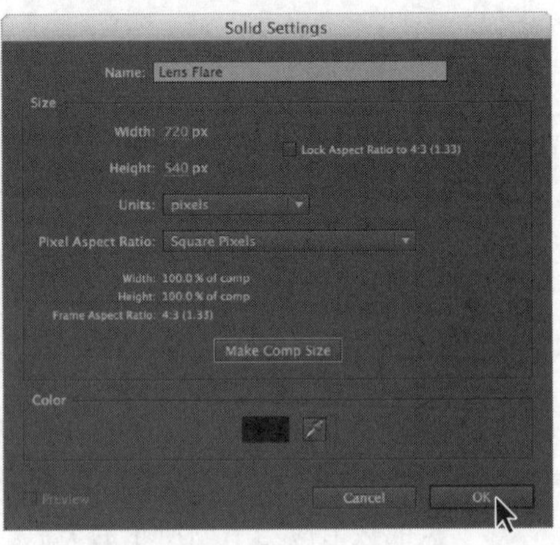

图6.54

5. 在 Sunrise Timeline 面板中选择 Lens Flare 图层，再选择 Effect>Generate>Lens Flare 命令。

Composition 面板和 Effect Controls 面板将分别以图形化和数字化两种形式显示默认的 Lens Flare 设置，接下来将定制该合成图像的效果。

6. 在 Composition 面板中将 Flare Center 十字图标（⊕）拖放到太阳的中心点。在 Composition 面板中无法看到太阳；在 Effect Controls 或 Info 面板中可以看到 x、y 坐标值，它们大约为(455，135)。

> **AE** | 提示：还可以在 Effect Controls 面板中直接输入 Flare Center 值。

7. 在 Effect Controls 面板中，将 Lens Type 修改为 35mm Prime，产生更强烈的散射眩光效果，如图 6.55 和图 6.56 所示。

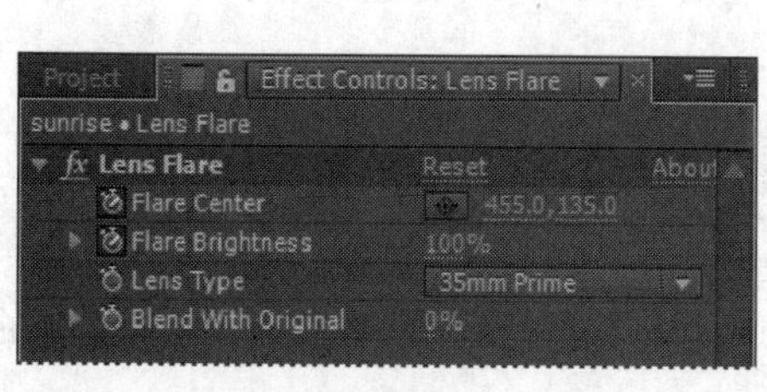

图6.55

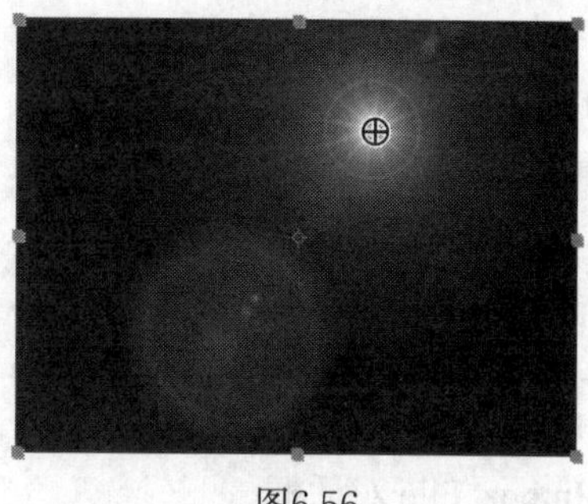

图6.56

8. 确认当前仍处在 5:10。在 Effect Controls 面板中，单击 Flare Brightness 属性的秒表图标（⏱），在默认值 100% 处设置一个关键帧。

9. 把太阳升到最高点时镜头眩光的亮度调整到最大值。

- 移动到 3:27，将 Flare Brightness 值设为 0%。
- 移动到 6:27，将 Flare Brightness 值也设为 0%。
- 移动到 6:00，并将 Flare Brightness 值设为 100%。

10. 在 Timeline 面板中选择 Lens Flare 图层，选择 Layer>Blending Mode>Screen 命令更改混合方式，如图 6.57 和图 6.58 所示。

> **AE** | 提示：也可以在 Timeline 面板内从 Mode 下拉菜单中选择 Screen。

11. 按 Home 键，或将当前时间指示器移动到时间标尺的起点，然后按空格键，预览镜头眩光特效。预览完成后再次按空格键。

12. 选择 File>Save 命令保存项目。

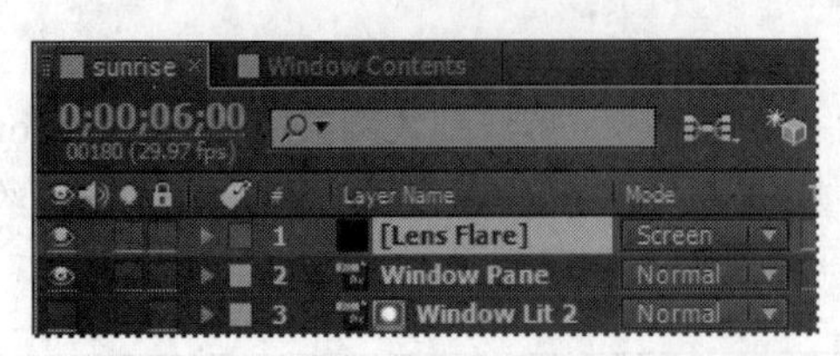

图6.57

图6.58

6.8 对时钟进行动画处理

现在，该动画看起来很像一幅随时间变化的相片——但时钟还没有这种效果！时钟的指针应该快速地转动，以指示时间变化。为了显示该特效，需要添加一个专为本场景创建的动画。该动画是在 After Effects 中创建的一组明亮的、带纹理的 3D 图层，并且在动画中加入了蒙版，以便使其融入场景中。

> AE | 注意：第 11 课和第 12 课将更详细地介绍 3D 图层方面的知识。

1. 将 Project 面板显示到前面，关闭 sunrise Layers 文件夹，然后双击面板中的空白区域，打开 Import File 对话框。
2. 在 AECC_CIB\Lessons\Lesson06\Assets 文件夹中，选择 clock.mov 文件，然后单击 Import 或者 Open 按钮，如图 6.59 所示。

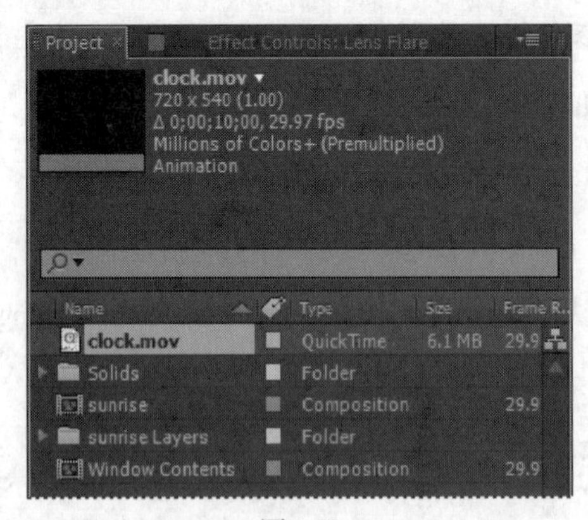

图6.59

QuickTime 影片文件 clock.mov 现在显示在 Project 面板的顶部。

3. 单击 Sunrise Timeline 面板激活它，然后移动到时间标尺的开始点。将 clock.mov 素材项从 Project 面板拖放到 Timeline 面板内图层栈的顶部，如图 6.60 和图 6.61 所示。

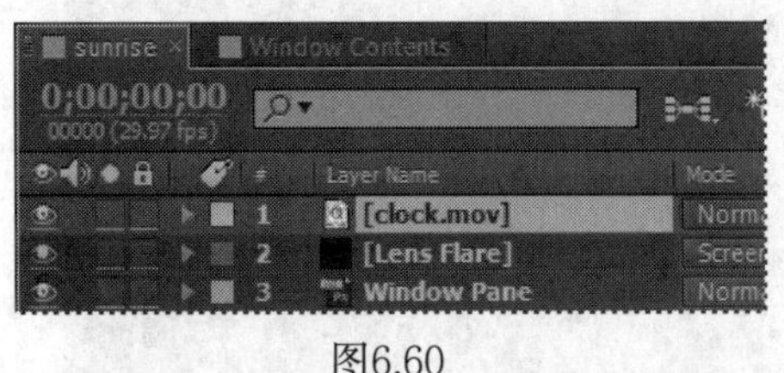

图6.60

图6.61

4. 按空格键预览动画。预览完成后再次按空格键停止播放。

5. 选择 File>Save 命令，保存项目。

6.8.1 渲染动画

接下来为下一项任务（对合成图像进行时间变换处理）做准备——我们需要渲染 sunrise 合成图像并将其导出为影片。

1. 在 Project 面板中选择 sunrise 合成图像，然后选择 Composition>Add to Render Queue 命令，打开 Render Queue 面板。

2. 从 Render Queue 面板菜单中选择 Maximize Frame，使面板变大，如图 6.62 所示。

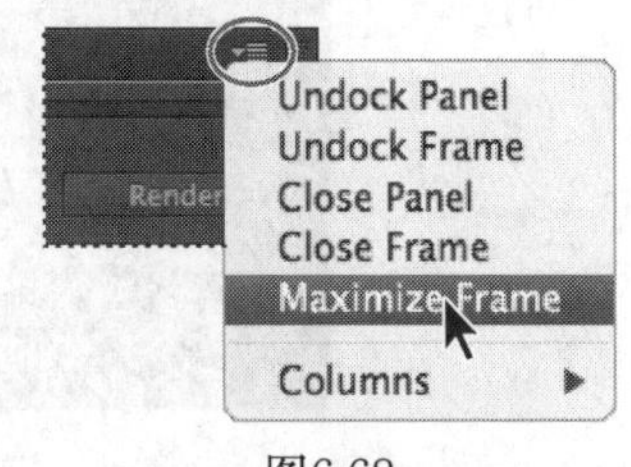

图6.62

3. 采用 Render Queue 面板中默认的 Render Settings。然后单击 Output To 下拉菜单旁带下划线的橙色文字 Not Yet Specified，如图 6.63 所示。

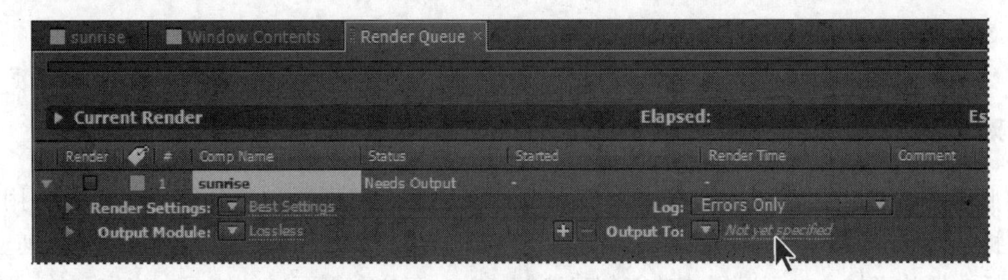

图6.63

4. 导航到 AECC_CIB\Lessons\Lesson06\Assets 文件夹，将文件命名为 Lesson06_retime.avi（Windows）或 Lesson06_retime.mov（Mac OS），然后单击 Save 按钮。

5. 展开 Output Module 组，然后从 Post-Render Action 菜单中选择 Import。After Effects 将在影片文件渲染完成后导入它，如图 6.64 所示。

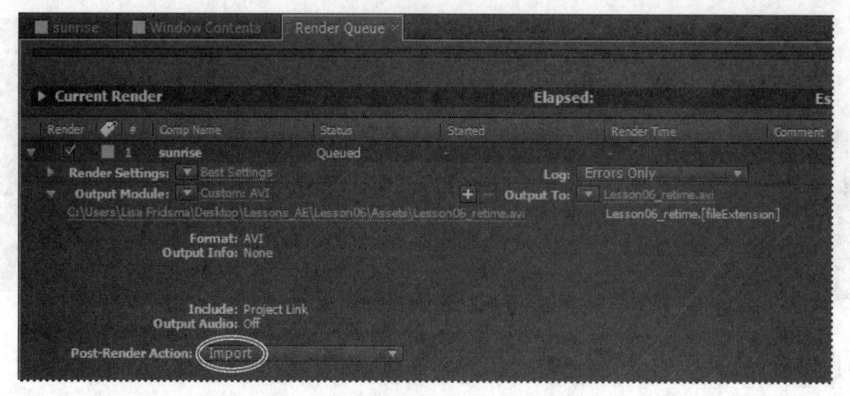

图6.64

6. 隐藏 Output Module 部分。

7. 单击 Render Queue 面板中的 Render 按钮。

After Effects 在渲染并导出合成图像的过程中将显示进度条，渲染完成后将用声音提示。同时还将生成的影片文件导入项目，如图 6.65 所示。

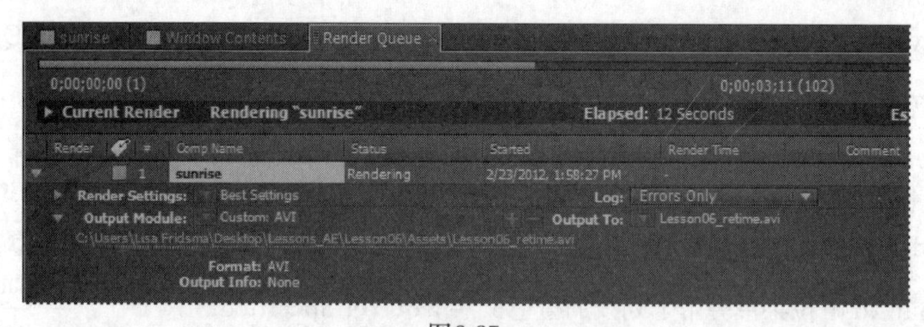

图6.65

8. After Effects 渲染并导出合成图像之后，请从 Render Queue 面板菜单中选择 Restore Frame Size，然后关闭 Render Queue 面板。

6.9　对合成图像进行时间变换处理

到此为止，已经创建了一个按时间变化的仿真动画。动画看起来还不错，但是使用 After Effects 提供的 time-remapping 功能可以对时间进行更多控制。Time-remapping 能够动态加速、减速、停止或反向播放素材。也可以用该功能创建静帧特效。正如在接下来的练习中将看到的，重新映射时间处理过程中 Graph Editor 和 Layer 面板显得很有用。对项目进行时间变换后，影片的不同片段中时间流逝的速度是不同的。

> AE | **提示：**应用 Timewarp 特效（本书第 13 课将使用该特效）可以取得更好的控制效果。

本练习中，将使用刚导入的影片作为新合成图像的基础，这将使重映射变得更加简单。

1. 将 Lesson06_retime 影片文件拖放到 Project 面板底部的 Create A New Composition 按钮（　）上。

After Effects 创建名为 Lesson06_retime 的新合成图像，并将其显示在 Timeline 面板和 Composition 面板中。现在，我们可以对项目中的所有元素同时进行重映射处理了。

2. 在 Timeline 面板中选择 Lesson06_retime 图层，再选择 Layer>Time>Enable Time Remapping 命令。

After Effects 在该图层的第一帧和最后一帧处添加两个关键帧，它们在时间标尺上是可见的。在 Timeline 面板中该图层的名称下方还显示出 Time Remap 属性，该属性用来控制指定的时间点显示哪一帧，如图 6.66 所示。

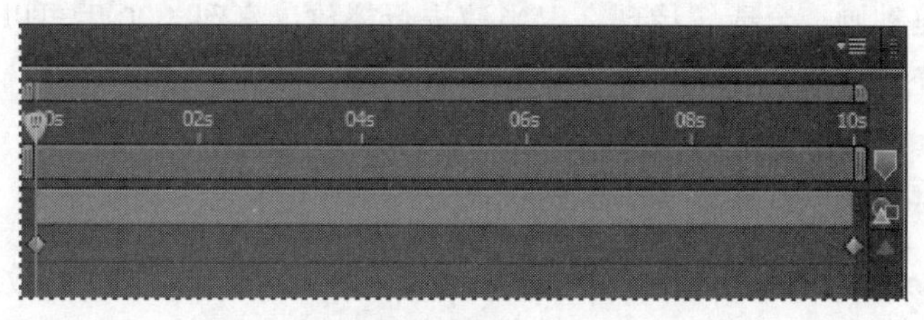

图6.66

3. 在 Timeline 面板中双击 Lesson06_retime 图层名，在 Layer 面板中打开它。

重映射时间时，Layer 面板将直观显示被修改的帧，为你提供参考。Layer 面板显示两个时间标尺：该面板底部的时间标尺显示当前时间。Source Time 标尺，就在时间标尺正上方，具有重映射时间标志，它指出当前时间播放哪一帧，如图 6.67 所示。

图6.67

4. 在 Timeline 面板中沿时间标尺拖动当前时间标志，请注意 Layer 面板中的两个时间标尺中的源时间和当前时间标志是同步变化的。这种情况在我们重映射时间时会发生改变。

5. 移动到 4:00，将 Time Remap 值修改为 2:00。

这将重映射时间，使 2:00 处的帧在 4:00 时播放。也就是说，合成图像的前 4 秒将以半速进行播放，如图 6.68 所示。

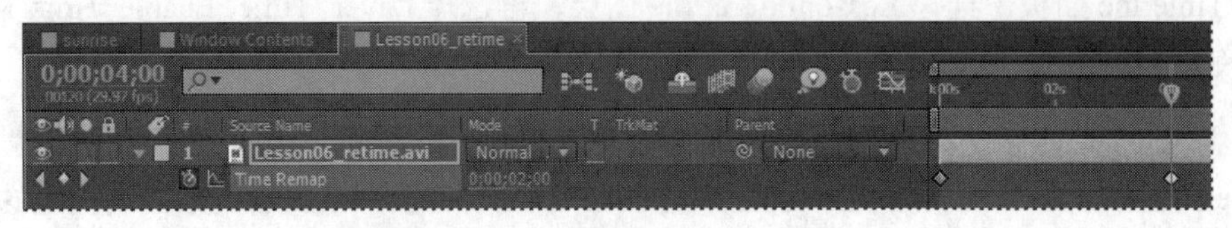

图6.68

6. 按空格键预览动画。合成图像现在以半速进行播放，直到 4:00 后再以正常速度进行播放。完成动画预览后请再次按空格键。

6.9.1 在 Graph Editor 中查看时间重映射特效

使用 Graph Editor，你可以查看和处理特效和动画中的所有方面，包括特效属性值、关键帧和插值。Graph Editor 将特效和动画中的变化以二维曲线图表示，其中水平轴代表重放时间（从左向右）。相比之下，在图层条模式下，时间标尺仅代表水平时间元素，而没有以图形化地形式显示出值的改变。

1. 确认 Timeline 面板中 Lesson06_retime 图层的 Time Remap 属性已被选中。

2. 然后单击 Graph Editor 按钮（ ），显示 Graph Editor，如图 6.69 所示。

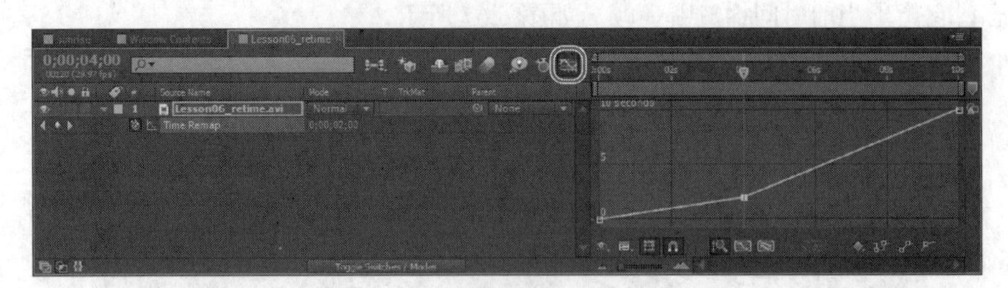

图6.69

Graph Editor 显示时间重映射图形，它用一条白色的线连接 0:00、4:00 和 10:00 时间点处的关键帧。曲线缓慢地上升到 4:00，然后变得更陡峭。曲线越陡峭，重放速度将越快。

6.9.2 用 Graph Editor 重映射时间

重映射时间时，可以使用时间重映射曲线中的值来确定和控制影片中哪一帧在什么时间点播放。每个 Time Remap 关键帧都具有一个与它相关的时间值，它对应于图层中具体帧，该值在时间重映射曲线中以垂直坐标显示。图层启用时间重映射时，After Effects 在图层的起点和终点各添加一个Time Remap关键帧。这些最初的Time Remap关键帧垂直方向的时间值与它们的水平位置相等。

通过设置其他 Time Remap 关键帧，可以创建复杂运动特效。每添加一个 Time Remap 关键帧，就将创建另一个时间点，你可以在该点改变重放的速度或方向。当你在时间重映射曲线中上下移动关键帧时，可以调整当前时间点播放视频中的哪一帧。

下面我们对本项目进行有趣的时间变换处理。

1. 在时间重映射曲线中，将中间的关键帧从 2 秒向上拖动到 10 秒处。

> **AE** | **提示**：调整关键帧时，边拖动边查看 Info 面板，可以看到更多信息。

2. 将最后一个关键帧向下拖动到 0 秒处，如图 6.70 所示。

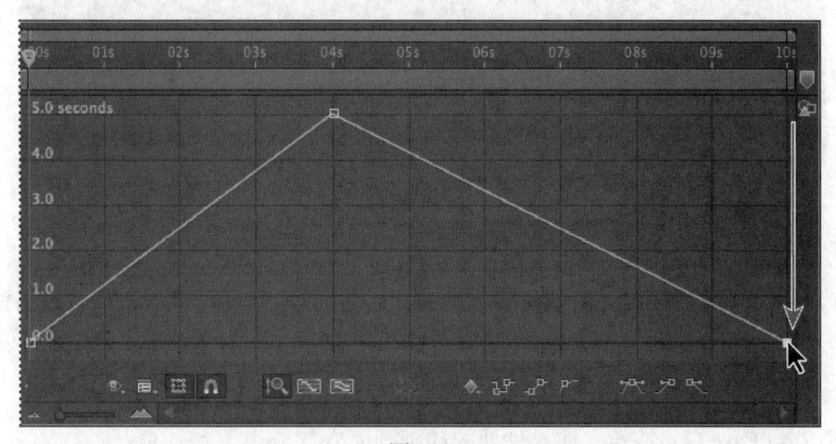

图6.70

3. 移动到 0:00，然后按空格键预览结果。请观察 Layer 面板中的时间标尺和 Source Time 标尺，以便了解在指定的时间点上播放的是哪一帧。

现在合成图像的前 4 秒快速地播放动画，然后在剩余的合成图像中反向播放动画。

4. 按空格键停止预览。

有趣吗？我们继续操作。

5. 按下 Ctrl 键同时单击（Windows）或按下 Command 键同时单击（Mac OS）最后一个关键帧，删除它。合成图像在前 4 秒仍然以快进方式播放，但现在它在剩余的合成图像中的一个帧（最后一帧）上停下。

6. 按 Home 键，或将当前时间指示器移动到时间标尺的起点，然后按空格键预览动画。预览完成后再次按空格键。

7. 按下 Ctrl 键同时单击（Windows）或按下 Command 键同时单击（Mac OS）6:00 处的虚线，在 6:00 处添加一个和 4:00 处关键帧数值相同的关键帧。

AE | **注意**：按住 Ctrl 键或 Command 键将暂时激活 Add Vertex 工具。

8. 按下 Ctrl 键同时单击（Windows）或按下 Command 键同时单击（Mac OS）10:00 处，添加另一个关键帧，然后将它向下拖动到 0 秒处，如图 6.71 所示。

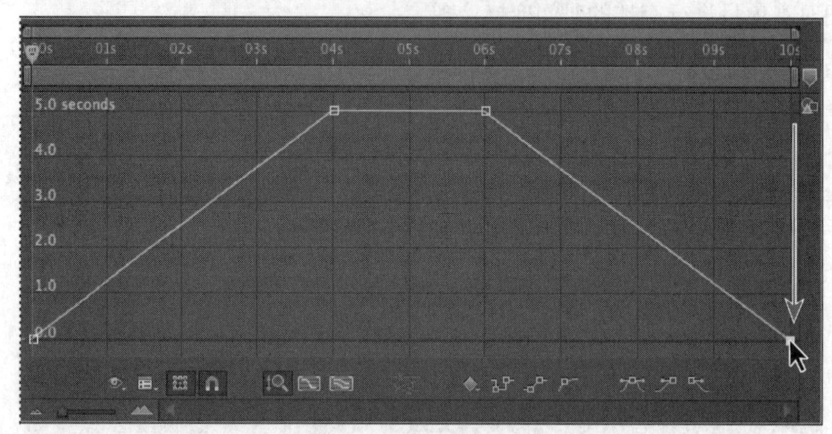

图6.71

现在动画快速前进，在最后一帧上保持两秒钟，然后反向播放。

9. 移动到合成图像的起点，然后按空格键预览上述修改。预览完成后再次按空格键。

6.9.3 添加 Easy Ease Out

下面通过 Easy Ease Out 特效，使 6 秒处的动画画面变化变得柔和。

1. 单击选择 6:00 处的关键帧，然后单击 Graph Editor 底部的 Easy Ease Out 按钮（ ）。这将减缓反向播放——素材先慢慢反向播放，然后逐渐加速，如图 6.72 所示。

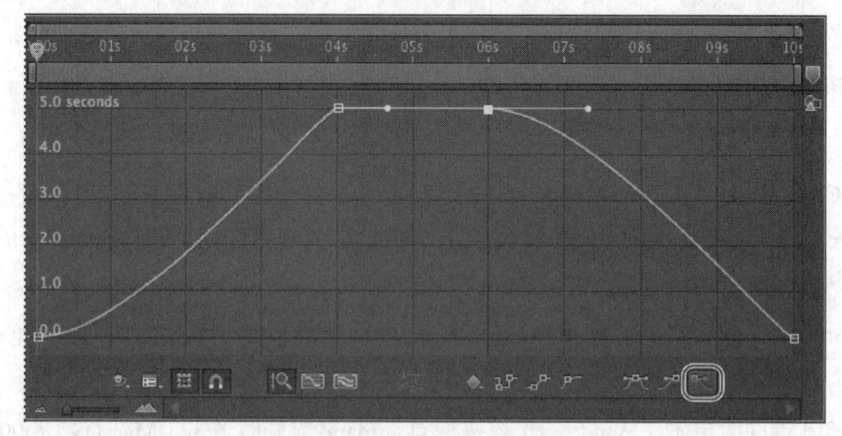

图6.72

AE

提示：可以通过拖动 6:00 处关键帧右边的贝塞尔曲线手柄，进一步精确定义该过渡处的缓和度。如果将其向右拖动，过渡变得更缓和；如果将其向下或向左拖动，则过渡变得更明显。

2. 选择 File>Save 命令，保存项目。

6.9.4 调整动画时间映射

最后，我们使用 Graph Editor 调整整个动画的时间映射。

1. 单击 Timeline 面板中的 Time Remap 属性名，以便选择所有 Time Remap 关键帧。

2. 确保 Graph Editor 底部的 Show Transform Box 按钮（ ）处于选中状态，此时所有关键帧周围应该显示出一个自由变换选择框。

3. 拖动上方变换手柄中的一点，将其从 10 秒拖放到 5 秒处，如图 6.73 所示。

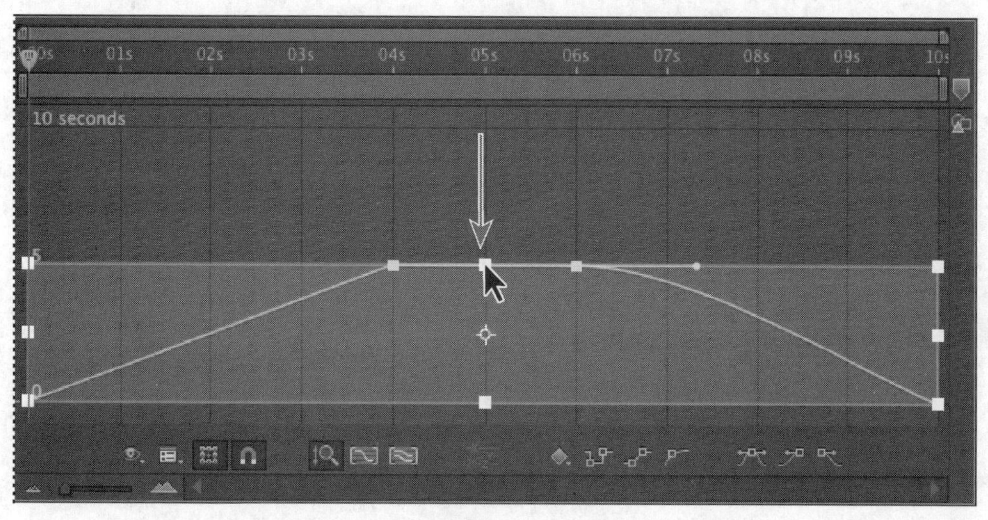

图6.73

整个图形偏移了，顶部关键帧的数值降低，重放速度减慢。

AE

提示：如果拖动时按住 Ctrl（Windows）键或 Command（Mac OS）键，则整个自由变换框将围绕中心点缩放，也可以通过拖放改变中心点位置。如果按住 Alt（Windows）键或 Option（Mac OS）键拖动自由变换框的一角，则被拖动的那个角的动画将倾斜。也可以向左拖动右边的变换手柄来缩放整个动画，使它变化得更快。

4. 按 Home 键，或将当前时间指示器移动到时间标尺的起点。然后按空格键预览上面所做的改变。预览完成后再次按空格键。

5. 选择 File>Save 命令。

恭喜！你已经完成了一个复杂动画的制作，包括其随时间的变换处理。如果愿意的话，你可以渲染并导出这个时间重映射项目。可以按照 6.8.1 节的说明，或者在第 14 课查看关于合成图像的渲染与导出的详细说明。

6.10 复习题与答案

复习题

1. After Effects 是怎样导入 Photoshop 文件的?

2. 什么是 Pick Whip？怎样使用该功能?

3. 什么是 Track Matte？怎样使用它?

4. 在 After Effects 中怎样重映射时间?

复习题答案

1. 将 Photoshop 图层文件导入为 After Effects 作为合成图像时，After Effects 保持 Photoshop 源文档的图层顺序、透明度信息以及图层样式。它还保留其他特性，如调整图层及类型。但是，如果将 Photoshop 图层文件作为单个素材项导入时，After Effects 将这些 Photoshop 图层合并到单个图像中。

2. 可以使用 Pick Whip 功能创建表达式，它将一种属性值或特效链接到另一个图层。Pick Whip 功能还可以用来创建父化关系。要使用 Pick Whip 功能，只需简单地将 Pick Whip 图标从一个属性拖放到另一属性即可。

3. 当需要一个图层透过另一图层中的一个孔显示出来时，可以使用 Track Matte。创建 Track Matte 需要两个图层：一个用作蒙版，另一图层用来填充蒙版中的“孔”。可以对 Track Matte 图层或填充图层做动画处理。对 Track Matte 图层做动画处理时，要创建 Traveling Matte。

4. After Effects 中存在几种时间重映射的方法。时间重映射可以动态加速、减速、停止或反向播放素材。重映射时间时，可以使用 Graph Editor 中的时间重映射曲线来确定和控制影片中哪一帧在什么时间点播放。启用图层的时间重映像功能后，After Effects 在该图层的起点和终点各添加一个 Time Remap 关键帧。通过设置其他 Time Remap 关键帧，可以创建复杂的运动特效。每添加一个 TimeRemap 关键帧，就创建另一个点，在该点可以改变重放速度或播放方向。

第7课 蒙版的使用

课程概述

本课介绍的内容包括：

- 使用 Pen 工具创建蒙版；
- 改变蒙版模式；
- 通过控制锚点和方向手柄编辑蒙版形状；
- 羽化蒙版边缘；
- 替换蒙版形状的内容；
- 在 3D 空间内调整图层的位置，使其与周围场景相混合；
- 创建反射效果；
- 使用蒙版羽化工具修改蒙版
- 创建虚光照；
- 应用 Auto Levels 校正影片的颜色。

本课大约要用 1 小时时间完成。启动 After Effects 之前，先找到附带光盘的 Lesson07 文件夹，将其复制到本地硬盘上为这些项目创建的文件夹 Lessons 中（或现在创建 Lessons 文件夹）。学习本课时，将覆盖复制的初始文件。如果需要恢复这些初始文件，从附带光盘中再复制一遍即可。

使用 After Effects 时，有时你不需要（或不想）让影片中的所有对象都显示在最终的合成图像中。这时需要使用蒙版控制显示某些部分。

7.1 关于蒙版

Adobe After Effects 中的蒙版是一个用来改变图层特效和属性的路径或轮廓。蒙版最常用于修改图层的 Alpha 通道。蒙版包含线段和锚点：线段是连接两个锚点的直线或曲线，锚点则定义了每段路径的起点和终点。

蒙版可以是开放的路径，也可以是封闭的路径。开放路径的起点和终点不同，例如，直线是开放路径。封闭路径是连续的，没有起点和终点，例如圆。封闭路径蒙版可以为图层创建透明区域。开放路径蒙版不能为图层创建透明区域，但它适合用作特效参数。例如，可以使用特效在蒙版周围生成转动的光照效果。

蒙版属于特定的图层。每个图层可以包含多个蒙版。

使用形状工具可以以常见的几何形状（包括多边形、椭圆形和星形）绘制蒙版，也可以使用 Pen 工具绘制任意路径。

7.2 开始

本课中，你将为台式计算机的屏幕创建蒙版，再用电视新闻节目替代屏幕上原有的内容。然后，调整新素材的位置，使它符合拍摄透视原理。最后将通过添加反射、创建虚光照效果和调整颜色来完善场景。

首先预览最终影片效果，并设置项目。

1. 请确认下述文件存在于你计算机硬盘的 AECC_CIB\Lessons\Lcsson07 文件夹中。

- Assets 文件夹：news_promo.mov、office_mask.mov。
- Sample_Movie 文件夹：Lesson07.mov。

2. 请打开并播放 Lesson07.mov 影片例子，查看将在本章中创建的效果。播放完后，退出 QuickTime Player。如果你的硬盘空间有限，则可以将该影片例子从硬盘删除。

开始本课之前，请恢复 After Effects 应用程序的默认设置。详细情况请参见前言中的“恢复默认参数”。

3. 启动 After Effects 时，迅速按下 Ctrl+Alt+Shift（Windows）或 Command+Option+Shift（Mac OS）组合键，系统询问是否删除参数文件时，单击 OK 按钮。单击 Close 按钮关闭 Welcome 窗口。

After Effects 打开后显示一个新的无标题项目。

4. 选择 File>Save As 命令，并导航到 AECC_CIB\Lessons\Lesson07\Finished_Project 文件夹。

5. 将该项目命名为 Lesson07_Finished.aep，然后单击 Save 按钮。

7.2.1 导入素材

本练习中我们将导入两项素材。

1. 双击 Project 面板中的空白区域，打开 Import File 对话框。
2. 导航到硬盘中的 AECC_CIB\Lessons\Lesson07\Assets 文件夹，按下 Shift 键同时单击选择 news_promo.mov 和 office_mask.mov 文件，再单击 Import 或 Open 按钮。
3. 在弹出的 Interpret Footage 对话框中，选择 Ignore，然后单击 OK 按钮，如图 7.1 和图 7.2 所示。

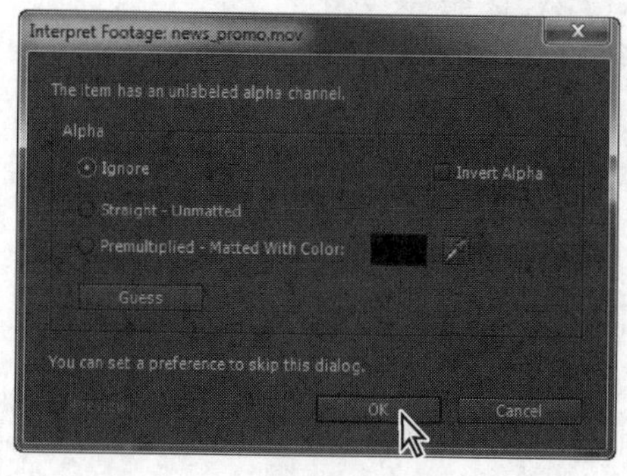

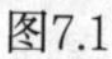

图7.1

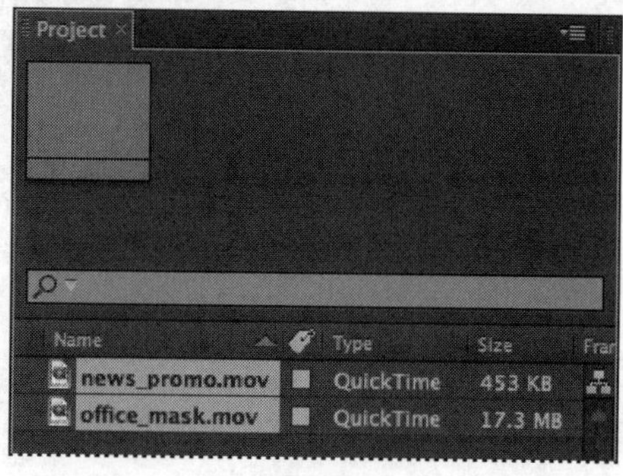

图7.2

news_promo 影片中存在 Alpha 通道，但本项目中不需要它。

我们先从组织 Project 面板中的文件开始。

关于Interpret Footage对话框

After Effects使用一组内部规则自动解释导入的素材。通常情况下，您不需要修改这些设置。但如果导入的不是标准素材，After Effects可能无法正确解释它。这种情况下，可以使用Interpret Footage对话框对素材进行重新解释。Interpret Footage对话框中的设置应与源素材设置相匹配，不要用它为最终的渲染输出指定设置。

选择Ignore时，After Effects将忽略文件中的所有透明度数据。关于Interpret Footage对话框中各种设置的更多信息，请参见After Effects帮助。

4. 选择 File>New>New Folder 命令，或者单击 Project 面板底部的 Create A New Folder 按钮（ ），在 Project 面板中创建新文件夹。
5. 输入 mov_files 命名该文件夹，再按 Enter 键或 Return 键接受输入的名字，然后将两个影片文件拖放到 mov_files 文件夹中。

6. 单击三角形以展开文件夹，以便查看其中的素材项，如图 7.3 所示。

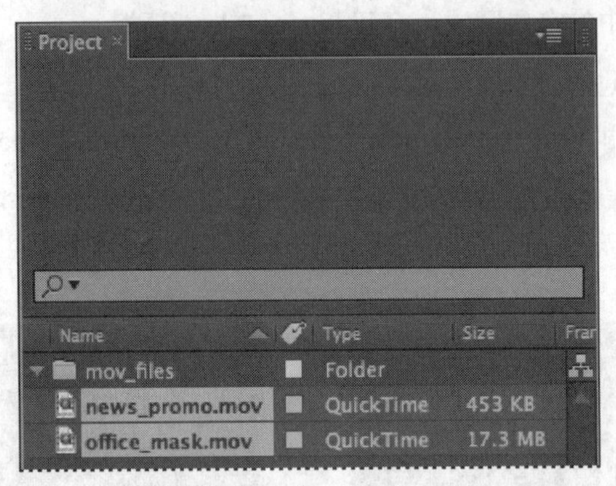

图7.3

7.2.2 创建合成图像

现在，我们将根据其中一个素材项的屏幕长宽比和持续时间创建合成图像。

1. 选择 Project 面板中的 office_mask.mov 文件，将其拖放到该面板底部的 Create A New Composition 按钮（ ）上，如图 7.4 和图 7.5 所示。

图7.4

图7.5

After Effects 创建一个名为 office_mask 的合成图像，并在 Composition 面板和 Timeline 面板中打开它。

2. 选择 File>Save 命令，保存目前的作品。

7.3 用钢笔工具创建蒙版

现在计算机屏幕上包含字处理文档。为了将其替换成新的图像，需要对屏幕进行蒙版处理。

1. 按 Home 键，或将当前时间指示器移动到时间标尺的起点。
2. 放大 Composition 面板，直到显示器屏幕几乎充满视图为止，可能还需要使用 Hand 工具（）对面板中的视图进行复位。
3. 选择 Tools 面板中的 Pen 工具（）。使用 Pen 工具可以创建直线或曲线段，因为显示器看起来是长方形，所以我们将先使用直线。
4. 单击显示器屏幕左上角，放置第一个锚点。
5. 单击显示器右上角，放置第二个锚点。After Effects 将两个锚点连为一条线段。
6. 单击显示器右下角，放置第三个锚点，然后再单击显示器左下角，放置第四个锚点。
7. 将 Pen 工具移动到第一个锚点上（位于左上角）。这时鼠标指针旁出现一个圆圈（如下面中间那幅图所示），单击该点封闭蒙版路径，如图 7.6 ~ 图 7.9 所示。

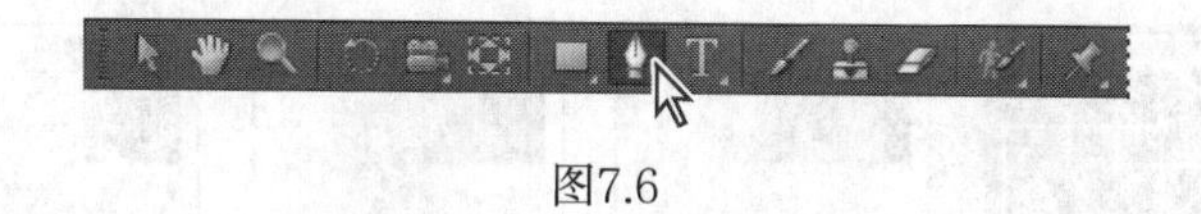

图7.6

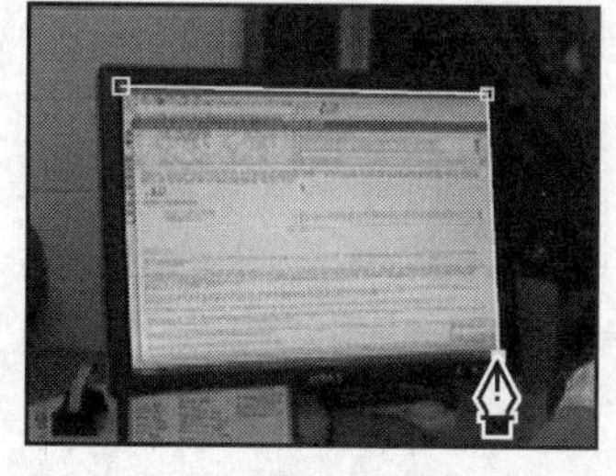

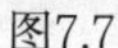

图7.7

图7.8

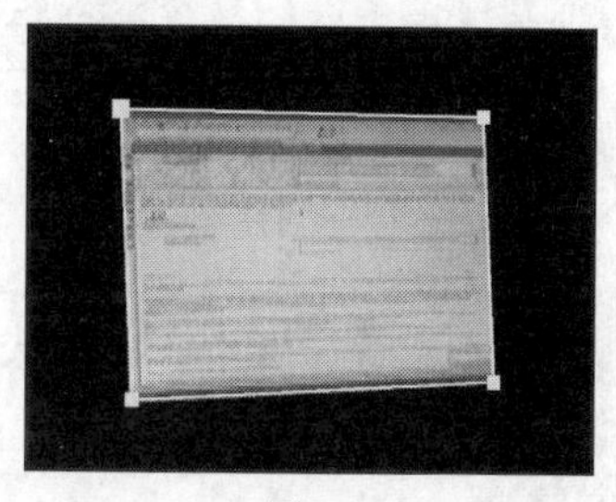

图7.9

> AE
>
> 提示：你也可以使用 After Effects 自带的 Mocha Shapes 插件创建蒙版，然后把它引入到 After Effects 中。更多关于使用插件的技巧，请参见 After Effects 帮助文档。

7.4 编辑蒙版

蒙版看起来很好，但它不是将显示器内的信息屏蔽，而是将显示器外的所有内容屏蔽。所以需要反向蒙版（或者，你还可以改变蒙版模式，默认情况下蒙版被设置为 Add 模式）。

关于蒙版模式

蒙版的混合模式（蒙版模式）控制图层中蒙版间的交互方式。默认情况下，所有蒙版都被设置为Add模式，该模式将同一图层中交叠的所有蒙版的透明度值相加。可以对每个蒙版应用一种模式，但不能随时间改变蒙版的模式。

我们在图层中创建的第一个蒙版将与该图层的Alpha通道相互作用。如果该通道没有将整幅图像定义为不透明的，那么蒙版与图层的帧相互作用。所创建的每个其他蒙版都将与位于Timeline面板中其上方的蒙版相互作用。蒙版模式的作用结果将随位于Timeline面板中较上方的蒙版所设置的模式而改变。我们只能在位于同一图层中的两个蒙版之间使用蒙版模式。用蒙版模式可以创建具有多个透明区域的复杂蒙版形状。例如，我们可以设置蒙版模式，它组合两个蒙版，并把这两个蒙版的交叠区域设置为不透明区域，如图7.10所示。

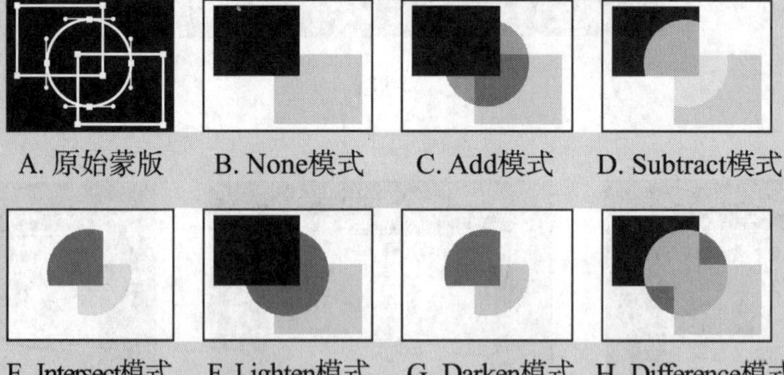

A. 原始蒙版　B. None模式　C. Add模式　D. Subtract模式

E. Intersect模式　F. Lighten模式　G. Darken模式　H. Difference模式

图7.10

7.4.1 反向蒙版

本项目中需要使蒙版内的所有区域都是透明的，而蒙版外的所有区域都是不透明的。现在反向蒙版。

1. 在 Timeline 面板中选中 office_mask 图层，按 M 键查看该蒙版的 Mask Shape 属性。

> AE | **提示**：快速连续按两次 M 键将显示所选中图层的所有蒙版属性。

有两种方法可以反向蒙版：从 Mask Mode 下拉列表中选择 Subtract，或选取 Inverted 选项。

2. 选中 Mask 1 的 Inverted 复选框，如图 7.11 和图 7.12 所示。

现在蒙版被反相显示了。

图7.11

图7.12

3. 按 F2 键，或单击 Timeline 面板中的空白区域，取消选择 office_mask 图层。

图7.13

如果仔细观察显示器，你将发现部分屏幕仍显示在蒙版边缘周围，如图 7.13 所示。

这些错误必然会让大家注意到我们对该图层所做的修改，所以需要纠正这些错误。为此，我们需要将蒙版中的直线改为曲线。

7.4.2 创建曲线蒙版

曲线蒙版或任意形状蒙版用贝塞尔曲线定义蒙版的形状，贝塞尔曲线能灵活控制蒙版的形状。用贝塞尔曲线可以创建具有锐角的直线、非常平滑的曲线或者二者的组合。

1. 在 Timeline 面板中选择 Mask 1，即 office_mask 图层的蒙版。选择 Mask 1 将激活该蒙版，同时选中所有锚点。

2. 在 Tools 面板中，选择 Convert Vertex 工具（ ），它隐藏在 Pen 工具后面。

3. 在 Composition 面板中，单击任意锚点。Convert Vertex 工具将角锚点修改为平滑的点，如图 7.14 ~图 7.16 所示。

图7.14

图7.15

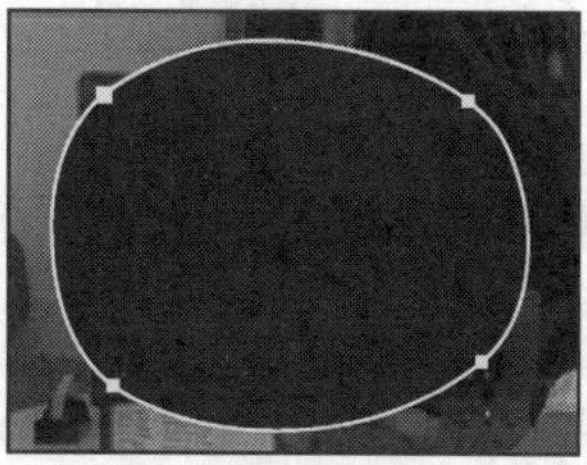

图7.16

4. 切换到 Selection（ ）工具，单击 Composition 面板内的任意区域，取消选择蒙版，然后单击我们创建的第一个锚点。

从这个平滑点伸展出两个方向手柄。这些手柄的角度和长度将决定蒙版的形状。

5. 在屏幕上拖动第一个锚点的右手柄，请注意拖动时蒙版形状的变化情况，同时还应注意到当手柄距离另一个锚点越近时，第一个锚点的方向手柄对路径形状的影响就越小，而第二个锚点的方向手柄对它的影响就越大，如图 7.17 和图 7.18 所示。

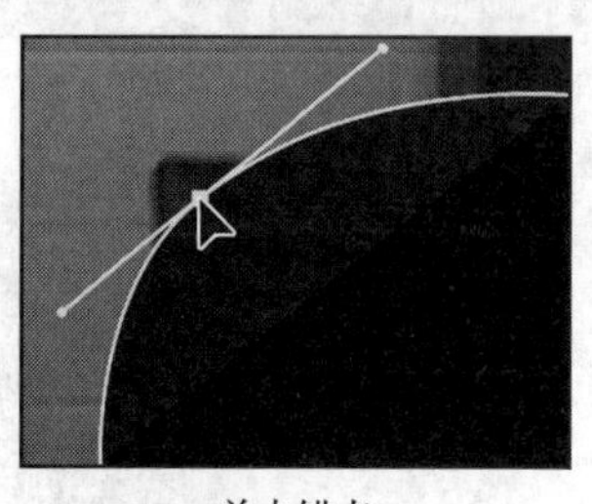

单击锚点

图7.17

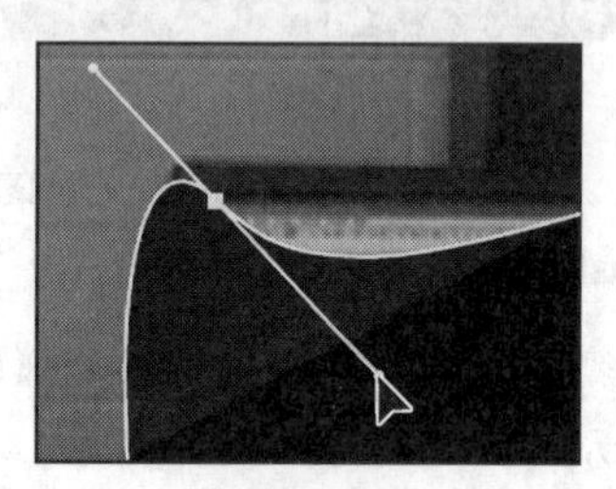

搬动手柄

图7.18

6. 熟练手柄的移动后，请将左上锚点的手柄定位到上图所示的位置。正如你所看到的，我们可以创建非常流畅的形状。

> AE
>
> **提示**：如果出现错误，则可以按 Ctrl+Z（Windows）或 Command+Z（MAC）组合键撤销最后一次操作。此外，在处理过程中，还可以改变视图的缩放比例，用 Hand 工具在 Composition 面板内重新定位图像。

7.4.3 分离方向手柄

默认情况下，所有平滑点的方向手柄都是相互联系的。当拖动一个手柄时，反方向的手柄也将移动。但是，我们可以阻断这种联系，更灵活地控制蒙版的形状，创建出锐角点，或者长而平滑的曲线。

1. 选择 Tools 面板中的 Convert Vertexa 工具（ ）。
2. 拖动左上锚点的右方向手柄。此时左方向手柄保持不动。
3. 调整右方向手柄，直到蒙版形状的顶部线段与该角显示器的曲线更吻合为止，不一定要十分完美。
4. 拖动同一个锚点的左方向手柄，直到蒙版的左段与该角显示器的曲线更吻合为止，如图 7.19 和图 7.20 所示。

拖动左上锚点的右方向手柄，然后拖动左方向手柄，使蒙版与显示器曲线吻合。

5. 对剩下的每个角点，请单击 Convert Vertex 工具，然后重复第 2 步 ~ 第 4 步，直到蒙版的形状与显示器的曲度更加吻合为止。如果需要移动角点，请使用 Selection 工具。

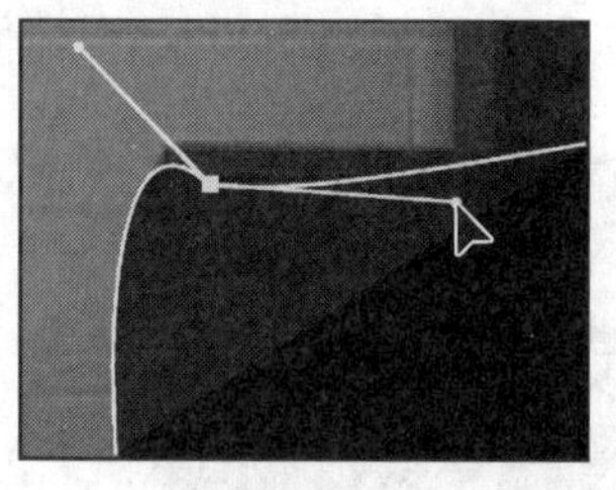

图7.19

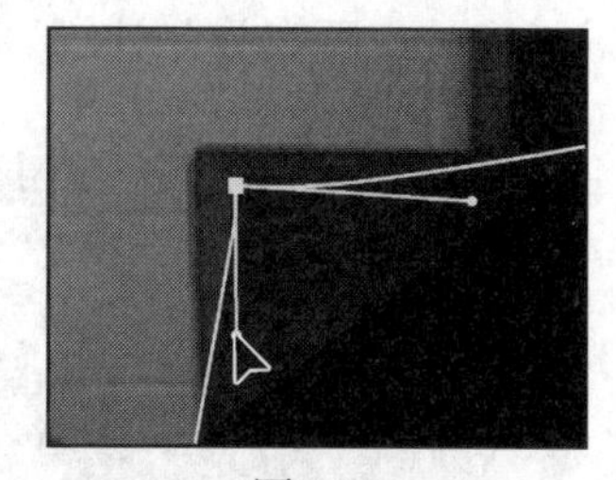

图7.20

AE | 提示：重申一遍，操作中可能需要调整 Composition 面板中的视图。你可以使用 Hand 工具拖动图像。按住空格键并保持可以暂时切换到 Hand 工具。

6. 完成操作后，在 Timeline 面板中取消选择 Office_mask 图层，检查蒙版的边缘。这时应该看不到任何显示器屏幕，如图 7.21 和图 7.22 所示。

图7.21

图7.22

7. 选择 File>Save 命令保存作品。

创建贝塞尔曲线蒙版

你用过Convert Vertexa工具把角上的锚点转化为带贝塞尔手柄的平滑点，但也可以先创建贝塞尔曲线蒙版。要实现该操作，请在Composition面板中用Pen工具在你想放置第一个锚点的位置单击，然后，在想放置下一个锚点的位置单击，并沿着你想创建曲线的方向拖动，当你对所产生的曲线感到满意时释放鼠标按钮。继续添加锚点，直到创建出你想要的形状为止。请单击第一个锚点或双击最后一个锚点封闭蒙版。然后切换到Selection工具，进一步调整蒙版。

7.5 羽化蒙版边缘

蒙版形状看起来很好，但需要对其边缘进行一些柔化处理。

1. 选择 Composition> Composition Settings 命令。

2. 单击 Background Color 框，选择白色作为背景色（R=255，G=255，B=255）。然后单击 OK

按钮关闭 Color Picker，再次单击 OK 按钮关闭 Composition Settings 对话框，如图 7.23 所示。

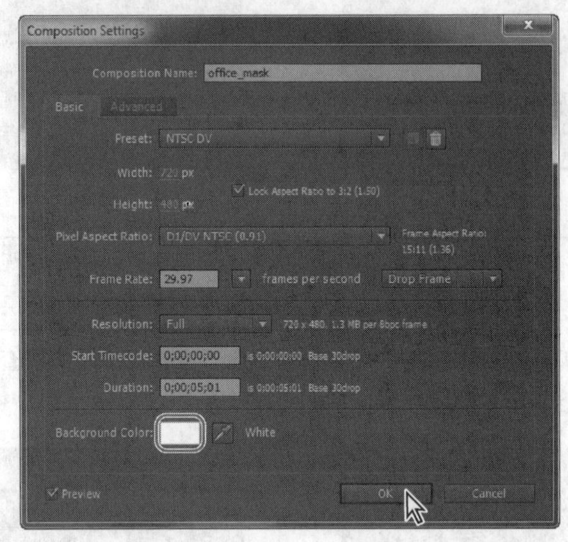

图7.23

白色背景使你能够看清显示器屏幕的边缘看起来太清晰，显得不真实。为解决这个问题，接下来将对边缘进行羽化（也就是使边缘变柔和）。

3. 在 Timeline 面板中选择 office_mask 图层，按 F 键显示蒙版的 Mask Feather 属性。

4. 将 Mask Feather 量提高到（1.5，1.5）像素，如图 7.24 和图 7.25 所示。

图7.24

图7.25

5. 隐藏 office_mask 图层属性，然后选择 File>Save 命令，保存作品。

7.6 替换蒙版的内容

现在准备将背景替换为电视新闻节目，并将其混合到整个场景中。

1. 在 Project 面板中，选择 news_promo.mov 文件，将其拖放到 Timeline 面板，把它放到 office_mask 图层下方。

2. 从 Composition 面板底部的 Magnification Ratio 下拉列表项中选择 Fit Up To 100%，以便能

够看到整个合成图像。

3. 用 Selection 工具（ ）拖动 Composition 面板中的 news_promo 图层，直到轴点位于显示器屏幕中央为止，如图 7.26 和图 7.27 所示。

图7.26

图7.27

7.6.1　调整新闻素材的位置和尺寸

新添加的新闻节目素材相对于显示器屏幕来说显得太大了，所以需要作为 3D 图层来调整其尺寸，采用 3D 图层是为了更大限度地控制它的形状和尺寸。

1. 选择 Timeline 面板中的 news_promo 图层，然后打开该图层的 3D 开关。

2. 按 P 键显示 news_promo 图层的 Position 属性，如图 7.28 和图 7.29 所示。

图7.28

图7.29

3D 图层的 Position 属性有 3 个值：从左到右分别代表图像的 *x* 轴、*y* 轴和 *z* 轴。其中 *z* 轴控制图层的深度。在 Composition 面板中可以看到这些轴所代表的含义。

> **AE** | 注意：第 11 课和第 12 课将介绍更多关于 3D 图层的内容。

3. 在 Composition 面板中将鼠标指针置于红色箭头之上，这时将出现一个小 x，这个红色箭头用来控制该图层的 *x*（水平）轴。

4. 需要的话可以向左或向右拖动素材，使它在水平方向上位于显示器屏幕的中央。

5. 在 Composition 面板中将鼠标指针置于绿色箭头的之上，这时将出现一个小 y，需要的话可以在屏幕上向上或向下拖动，在垂直方向上将素材定位到显示器屏幕的中央。

6. 在 Composition 面板中将鼠标指针置于红色箭头与绿色箭头交叉点处的蓝色立方体之上，这时将出现一个小 z。然后向右下方拖动增加景深。

7. 继续拖动 *x*、*y* 和 *z* 轴，直到整个素材像下图所示的那样充满显示器屏幕为止。最终的 x、y 和 z 数值应大约为 114、219、365，如图 7.30 和图 7.31 所示。

图7.30

图7.31

> AE **提示**：也可以在 Timeline 面板中直接输入 Position 属性值，而不是在 Composition 面板内拖动。

7.6.2 旋转素材

新素材的尺寸与显示器十分吻合，但还需要对其稍微旋转，以改善透视效果。

1. 在 Timeline 面板中选择 news_promo 图层，按 R 键显示其 Rotation 属性。再重复一遍，因为这是一个 3D 图层，所以可以控制 *x*、*y* 和 *z* 轴方向上的旋转。

2. 将 Y Rotation 值改为 −10°。这将旋转该图层，使其与显示器的透视相匹配。

3. 将 Z Rotation 值改为 −2°。这将使该图层与显示器对齐，如图 7.32 和图 7.33 所示。

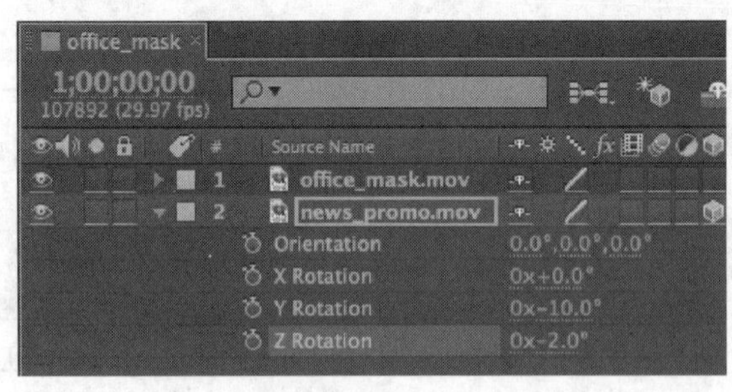

图7.32

图7.33

现在的合成图像应该如图 7.33 所示的那样。

4. 隐藏 news_promo 图层属性，然后选择 File>Save 命令保存作品。

7.7 添加反射效果

现在经过蒙版处理的图像看起来很真实，但如果对显示器添加反射效果，将使其看起来更逼真。

1. 选择 Layer>New>Solid 命令。

2. 在弹出的 Solid Settings 对话框中，将该图层命名为 Reflection，单击 Make Comp Size 按钮，将 Color 修改为白色，然后单击 OK 按钮，如图 7.34 所示。

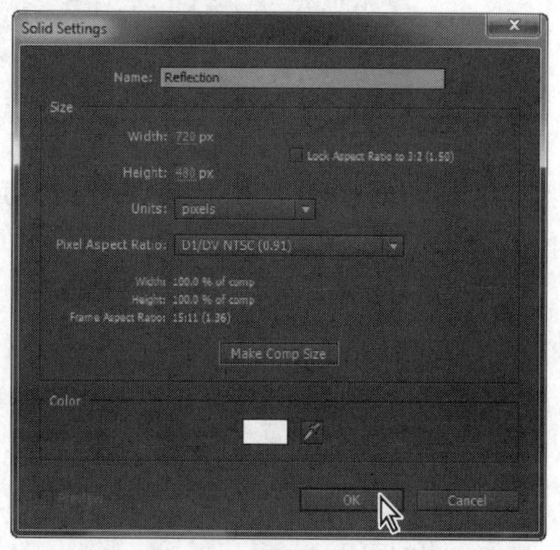

图7.34

不必再次尝试创建与 office_mask 图层蒙版相同的形状，只要将它复制到 Reflection 图层即可。

3. 在 Timeline 面板中选择 office_mask 图层，然后按 M 键以便显示该蒙版的 Mask Shape 属性。

4. 选择 Mask 1，再选择 Edit>Copy 命令，或者按 Ctrl+C（Windows）或 Command+C（Mac OS）组合键。

5. 在 Timeline 面板中选择 Reflection 图层，然后选择 Edit>Paste 命令，或者按 Ctrl+V（Windows）或 Command+V（Mac OS）组合键。

这次，需要将该蒙版内区域保持为不透明的，而使蒙版外区域成为透明的。

6. 选择 office_mask 图层，然后按 U 隐藏蒙版属性。

7. 在 Timeline 面板中选择 Reflection 图层，按 F 键显示该图层的 Mask 1 蒙版的 Mask Feather 属性，如图 7.35 和图 7.36 所示。

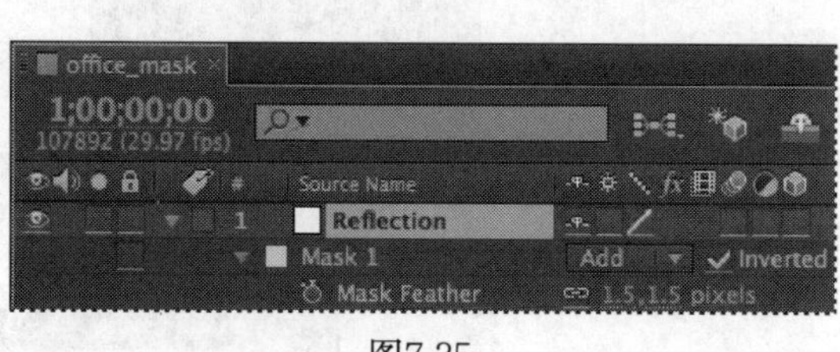

图7.35

图7.36

8. 修改 Mask Feather 值为 0。

9. 取消选择 Inverted 选项。现在 Reflection 图层遮挡住 News_promo 图层，如图 7.37 和图 7.38 所示。

10. 放大观察屏幕，然后在 Tools 面板中，选择隐藏在 Convert Vertex 工具（ ）下的 Mask Feather 工具（ ），如图 7.39 所示。

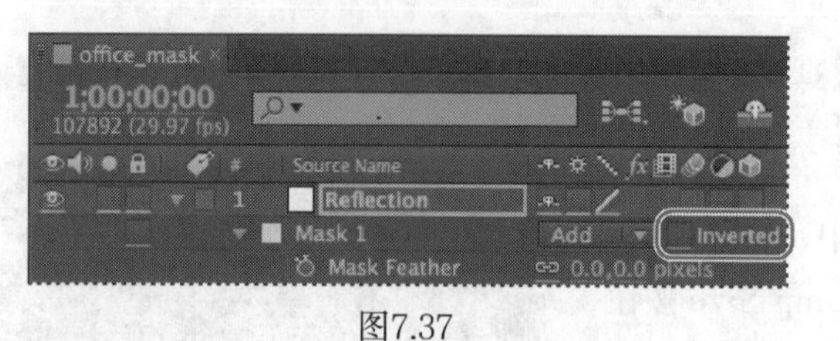

图7.37

图7.38

当你对蒙版进行羽化时，羽化的宽度在整个蒙版羽化的过程中都是一样的。Mask Feather 工具能帮助你在定义封闭蒙版上的各羽化点时，能够区别不同的羽化宽度。

图7.39

11. 在 Timeline 面板中选择 Reflection 图层。然后单击左下锚点创建羽化点，不释放鼠标按键，并向内拖动羽化点，这样只有屏幕中心才能被反射，羽化点位于中心位置，正如图 7.40 所示。

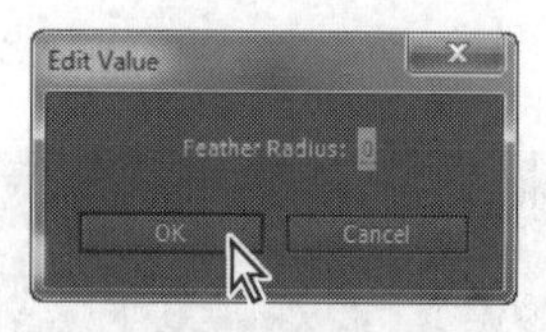
图7.40

现在，羽化均匀地延伸到整个蒙版。为了更加流畅，我们可以增加更多的羽化点。

12. 单击蒙版的顶部中心位置，创建另一个羽化点。然后把这个羽化点缓慢地往下拖动，拖到蒙版里。

13. 右击或者按下 Ctrl 键同时单击先前创建的羽化点，选择 Edit Radius。设置 Feather Radius 为 0，单击 OK 按钮，如图 7.41 和图 7.42 所示。

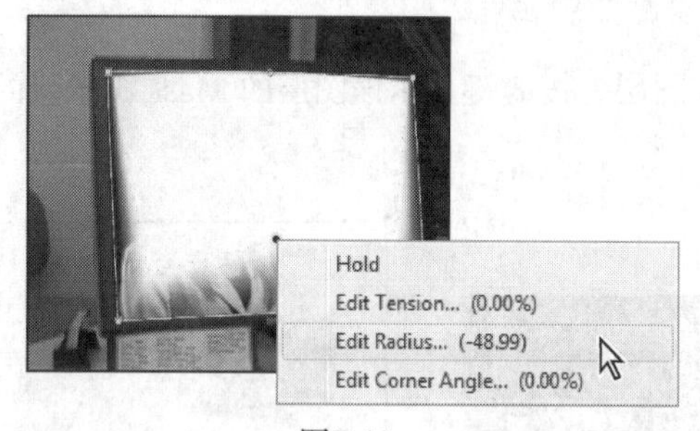

图7.41

Edit Value
Feather Radius: 0
OK
Cancel

图7.42

这是一个很好的开始，但是边缘坡度太大。我们可以通过增加更多地羽化点来改变角度。

14. 单击蒙版左边缘大概离顶端 1/3 的位置，添加另一个羽化点。

15. 在右边添加一个类似地羽化点。

反射的形状很好，但是图像模糊了。我们可以改变不透明度来减弱模糊的效果，如图 7.43 所示。

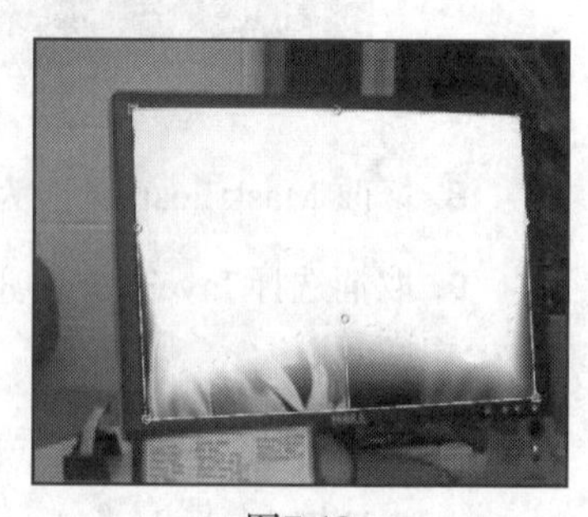
图7.43

16. 选择 Timeline 面板里的 Reflection 图层，然后按 T 键显示其 Opacity 属性。将 Opacity 属性值改到 25%，如图 7.44 和图 7.45 所示。

17. 按 T 键隐藏 Opacity 属性，然后按 F2 键，或单击 Timeline 面板中的空白区域，取消选择所有图层。

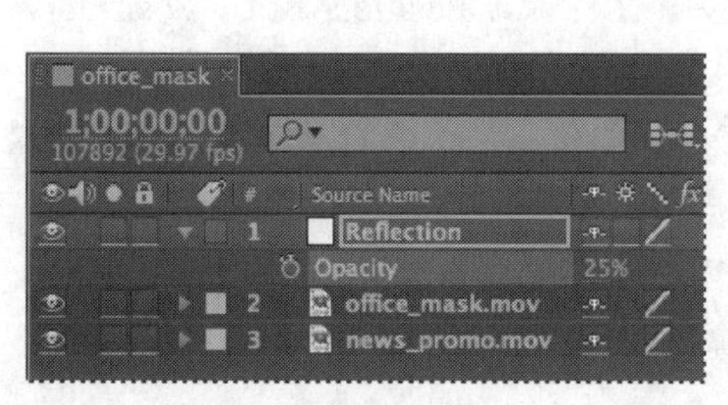

图7.44

图7.45

7.7.1 应用混合模式

为了在图层之间创建出独特的相互作用效果，可能需要尝试混合模式。混合模式控制每个图层与其下方图层的混合方式或作用方式。After Effects 中图层的混合模式与 Adobe Photoshop 中的混合模式完全相同。

1. 在 Timeline 面板菜单中，选择 Columns>Modes 命令，显示出 Mode 下拉列表。

2. 从 Reflection 图层的 Mode 下拉列表中选择 Add，如图 7.46 和图 7.47 所示。

图7.46

图7.47

这将在显示器屏幕的图像上创建出强烈的眩光，并加深下方图层的颜色。

3. 选择 File>Save 命令，保存作品。

添加3D光照图层

如果不采用纯色图层和羽化蒙版创建反射效果，还可以使用3D光照图层创建逼真的表面反射效果。第11课和第12课中将详细介绍3D图层，包括3D光照图层。但如果您有兴趣，现在就可以按以下步骤在本项目中创建3D光照图层。这个练习是选做项目。

1. 单击 Reflection 图层的 Video 开关，关闭该图层。
2. 选择 Layer>New>Light 命令。
3. 单击 Light Settings 对话框中的 OK 按钮，接受其中的默认值。
4. 在 Timeline 面板中选择 Light 1 图层，按 P 键显示其 Position 属性。Position 属性影响光照在场景中的位置。
5. 将 Light 1 图层的 Position 值设置为（260，–10，–350），这将使光照移动到显示器上方远离图像的位置。
6. 在 Timeline 面板中选择 Light 1 图层，然后按 A 键显示其 Point Of Interest 属性。

   Point Of Interest属性决定光照射向哪里。
7. 将 Point Of Interest 值设为（135，200，0）。
8. 在 Timeline 面板中选择 news_promo.mov 图层，然后按 A 键显示该图层 Material Options 属性。Material Options 属性决定 3D 图层与光照和阴影的交互方式，二者是 3D 动画真实感和立体感的重要成分。
9. 将 Specular Intensity 值增加到 75%，SpecularShininess 值增加到 50%。
10. 将 Metal 值降低到 50%。Metal 值决定图层颜色对光照的反射程度。因为该图层中有暗蓝色，所以对光照的反射较少。而我们正在模拟的是位于该图层前面的玻璃，所以应该降低该值，使反射带有与光照相同的颜色。
11. 隐藏 news_promo.mov 图层的属性。

    现在大功告成了。我们已采用3D光照图层创建了相同效果。

7.8 创建虚光照效果

运动图像设计中一种流行的做法是对合成图像应用虚光照效果，这常用来模拟玻璃镜头的光线变化，创建出聚焦于主题对象而忽略场景中其余部分的有趣视觉效果。

1. 缩小，以便查看整个图像。
2. 选择 Layer>New>Solid 命令。
3. 在 Solid Settings 对话框中，将该图层命名为 Vignette，单击 Make Comp Size 按钮，将 Color 修改为黑色（R=0，G=0，B=0），然后单击 OK 按钮，如图 7.48 所示。

除了 Pen 工具外，After Effects 还提供其他一些工具用于创建方形蒙版和椭圆形蒙版。

4. 在 Tools 面板中，选择 Elliptical 工具（ ），它隐藏在 Rectangle 工具（ ）之后。
5. 在 Composition 面板中，用十字光标指针定位于图像的左上角。向对角拖动，创建出一个椭圆形状，用它填充图像。必要的话可以用 Selection 工具调整形状和重新定位，如图 7.49 所示。

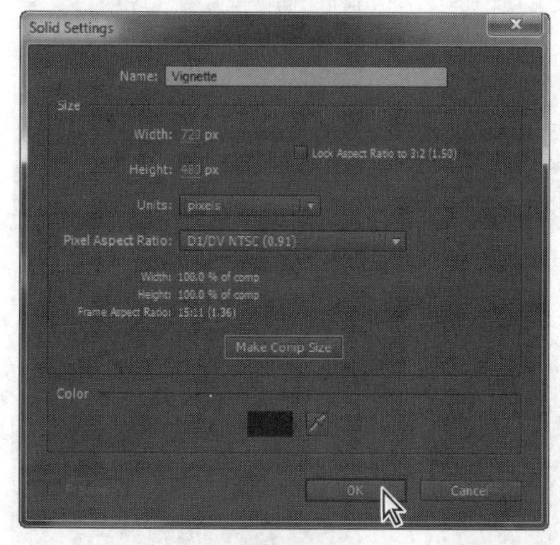

图7.48

图7.49

6. 展开 Vignette 图层内的 Mask 1 属性，显示该图层的所有蒙版属性。

7. 从 Mask 1 的 Mode 下拉列表中选择 Subtract。

8. 将 Mask Feather 的像素值提高到（200，200）。

矩形和椭圆形工具的使用

Rectangular工具，顾名思义，就是用来创建矩形或正方形，Elliptical工具是用来创建椭圆或圆。使用这些工具在Composition面板或Layer面板中拖动可以创建蒙版形状。

如果你需要绘制完美的正方形或圆形，拖动Rectangular或Elliptical工具时请按住Shift键。如果要从中心点向外创建蒙版，则可以在开始拖动时按住Ctrl键（Windows）或Command键（Mac OS）。在开始拖动后按住Ctrl+Shift（Windows）或Command+Shift（Mac OS）组合键可以从中心点向外创建出正方形或圆形蒙版。

请注意，如果未选择图层而使用这些工具，将绘制出形状，而不是蒙版。

此时你的合成图像应该与下图类似，如图 7.50 和图 7.51 所示。

即使使用这么大的羽化值，光晕仍显得太强，并且作用范围太小。我们可以通过调整 Mask Expansion 属性为合成图像提供更大的空间。Mask Expansion 属性表示原来蒙版边缘的扩展量或收缩量，其单位为像素。

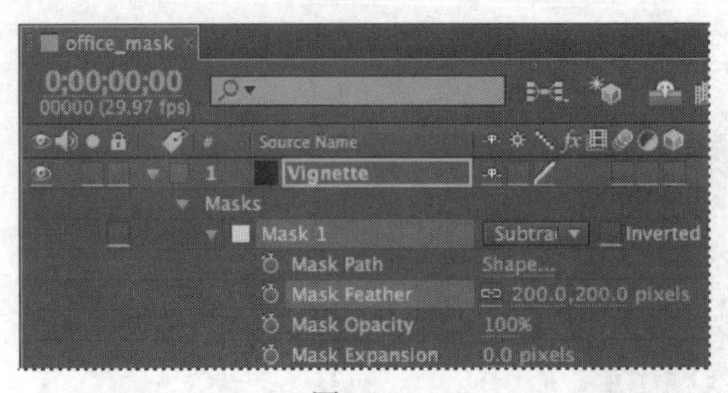

图7.50

图7.51

9. 将 Mask Expansion 属性值提高到 90 像素，如图 7.52 和图 7.53 所示。

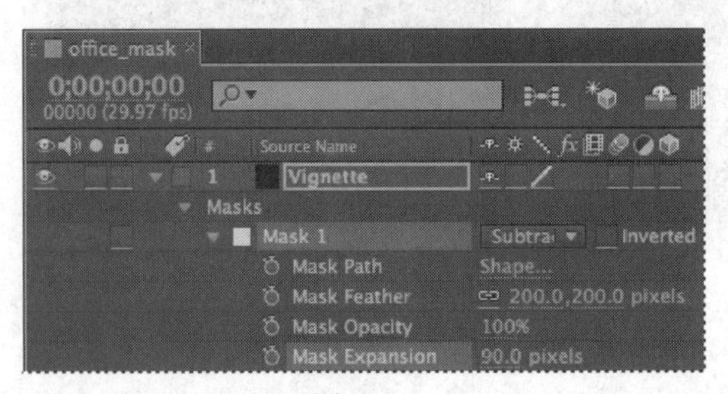

图7.52

图7.53

10. 隐藏 Vignette 图层的属性，然后选择 File>Save 命令。

蒙版创建技巧

如果你曾经用过Adobe Illustrator、Photoshop或类似程序，那你很可能熟悉蒙版和贝塞尔曲线。如果还不熟悉的话，以下有些技巧可以帮助你高效地创建它们。

- 尽可能少使用锚点。
- 正如本课前面所述，可以通过单击第一个锚点来闭合蒙版。也可以通过以下方式打开一个闭合的蒙版：单击蒙版段，再选择 Layer> Mask And Shape Path 命令，然后取消选择 Closed 选项。
- 如果想对一个开放路径添加锚点，只需按住 Ctrl（Windows）键或 Command（Mac OS）键，再使用 Pen 工具单击路径上的最后一个锚点。选中该点后，就可以继续添加锚点。

7.9 调整颜色

现在影片看起来很完美，但 office_mask 图层的颜色很单调。如果将它变为暖色调，这会使画面显得更活泼。

1. 在 Timeline 面板中选择 office_mask.mov 图层。

2. 选择 Effect>Color Correction>Auto Levels 命令。

Auto Levels 特效通过以下方法来设置画面中的高光和阴影：将每个颜色通道的最亮和最暗像素定义为白色和黑色，然后按比例重新分布最亮和最暗像素之间的像素值。因为 Auto Levels 单独调整每个颜色通道，所以它可能消除或引入色偏，如图 7.54 所示。

图7.54

为什么要应用这种特效？因为有时摄像机的某个颜色通道会使图像偏冷（偏蓝）或偏暖（偏红）。Auto Levels 特效为每个通道设置白色和黑色像素，这将使最终效果看起来更自然。

现在，office_mask.mov 图层的颜色看起来应该好多了。

3. 选择 File>Save 命令，保存完成的项目。

本章使用蒙版工具隐藏、显示和调整合成图像部分，以创建风格化的嵌入画面。在 After Effects 中蒙版功能的使用频率可能仅次于关键帧。

如果愿意的话，现在可以预览影片，也可以按第 14 课中介绍的处理方法对其进行渲染和导出。

7.10 复习题与答案

复习题

1. 什么是蒙版?

2. 请说出调整蒙版形状的两种方法。

3. 方向手柄的作用是什么?

4. 开放蒙版和封闭蒙版之间有什么区别?

5. Mask Feather 工具如何有用了?

复习题答案

1. After Effects 中的蒙版是一条路径，或者一个轮廓，它用来改变图层效果和属性。蒙版最常用于更改图层的 Aplha 通道。蒙版由线段和角点组成。

2. 拖动各个锚点或线段即可调整蒙版的形状。

3. 方向手柄用于控制贝塞尔曲线的形状和角度。

4. 开放蒙版可以用来控制特效或文字的位置，它不能用来定义透明像素区域。封闭蒙版则定义一个区域，该区域会对图层的 Alpha 通道产生影响。

5. Mask Feather 工具能让我们在蒙版的不同羽化点把羽化宽度区分开来。点击 Mask Feather 工具，添加 Feather 点，然后拖动它。

第8课　用Puppet工具进行变形处理

课程概述

本课介绍的内容包括：

- 使用 Puppet Pin 工具设置 Deform 手柄；
- 使用 Puppet Overlap 工具定义重叠区；
- 使用 Puppet Starch 工具使部分图像变硬；
- 对 Deform 手柄的位置进行动画处理；
- 对动画运动做平滑处理；
- 使用 Puppet Sketch 工具录制动画。

本课大约要用 1 小时时间完成。启动 After Effects 之前，先找到附带光盘的 Lesson08 文件夹，将其复制到本地硬盘上为这些项目创建的文件夹 Lessons 中（或现在创建 Lessons 文件夹）。学习本课时，将覆盖复制的初始文件。如果需要恢复这些初始文件，从附带光盘中再复制一遍即可。

可以使用 Puppet 工具对屏幕上的对象进行拉伸、挤压、伸展以及其他变形处理。无论你正在创建的是逼真的动画、离奇的情节、还是现代艺术作品，Puppet 工具都将扩展你创作的自由空间。

8.1 开始

Adobe After Effects 中的 Puppet 工具用于向光栅图像和矢量图形快速添加自然的运动效果。其中 3 个创建手柄工具用来定义变形点、重叠区以及应该保留更大刚性的区域。另一个工具——Puppet Sketch 工具——用于实时录制动画。在本课中，我们将使用 Puppet 工具创建人在香蕉皮上滑倒的动画。

首先预览最终影片并设置项目。

1. 确认硬盘上的 AECC_CIB\Lessons\Lesson08 文件夹中存在以下文件。
   - Assets 文件夹内：backdrop.psd、banana.psd、man.psd。
   - Sample_Movie 文件夹内：Lesson08.mov。
2. 请打开并播放影片例子文件 Lesson08.mov，查看本章将要创建的效果。播放完后，退出 QuickTime Player。如果硬盘空间有限，则可以将该影片例子从硬盘删除。

开始本课之前，请恢复 After Effects 应用程序的默认设置。详细情况请参见前言中的“恢复默认参数”。

3. 启动 After Effects 时请按下 Ctrl+Alt+Shift（Windows）或 Command+Option+Shift（Mac OS）组合键，系统询问是否删除参数文件时，单击 OK 按钮。单击 Close 按钮关闭 Welcome 窗口。

After Effects 打开后显示一个空白无标题项目。

4. 选择 File>Save As>Save As 命令。
5. 在 Save Project As 对话框中，导航到 AECC_CIB\Lessons\Lesson08\Finished_Project 文件夹。
6. 将该项目命名为 Lesson08_Finished.aep，然后单击 Save 按钮。

8.1.1 导入素材

你将导入 3 个 Adobe Photoshop 文件，用来创建场景。

1. 选择 File > Import > File 命令。
2. 导航到 AECC_CIB/Lessons/Lesson08/Assets 文件夹。按下 Shift 键同时单击选择 backdrop.psd、banana.psd 以及 man.psd 文件，然后单击 Import 或者 Open 按钮。Project 面板将显示出这些素材项。
3. 单击位于 Project 面板底部的 Create A New Folder 按钮。
4. 将文件夹命名为 Assets，然后将素材项拖放到该文件夹内。
5. 展开 Assets 文件夹以便查看其内容，如图 8.1 所示。

图8.1

8.1.2 创建合成图像

和任何项目一样，我们需要新建一个合成图像。

1. 选择 Composition > New Composition 命令。

2. 将合成图像命名为 Walking Man。

3. 从 Preset 下拉列表中选择 NTSC DV，该预设将自动设置合成图像的宽度、高度、像素长宽比以及帧速率。

4. 在 Duration 字段中输入 500，以指定 5 秒，然后单击 OK 按钮，如图 8.2 所示。

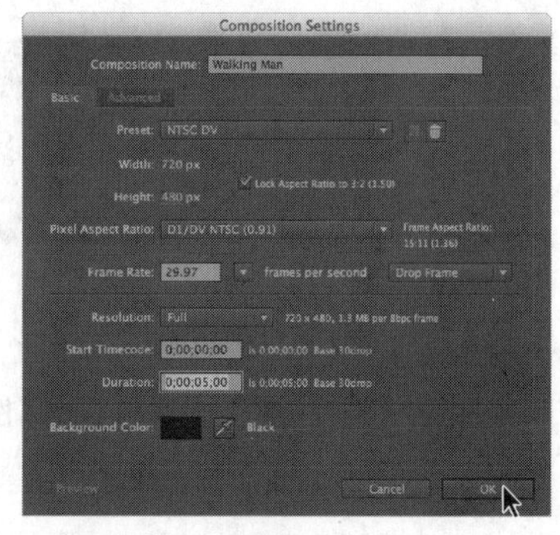

图8.2

After Effects 在 Timeline 面板和 Composition 面板中打开新合成图像。

8.1.3 添加背景

在背景图像上对人进行动画处理较容易，所以先对合成图像添加背景。

1. 按 Home 键，或移动当前时间指示器到合成图像的起点。

2. 将 backdrop.psd 文件拖放到 Timeline 面板。

3. 锁定该图层，以免意外更改，如图 8.3 和图 8.4 所示。

图8.3

图8.4

8.1.4 缩放对象

接下来添加香蕉皮。如果直接采用香蕉皮的默认尺寸，在这么大的香蕉皮上滑倒一定会受伤，所以我们将其缩放到与场景相匹配的尺寸。

1. 将 banana.psd 文件从 Project 面板拖放到 Timeline 面板图层堆栈的顶层，如图 8.5 和图 8.6 所示。

2. 在 Timeline 面板中选择 banana.psd 图层，然后按 S 键显示其 Scale 属性。

图8.5

图8.6

3. 将 Scale 属性值更改为 15%。

4. 按 P 键显示图层的 Position 属性。

5. 将 Position 属性值更改为（160, 420）。香蕉皮将移动到合成图像的左边，如图 8.7 和图 8.8 所示。

6. 隐藏 Banana 图层的属性。

图8.7

图8.8

8.1.5 添加人物

场景中的最后一个元素便是人物了。下面我们将其添加到合成图像，并适当地缩放和定位。

1. 将 man.psd 素材项从 Project 面板拖放到 Timeline 面板，放置在图层堆栈顶部。

2. 选择 man.psd 图层，并按 S 键显示其 Scale 属性。

3. 将 Scale 属性值更改为 15%。

4. 按 P 键显示 Position 属性，并将 Position 属性值更改为（575，300），如图 8.9 和图 8.10 所示。

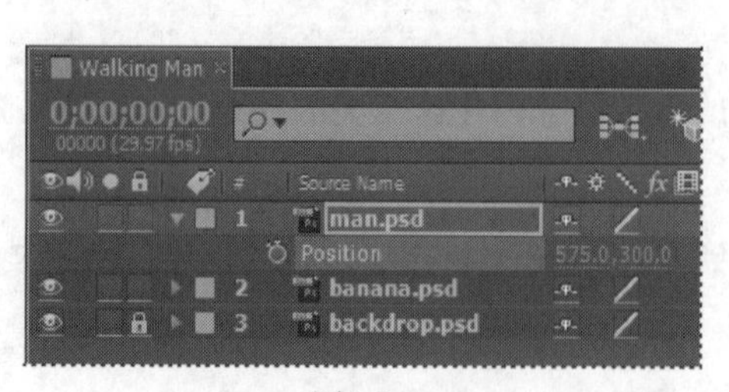

图8.9

图8.10

5. 再次按 P 键隐藏图层的 Position 属性。

6. 选择 File > Save 命令保存目前工作。

> AE 注意：在原来的画面中，人已经滑倒在香蕉皮上了。为了方便动画处理，人已经被修改到更垂直的位置。有时在动画处理前做些调整可以使动画处理变得更简单。

8.2 关于 Puppet 工具

Puppet 工具可以将光栅和矢量图像变换为虚拟的提线木偶。当你拉动提线木偶线时，木偶与绳子关联部分跟着移动。如果拉动与木偶手相联的线，则木偶的手将抬起。Puppet 工具通过手柄指出线所关联的位置。

Puppet 特效根据我们放置的手柄位置对部分图像进行变形和动画处理。这些手柄决定图像的哪些部分应该移动，哪些部分保持刚性，以及不同区域相互重叠时，哪些部分应置于前面。

手柄分为 3 种类型，它每种都由不同的工具进行设置。

- Puppet Pin（ ）工具放置和移动 Deform 手柄，它可以对图层进行变形处理。
- Puppet Overlap 工具（ ）用于放置 Overlap 手柄，用于指出当图像不同区域相互重叠时，哪一部分应该显示在前面。
- Puppet Starch 工具（ ）用于设置 Starch 手柄，它使部分图像变硬，从而使这部分图像不易扭曲。

一旦设置了手柄，轮廓内的区域将自动划分为大量的三角形网格。网格的每一部分都与图像像素相联系，所以当网格移动时，像素也跟着移动。当对 Deform 手柄进行动画处理时，与该手柄相距最近的网格所产生的变形最大，而图像整体形状则尽量保持不变。例如，如果对人手上的手柄进行动画处理，手和手臂将产生变形，但人体的大部分将保持在原位。

> AE 注意：网格仅对应用 Deform 手柄的图像帧有效。如果在时间线上某一处添加手柄，手柄将根据原来网格的位置进行放置。

8.3 添加 Deform 手柄

Deform 手柄是 Puppet 特效的主要组件。它们放置的位置和方式决定对象在屏幕上的移动方式。下面我们将放置 Deform 手柄，显示 After Effects 创建的网格，以确定每个手柄影响的区域。

选择 Puppet 手柄工具时，Tools 面板将显示 Puppet 工具选项。每个手柄在 Timeline 面板中都拥有各自的属性，After Effects 自动为每个手柄创建初始关键帧。

1. 在 Tools 面板中选择 Puppet Pin 工具（📌）。

2. 在 Composition 面板中，将 Deform 手柄工具放置于人物的右臂上，靠近手腕处。放大图像以便更清楚地查看人物，这可能有助于处理工作，如图 8.11 和图 8.12 所示。

图8.11

图8.12

Composition 面板中出现的黄点代表 Deform 手柄。如果这时你使用 Selection 工具（↖）移动 Deform 手柄，整个人将随之移动。我们需要设置更多手柄，使网格的其他部分保持不动。

> AE | 注意：请注意人的右手在画面中位于左边，反之亦然。定位人物时要根据他（而不是你）的左右位置进行定位。

3. 使用 Puppet Pin 工具，在左臂靠近手腕处设置另一个 Deform 手柄。

现在就可以使用 Selection 工具移动右手。放置的手柄越多，每个手柄影响的区域就越小，每个区域的拉伸程度也将越小。可以尝试使用 Ctrl+Z（Windows）或 Command+Z（Mac OS）组合键撤销任何拉伸。

4. 在人物的左、右腿（靠近脚踝处）、躯干（靠近领带底部）以及前额处放置 Deform 手柄，如图 8.13 所示。

5. 在 Timeline 面板中，展开 Mesh 1 > Deform 属性，将列出所有 Deform 手柄。为了便于记录各个手柄，我们将对它们重命名。

6. 选择 Puppet Pin 1，按 Enter 键或 Return 键，将该手柄重命名为 Right Arm。再次按 Enter 键或 Return 键确认新名称。

图8.13

7. 将其余手柄（Puppet Pin 2 至 Puppet Pin 6）分别重命名为 Left Arm、Right Leg、Left Leg、Torso 和 Head，如图 8.14 和图 8.15 所示。

8. 在 Tools 面板的选项部分选择 Show，显示变形网格。

9. 将 Tools 面板选项部分的 Triangle 值设置为 300。

该设置决定网格中包含多少个三角形。增加三角形的数量将使动画变得更平滑，但同时也增加了渲染时间，如图 8.16 和图 8.17 所示。

图8.14

图8.15

图8.16

图8.17

8.4 定义重叠区

正常人运动时手臂会摆动，所以当人在屏幕上走过时，部分右手臂和右腿会被身体的其他部分遮挡。我们将使用 Puppet Overlap 工具定义区域重叠时应显示在前面的部分。

1. 选择 Puppet Overlap 工具（ ），该工具隐藏在 Tools 面板中 Puppet Pin 工具后面。

2. 在 Tools 面板的选项区中选择 Show，查看变形网格。

3. 放大并使用 Hand 工具（ ）定位 Composition 窗口中的人，使我们能清楚地看到他的躯干和腿。然后再次选择 Puppet Overlap 工具。

4. 在 Tools 面板的选项区，将 In Front 值更改为 100%。

In Front 值决定观察者能够看清的程度。该值更改为 100%，可防止身体交叠的部分透显出来。

> AE | 注意：必须分别选择每个 Puppet 工具的 Show 选项。不查看网格也可以设置手柄。

> AE | 提示：如果选择 Show 后网格并未显示出来，则请单击 Composition 面板中路径形状之外的区域。

5. 单击网格中的交叉点，将 Overlap 手柄放置到人的躯干和左腿的右侧，这些区域应保持在前面。添加手柄时，可能需要在 Tools 面板的选项区中调整 Extent 值。Extent 值决定该手柄对重叠区的影响范围。受影响的区域在 Composition 面板中显示为较浅的颜色。以此图作为参考，如图 8.18 和图 8.19 所示。

Mesh: Show In Front: 100 % Extent: 15

图8.18

图8.19

8.5 设置刚性区域

人行走时手臂和腿跟着摆动，但躯干应保持基本不动。我们将使用 Puppet Starch 工具，对人体中希望保持不动的部分添加 Starch 手柄。

1. 选择 Puppet Starch 工具（ ），它隐藏在 Tools 面板中 Puppet Overlap 工具后。
2. 在 Tools 面板选项区中选择 Show，显示变形网格。
3. 将 Starch 手柄放置在躯干的下半部，如图 8.20 所示。
4. 隐藏 Timeline 面板中 man.psd 图层的属性。
5. 选择 File > Save 命令保存目前工作。

图8.20

> AE 注意：Amount 值决定该区域的刚性程度。通常情况下，采用较低数值比较合适，较高 Amount 值将使该区域变更过于僵硬。还可以使用负数降低其他手柄的刚性。

8.6 对手柄位置进行动画处理

Deform、Overlap 和 Starch 手柄的设置完成了。现在将改变 Deform 手柄的位置，对人进行动画处理。Overlap 手柄将使人体中前面的部分显示在前面，而 Starch 手柄避免一些区域（本例中是躯干部分）移动过于剧烈。

8.6.1 创建行走过程

首先，人应该走过屏幕。为了创建逼真的行走过程，请记住，当人行走时，运动路径的开发是波动方式。所以我们将在手柄位置创建波动效果。但数值应该稍有变化，以添加一定的随机性，避免人看起来太像机器人。

1. 选择 Timeline 面板中的 man.psd 图层，然后按 U 键显示该图层的所有关键帧。

2. 按 Home 键移动当前时间指示器到时间线的起点。

挤压与拉伸

人体移动时，身体将发生挤压与拉伸。挤压与拉伸是传统的动画技术，它增强了对象的真实感和影响。现实生活中，当运动对象撞击固定对象，如地面时，会夸大其效果。正确地应用挤压与拉伸，处理前后人的大小不会改变。

理解挤压与拉伸原理最简单的方法就是观察跳动的球。当球着地时，将部分变平，也就是挤压。当它弹回时将拉伸。

如果要实际查看挤压和拉伸，请打开Lesson08/End_Project_File文件夹中的Squash_and_stretch.aep项目文件，如图8.21～图8.23所示。

图8.21

图8.22

图8.23

3. 在 Timeline 面板中，按以下值更改 Deform 手柄的位置，如图 8.24 和图 8.25 所示。

- Head :（845，295）;
- Torso :（821.5，1210）;
- Left Leg :（1000.5，1734）;

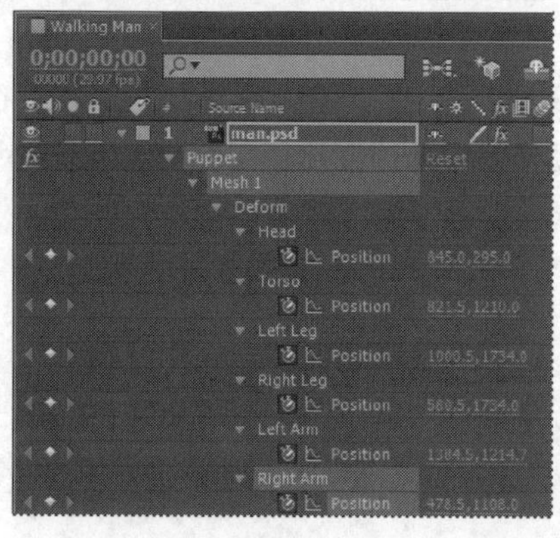

图8.24

图8.25

- Right Leg：（580.5，1734）；
- Left Arm：（1384.5，1214.7）；
- Right Arm：（478.5，1108）。

> AE　**注意**：放置 Deform 手柄时，After Effects 将自动创建关键帧，所以在设置每个手柄的初始位置前，不需要单击其秒表图标。

4. 为了完成行走过程，请按如表 8-1 所示的时间点把手柄移动到指定位置。

表 8-1

时间	Head	Torso	Left Leg	Right Leg	Left Arm	Right Arm
0:07	593, 214	570.5, 1095	604, 1614.5			
0:15	314, 295	312.5, 1210	118.5, 1748.3	添加关键帧	886.5, 1208	-325.5, 1214.7
0:18	-6, 217	37.5, 1098.3		352.5, 1618.6		
1:00	-286, 295	253.5, 1210	添加关键帧（◆）	-561.5, 1734	-121.5, 1234.7	添加关键帧（◆）
1:07	-614, 218.3	-530, 1094	-70.3, 1628.8			
1:15	-883, 300.7	-803.5, 1213.3	-1003.5, 1728.7	添加关键帧（◆）	添加关键帧（◆）	-1309.5, 1101.3
1:23	-1153,212.7	-1055.5, 1099.7	-789.3, 1609.4			
2:00	-1412, 319.3	-1283.5, 1213	-1003.4, 1728.7	-1545.5, 1740.7	-1147.5, 1241.3	添加关键帧（◆）
2:08	-1622, 246	-1505.5, 1099.7	-996, 1617	-1926.5, 1677.1		

> AE　**注意**：在 Timeline 面板的左边，单击菱形图标（在两个箭头之间）可以创建一个关键帧。

> AE　**提示**：Timeline 面板以秒和帧（取决于每秒的帧数［fps］）进行计时。所以 1:15 等于 1 秒 15 帧。如果帧速率为 29.97fps，则 1:15 是合成图像中的第 45 帧。

8.6.2　制作人物滑倒动画

人步行到香蕉皮上，失去平衡摔倒了。摔倒动作发生的速度比行走时快。为了使观众感到惊讶，我们将使这人摔出屏幕。

1. 选择 File>Save 保存你刚才完成的作品。

2. 移动当前时间指示器到 2:11，之后将 Left Leg 手柄移动到（-2281，1495.3）。

3. 在 2:15 处，将 Deform 手柄按下列位置移动。

- Head：（-1298，532.7）；

- Torso：（−1667.5，1246.3）；
- Left Leg：（−2398.8，1282.7）；
- Right Leg：（−2277.5，874）；
- Left Arm：（−1219.5，1768）；
- Right Arm：（−1753.5，454.7）。

4. 在 2:20 处，将 Deform 手柄按下列位置移动，使人摔出屏幕。

- Head：（−1094，2452.7）；
- Torso：（−1643.5，3219.7）；
- Left Leg：（−2329.5，2682）；
- Right Leg：（−2169.5，2234）；
- Left Arm：（−1189.5，3088）；
- Right Arm：（−1597.5，2654.7）。

5. 隐藏 man.psd 图层的属性，并保存目前工作。

8.6.3　移动对象

当然，人在香蕉皮上滑倒时，香蕉皮也会移动。它应该从人脚底滑出，并飞离屏幕。我们没有（也不需要）向香蕉皮添加任何手柄，而是使用图层的 Position 和 Rotation 属性移动整个图层。

1. 将当前时间指示器移动到 2:00。

2. 选择 Timeline 面板中的 banana.psd 图层，按 P 键显示其 Position 属性。

3. 按 Shift +R 组合键同时显示该图层的 Rotation 属性，如图 8.26 和图 8.27 所示。

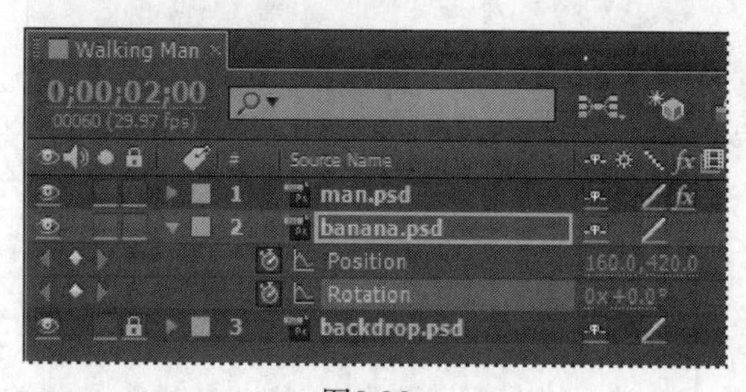

图8.26

图8.27

> **AE** | 提示：为了同时查看多个图层属性，请在按其他图层属性的键盘快捷键时按住 Shift 键。

4. 单击 Position 和 Rotation 属性旁的秒表图标（⏱），为每个属性创建初始关键帧。

5. 移动到 2:06，将 Position 属性值更改为 80，246，Rotation 属性值设置为 19°。

6. 移动到 2:15 处，将 Position 属性值更改为 -59，361，使香蕉皮完全移出屏幕。

7. 在 2:15 处，将 Rotation 属性值更改为 42°，使香蕉皮移出屏幕时略微旋转，如图 8.28 和图 8.29 所示。

8. 从 Composition 面板底部的 Magnification 下拉列表中选择 Fit Up To 100%（调整到 100%），以便可以查看整个合成图像。然后进行 RAM 预览，查看动画效果。需要的话，可以在 Timeline 面板中调整 Deform 手柄的 Position 属性。然后选择 File > Save 命令，如图 8.30 ~ 图 8.35 所示。

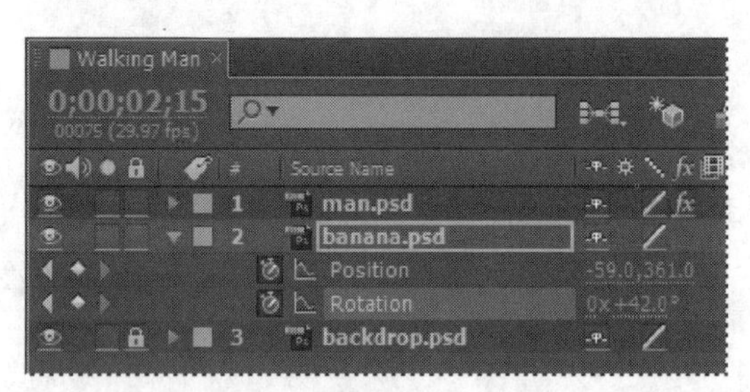

图8.28

图8.29

图8.30

图8.31

图8.32

图8.33

图8.34

图8.35

额外处理

动画中的人可以行走了，但行动有点僵硬。我们将使用Easy Ease特效和漂浮关键帧功能使其行走变得更自然。

我们在其他课中已使用过Easy Ease特效，Easy Ease In、Easy Ease Out以及Easy Ease选项可以调节对象的速度。

漂浮关键帧功能可以同时在几个关键帧之间创建平滑的运动。它们不与特定的时间相关联，它们的速度和时序由相邻关键帧决定。要创建漂浮关键帧，请右键单击（Windows）或按下Control键同时单击（Mac OS）关键帧，然后从关键帧菜单中选择Rove Across Time命令。

AE | 注意：第一个和最后一个关键帧不能用作漂浮关键帧。

我们继续体验Easy Ease和漂浮关键帧功能。但首先要使关键帧与如图8.36和图8.37所示的内容相匹配。

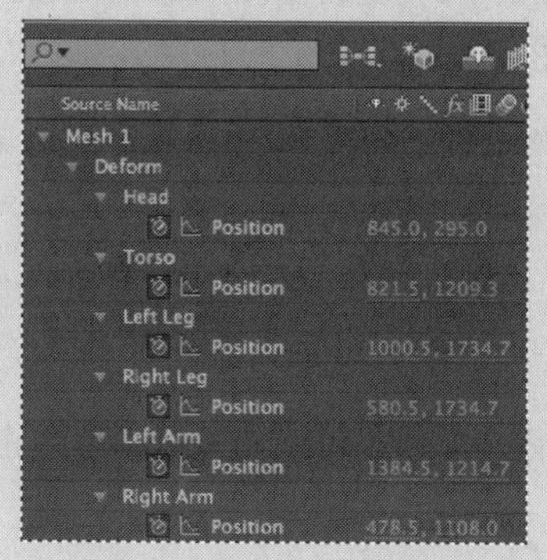

图8.36

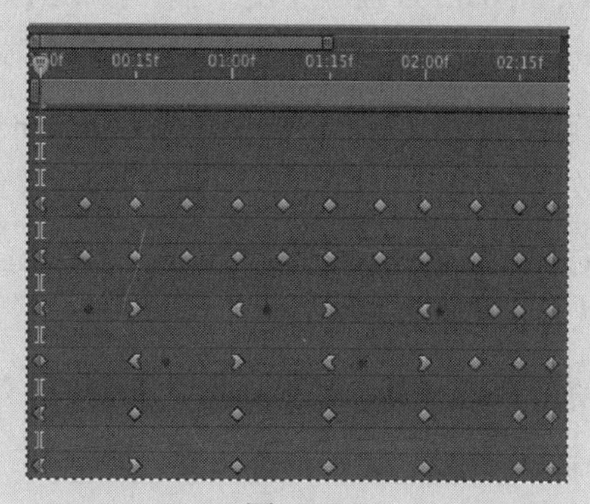

图8.37

8.7 录制动画

我们可以修改每个关键帧的每个手柄的 Position 属性，但你也许会觉得这样处理速度很慢而且单调。如果创建的是一个更长的动画，为每个关键帧快速输入精确的数值可能会让你感到厌倦。你可以使用 Puppet Sketch 工具把对象实时拖动到位，而不用手工对关键帧进行动画处理。在开始拖动手柄时，After Effects 将开始录制移动过程。释放鼠标按钮时，它将停止动画录制。移动手柄时，合成图像将随时间向前移动。而停止录制时，当前时间标识将返回录制的开始点，这样，就可以录制同一时间段内的其他手柄路径。

下面实验这种方法，我们将使用 Puppet Sketch 工具重新创建滑倒动作。

1. 选择 File > Save As> Save As 命令，将项目命名为 Motionsketch.aep，并将它保存在 Lesson08/Finished_Project 文件夹内。

AE 提示：默认情况下，运动录像的播放速度与去录制时的速度相同。如果要更改录制与播放的速度比率，请单击 Tools 面板中的 Record Options，并在开始录制前更改 Speed 值。

2. 将当前时间标识器移动到 2:08。

3. 在 man.psd 图层内，删除 2:08 之后的所有关键帧。

人绕圈行走部分将保留，但删除了人滑倒的动画关键帧。

4. 选择 Tools 面板中的 Puppet Pin 工具（📌）。

5. 在 Timeline 面板中，展开 man.psd 图层，之后展开 Effects。选择 Puppet，以查看 Composition 面板中的手柄。

6. 选择 Composition 面板中的手柄，按 Ctrl（Windows）键或 Command（Mac OS）键激活 Puppet Sketch 工具（其旁边将显示出一个时钟图标）。

7. 请继续按住 Ctrl（Windows）键或 Command（Mac OS）键，将手柄拖放到新的位置，完成后释放鼠标按钮。则当前时间标识器返回到 2:08 处。

8. 按住 Ctrl（Windows）键或 Command（Mac OS）键，把另一个手柄拖放到位。拖放时可以利用人体的轮廓作参考。

9. 继续使用 Puppet Sketch 工具移动动画中所有手柄，直到您对移动结果满意为止。

10. 使用 RAM 预览，查看最终动画。

现在，我们已使用 Puppet 工具创建了一个逼真、生动的动画。请记住，Puppet 工具可以用于变形和处理很多类型的对象，而不仅仅是绘图。还有，请当心香蕉皮！

8.8 复习题与答案

复习题

1. Puppet Pin 工具和 Puppet Overlap 工具有什么区别？

2. Puppet Starch 工具适用于什么情况？

3. 怎样使动画更流畅？

4. 请描述两种对手柄位置进行动画处理的方法。

复习题答案

1. Puppet Pin 工具创建 Deform 手柄，该手柄定义图像变形时部分图像所处的位置。Puppet Overlap 工具创建 Overlap 手柄，当两个区域重叠时，该手柄决定对象的哪个区域将保持显示在前。

2. 使用 Puppet Starch 工具添加 Starch 手柄，当对象其他区域变形时，该手柄所在区域会保持更大的刚性。

3. 为了使动画更流畅，可以使用 Easy Ease 或漂浮关键帧功能。此外，提高变形网格内的三角形数量，也可以创建更平滑的移动效果，但增加三角形的数量也会增加动画的渲染时间。

4. 可以通过修改 Timeline 面板中每个手柄的 Position 属性，来手工对手柄位置进行动画处理。要更快捷地对手柄位置进行动画处理，请使用 Puppet Sketch 工具：选中 Puppet Pin 工具，按住 Ctrl 键或 Command 键，拖动手柄录制手柄的移动。

第9课 使用Roto Brush工具

课程概述

本课介绍的内容包括：

- 使用 Roto Brush 工具从背景中抽取前景对象。
- 校正一定范围内图像帧的分割边界。
- 使用调整边缘工具修饰 Matte。
- 在后续帧中冻结 Matte。
- 对属性进行动画处理，产生有创意的效果。

本课大约要用 1 个小时的时间完成。启动 After Effects 之前，先找到附带光盘的 Lesson09 文件夹，将其复制到本地硬盘上为这些项目创建的文件夹 Lessons 中（或现在创建 Lessons 文件夹）。学习本课时，将覆盖复制的初始文件。如果需要恢复这些初始文件，从附带光盘中再复制一遍即可。

Roto Brush 工具能快速地将多个图像帧中的前景对象从背景中分离出来。与使用传统的动态蒙版相比，你只需要花费一小部分时间就能获得专业的处理结果。

9.1 关于动态蒙版

在影片的多个图像帧上绘图或绘画时，就是在使用动态蒙版。例如，动态蒙版的一种常见用法是跟踪对象，用路径作蒙版将其从背景中分离出来，以便可以单独处理它。在 After Effects 中的传统做法是，先绘制蒙版，再对蒙版的路径进行动画处理，然后用这些蒙版定义 Matte（Matte 就是用来隐蔽部分图像的蒙版，以便叠加另一幅图像）。传统做法虽然有效，但这是个耗时、枯燥的处理过程，尤其当对象活动频繁或背景复杂时更是如此。

如果背景或前景对象固定不动或具有独特的颜色，则可以采用颜色键控方法将对象从背景中分离出来。如果对象是在绿色或蓝色背景（绿屏或蓝屏）上拍摄的，采用键控处理通常比采用动态蒙版更容易多。

After Effects 中的 Roto Brush 工具比传统的动态蒙版处理更快，对于背景复杂的影片，它比键控处理容易得多。用 Roto Brush 工具定义前景和背景元素，然后 After Effects 创建 Matte，跟踪 Matte 随时间的运动。Roto Brush 工具可以帮你完成大量处理工作，只留下一小部分收尾工作由你完成。

9.2 开始

本课将用 Roto Brush 工具从一个潮湿冬季的背景中隔离出一个小男孩，可以在不影响小男孩的情况下对背景进行颜色处理。为了完成这个项目，需要添加一个动画标题。

开始处理前，请先预览将要创建的影片。

1. 请确认硬盘上的 AECC_CIB \Lessons\ Lesson09 文件夹中存在以下文件。

- Assets 文件夹内：boy.mov。
- Sample_Movie 文件夹内：Lesson09.mov。

2. 请打开并播放文件 Lesson09.mov，查看本章将要创建的动画效果。播放完后，退出 QuickTime Player。如果硬盘空间有限，则可以将该影片例子从硬盘删除。

开始本课之前，请恢复 After Effects 应用程序的默认设置。详细情况请参考前言中的“恢复默认参数”。

3. 启动 After Effects，然后按下 Ctrl+Alt+Shift（Windows）或 Command+Option+Shift（Mac OS）组合键。系统询问是否删除参数文件时，请单击 OK 按钮。单击 Close 按钮关闭 Welcome 窗口。

After Effects 打开后显示一个空的无标题项目。

4. 选择 File>Save As>Save As 命令。

5. 在 Save As 对话框中，导航到 AECC_CIB\Lessons\Lesson09\Finished_Project 文件夹。

6. 将项目命名为 Lesson09_Finished.aep，然后单击 Save 按钮。

9.2.1 创建合成图像

本课需要导入一项素材。

1. 选择 File>Import>File 命令。

2. 导航到 AECC_CIB/Lessons/Lesson09/Assets 文件夹。选择 boy.mov 文件，然后单击 Import 或者 Open 按钮。

3. 将 boy.mov 素材项拖放到 Project 面板底部的 Create A New Composition 按钮（ ）上，如图 9.1 所示。

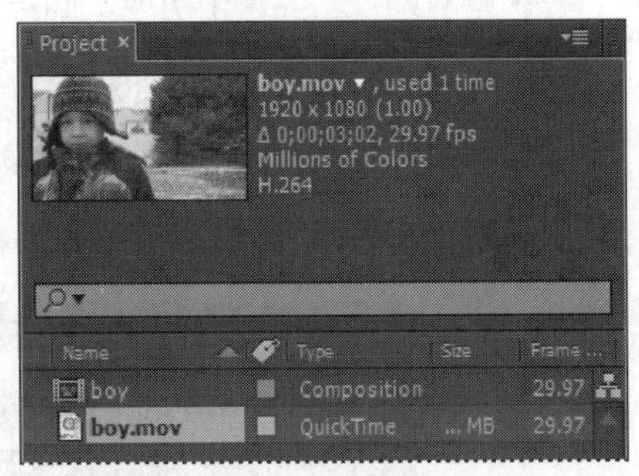

图9.1

After Effects 根据 boy.mov 文件设置创建一个名为 boy 的合成图像。这个合成图像时长 3 秒，使用 HD（1920*1080）预设。影片文件的拍摄速度是每秒 29.97 帧。

4. 选择 File > Save 命令保存项目。

使用Adobe Premiere Pro和After Effects

在Adobe Premiere Pro和After Effects里可以使用素材，编辑项目的同时可以在两个应用程序之间轻松地移动。

要在After Effects里编辑一个Adobe Premiere Pro的素材，请执行以下步骤。

1. 在 Adobe Premiere Pro 里右键单击素材，并且选择替换为 After Effects 组合。

After Effects启动并打开Adobe Premiere Pro里的素材。

2. 当 After Effects 询问是否保存时，保存项目。然后就像在 After Effects 其他项目里一样操作。

3. 操作完成后，保存项目，然后回到 Adobe Premiere Pro。

所有改动会自动反映在时间轴上。

注意，使用的编解码器必须能使任何人都可以查看项目。例如，如果在一个采集上使用硬件编解码器，查看者必须安装有相同的采集卡或者模拟软件编解码器。

更多关于压缩和编解码器的内容，请参考After Effects的帮助。

9.3 创建分割分界

我们使用 Roto Brush 工具来识别出图像帧中的前景和背景区域。对基础帧添加前景和背景描边，这样 After Effects 就能在前景和背景间创建分割分界。

9.3.1 创建基础帧

为了使用 Roto Brush 工具隔离出前景对象，我们从对基础帧添加描边开始，以识别出前景和背景区域。我们可以从任意帧开始，但是在这个练习中，我们将第一帧作为基础帧，然后添加描边，以便将小男孩识别为前景对象。

1. 在时间标尺上移动当前时间指示器，预览素材。

2. 按 Home 键将当前时间指示器移动到时间标尺的起点。

3. 在 Tools 面板中选择 Roto Brush 工具（ ）。

4. 双击 Timeline 面板中的 boy.mov 图层，在 Layer 面板中打开该剪辑，如图 9.2 所示。

图9.2

默认情况下,Roto Brush 工具将创建绿色前景描边。现在先从对前景——小男孩添加描边开始。通常情况下，以粗的描边开始，然后用小画笔完善边界是最有效的方式。

5. 选择 Window > Brushes 命令，打开 Brushes 面板。然后选择大小为 100 个像素的硬角画笔。

在为定义前景对象描边时，请遵循主体骨架结构。与传统的动态蒙版不同的是，不需要在对象周围定义精确的边界。以粗的描边开始，然后到小区域，这样 After Effects 就能推断出可能的边界。

6. 从小男孩的头部开始绘制绿色描边，一直到尾部，如图 9.3 ~图 9.5 所示。

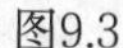

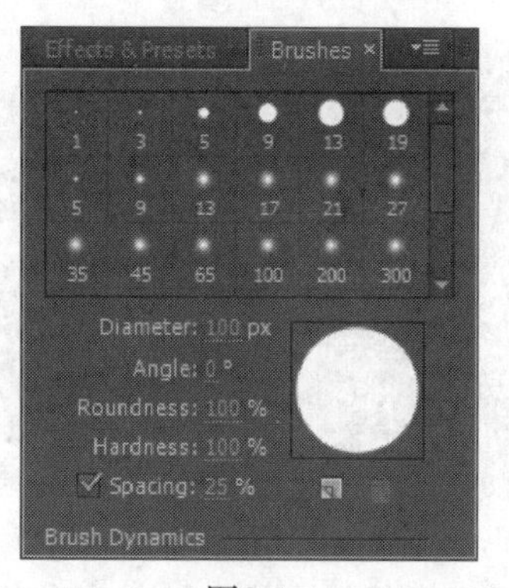

图9.4

图9.5

> AE | **提示：**可以使用鼠标的滚轮快速放大和缩小 Layer 面板。

After Effects 用粉红色的轮廓标识出其创建的前景对象的边界。After Effects 只能识别小男孩的一半，因为一开始采样的时候只采样了主体的一小部分。我们将添加一些前景描边，帮助 After Effects 发现这些边界。

7. 仍然使用大画笔，在小男孩的外套上从左到右绘制描边，包括右边的黑色地带。

8. 使用小一点的画笔将前景忽略的区域添加上去，如图 9.6 和图 9.7 所示。

图9.6

图9.7

难免会不小心将背景区域也添加进前景描边。如果没有捕捉到前景的每个细节，或者如果把部分背景区域添加进去了，都没关系。这时可以通过添加背景描边，删除 matte 中的多余区域。

> AE | **提示：**要快速地增大或缩小画笔的大小，请按住 Ctrl（Windows）键或 Command（Mac OS）键，向右拖动将增大画笔，向左拖动将缩小画笔。

9. 按住 Alt（Windows）键或 Option（Mac OS）键，切换到红色的背景描边画笔。

10. 对希望从 matte 中去除的背景区域添加红色描边。然后在前景和背景画笔间来回切换，对边界进行调整。不要忘记取消选定背景显示的小男孩帽子底下的区域。事实上，可能只需要一个点击就可以把那个区域从 matte 中去除，如图 9.8 和图 9.9 所示。

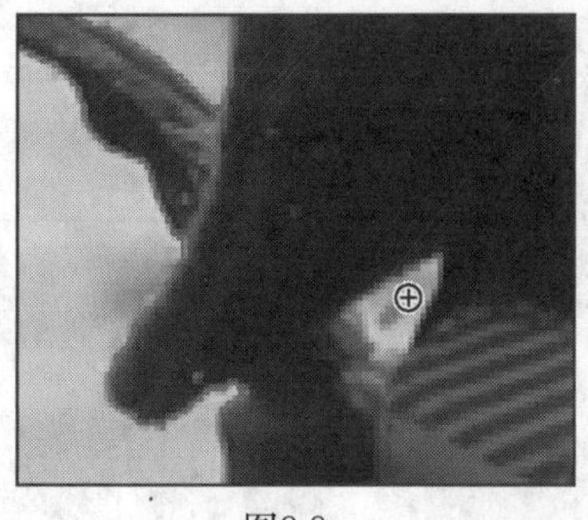
图9.8

图9.9

画笔描边不必十分精确。只需确保蒙版与前景对象边缘距离在 1 到 2 个像素范围内即可。稍后我们将有机会进一步调整这个 matte。然而，After Effects 在基础帧的基础上调整 matte 范围内的其余部分，所以我们希望 matte 是精确的。

11. 单击 Layer 面板底部的 Toggle Alpha 按钮（ ）。选中的区域是白色，背景是黑色，所以可以清楚地看到 matte，如图 9.10 所示。

12. 单击 Layer 面板底部的 Toggle Alpha Overlay 按钮（ ）。前景区域将显示为彩色，而背景则具有红色叠加，如图 9.11 所示。

13. 单击 Layer 面板底部的 Toggle Alpha Boundary 按钮（ ），再次查看小男孩周围的轮廓，如图 9.12 所示。

图9.10

图9.11

图9.12

使用 Roto Brush 工具时，Alpha Boundary 是查看边界是否精确的最佳方式，因为这时可以看到全部画面。然而，如果只想查看 matte，而不希望受背景干扰时，Alpha 和 Alpha Overlay 选项就可以做到。

9.3.2 调整初始范围的边界

我们使用 Roto Brush 工具创建了基础帧，它包含一个划分前景和背景的分割边界。After Effects 对一定范围的图像帧应用这个分割边界。Roto Brush 的作用范围显示在 Layer 面板底部时间标尺下方。当向前或向后查看素材时，分割边界将随着前景对象（本例中指的是小男孩）移动。

1. 在 Layer 面板通过拖动跨度的终点到 1：00 的位置来延长跨度的范围。

我们将在指定范围的图像帧内一帧帧地移动，并根据需要调整分割边界。

2. 按下主键盘（不是数字小键盘）上的 2 键向前移动一帧。

基于基础帧，After Effects 将跟踪对象的边缘，并尽量跟踪其移动。获得的边界有可能恰好与你希望的吻合，也可能不完全吻合，这取决于前景与背景元素的复杂程度。本例中，你可能注意到从小男孩右边袖子（图像帧的左边缘）到衣服部分显示的分割边界不太吻合。这是正常的，帽边垂下的部分和帽子的边缘部分需要进一步调整，这意味着细化分割。

> AE | 提示：要向前移动一帧，请按键盘上的“2”键；要向后移动一帧，请按键盘上的“1”键。

3. 使用 Roto Brush 工具，通过绘制前景和背景描边，来进一步调整该帧的 matte。如果这帧的 matte 已十分吻合，就不需要再绘制描边，如图 9.13 所示。

图9.13

如果对这次描边不满意，可以撤销这次描边再试一次。在作用范围内移动时，每次修改都将影响其后的其他帧。将当前帧的描边修改得越精确，整体处理效果将越好。向前移动几帧，看看边界的变化也许会有用。

> AE | 注意：传递帧的分割边界时，After Effects 将缓存该帧。被缓存的帧在时间标尺上带有绿色条形标志。如果移动到被缓存帧范围之外的某一帧，After Effects 的处理时间将更长。

4. 再次按 2 键向前移动到下一帧。

5. 需要时使用 Roto Brush 工具添加前景或者减去背景，进一步调整分割边界。

6. 重复步骤 4 和步骤 5 直到 1:00，如图 9.14 所示。

图9.14

9.3.3 添加新的基础帧

After Effects 创建 Roto Brush 的初始作用范围 20 帧（每个方向 10 帧）。当移动到这个范围之外时，作用范围将自动扩大，也可以通过拖动扩展它的范围。但是，移动到离基础帧越远的位置，After Effects 推断或计算各帧边界所需的的时间就越长，尤其是遇到复杂的情况。如果场景变化很大，为素材创建多个基础帧比拥有一个很大的作用范围效果好。本项目的场景变化不大，所以可以扩大作用范围，并根据需要调整边界。但是，我们将创建其他基础帧，从而体验该工具的使用，学习多个作用范围的连接，并查看与基础帧距离变远后分割线的变化。

在进一步调整处理中，当移动到 1:00 后，对项目添加一个新的基础帧。

1. 在 Layer 面板内移动到 1:20。这个帧不包含在初始作用范围内，所以看不到分割边界。

2. 使用 Roto Brush 工具添加前景和背景描边，定义分割边界，如图 9.15 所示。

图9.15

时间标尺上将添加一个新的基础帧（标志为一个金色的矩形），Roto Brush 的作用范围扩展到这个新的基础帧的前后 10 个帧。第一个作用范围的终点在 1:00，第二个作用范围的起点在 1:10，两个作用范围之间有间隙。可以把这两个作用范围连接起来。

3. 把新作用范围的左边缘，拖放回前一作用范围的边缘处。

4. 按 1 键（从新的基础帧）向后移动一帧，并进一步调整分割边界。

5. 继续向后移动作用范围，并进一步调整分割边界，直到到达帧的 1:00 处。

6. 移动回基础帧的 1:20 处，然后按 2 键向前移动，根据需要修改每个帧内的分割边界。

7. 到达作用范围的终点时，把右边缘拖到终点处，根据需要继续修改素材中的每个帧。特别注意当帽子在树前面的时候帽子的左耳罩处。深色区域重叠，使得更难以得到一个一致的边缘。记住，要不断尝试，让分割边界尽可能地接近前景对象的边缘，如图 9.16 所示。

图9.16

8. 完成了对整个图像帧的分割边界的调整以后，选择 File > Save 命令保存作品。

9.4 调整 Matte

Roto Brush 处理得很好，但 matte 中仍存在一点背景，或者说一些前景区域没有绘制到 matte 中。我们将清除这些区域，然后对边缘做进一步调整。

9.4.1 调整 Roto Brush &Refine Edge 效果

使用 Roto Brush 工具时，After Effects 对图层应用 Roto Brush &Refine Edge 效果。我们可以在 Effect Controls 面板里通过相关设置调整效果。这些设置将进一步调整 matte 的边缘。

1. 按下空白键，Layer 面板的视频开始播放。

预览视频的时候，可能会注意到，分割边界区域是跳来跳去的。我们将使用 Reduce Chatter 设置使其更平滑。

2. 在 Effect Controls 面板中，将 Feather 增加到 10，将 Reduce Chatter 增加到 20%。

Reduce Chatter 的值决定了当前帧在相邻帧之间的影响大小的加权平均数。取决于 matte 的紧凑程度，可能需要将 Reduce Chatter 增加到 50%，如图 9.17 所示。

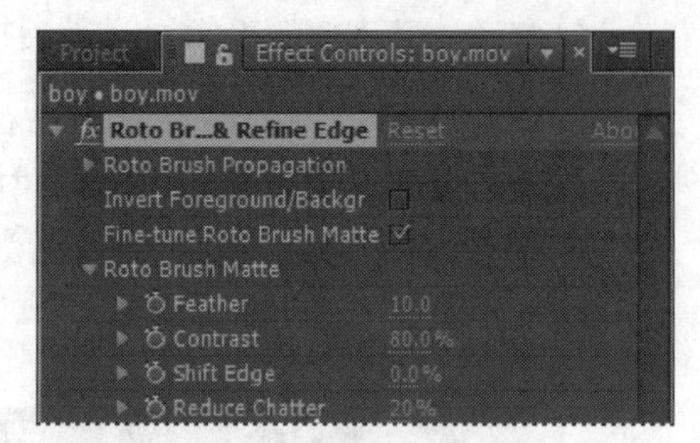

图9.17

3. 再次按下空格键播放视频。注意 matte 的边缘变得更加平滑了。

9.4.2 使用 Refine Edge 工具

小男孩的衣服和脸有硬边，但是他的帽子是有绒毛的，Roto Brush 不能获得具有细微差别的边缘。Refine Edge 工具包括的细节，比如在分割边界的指定区域里的一缕一缕的头发。

尽管在创建了基础帧之后可能会想要立即使用 Refine Edge 工具，但是最好还是等到完成了整个视频的分割边界的细化工作之后。考虑到 After Effects 传送分割边界的方式，过早地使用 Refine Edge 工具会导致 matte 难以使用。

1. 选择 Tools 面板里的 Refine Edge 工具（）（隐藏在 Roto Brush 工具下面），然后移动到 Layer 面板中视频的开始位置。

2. 至少放大到 100%，这样就可以清楚地看到帽子的边缘。

帽子相对而言比较软，所以一个小画笔就可以做得很好。对于一个模糊的对象，用大一点的画笔可能会有更好的效果。画笔需要与对象显露出来的边缘重叠。

3. 将画笔的大小变为 10 像素。

使用 Refine Edge 工具的时候，穿过或者沿着 matte 的边缘描边。

4. 在 Layer 面板里，将 Refine Edge 工具放在帽子边缘上面，横跨分割边界，包括模糊的变化区域。我们可以使用多重描边在整个帽子周围移动工具。

释放鼠标之后，After Effects 切换到 Refine Edge 的 X 射线视图，这样就可以看到 Refine Edge 工具是如何改变 matte，捕捉边缘的细节的。

5. 移动到 Layer 面板（1:20）的第二个基础帧，然后重复步骤 1 ~ 步骤 4，从而完成动态蒙版的过程，如图 9.18 所示。

6. 缩小至看到整个图像，然后选择 File>Save 命令保存作品。

图9.18

AE 注意：只有清理完整个视频的 matte 之后，才可以使用 Refine Edge 工具。

Refine Sote Matte和Refine Hard Matte效果

After Effects包括两个调整matte的相关效果：Refine Sote Matte和Refine Hard Matte。Refine Sote Matte效果除了以恒定的宽度把效果应用到整个matte之外，和Refine Edge Matte效果几乎一样，如果需要在整个matte中捕捉微妙的变化，使用Refine Sote Matte效果。

如果在Roto Brush&Refine Edge Effect Controls面板中打开了Fine-Tune Roto Brush Matte，Refine Hard Matte效果与Roto Brush边缘细化一样。

9.5 冻结 Roto Brush 工具的处理结果

我们已花费大量时间和精力在剪辑的所有帧中创建分割边界。After Effects 缓存了分割边界，这样，当再次调用时就不需要再次计算。为了便于访问这些数据，我们将冻结这些数据。这会减少系统的处理需求，使 After Effects 的运行速度更快。

一旦冻结分割边界，就无法编辑它，除非对它解冻。再次冻结分割边界很耗时，所以冻结分割边界前最好先尽可能调整它。

1. 单击 Layer 面板右下方的 Freeze 按钮，如图 9.19 所示。

Freezing Roto Brush 对话框在冻结 Roto Brush& Refine Edge 工具计算结果时显示出进度条。冻结可能花费几分钟时间，决定于你的系统。After Effects 冻结各帧信息时，缓存标志线将由绿变蓝。冻结完成后，Layer 面板中时间标尺上方将出现一个蓝色警告条，提示分割边界已冻结。

决定于你的系统，这可能会需要一些时间。

图9.19

2. 单击 Layer 面板中的 Toggle Alpha Boundary 按钮（ ），查看 matte。然后单击 Toggle Transparency Grid 按钮（ ）。沿时间标尺移动当前时间指示器，查看对象的移动没有受到背景的干扰，如图 9.20 ~图 9.22 所示。

图9.20

图9.21

图9.22

3. 再次单击 Toggle Alpha Boundary 按钮，查看分割边界。

4. 选择 File > Save 命令。

After Effects 保存项目和冻结的分割边界信息。

9.6 改变背景

将前景图像从背景中分离出来有很多原因。通常情况下，是因为想完全取代背景，将对象移动到一个不同的设置下。然而，如果想在不做其他修改的情况下改变前景或者背景，动态蒙版也是有用的。本课中，我们将把背景变成蓝色，从而增强冬天的主题并使对象脱颖而出。

1. 关闭 Layer 面板，回到 Composition 面板，将当前时间指示器移动到时间轴的起点。

Composition 面板显示合成图像，其中包括一个图层。这个男孩的图层只包含从帧分离出来的前景。

2. 单击 Project 选项，显示 Project 面板。然后从 Project 面板里将另一份 boy.mov 素材副本拖动到 Timeline 面板，并把它放在原来的男孩图层下面。

3. 单击新的图层，按下 Enter 键或者 Return 键，并把图层重新命名为 Background。然后再次按下 Enter 键或者 Return 键。

4. 选中 Background 图层，选择 Effect>Color Correction>Hue/Saturation 命令。

5. 在 Effect Controls 面板里，执行以下操作，如图 9.23 ~ 图 9.25 所示。

- 选择 Colorize 命令。
- 将 Colorize Hue 改为 −122 度。
- 将 Colorize Saturation 改为 29。
- 将 Colorize Lightness 改为 −13。

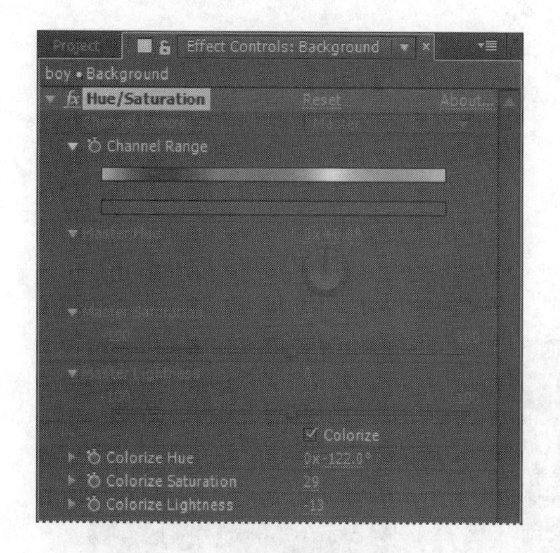

图9.23

图9.24

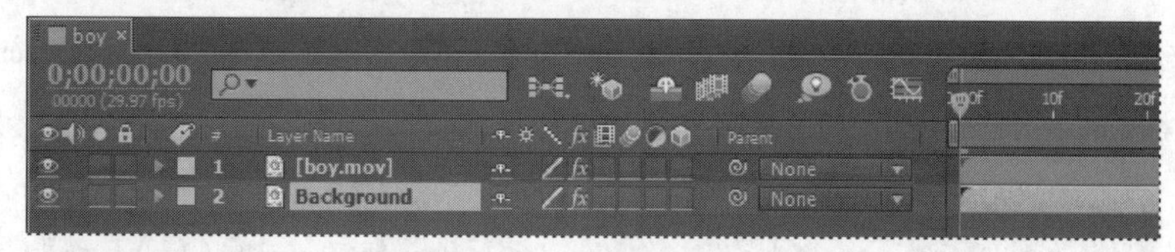

图9.25

6. 选择 File>Increment And Save 命令。

如果重新保存，可以返回到项目的早期版本再做出调整。如果正在试验或者想要尝试替代效应，这可能是非常有用的。Increment And Save 功能保留了项目以前保存的版本，并且创建了一个新项目，这个新项目文件名没变，数量增加了。

9.7 添加动画文本

差不多完成了。现在需要做的就是在男孩和背景之间添加动画标题。

1. 将当前时间指示器移动到时间标尺的起点。

2. 选择 Layer>New>Text 命令。

一个新的文本图层出现在图层堆栈顶部的 Timeline 面板里。

3. 双击 Text 1 图层名称编辑文本，然后在 Composition 面板里输入 WINTER BLUES。

4. 选中 Composition 面板里的全部文本，然后在 Character 面板里选择以下设置，如图 9.26 和图 9.27 所示。

- 选择 Myriad Pro 字体。
- 选择 Black 或者 Semibold 的字体样式。
- 字体大小设置为 300px。
- 从 Kerning 菜单中选择 Optical。
- 填充颜色选择白色。
- 字体颜色选择黑色。
- 确保字体的宽度为 1px，Stroke Over Fill 为选中状态。

图9.26

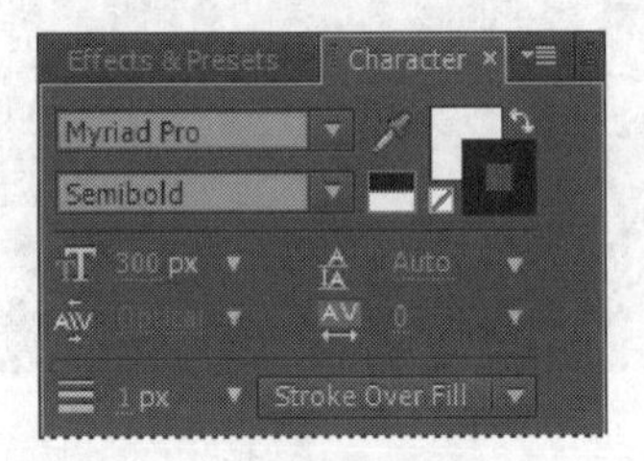

图9.27

5. 在 Timeline 面板中选择文本图层，取消选中文本。然后按下 T 键显示图层的 Opacity 属性。将 Opacity 改为 40%，如图 9.28 和图 9.29 所示。

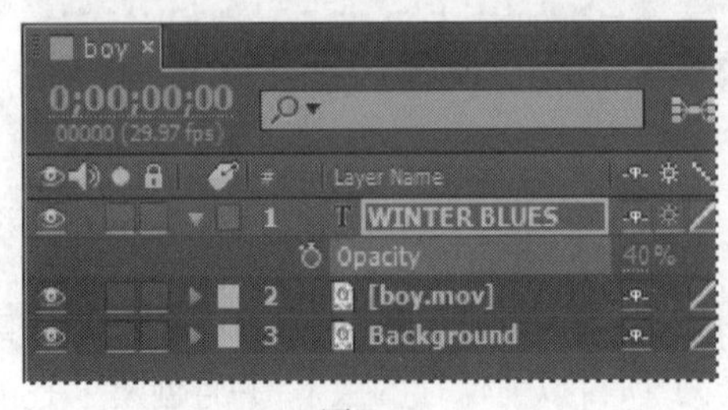

图9.28

图9.29

6. 选择 Effects&Presets 选项，把面板放到前面，然后在搜索框里输入 Glow。双击 Stylize 下面的 Glow 预设。

文本有了质地。默认设置很好。

7. 将 Timeline 面板里的 Winter Blues 图层往下拖直到把它放在 boy.mov 和 Background 图层之间。如果时间指示器还不在时间标尺的起点的话，就将当前时间指示器移动到时间标尺的起点。

我们可以添加动画文本，当男孩穿过框架的右边时，文本就移动到男孩的左后方。

8. 选中 Winter Blues 图层后，按下 P 键显示其 Position 属性。将 Position 属性值更改为（1925，540）。单击 Position 属性的秒表图标设置关键帧。

文本移动到画面之外，所以当电影开始的时候，文本是不可见的。

9. 将当前时间指示器移动到 3:01（帧尾），将 Position 属性值更改为（−1990，540）。

文本移动到左边。After Effects 创建关键帧。

10. 取消选中 Timeline 面板里的所有图层，将当前时间指示器移动到时间标尺的起点。按下空格键预览整个帧，如图 9.30 ～图 9.32 所示。

图9.30

图9.31

图9.32

11. 选择 File>Save 命令保存作品。

9.8 导出项目

渲染电影来完成整个项目。

1. 选择 File>Export>Add To Render Queue 命令。

2. 在 Render Queue 面板里，单击橙色，带下划线的单词 Best Settings。

3. 在 Render Settings 对话框里，从 Resolution 弹出式菜单中选择 Half，然后在 Frame Rate 区域里选择 Use Comp's Frame Rate。然后单击 OK 按钮。

4. 单击 Output Module 旁边的橙色文本。然后，在 Output Module Settings 对话框的底部，选择 Audio Output Off，然后单击 OK 按钮。

5. 单击 Output To 旁边的橙色文本。在 Output Movie To 对话框里，导航到 Lesson09/Finished_Project 文件夹，然后单击 Save 按钮。

6. 单击 Render Queue 面板右上角的 Render 按钮。

恭喜！你已经将前景对象从背景中分离出来，包括棘手的细节，然后修改背景，添加动画文本，从而完成整部影片。你准备在你自己的项目上使用 Roto Brush 工具。

9.9 复习题与答案

复习题

1. 什么情况下应该使用 Roto Brush 工具?
2. 什么是分割边界?
3. 什么情况下应该使用 Refine Edge 工具?

复习题答案

1. 凡是适合使用传统动态蒙版处理的情况，都适合使用 Roto Brush 工具。它尤其适用于从背景中删除前景元素。
2. 分割边界是前景和背景间的边界。在 Roto Brush 作用范围内逐帧移动时，Roto Brush 工具将调整分割边界。
3. 当我们的对象带有模糊或纤细边缘时，使用 Refine Edge 工具。Refine Edge 工具使精致的细节区域部分透明，比如头发。只有在我们已经调整好整个视频的分割边界之后，才使用 Refine Edge 工具。

第10课 色彩校正

课程概述

本课介绍的内容包括：

- 使用 Levels 特效校正画面颜色；
- 用不同的图像替换天空；
- 用 Auto Levels 特效引入色偏；
- 使用 Synthetic Aperture 公司的 Color Finesse 3 特效校正颜色范围；
- 用 Photo Filter 特效变暖部分图像；
- 用 Clone Stamp 工具除去多余元素。

本课大约要用 1 小时时间完成。启动 After Effects 之前，先找到附带光盘的 Lesson10 文件夹，将其复制到本地硬盘上为这些项目创建的文件夹 Lessons 中(或现在创建 Lessons 文件夹)。学习本课时，将覆盖复制的初始文件。如果需要恢复这些初始文件，从附带光盘中再复制一遍即可。

大多数影片都需要一定程度的色彩校正。使用 Adobe After Effects，可以将一段阴暗的、死气沉沉的影片瞬间转换成一段明亮的、对比度鲜明的影片。

10.1 开始

顾名思义，色彩校正是改变或适应被采集图像颜色的一种方法。色彩校正可以用来达成不同的目标：优化源素材，将注意力吸引到图像中的关键元素上，校正白平衡和曝光中的错误，确保不同画面之间颜色一致，还可以为导演所要求的特殊视觉效果创建调色板。本课中，我们将改善一段剪辑的颜色，该剪辑是在未正确设置白平衡的情况下拍摄的。我们将应用多种色彩校正特效，以清理和增强图像效果。最后，将用 Clone Stamp 工具清除画面中的多余部分。

首先，预览最终影片并设置项目。

1. 请确认下述文件存在于您计算机硬盘的 AECC_CIB\Lessons\Lesson10 文件夹中。
   - Assets 文件夹：Albertson_Hall.mov、storm_clouds.jpg。
   - Sample_Movie 文件夹：Lesson10.mov。
2. 请打开并播放 Lesson10.mov 文件，查看本章将要创建的效果。播放完后，退出 QuickTime Player。如果你的硬盘空间有限，可以将该影片例子从硬盘中删除。

> AE | 注意：本章将使用 SA Color Finesse 3 特效，该特效需要序列号。打开 Lesson10_end 文件时，可能会提示你注册该特效。

开始本课之前，请恢复 After Effects 应用程序的默认设置。详细情况请参见前言中的"恢复默认参数"。

3. 启动 After Effects 时请按下 Ctrl+Alt+Shift（Windows）或 Command+Option+Shift（Mac OS）组合键。系统询问是否删除参数文件时，单击 OK 按钮删除参数文件。单击 Close 按钮关闭 Welcome 窗口。

After Effects 打开后显示一个空白的无标题项目。

4. 选择 File>Save As>Save As 命令。
5. 在 Save As 对话框中，导航到 AECC_CIB\Lessons\Lesson10\Finished_Project 文件夹。
6. 将该项目命名为 Lesson10_Finished.aep，然后单击 Save 按钮。

10.1.1 导入素材

本章需要导入两项素材。

1. 选择 File>Import>File 命令。
2. 导航到 AECC_CIB\Lessons\Lesson10\Assets 文件夹，按下 Shift 键同时单击选择 Albertson_Hall.mov 和 storm_clouds.jpg 文件，然后单击 Import 或 Open 按钮。

3. 选择 File>New>New Folder 命令，或者单击 Project 面板底部的 Create A New Folder（ ）按钮，在该面板中创建一个新文件夹。

4. 键入 Movies 命名新文件夹，按 Enter 键或 Return 键接受该名字，然后将 Albertson_Hall.mov 文件拖放到 Movies 文件夹内。

5. 创建另一个新文件夹，并将它命名为 Images。然后将 storm_clouds.jpg 拖放到 Images 文件夹内。

6. 展开该文件夹，以查看其中的内容，如图 10.1 所示。

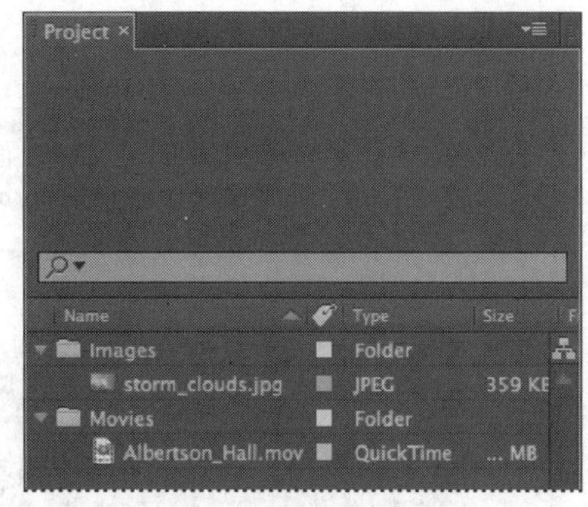

图10.1

10.1.2 创建合成图像

现在，我们将基于 Albertson_Hall.mov 文件创建新的合成图像。

1. 将 Albertson_Hall.mov 文件拖放到 Project 面板底部的 Create A New Composition 按钮（ ）上。

After Effects 创建新的合成图像，并按照源文件命名，然后将它显示在 Composition 面板和 Timeline 面板中。

在视频监视器上预览项目

如果可能的话，最好在视频监视器而不是计算机显示器上进行色彩校正。视频监视器和计算机监视器伽马系数存在很大差别。在计算机屏幕上看起来很好的图像在视频监视器上看可能显得太亮或太暗。

可以通过计算机的IEEE 1394（火线）端口在视频监视器上观看After Effects合成图像。实现这个功能的一种方式就是采用支持FireWire接口的磁带录像机，我们可以将计算机上视频信号送到磁带录像机，然后通过电缆将磁带录像机上的监视器/视频输出接口连接到视频监视器。

1. 视频监视器连接到计算机系统后，启动 After Effects CC。

2. 根据你的平台不同，选择执行下述步骤。

   - 在 Windows 系统中，选择 Edit>Preferences>Video Preview 命令。然后在 Output Device 下拉列表中选择 IEEE 1394（OHCI Compliant）。
   - 在 MAC OS 系统中，选择 After Effects>Preferences>Video Preview 命令。然后从 Output Device 下拉列表中选择 FireWire。

3. 对于 Output Mode（Windows 和 Mac OS），请选择适合你系统的电视制式。在北美，选择 NTSC 制式。

4. 为了在监视器上查看正在处理的合成图像，请选取 Previews、Mirror On Computer Monitor、Interactions 和 Renders 复选框。选中所有这些选项，使您能够在视频监视器看到对合成图像所做的每一点更新和修改，如图 10.2 所示。

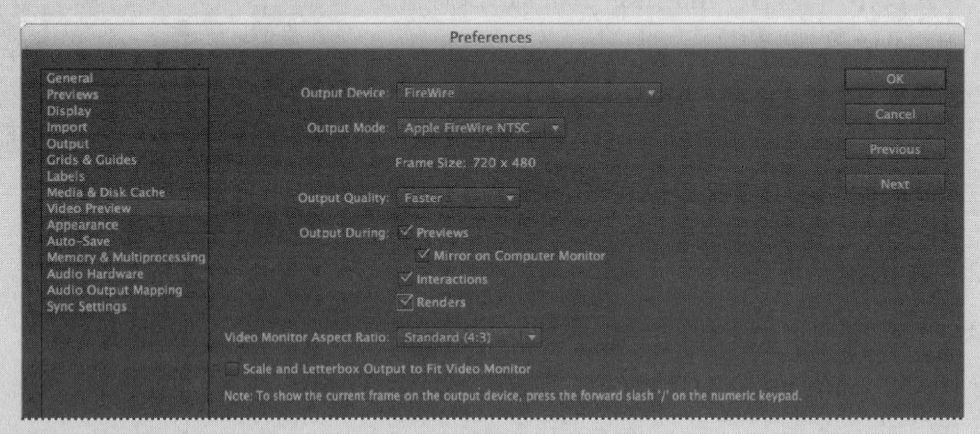

图10.2

5. 单击 OK 按钮，关闭 Preferences 对话框。

每次进行色彩校正前，一定要对视频监视器或计算机显示器进行正确地校正。关于校正计算机显示器的操作指南，请参见After Effects帮助。

2.（可选）选择 Composition>Composition Settings 命令，检查合成图像的像素长宽比和持续时间。这是一个大约 5 秒长的 NTSC DV 合成图像。单击 Cancel 按钮关闭 Composition Settings 对话框。

3. 将 Albertson_Hall 合成图像拖放到 Project 面板中的空白区域，将它移出 Movies 文件夹，如图 10.3 所示。

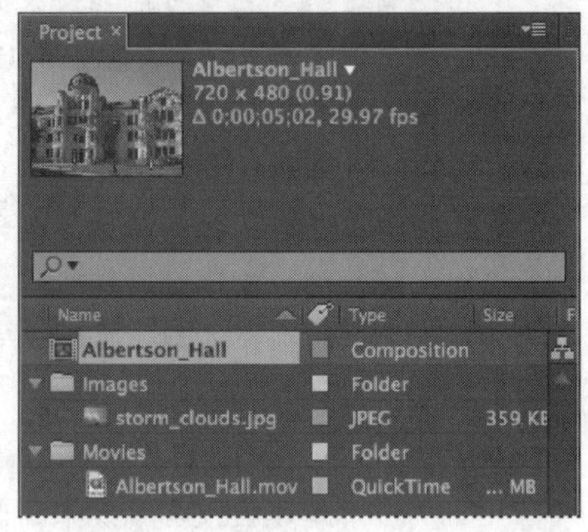

图10.3

4. 沿时间标尺拖动当前时间标志，预览剪辑。

可以看到画面存在蓝色色偏，显得死气沉沉。下面我们先校正这个问题。

5. 选择 File>Save 命令，保存作品。

10.2 色彩平衡调整

After Effects 提供多种色彩校正工具。有些工具可能只需轻轻一点即可完成处理，但理解色彩手工调整方法可以使你随心所欲地获得自己想要的效果。我们将使用 Levels 特效使阴影变暗，清除蓝色色偏，并使画面更生动些。

1. 按 Home 键，或将当前时间指示器移动到时间标尺的起点。

2. 在 Timeline 面板中选择 Albertson_Hall.mov 图层。

> AE 注意：另外有一种色彩矫正工具，叫做 Adobe SpeedGrade，Adobe Creative Cloud 会员可以使用它。关于 SpeedGrade 的内容，可以登录 www.adobe.com/products/speedgrade.html 查看。

3. 按 Enter 键或 Return 键，将图层重命名为 Building，然后按 Enter 键或 Return 键接受新名称，如图 10.4 和图 10.5 所示。

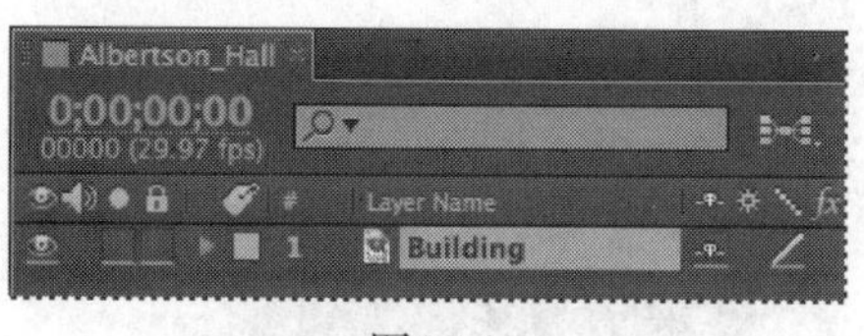

图10.4

图10.5

4. 选择 Building 图层，选择 Effect > Color Correction> Levels（Individual Controls）命令。

Levels（Individual Controls）特效乍看起来可能有点让人不知所措，但它可以使你有效地控制剪辑的画面的效果。它将输入的色彩范围或 alpha 通道色阶重新映射到新的输出色阶范围，这与 Adobe Photoshop 中的 Levels 调整功能十分相似。

Channel 下拉列表指出所调整的通道，直方图显示图像中各个亮度值对应的像素数。当选择的是 RGB 通道时，你可以调整图像的整体亮度与对比度。这是一个很好的起点。

5. 在 Effect Controls 面板中，确认 Channel 下拉列表内选择的是 RGB。然后单击 RGB 旁的三角形，展开其属性。

6. 在 Input Black 中输入 2，使阴影变暗一点。

直方图下方的 Input Black 滑块将相应移动。

7. Gamma 值输入 0.85，增加对比度，使画面显得更有生气。Gamma 值代表画面的中间调，如图 10.6 和图 10.7 所示。

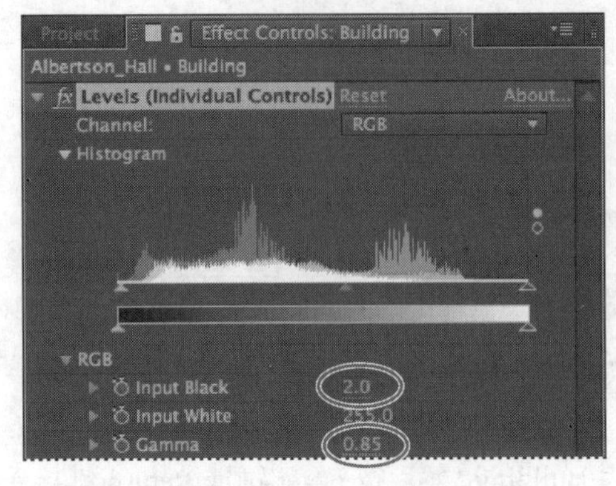

图10.6

图10.7

为了校正蓝色色偏，首先必须确定图像中的哪些区域应该是灰色（或白色和黑色）。在这个画面中，建筑物应该是中性色。

8. 把光标移动到建筑物的混凝土区域上，注意 Info 面板中的 RGB 值。可以看到数值随着光标的移动而改变，如图 10.8 和图 10.9 所示。

图10.8

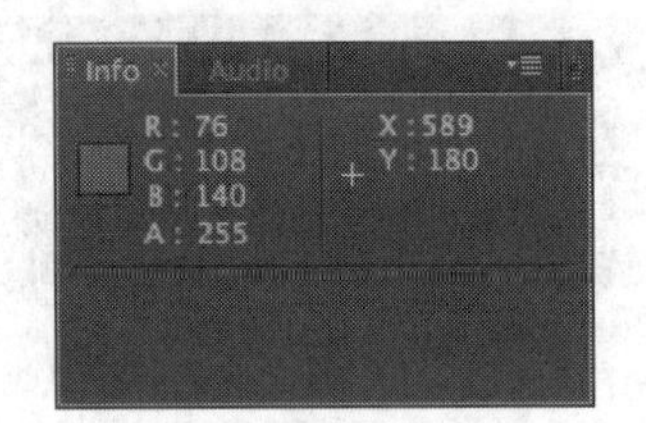

图10.9

在靠近门的区域，RGB 值为 R=70，G=95，B=125。要确定正确的数值应该是多少，可以用 255（RGB 允许的最高值）除以取样的最高值。255 除以 125（靠近门区域的蓝色值），也就是 2.04。为了使色彩显得均衡，使画面不再偏蓝，需要将原来的红色和绿色值（分别为 70 和 95）分别乘以 2.04。新的红色值为 142.8，新的绿色值为 193.8。

9. 在 Effect Controls 面板中，展开 Red 和 Green 属性。

10. 将 Red Input White 值设为 142.8，将 Green Input White 值设为 193.8，如图 10.10 和图 10.11 所示。

现在蓝色色偏消除了，场景显得更逼真了。

对每个通道，Input 设置增加其值，而 Output 设置降低值。例如，调低 Red Input White 数值将增加画面高光中的红色，增加 Red Output White 值将增加画面阴影或暗调区域中的红色。

上述计算可以快速得到相应的正确设置。愿意的话，您可以尝试不同的设置，找出最适合您要求的设置值。

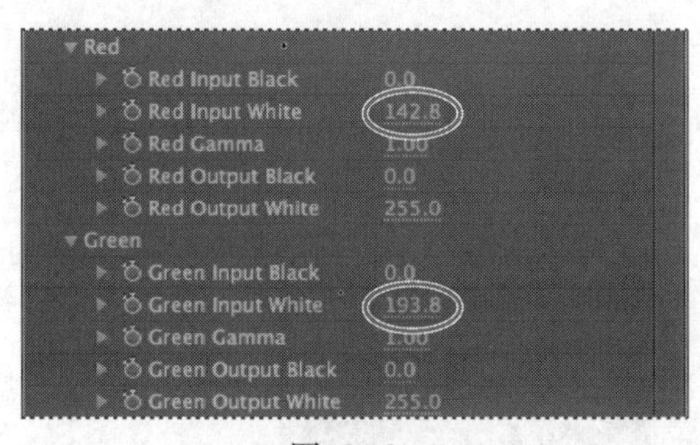

图10.10

图10.11

11. 隐藏 Effect Controls 面板中的 Levels（Individual Controls）属性。

10.3 替换背景

这个画面是在晴朗无云的天气下拍摄的。为了使画面显得更生动，我们将画面中的天空替换成雷雨云。

10.3.1 使用 Color Range 特效键出一个区域

Color Range 特效键出指定范围内的颜色。这个键控特效特别适用于在光照不均匀的情况下键出颜色。现在天空包含的色彩范围从浅蓝色到深蓝色——非常适合采用 Color Range 特效进行处理。

1. 按 Home 键，或将当前时间指示器移动到时间标尺的起点。

2. 在 Timeline 面板中选择 Building 图层，然后选择 Effect > Keying > Color Range 命令，如图 10.12 和图 10.13 所示。

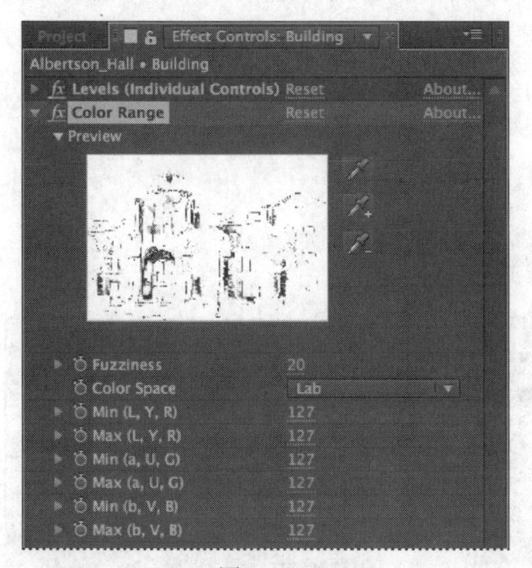

图10.12

图10.13

改变合成图像的背景色有助于发现键控中的问题。

3. 选择 Composition > Composition Settings 命令。单击 Background Color 框，然后选择红色（R=255，G=0，B=0）。单击 OK 按钮关闭所有对话框，如图 10.14 所示。

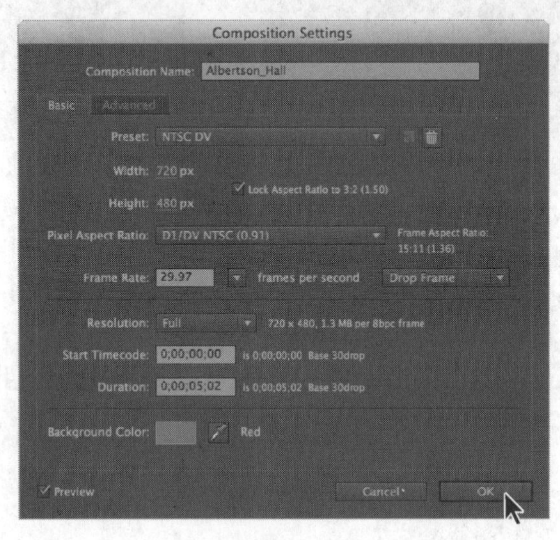

图10.14

AE 注意：如果不更改背景色，也可以单击 Toggle Transparency Grid 按钮（▩），查看合成图像中的透明区域。

4. 在 Effect Controls 面板中，从 Color Space 下拉列表中选择 RGB。

5. 选择 Key Color 吸管工具（Effect Controls 面板中 Preview 窗口旁），然后在 Composition 面板中，单击天空中的中间调蓝色，对其取样。

被键出区域在 Composition 面板中显示为红色，而在 Effect Controls 面板的 Preview 窗口内显示为黑色，如图 10.15 和图 10.16 所示。

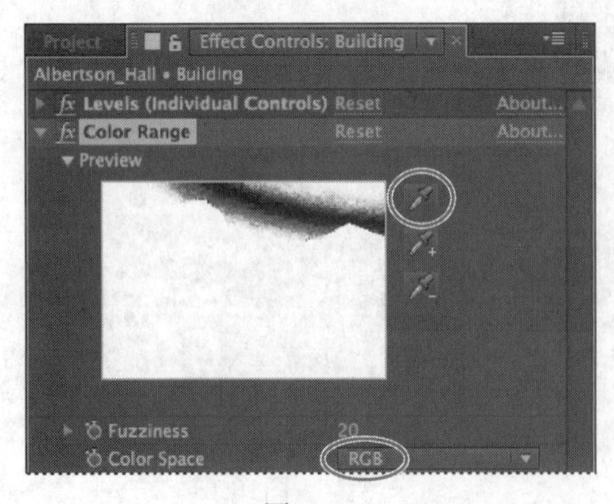

图10.15

图10.16

6. 选择 Effect Controls 面板中的 Add To Key Color 吸管工具，然后单击 Composition 面板内天空中的其他区域。

7. 重复步骤 6，直到整个天空都被键出为止，如图 10.17 和图 10.18 所示。

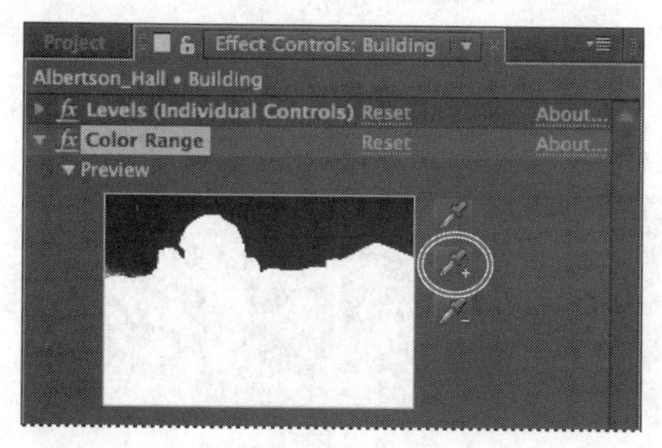

图10.17

图10.18

虽然天空被键出，但建筑物周围仍然存在少许彩色杂边。通过蒙版边缘调节可以清除这些残留的颜色。

8. 隐藏 Effect Controls 面板中的 Color Range 属性。

9. 选择 Effect > Matte > Matte Choker 命令。

使用 Matte Choker 特效填充区域里那些应该是不透明的多余的洞。该特效包括两个阶段：第一个阶段是展开蒙版（使用前三个设置），第二个阶段是边缘调节（使用紧接着的三个设置）。

10. 在 Effect Controls 面板中，将 Geometric Softness 1 值调低至 2，而将 Geometric Softness 2 值调高至 2.5。

Geometric Softness 指定了最大的展开数值或者边缘调节的数值，单位是像素，如图 10.19 和图 10.20 所示。

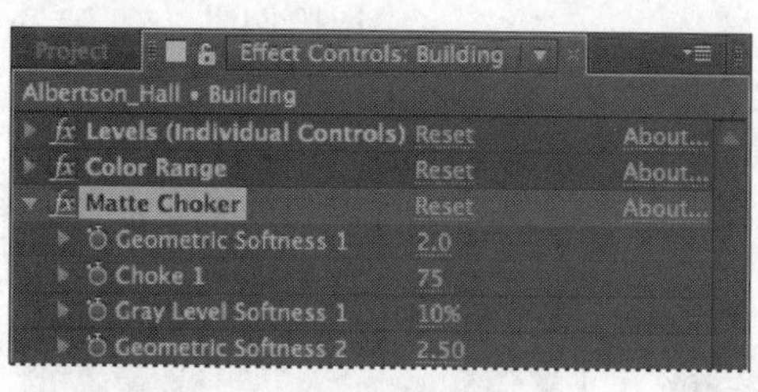

图10.19

图10.20

11. 隐藏 Effect Controls 面板中的 Matte Choker 属性，并保存目前的作品。

10.3.2 添加新背景

原来的天空被键出后，可以向场景中添加云了。

1. 单击 Project 选项卡显示 Project 面板。然后将 storm_clouds.jpg 项从 Project 面板拖放到 Timeline 面板中，把它放置到 Building 图层下方。

2. 选择 storm_clouds.jpg 图层，按 Enter 键或 Return 键，将图层重命名为 Clouds，然后再次按 Enter 键或 Return 键，如图 10.21 和图 10.22 所示。

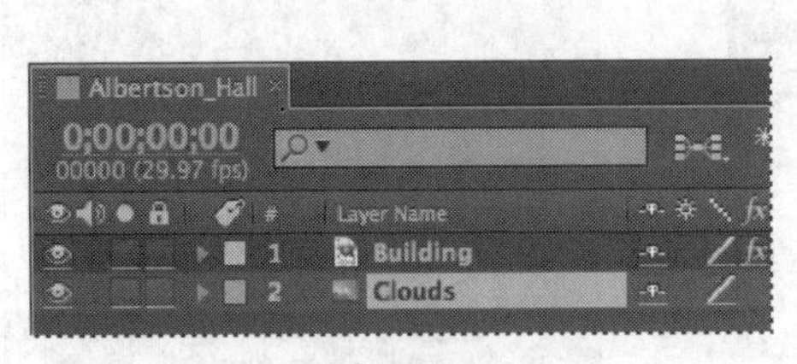

图10.21

图10.22

3. 单击 Building 图层的 Video 开关（ ）隐藏它。

现在，可以完全看到整个雷雨云图层了。我们将根据图像天空区域的大小，缩放和重新定位云彩。

4. 在 Timeline 面板中选择 Clouds 图层，按 S 键显示其 Scale 属性。

5. 将 Scale 属性值降低到（60，60%），如图 10.23 和图 10.24 所示。

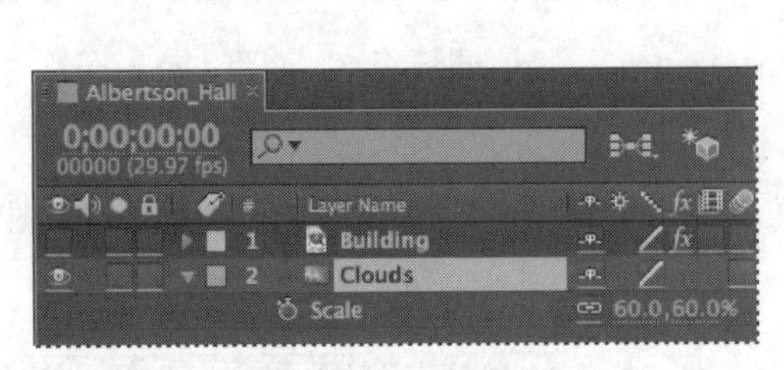

图10.23

图10.24

6. 确保 Timeline 面板中的 Clouds 图层已被选中，然后按 P 键显示其 Position 属性。

7. 将 Position 属性值修改为（360，145），如图 10.25 和图 10.26 所示。

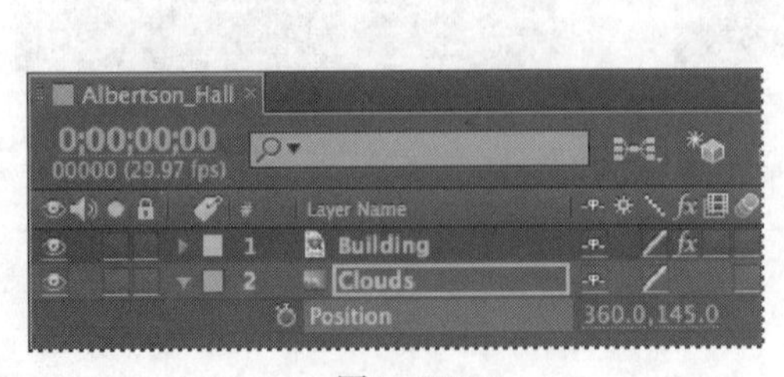

图10.25

图10.26

AE | **提示**：输入数值时，按 Tab 键可以在不同输入字段间切换。

8. 按 P 键隐藏 Position 属性。

10.3.3 对云彩进行色彩校正

虽然雷雨云显得很生动，但图像对比度和色偏实际上与建筑物不匹配。我们将使用 Auto Levels 特效校正它。

Auto Levels 通过将各个颜色通道中最亮和最暗的像素定义为白色和黑色，来自动设置高光和阴影，然后它重新按比例调整图像中中间像素值。因为 Auto Levels 单独调整各个颜色通道，所以它可能会消除或引入色偏。本例中应用默认设置，Auto Levels 引入蓝色色偏，这使云彩看起来更生动。

1. 选择 Timeline 面板中的 Clouds 图层，然后选择 Effect>Color Correction>Auto Levels 命令，如图 10.27 和图 10.28 所示。

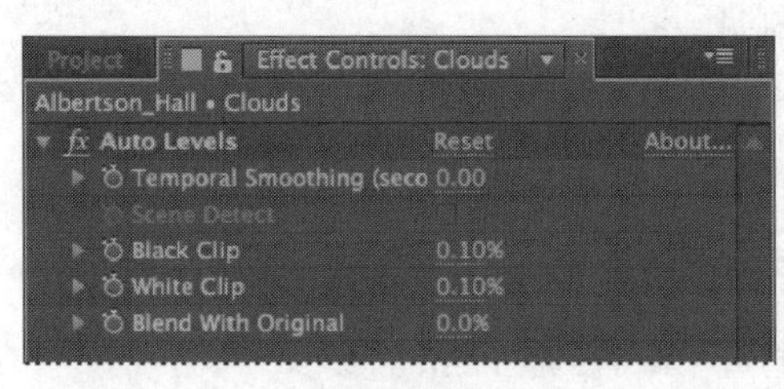

图10.27

图10.28

2. 打开 Building 图层的 Video 开关（ ），以便可以看到建筑物和云。

3. 选择 File > Save 命令，保存作品。

10.4 除去多余的元素

颜色看起来不错，但还未完成所有处理。导演要求将建筑物门口正前方的灯柱移去，因为她觉得它会分散观众的注意力。我们将使用 Clone Stamp 工具绘制掉场景中这个多余的元素。After Effects 的仿制功能与 Photoshop 中的仿制功能相似，但您可以对整个时间线进行仿制，而无需逐帧处理。

因为灯柱不会移动位置，所以可以对单帧进行处理后，再将其应用到整个影片。

1. 按 Home 键，或将当前时间指示器移动到时间标尺的起点。

2. 在 Timeline 面板中双击 Building 图层，在 Layer 面板中打开该图层。只能在单个图层中进行绘制——而不能在整个合成图像中绘制，如图 10.29 所示。

图10.29

3. 放大显示，以便能清楚地查看门周围的区域。

4. 从 Tools 面板中选择 Clone Stamp 工具（ ）。

Clone Stamp 工具取样源图层中的像素，并把取样的像素应用到目标图层。目标图层与源图层可以是同一图层，也可以是同一合成图像内的不同图层。

选择 Clone Stamp 工具后，After Effects 将打开 Brushes 和 Paint 面板。

5. 在 Brushes 面板中，选择选择一支大小为 5 像素的硬角画笔。

6. 在 Paint 面板中，从 Duration 下拉列表中选择 Constant。

采用 Constant 设置，将从当前时间点开始应用 Clone Stamp 特效。因为我们当前位于合成图像的起点，所以所做的更改将影响合成图像中的每一帧，如图 10.30 和图 10.31 所示。

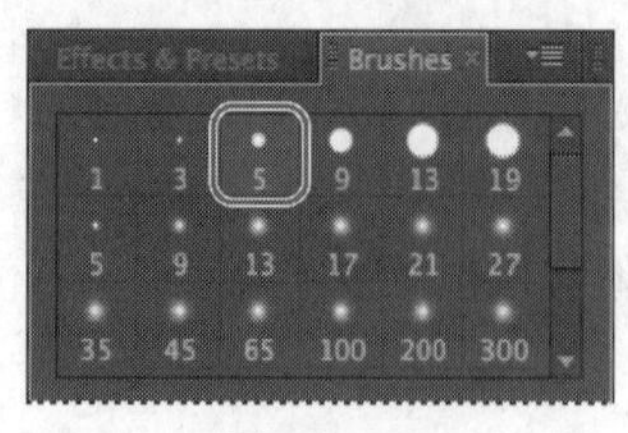

图10.30

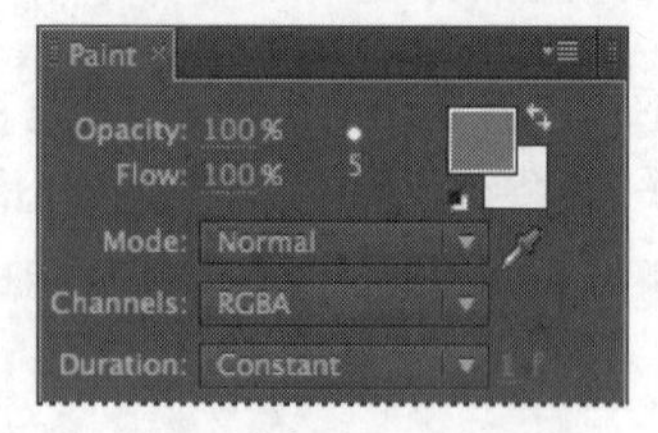

图10.31

7. 在 Layer 面板中，将光标定位于灯柱顶端的右边。按下 Alt 键同时单击（Windows）或按下 Option 键同时单击（Mac OS）设置仿制的源。

8. 单击灯柱仿制一个区域，然后继续单击清除整个灯柱，如图 10.32 ~ 图 10.34 所示。

图10.32

图10.33

图10.34

> AE | **提示**：如果绘制错误，只需按 Ctrl+Z（Windows）或 Command+Z（Mac OS）组合键撤销绘制，然后再重新绘制即可。

9. 清除灯柱后，选择 Selection 工具，然后关闭 Layer 面板，返回 Composition 面板。

10. 隐藏 Timeline 面板里的 Building 图层属性。

10.5　校正一定范围内的色彩

虽然已校正了场景的整体色彩，但是仍可以进行辅助色彩校正，以增强特定区域的效果。这个剪辑中，色彩校正使建筑物前的草地看起来像成熟的牧草，而不是令人赏心悦目的绿油油的草地。为了使草变绿，我们将使用 Synthetic Aperture Color Finesse 3 特效，这是随同 After Effects 一起安的第三方插件，用于隔离色彩范围，而且只能调整这些颜色。

> AE | **注意**：Synthetic Aperture Color Finesse 3 是一个功能强大的色彩校正插件。一旦你熟练掌握它，就能使用它进行多种色彩校正处理。

Color Finesse 3 对原来的图层应用特效，而忽略任何其他特效。因为我们已经进行过一些色彩校正处理，所以将先对图层进行重组，使其包含之前应用特效的效果。

1. 在 Timeline 面板中选择 Building 图层，然后按 Ctrl+D（Windows）或 Command+D（Mac OS）组合键复制该图层。

2. 选择图层副本（Building 2），再选择 Layer > Pre-compose 命令。

3. 在 Pre-compose 对话框中，将新合成图像命名为 Grass Enhance，选择 Move All Attributes Into The New Composition，然后单击 OK 按钮，如图 10.35 所示。

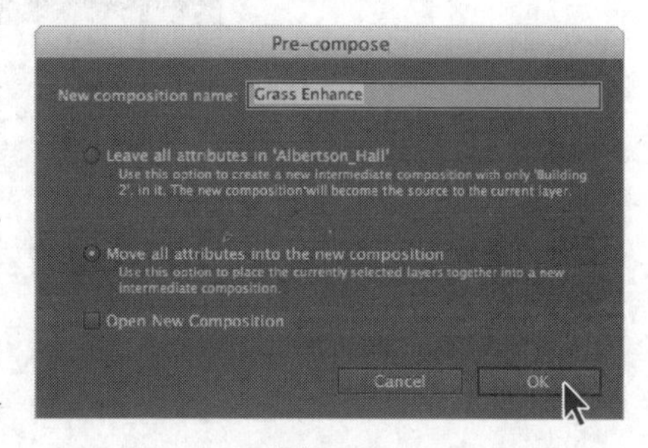

图10.35

我们已经创建了预合成图层，所以可以保留已应用的色彩校正特效。但是，为了避免清除灯柱时仿制操作所产生的问题，我们将对草地区域应用蒙版。该蒙版可以确保只有草地受到影响。

4. 在 Timeline 面板中选择 Grass Enhance 图层，再选择 Tools 面板中的 Pen 工具（）。在草地周围区域单击创建蒙版。

5. 在 Timeline 面板中的 Grass Enhance 图层仍被选中时，按 F 键显示其 Mask Feather 属性，并将数值更改为（2，2）像素。羽化处理将使图层混合更自然，如图 10.36 和图 10.37 所示。

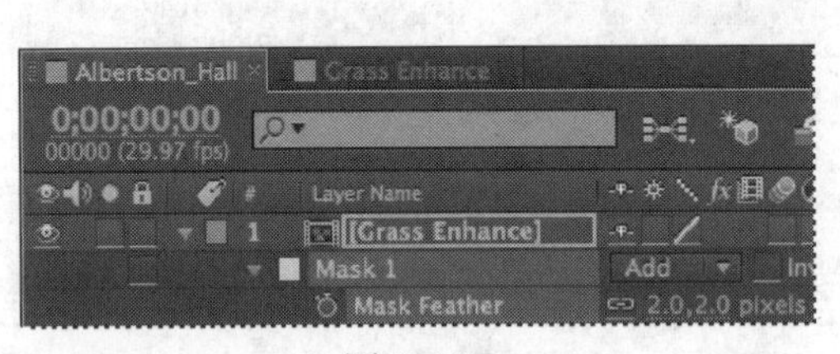

图10.36

图10.37

6. 再次按 F 键隐藏 Mask Feather 属性。

现在我们已经做好使用 Color Finesse 3 特效的准备了。

7. 选择 Grass Enhance 图层，选择 Effect > Synthetic Aperture > SA Color Finesse 3 命令。

AE 注意：SA Color Finesse 3 也许会提示你注册该特效。如果你没有注册，Synthetic Aperture 图标就会出现在你使用该特效的地方。

8. 在 Effect Controls 面板中的 SA Color Finesse 3 区域，单击 Full Interface 按钮，如图 10.38 所示。

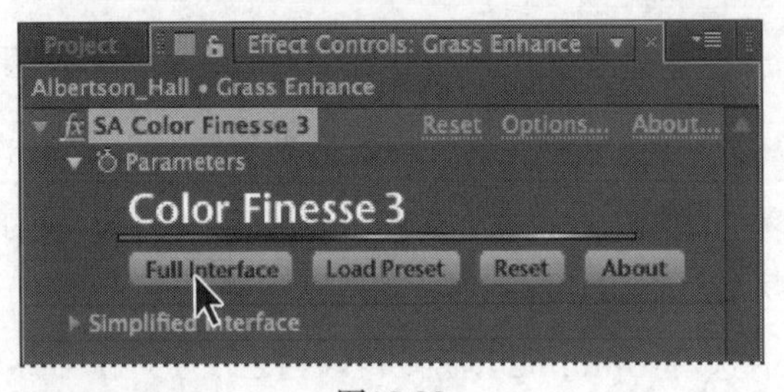

图10.38

现在 SA Color Finesse 3 已打开在其自己的窗口中。

9. 选取 Secondary 选项卡中的复选框，激活辅助色彩校正，然后单击 Secondary 选项卡，打开其色彩校正控件，如图 10.39 所示。

SA Color Finesse 3 允许执行多达 6 种的不同辅助色彩校正操作。然而，这个项目中我们只需执行一种操作。

10. 选取 A 选项卡中的复选框，我们将执行色彩校正操作。

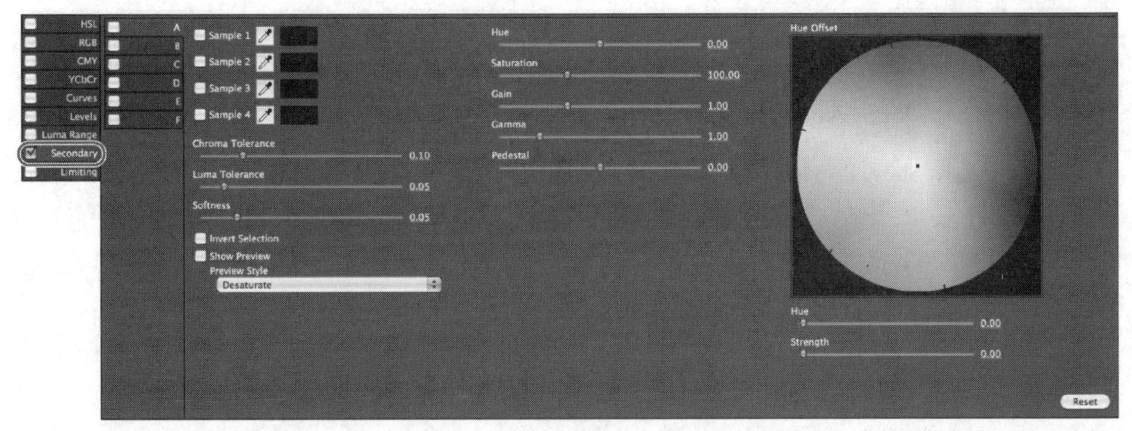

图10.39

11. 使用 4 个 Sample 吸管，在草地区域通过单击收集 4 个颜色取样点。应尽量取样从亮到暗不同层次的各种绿色。需要的话可以放大图像，以便于选取色彩范围。

虽然 4 种取样无法涵盖草地的整个对比度范围，但是 SA Color Finesse 3 提供能够进一步调整选取颜色的控件。

12. 仍旧在 A 选项卡内，从 Preview Style 下拉列表中选择 Mask，然后选择 Show Preview。现在可以看到被选择的区域和被蒙版的区域（红色遮盖）。

13. 调整 Chroma Tolerance、Luma Tolerance 和 Softness 滑块直到所有草地都被选中。如果树木和灌木丛被选中也没关系，因为之前应用的蒙版可以确保那些修改不会显示在最终合成图像中。

图10.40

14. 将 Saturation 值提高到 150，如图 10.40 和图 10.41 所示。

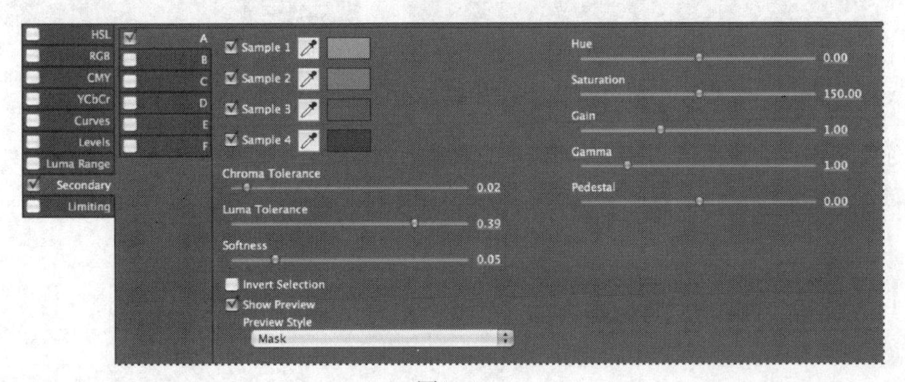

图10.41

> **AE** 注意：如果要了解关于 SA Color Finesse 3 的更多知识，请在该插件的操作界面中，选择 Help > View Color Finesse User's Guide 命令，或选择 Help > View Color Finesse Online Knowledge Base 命令。

15. 取消选择 Show Preview，然后单击 OK 按钮应用色彩校正，并关闭 SA Color Finesse 3 窗口。

16. 选择 File>Save 命令，保存作品。

10.6 用 Photo Filter 特效使色调变暖

最后，我们将用 Photo Filter 特效让整个剪辑画面色调变暖，并使其看起来更美观。

Photo Filter 特效模拟相机镜头上所使用的彩色滤镜，调整通过镜头的光线的色彩平衡和色温。可以通过选择颜色预设，也可以用 Color Picker 或吸管自定义颜色来调整图像的色调。

为了对剪辑中所有元素应用暖色调滤镜，我们将对调整图层应用 Photo Filter 特效。

1. 单击 Timeline 面板中的空白区域，取消选择所有图层。

2. 选择 Layer > New > Adjustment Layer 命令。新的调整图层应该位于图层堆栈的最顶部。

3. 在 Timeline 面板中选中 Adjustment 图层，再选择 Effect>Color Correction>Photo Filter 命令。

4. 在 Effect Controls 面板中，从 Filter 下拉列表选择 Warming Filter（81），如图 10.42 和图 10.43 所示。

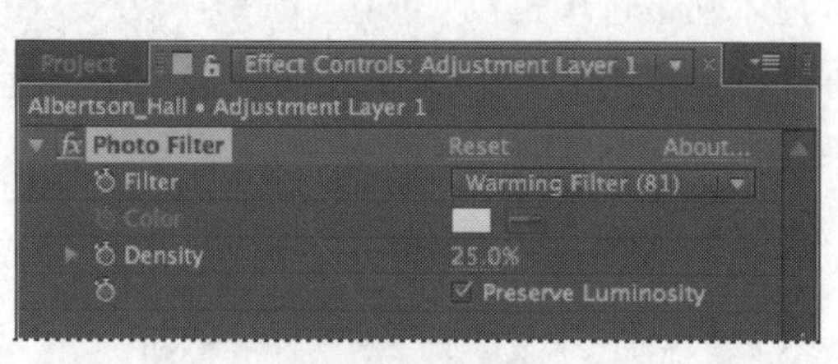

图10.42

图10.43

5. 选择 File>Save 命令保存项目。

如果你要输出该合成图像，请查看第 14 课的详细内容。

恭喜！你已变换了合成图像的色彩，并清除了分散观众注意力的元素。

10.7 复习题与答案

10.7.1 复习题

1. 为什么需要对图像进行色彩校正？
2. SA Color Finesse 3 特效有什么功能？
3. 应用什么特效可以让图像的色调变暖？
4. 怎样在整个时间线范围内仿制特定区域？

10.7.2 复习题答案

1. 色彩校正用来美化源素材，将注意力集中到图像内的关键元素上，校正白平衡和曝光中的错误，确保场景间的色彩一致，或者创建导演认可的视觉效果的调色板。
2. SA Color Finesse 3 是随同 After Effects CC 一起安装的第三方插件。它支持多色彩校正功能，例如，隔离并增强特定范围的色彩。SA Color Finesse 3 只影响原来的图层，而忽略已应用到图层的任何特效。
3. 用 Photo Filter 色彩校正特效可以使图像的色调变暖。Photo Filter 特效模拟相机镜头上使用的彩色滤镜，调整色彩平衡和色温。在 Photo Filter Effect Controls 面板中选择 Warming Filter 可以将图像的色调变暖。
4. 为确保对整个时间线进行仿制，请将当前时间标志移动到时间标尺的开始点，然后在 Paint 面板内从 Duration 下拉列表中选择 Constant。

第11课 使用3D特性

课程概述

本课介绍的内容包括：

- 在 After Effects 里创建 3D 环境；
- 用多个视图查看 3D 场景；
- 创建 3D 文本；
- 对镜头层作动画处理；
- 添加灯光以创建阴影和深度；
- 输出 After Effects 合成图像，在 Maxon Cinema 4D 中使用它；
- 将 Cinema 4D 场景输入到 After Effects 中；

本课大约要用 1 个小时时间完成。启动 After Effects 之前，先找到附带光盘的 Lesson11 文件夹，将其复制到本地硬盘上为这些项目创建的文件夹 Lessons 中（或现在创建 Lessons 文件夹）。学习本课时，将覆盖复制的初始文件。如果需要恢复这些初始文件，从附带光盘中再复制一遍即可。

只需在 After Effects 的 Timeline 面板中单击一个开关，就能将 2D 图层转换为 3D 图层，从而开启了一个富有创造性的新世界。Maxon Cinema 4D Lite，包括 After Effects，能够带来更加灵活的效果。

11.1 开始

Adobe After Effects 可以在二维（*x*，*y*）或三维（*x*，*y*，*z*）空间中操作图层。本书到此为止，基本上使用的都是二维空间。如果将图层指定为三维（3D），After Effects 将增加 *z* 轴，它对图层的深度提供控制。将图层的深度与不同的光照和摄像角度结合，可以创建出利用自然运动、光照和阴影、透视以及聚焦效果的 3D 动画作品。本课将研究怎样创建 3D 图层并对 3D 图层进行动画处理。然后我们将使用 Maxon Cinema 4D Lite（安装有 After Effects）来为虚构的生产公司创建高端 3D 文本的字幕卡片。

首先，预览最终影片效果，然后设置作品。

1. 请确认下述文件存在于你计算机硬盘的 AECC_CIB\Lessons\Lesson11 文件夹中。

- Assets 文件夹：Lunar.mp3、Space_Landscape.jpg。
- Sample_Movie 文件夹：Lesson11.mov。

2. 请打开并播放 Lesson11.mov 文件，查看本章将要创建的效果。播放完后，退出 QuickTime Player。如果你的硬盘空间有限，可以将该影片例子从硬盘删除。

开始本课之前，请恢复 After Effects 应用程序的默认设置。详细情况请参见前言中的“恢复默认参数”。

3. 启动 After Effects 时请按下 Ctrl+Alt+Shift（Windows）或 Command+Option+Shift（Mac OS）组合键。系统询问是否删除参数文件时，单击 OK 按钮删除参数文件。单击 Close 按钮关闭 Welcome 窗口。

After Effects 打开后显示一个空白的无标题项目。

4. 选择 File>Save As>Save As 命令。

5. 在 Save Project As 对话框中，导航到 AECC_CIB\Lessons\Lesson11\Finished_Project 文件夹。将该作品命名为 Lesson11_Finished.aep，然后单击 Save 按钮。

6. 单击 Project 面板底部的 Create A New Composition 按钮（ ）。

7. 在 Composition Settings 对话框里，执行以下步骤，然后单击 OK 按钮。

- 将面板命名为 Lunar Landing Media。
- 从 Preset 菜单中选择 HDTV1080 24。
- 在 Duration 里输入 3:00。
- 确保背景颜色是黑色，如图 11.1 所示。

8. 选择 File>Save 命令。

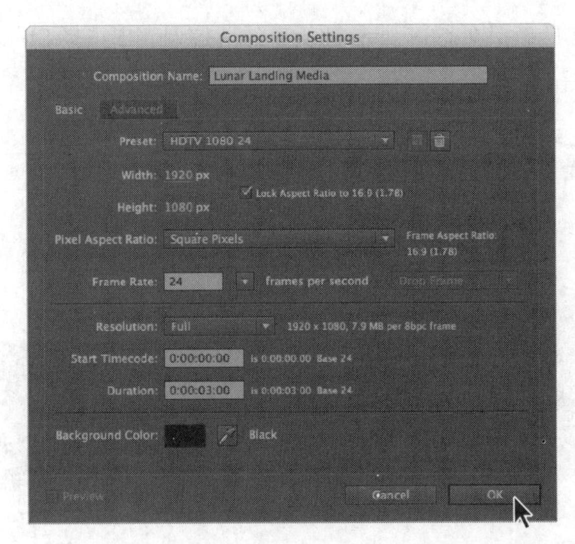

图11.1

11.2 创建 3D 文本

为了能在 3D 空间内移动，需要创建 3D 对象。起初，所有图层都是平面的，只有 x（宽）和 y（高）二维，且只能沿这些轴进行移动。而要使图层能在 After Effects 的三维空间内移动，我们要做的只是激活其 3D 图层开关，激活该开关后，就能沿 z 轴（深度）操纵该对象。我们将创建文本，然后使它 3D 化。这个图层将作为即将在 Cinema 4D 里创建的文本的占位符。

1. 单击 Timeline 面板激活它。

2. 在 Tools 面板中选择 Horizontal Type 工具（T）。

After Effects 打开 Character 和 Paragraph 面板。

3. 在 Character 面板中执行以下操作。

- 字体：Blackoak Std。
- 填充颜色：黑色。
- 画笔颜色：白色。
- 字体大小：70 像素。
- 行距：70 像素。
- 轨迹：20 像素。
- 画笔宽度：5 像素。
- 水平比例尺：65%，如图 11.2 所示。

4. 选择 All Caps，然后确保在 Character 面板里的下拉列表中选择 Stroke Over Fill。

5. 在 Paragraph 面板中，对齐选项选择 Center Text，如图 11.3 所示。

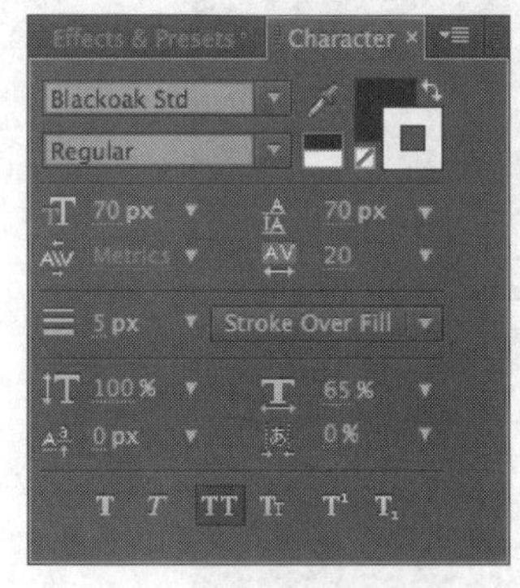

图11.2

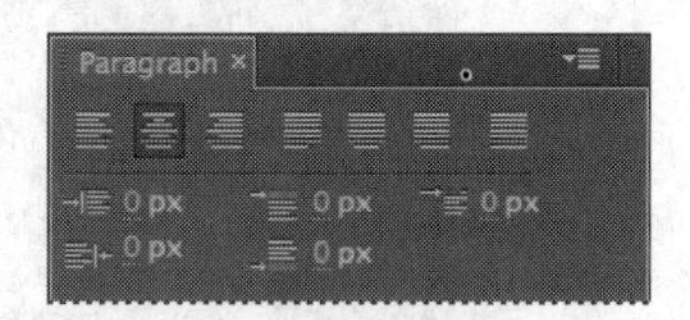

图11.3

6. 单击 Composition 面板任意位置，输入 Lunar Landing Media，每个单词都在一条线上，如图 11.4 所示。

7. 选择 Selection 工具（↖）。

8. 在 Timeline 面板里，展开 Lunar Landing Media 图层的 Transform 属性，然后设置 Position 属性为（960，540），如图 11.5 所示。

图11.4

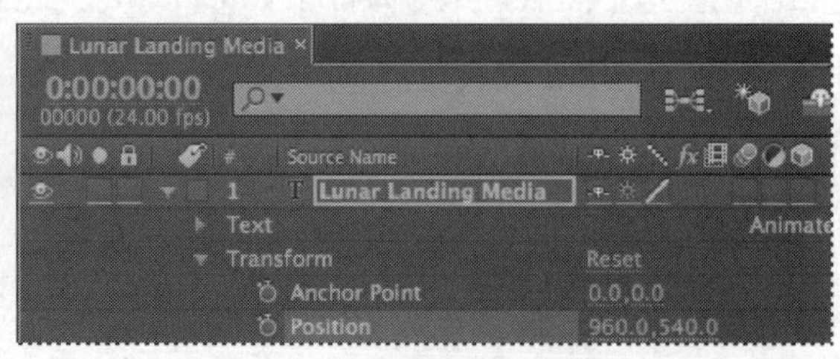

图11.5

> AE
> 注意：After Effects 使用的编号规定与其他的 3D 应用程序不同。在 After Effects 中，合成图像的左上角设为（0，0）。在很多 3D 应用程序里，包括 Maxon Cinema 4D，世界（通常是屏幕）的中心是原点，或者是（0，0，0）。

文本位于合成图像的中心。

9. 在 Timeline 面板里，选择 Lunar Landing Media 图层的 3D Layer 开关（◉），使该图层变为三维图层，如图 11.6 和图 11.7 所示。

3 个 3D Rotation 属性将显示在该图层 Transform 组中，而之前仅支持二维属性，现在显示出代表 z 轴的第三个值。此外，还显示出一个名为 Material Options 的新属性组。

图11.6

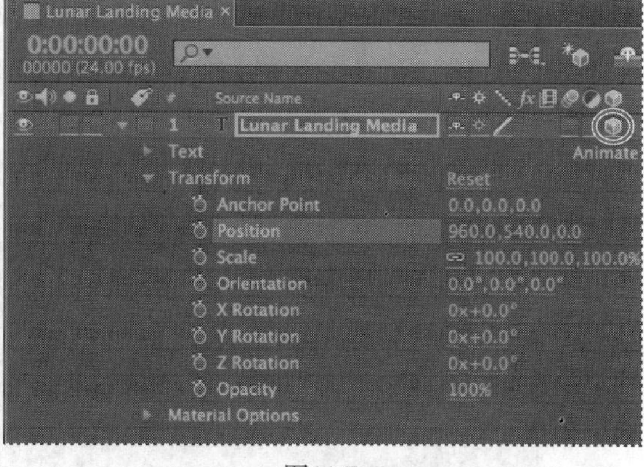

图11.7

在 Composition 窗口可以看到用颜色标记的 3D 轴显示在该图层的轴点上。红色箭头控制 *x* 轴，绿色箭头控制 *y* 轴，蓝色箭头控制 *z* 轴。此时，*z* 轴显示在 *x* 轴和 *y* 轴的交叉点，也许在黑色的背景下不容易分辨。当 Selection 工具定位到相应轴上时，将显示出字母 *x*、*y* 和 *z*。移动或者旋转图层时，将鼠标指针置于特定轴上，图层的运动将被限制在该轴方向。

10. 隐藏 Lunar Landing Media 图层的属性。

11.3 使用 3D 视图

3D 图层的外观有时具有欺骗性。例如，图层可能看起来沿着 *x* 和 *y* 轴好像缩小了，而实际上它是沿着 *z* 轴移动。我们并不是总能从 Composition 面板的默认视图中看清真相。Composition 面板底部的 Select View Layout 下拉列表使我们能够将该面板分成单个帧的不同视图，这样就可以从多个角度观察作品。用 3D View 下拉列表选择不同的视图。

1. 在 Composition 面板底部，单击 Select View Layout 下拉列表，如果屏幕够大显示，就选择 4 Views。否则的话，选择 2 Views-Horizontal，如图 11.8 所示。

选择 4 Views 的话，左上方的象限显示俯视图（沿着 *y* 轴）。我们可以看到 *z* 轴，很明显文本图层没有深度。左下方的象限显示前视图。右上方的象限显示相机中的场景，但是因为场景中没有相机，它显示的场景与前视图相同。右下方的象限显示右视图，就像沿着 *x* 轴观察一样。

选择 2 Views-Horizontal 的话，左边显示俯视图，右边显示相机中的场景（现在就是前视图）。

2. 单击 Front 视图激活它。（激活的视图周围将显示橙色角标。）然后，从 3D View 下拉列表中，选择 Custom View 1 从不同的角度观察场景，如图 11.9 所示（如果 Composition 窗口只显示两个视图，单击 Top 视图，然后从 3D View 下拉列表中，选择 Custom View 1）。

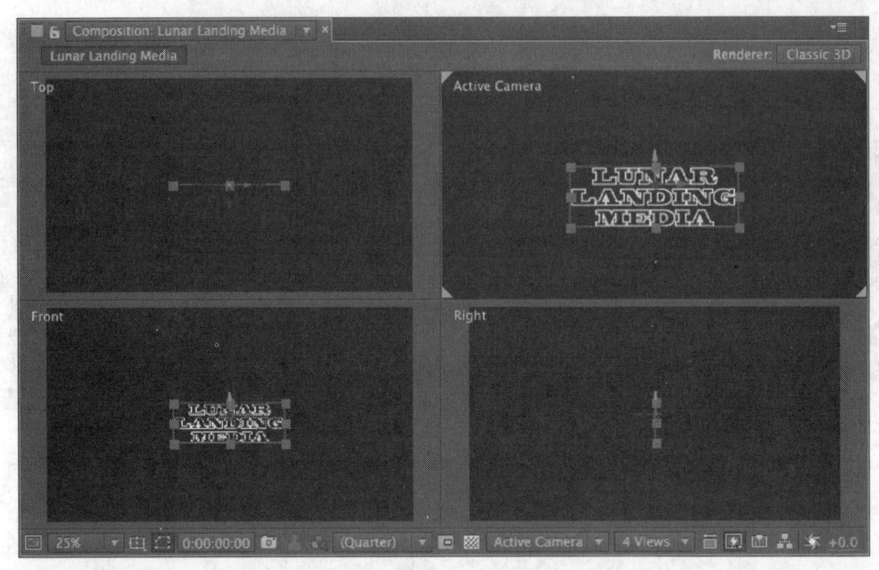

图11.8

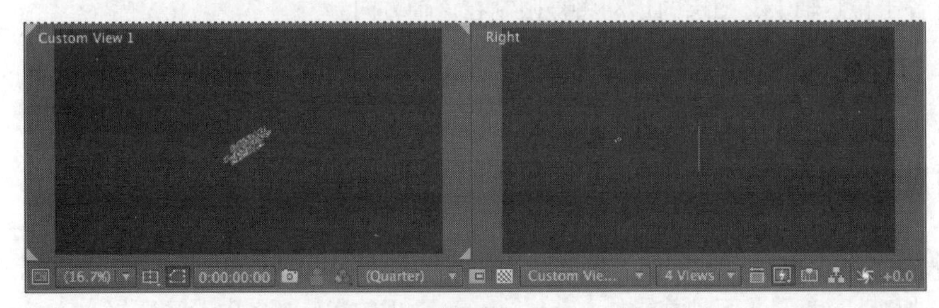

图11.9

从不同的角度观察 3D 场景有助于我们更精确地把元素对齐，观察图层之间是如何相互作用的，理解对象、灯光和相机是如何在 3D 空间里定位的。

11.4 导入背景

字幕卡片里的文本应该向外移动。我们将导入一个图像作为背景。

1. 双击 Project 面板的空白区域，打开 Import File 对话框。
2. 导航到 Lesson 11/Assets 文件夹，然后双击 Space_Landscape.jpg 文件。
3. 把 Space_Landscape.jpg 项拖进 Timeline 面板，把它放在图层栈的底部。
4. 将 Space_Landscape.jpg 图层重命名为 Background。
5. 在 Timeline 面板里，选择 Space_Landscape.jpg 图层，然后单击 3D Layer 开关（ ），把它转换为 3D 图层。

6. 确保 Background 图层被选中。然后，在 Composition 面板的 Right 视图里，把 *z* 轴方向（蓝色箭头）拖到右边，使 Background 图层移动到文本后面更远的位置。拖动的时候观察其他图层，看看图层与 3D 空间是如何交互的。

> AE | 注意：如果只显示了两个视图，就选择 Active Camera 视图，然后从 3D View 的下拉列表中选择 Right。然后完成第 6 步。

7. 在 Timeline 面板里，按 P 键显示 Background 图层的 Position 属性。将 Position 值改为（960，300，150），如图 11.10 和图 11.11 所示。

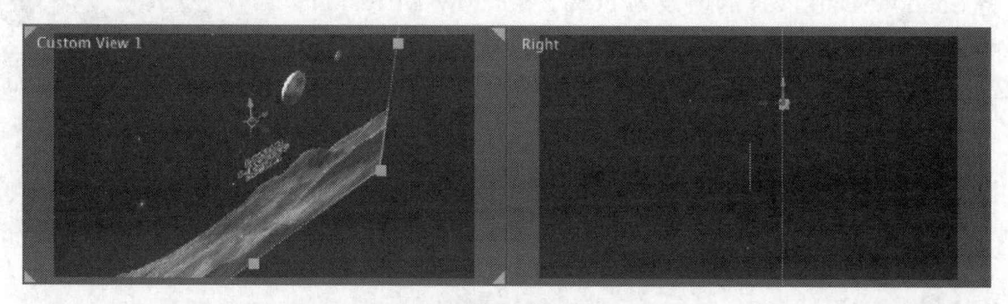

图11.10

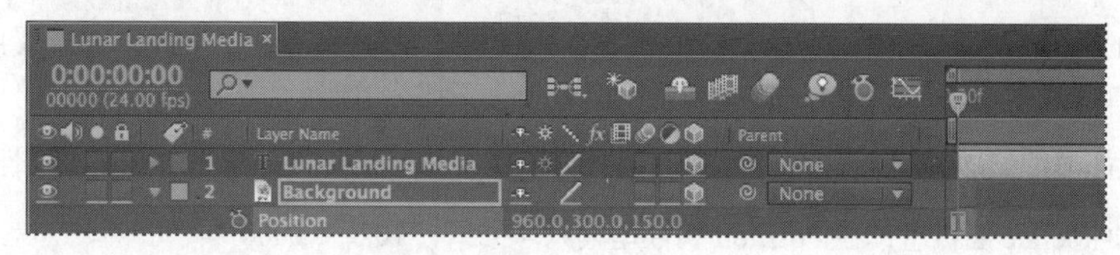

图11.11

8. 选择 File>Save 命令保存目前的作品。

11.5 添加 3D 灯光

我们已经创建了 3D 场景，但是从前面看上去似乎不太像三维的。给合成图像添加灯光制造阴影效果，能够使场景具有深度。我们将为合成图像创建两束新的灯光。

11.5.1 创建灯光图层

在 After Effects 里，灯光图层把光照耀在其他图层上。我们可以从 4 种不同的灯光图层中选择——Parallel、Spot、Point 和 Ambient——使用不同的设置修改它们。默认情况下，灯光指向一个吸引点，也就是场景的焦点区域。

1. 按下 Home 键或者移动当前时间指示器到时间标尺的起点。

2. 选择 Layer>New>Light 命令。

3. 在 Light Settings 对话框里，执行以下步骤。

- 将图层命名为Key Light。
- 从Light Type下拉列表中选择Spot。
- 把Color设置为浅黄色（R=255，G=235，B=195）。
- 确保Intensity的值设置为100%，Cone Angle为90°。
- 确保Cone Feather的值为50%。
- 选择Casts Shadows选项。
- 将Shadow Darkness的值设为50%，Shadow Diffusion的值设为150像素。
- 单击OK，创建灯光图层，如图11.12所示。

灯光图层在Timeline面板里由灯泡图标（💡）表示，在Composition面板里用刻着十字标尺线的图标（⊕）表示兴趣点。

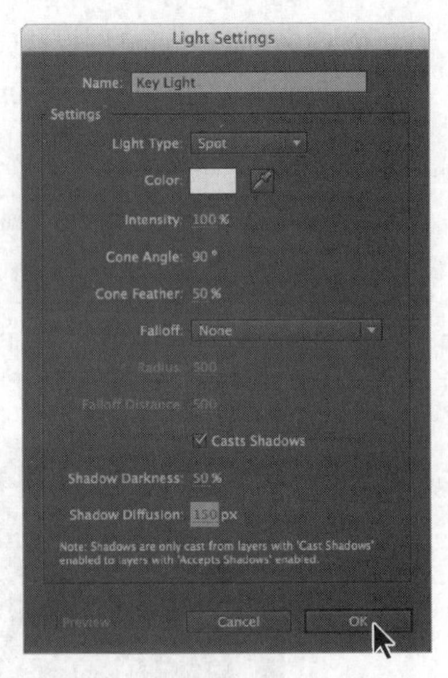

图11.12

11.5.2 焦点的定位

灯光的焦点现在被定位在场景的中心位置。因为文本图层就在中心位置，不需要再做调整。但是，我们需要改变灯光的位置，这样场景就会看上去不那么单调。

1. 在Timeline面板里选择Key Light图层，然后按P键显示灯光图层的Position属性。

2. 在Timeline面板里，在Position属性里输入（955，−102，−2000）。

灯光位于物体的前上方，正在对准下方照明，如图11.13和图11.14所示。

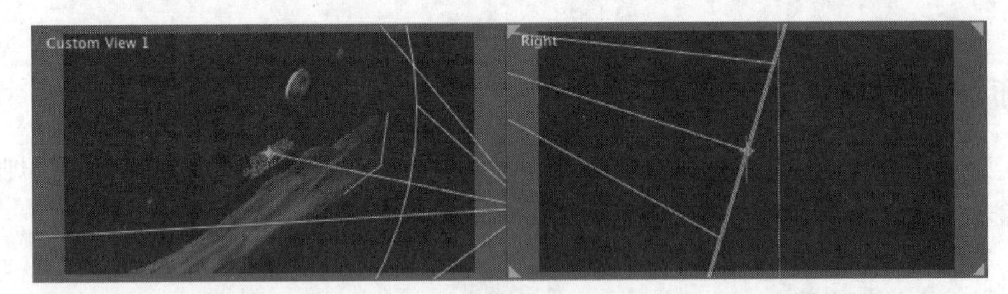

图11.13

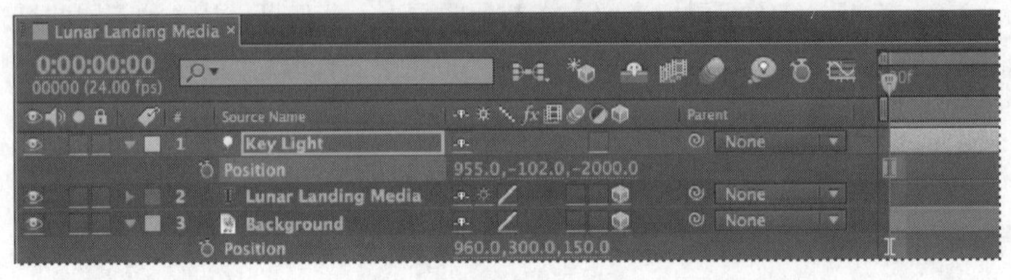

图11.14

11.5.3 创建并定位填充光

主光源能给场景带来喜怒无常的感觉，但是现在还是非常暗。我们将添加一个填充光来照亮较暗的区域。

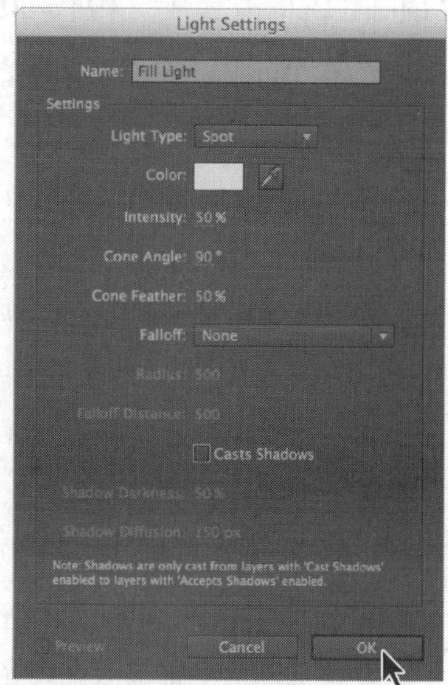

图11.15

1. 选择 Layer>New>Light 命令。
2. 在 Light Settings 对话框里，执行以下步骤。
   - 将图层命名为 Fill Light。
   - 从 Light Type 下拉列表中选择 Spot。
   - 把 Color 设置为浅蓝色（R=205，G=238，B=251）。
   - 确保 Intensity 的值设置为 50%，Cone Angle 为 90°。
   - 确保 Cone Feather 的值为 50%。
   - 取消选中 Casts Shadows。
   - 单击 OK，创建灯光图层，如图 11.15 所示。
3. 在 Timeline 面板中，选择 Fill Light 图层，按 P 键显示 Position 属性。
4. 将 Position 值改为（2624，370，−1125），如图 11.16 和图 11.17 所示。

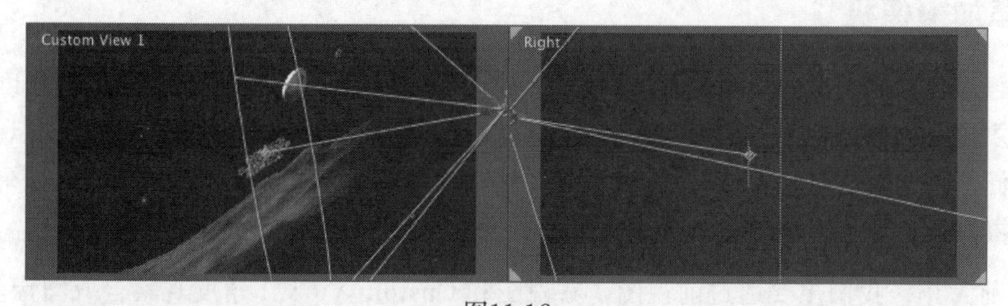

图11.16

图11.17

文本字体，星星和月亮加亮区现在更明亮了。

5. 隐藏所有图层的打开属性。
6. 选择 File>Save 命令。

11.5.4 投射阴影和设置材料属性

混合了暖色和冷色，场景看上去好了很多。但是，场景看上去还不是三维的。我们将改变 Material Options 属性，来决定 3D 图层是如何与灯光和阴影相互作用的。

1. 在 Timeline 面板里选择 Lunar Landing Media 图层，连按两次 A（AA）显示图层的 Material Options 属性。

Material Options 属性组能够帮你定义出 3D 图层的表面性质。你也可以设置阴影和光线传输值的数值。

2. 对于 Casts Shadows，单击 Off 切换设置为 on（确保设置是 On，而不是 Only）。

文本图层现在是在场景的灯光的基础上投射阴影的。

3. 把 Diffuse 值更改为 60%，把 Specular Intensity 值改为 60%，这样文本图层就能反射场景里更多的光。

4. 把 Specular Shininess 值更改为 15%，这样表面看上去就会更加具有金属光泽，如图 11.18 所示。

5. 隐藏 Lunar Landing Media 图层的属性。

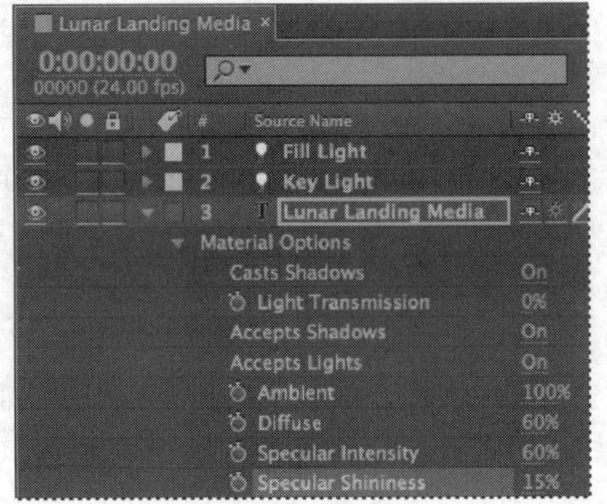

图11.18

11.6 添加摄像机

我们已经可以从不同的角度观看 3D 场景。使用摄像机图层，我们可以从不同的角度和距离观察 3D 图层。为合成图像设置摄像机视图后，你就好像通过那台摄像机一样观察图层。观察合成图像时，我们可以选择是通过 Active Camera 还是通过命名的自定义摄像机进行观察。如果还没有创建自定义摄像机，则 Active Camera 与默认的合成图像视图相同。

到目前为止，我们主要通过前视图，右视图和 Custom View 1 角度观察合成图像。而现在，Active Camera 视图又无法从一个特定的角度查看合成图像。为了看到你想要看到的任意元素，我们将创建自定义摄像机。

1. 选择 Layer>New>Camera 命令。

2. 在 Camera Settings 对话框中，选择 20mm 预设，然后单击 OK 按钮，如图 11.19 所示。

Camera 1 图层将显示在 Timeline 面板图层栈的顶部（图层名旁边有一个摄像机图标），Composition 面板将更新，以反映新的摄像图层的透视效果。视图应该发生微小变化，这是因为 20mm 摄像机预设比默认的视图使用更广阔的视角。如果没有注意到场景的变化，切换 Camera 1 图层的可见度，确保它是可见的。

3. 在 Composition 面板底部的 Select View Layout 下拉列表中选择 2 Views–Horizontal。

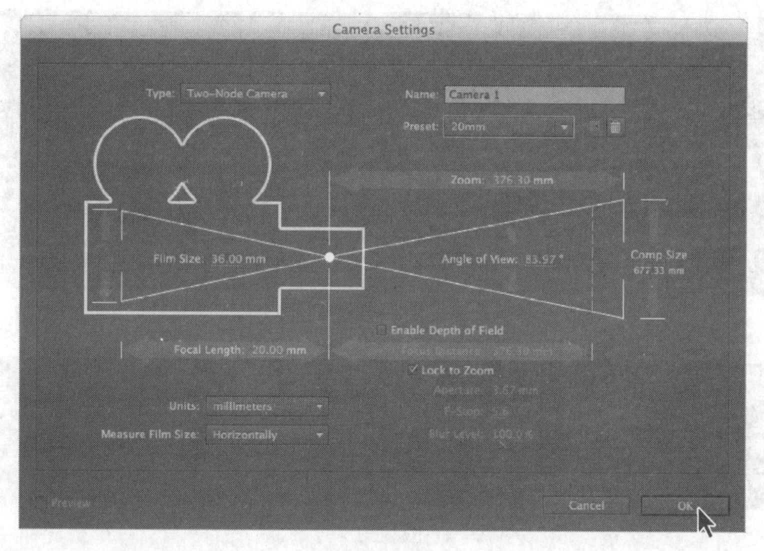

图11.19

将左视图更改为 Right，确保右视图更改为 Active Camera，如图 11.20 所示。

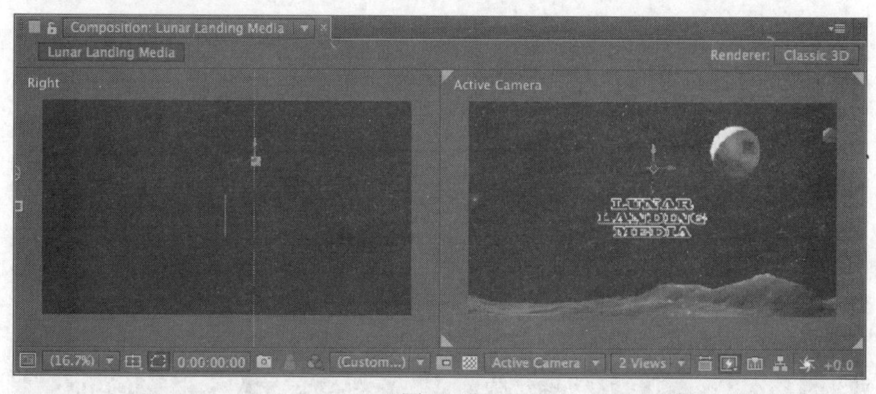

图11.20

就像灯光图层一样，摄像机图层有一个兴趣点，它可以用来决定摄像机的拍摄对象。默认情况下，摄像机的兴趣点位于合成图像的中央。也就是现在文本所在的位置，因此兴趣点很重要。

4. 确保当前时间指示器位于时间标尺的起点。选中了 Camera 1 图层，按 P 键显示图层的 Position 属性。单击 Position 属性旁边的秒表图标（ ），创建最初的关键帧。

5. 把 z 轴的值设置为 −1000，如图 11.21 和图 11.22 所示。

摄像机缓慢地向文本移动。

6. 移到 1:00 处。

7. 把 z 轴的值改为 −500。

摄像机离文本更近了。

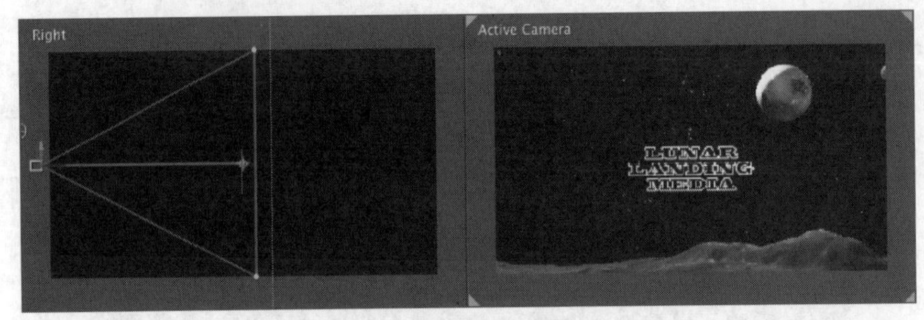

图11.21

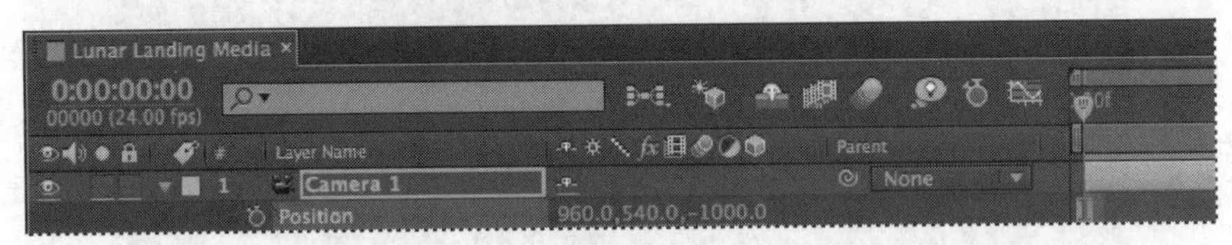

图11.22

8. 右键单击（Windows）或者按下 Control 键同时单击（Mac OS）第二个 Position 关键帧，选择 Keyframe Assistant>Easy Ease In 命令，如图 11.23 和如图 11.24 所示。

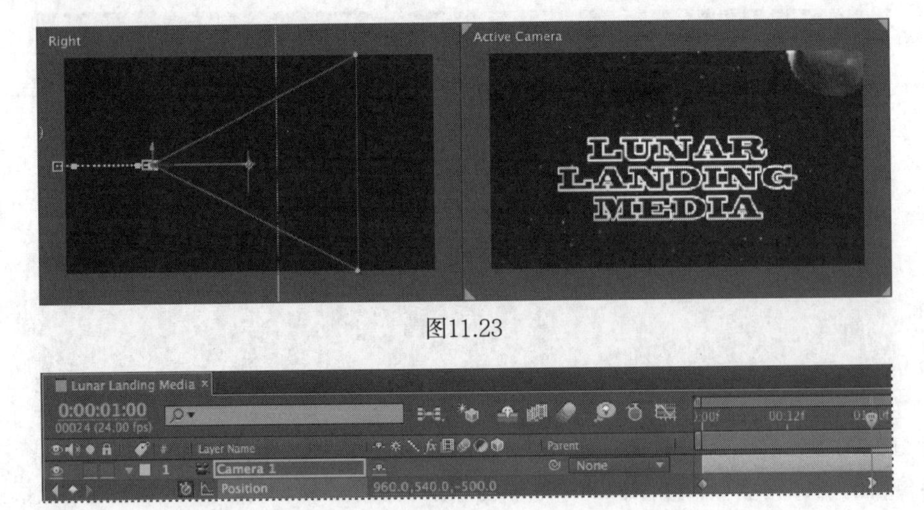

图11.23

图11.24

9. 手动拖动时间轴到 1:00 处。随着摄像机穿过场景，注意灯光是如何反射到文本图层的，广角摄像机镜头是如何影响整体图像的。

10. 隐藏 Camera 1 图层的 Position 属性，然后选择 File>Save 命令。

11.7 重新定位层

在 1:00 处，文本在屏幕的下方。我们想要在它下面添加文本，所以需要做一些调整。同时，现在相机已经就位了，我们将重新定位背景图层，这样月球表面的更多部分就可见了。

1. 按 Home 键或者把当前时间指示器移动到时间标尺的起点。

2. 在 Timeline 面板中选择 Background 图层，按 P 键显示其 Position 属性。然后把 Position 属性的 *z* 轴的值改为 700。

3. 在 Timeline 面板中选择 Lunar Landing Media 图层，按 P 键显示其 Position 属性。然后把 Position 属性的 *y* 轴的值改为 470，如图 11.25 和图 11.26 所示。

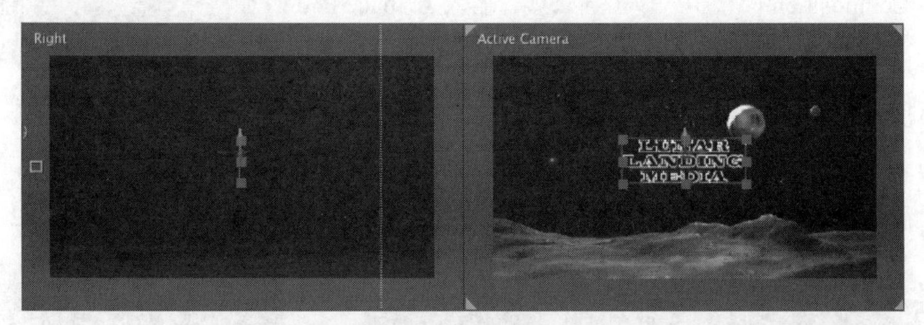

图11.25

图11.26

4. 隐藏 Background 图层和 Lunar Landing Media 图层的 Position 属性。

5. 单击 Timeline 面板中的空白区域，取消选中所有图层。

11.8 添加文本图层

现在文本下面有空白区域，我们将创建新的文本图层。

1. 在 Tools 面板中选择 Horizontal Type 工具（T）。在 Character 面板中，执行以下操作。

   - 字体：Chaparral Pro。
   - 字体样式：常规。
   - 填充颜色：白色。
   - 字体大小：40 像素。

- 行距：100 像素。
- 轨道：0%。
- 画笔宽度：0 像素。
- 水平比例尺：100%，如图 11.27 所示。

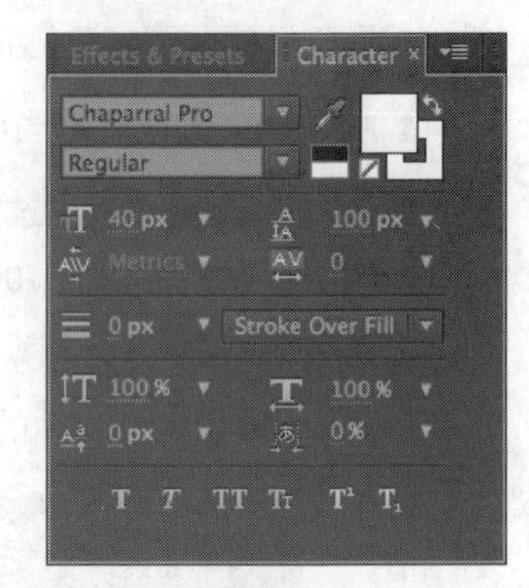

图11.27

2. 取消选中 Character 面板中的 All Caps。

3. 在 Composition 面板中，单击插入点，输入 A Space Pod LLC。

4. 在 Tools 面板中选择 Selection 工具（ ）。

5. 单击 A Space Pod LLC 图层的 3D Layer 开关，转换为 3D。

6. 按 P 键显示图层的 Position 属性。然后在 Position 属性里输入（960，675，0），把新文本放在 Lunar Landing Media 下边。按 P 键隐藏 Position 属性，如图 11.28 和图 11.29 所示。

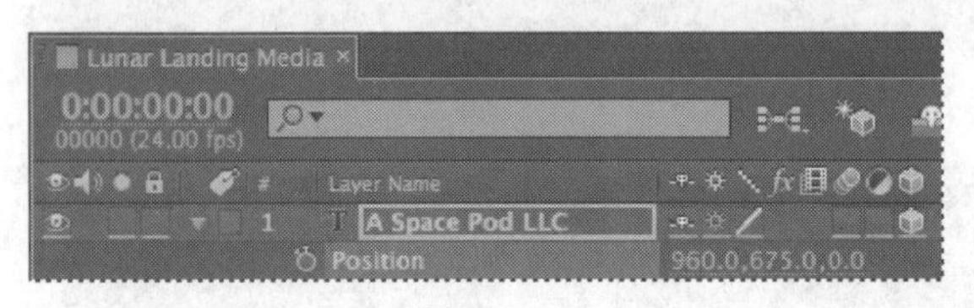

图11.28

图11.29

AE | **注意**：如果你喜欢，你可以使用屏幕上的小部件来定位图层。

7. 把时间轴移到 1:04 处。展开 A Space Pod LLC 图层，然后从 Animate 下拉列表中选择 Opacity。

8. 在 Range Selector 1 下拉列表中，把 Opacity 值改为 0%。

9. 展开 Range Selector 1，确保 Start 值为 0%。然后单击秒表图标（ ）创建最初的关键帧的 Start 值，如图 11.30 和图 11.31 所示。

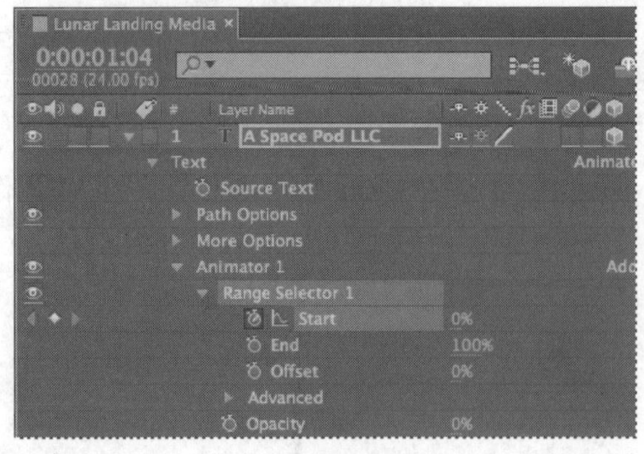

图11.30

图11.31

10. 移动到时间表的 1:12 处，把 Start 值改为 100%。

11. 手动拖动时间轴到 1:12 处，预览动画，如图 11.32 ~图 11.34 所示。

图11.32

图11.33

图11.34

12. 隐藏所有打开属性，然后选择 File>Save 命令保存作品。

11.9 使用 Cinema 4D Lite

After Effects CC 安装了 Maxon Cinema 4D 的一个版本，允许运动图像艺术家和动画师将 3D 对象直接插入到 After Effects 场景中，而不用事先渲染通道，也不存在潜在的复杂的文件交换。我们可以导入，创建和编辑各种形式的 3D 对象。

我们将使用 Cinema 4D Lite 来创建压缩文本，这些压缩文本将被添加到 After Effects 场景中。

11.9.1 导出场景文件

After Effects 和 Cinema 4D 从场景的不同地方测量坐标。在 After Effects 里，（0，0，0）坐标位于场景的左上角。而在 Cinema 4D 里，同样的坐标位于中心位置。在这两个应用程序之间移动的时候请记住这点。你可以轻松打开 Cinema 4D 里的 After Effects 合成图像，如果你事先整理好一切会更加容易。我们需要使用空对象来完成它。

1. 激活 Timeline 面板，然后选择 Layer>New>Null Object 命令。

空对象是一个不可见图层，它具有课件图层的所有属性，所以可以成为合成图像中任意图层的父图层。我们将使用空对象把场景重新定位到（0，0，0）。

2. 在 Timeline 面板中，选择 Null 1 图层，单击 3D 开关（ ），使其成为 3D 图层，如图 11.35 和图 11.36 所示。

图11.35

图11.36

3. 选择 A Space Pod LLC 图层，然后按下 Shift 键同时单击 Background 图层，选择除了 Null 1 图层外的所有图层。

4. 从 Background 图层的 Parent 下拉列表中选择 Null 1，如图 11.37 所示。

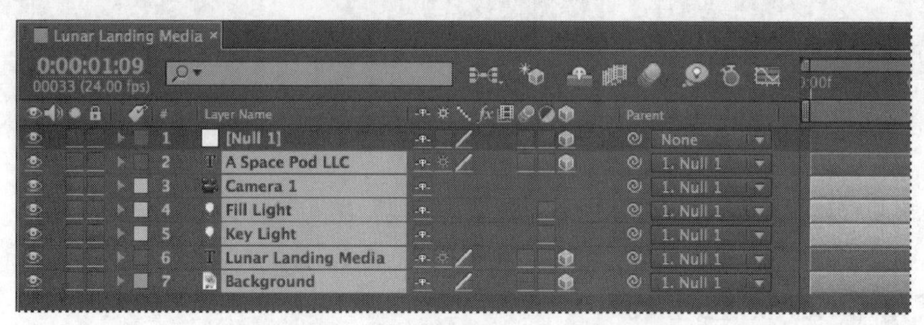

图11.37

现在 Null 1 图层是所有选中图层的父图层。对空对象进行的任何更改也将对它们产生影响。

5. 选择 Null 1 图层，按 P 键显示 Position 属性。然后把 x 值和 y 值改为 0，如图 11.38 和图 11.39 所示。

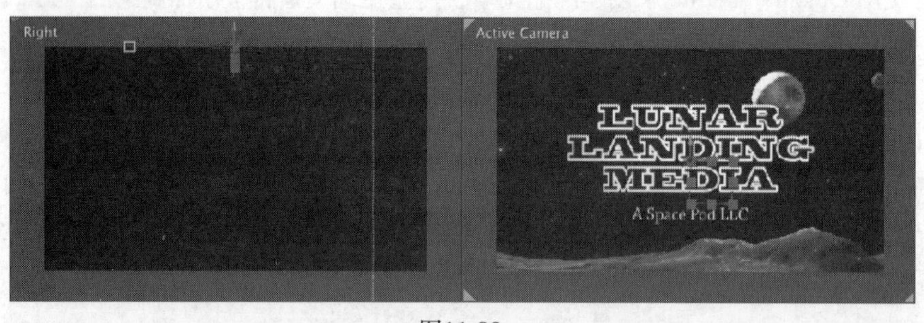

图11.38

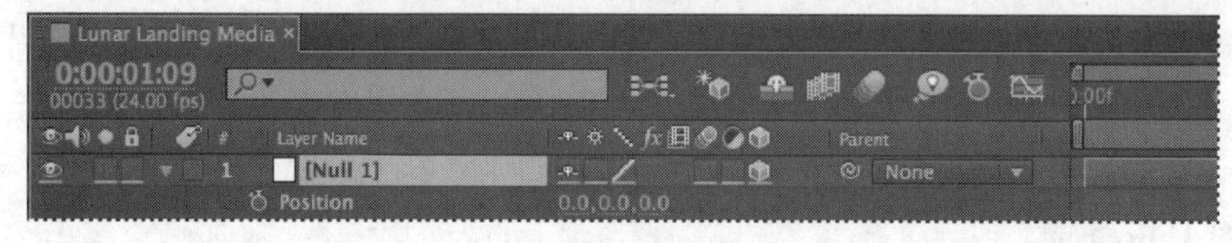

图11.39

在 Composition 面板里的 Active Camera 视图中，似乎没有什么发生，但是在右视图里，场景的内容似乎有转变。

6. 选择 File>Save 命令。

7. 在 Project 面板里选择 Lunar Landing Media 合成图像，然后选择 File>Export>Maxon Cinema 4D Exporter 命令。

8. 在 Save As 对话框里，把文件命名为 Lesson11.c4d，保存在 Lesson 11 文件夹里。单击 Save

按钮导出文件。

Cinema 4D 输出端将灯光，摄像机和某些图层从 After Effects 的场景导出到 Cinema 4D 文件里。你也可以把生成的 .c4d 文件直接导入到 After Effects，把它合成为一个 After Effects 的场景。

9. 选择 File>Import>File 命令，选择保存好的 Lesson11.c4d，然后单击 Import 或 Open 按钮。

10. 把 Lesson11.c4d 文件从 Project 面板拖到 Timeline 面板里，把它放在 Lunar LandingMedia 和 Key Light 图层之间。

当你把 .c4d 文件添加到 Timeline 面板里，After Effects 就会打开 Cineware 特效。Cineware 创建并管理 After Effects 和 Cinema 4D 之间的联系，如图 11.40 所示。

当我们在 After Effects 里使用 Cinema 4D 文件的时候，我们应该从 Cineware 特效的 Renderer 列表中选择 Software 或 Standard（Draft）。然而，如果准备渲染最终作品，从 Renderer 列表中选择 Standard（Final）。

11. 在 Effects Controls 面板里的 Cineware 特效中，从 Renderer 列表中选择 Standard（Draft）。

Software 选项创建了低分辨率版本的文件。Standard（Draft）选项能够使我们更好地观看 Cinema 4D，如图 11.41 所示。

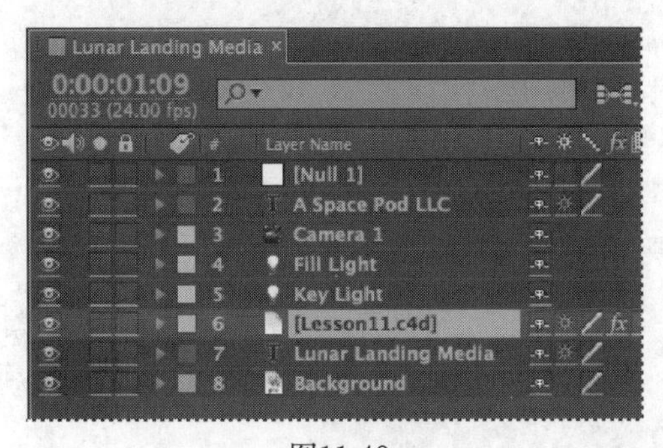

图11.40

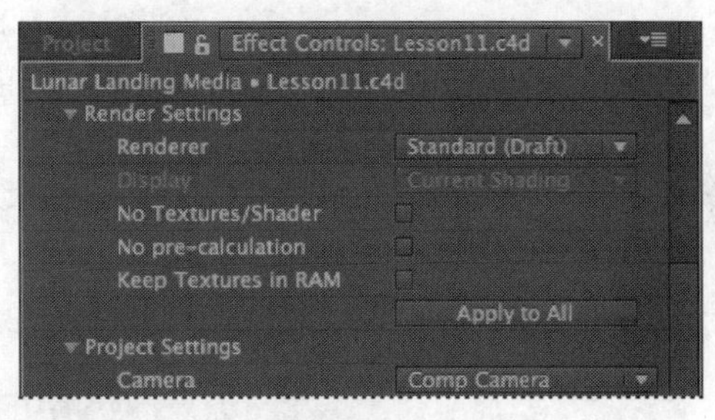

图11.41

12. 在 Effects Controls 面板里，从 Camera 列表中选择 Comp Camera。

Comp Camera 选项能使我们在合成图像中使用之前创建的 After Effects 摄像机，从而对摄像机的运动做一些改进。Cineware 将自动调整来自 Cinema 4D 场景中的 3D 对象。

11.9.2 在 Cinema 4D 中创建 3D 文本

After Effects 没有把文本图层导出到 Cinema 4D 中来，但是把纯色背景对象，创建的两个灯光图层和摄像机图层导出到 Cinema 4D 中来了。我们将使用 Cinema 4D Lite 来为这个作品创建压缩文本。

1. 在 Project 面板中，选择 Lesson11.c4d 文件，然后选择 Edit>Edit Original 命令。

注意：当你打开 Cinema 4D Lite 的时候，系统可能会提示你更新应用程序。

在 Cinema 4D Lite 中打开 Lesson11.c4d 文件，如图 11.42 所示。

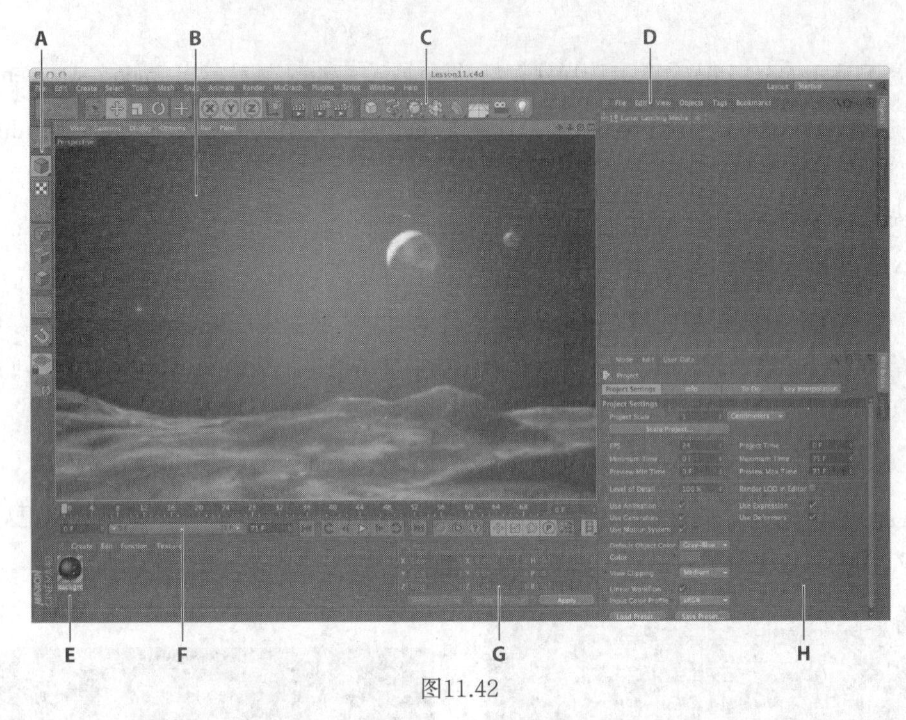

图11.42

A. 模式按钮调色板　B. 观察口　C. 工具按钮调色板　D. 对象管理器
E. 材料管理器　F. 时间轴　G. 坐标管理器　H. 属性管理器

2. 在 Cinema 4D 时间轴上，把片段长度更改为 72 帧，如图 11.43 所示。

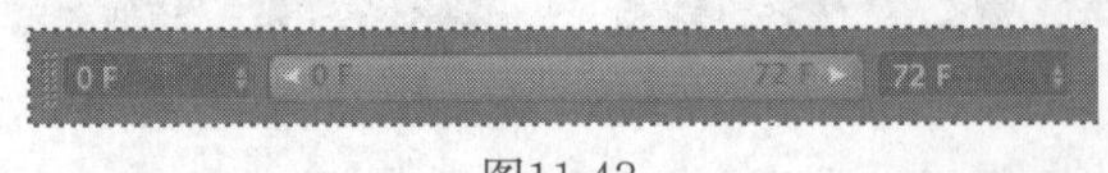

图11.43

3. 激活 After Effects。然后，右键单击或者按下 Control 键同时单击 Timeline 面板里的 Lesson11.c4d 图层，选择 Time>Time Stretch 命令。

4. 在 New Duration 中输入 3:00，确保 Time Stretch 对话框中的 Hold In Place 区域选择了 Layer In-Point，然后单击 OK 按钮，如图 11.44 所示。

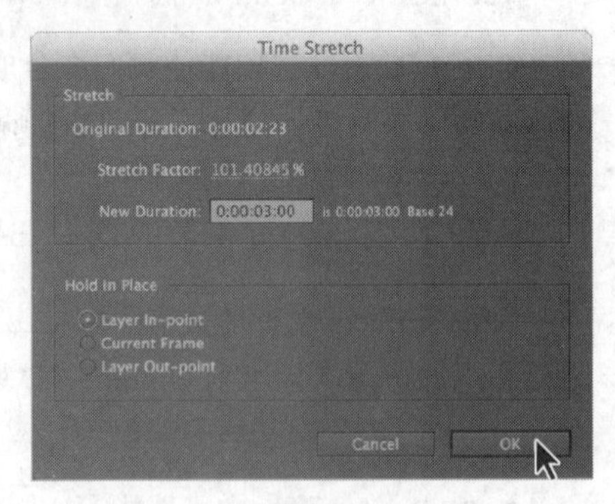

图11.44

5. 在 After Effects 中，选择 File>Save 命令。

6. 切换回 Cinema 4D Lite。

7. 在 Tools Icon Palette（菜单栏下面）中，单击并按住 Freehand 图标（ ）右下角的三角，展开菜单，然后选择 Text 工具（ ），如图 11.45 和图 11.46 所示。

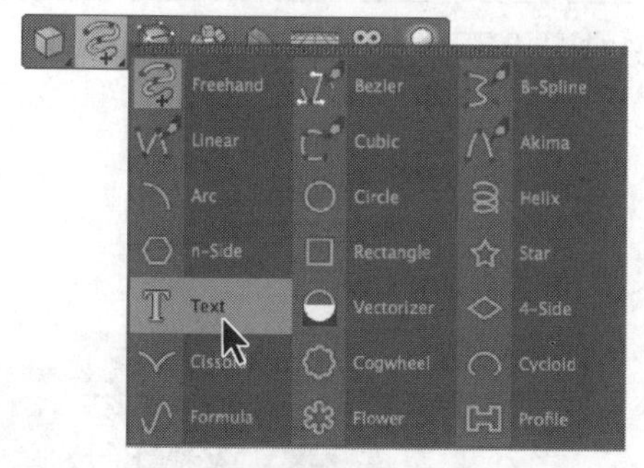

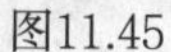
图11.45

图11.46

一个基本的文本样条就在场景中间显示出来了。

8. 在 Attribute Manager 中的文本框里，输入 LUNAR LANDING MEDIA，每个单词自成一行。

9. 在 Attribute Manager 里，文本设置按照如下步骤执行。

- 字体：Blackoak St。
- 高度：70cm。
- 垂直间距：-30cm，如图 11.47 和图 11.48 所示。

图11.47

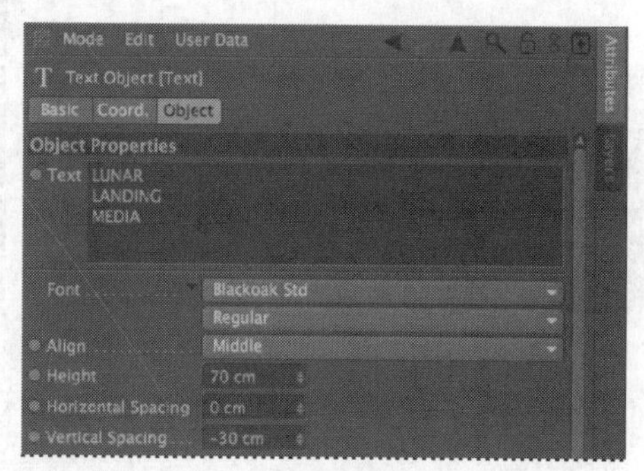

图11.48

10. 把 Timeline 里的播放头拖到帧 24（1:00）的位置，如图 11.49 所示。

图11.49

摄像机移动的效果和 After Effects 里是一致的。Viewport 里的 3D 轴也与 After Effects 中 Composition 面板里的相似。

11. 单击 y 轴箭头（绿色），把文本对象拖动到与图像中差不多的位置。确保文本下面可以有空间容纳其他文本，如图 11.50 所示。

> **AE** **注意：**如果不能选择 y 轴箭头，先选择 Move 工具。

12. 在 Tools Icons Palette 中，单击并按住 HyperNURBS 图标（ ）右下角的三角，展开菜单，然后选择 Extrude NURBS（ ），如图 11.51 所示。

图11.50

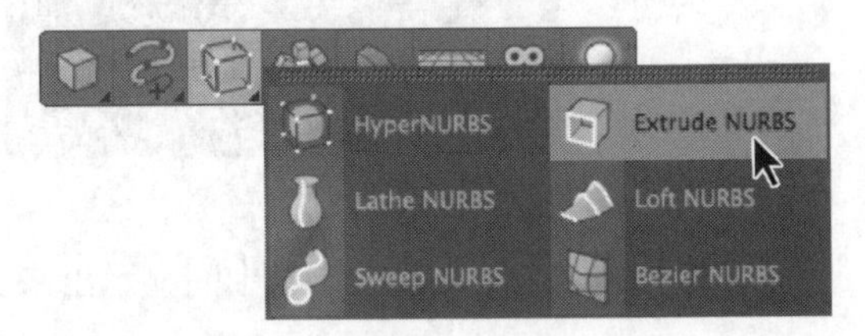

图11.51

13. 在 Object Manager 中，选择 Text 对象，然后把它拖动到 Extrude NURBS 右边的中间列，Extrude NURBS 成为 Text 对象的父类。当光标变成一个带有向下箭头的盒子（ ）时，我们就知道已经正确定位了，如图 11.52 和图 11.53 所示。

图11.52

图11.53

在 Object Manager 中，Text 对象嵌套在 Extrude NURBS 对象下面，表明继承关系。在 Viewport 中，文本现在已经被压缩。

14. 在 Object Manager 中，单击 Extrude NURBS 对象把它激活（它变成亮橙色），如图 11.54 所示。

15. 在 Attribute Manager 中，选择 Object 选项，然后把 z 轴 Movement 值改为 70cm，如图 11.55 所示。

压缩的文本看上去好很多了。我们将通过倾斜边缘和做一些调整的方式来进一步增强文本的效果。

16. 在 Attribute Manager 中，选择 Caps 选项，执行以下步骤。

- 从 Start 菜单中选择 Fillet Cap。

图11.54

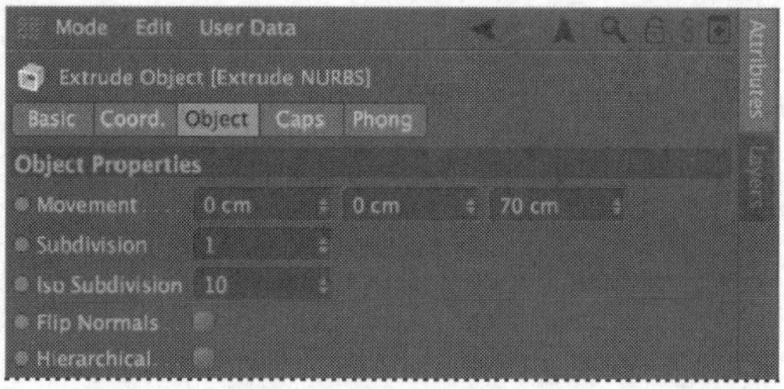

图11.55

- 把 Steps 值增加到 2。
- 把 Radius 值减小到 3cm。
- 从 Fillet Type 菜单中选择 Concave。

我们所做的改变使文本的边缘很引人注目，如图 11.56 和图 11.57 所示。

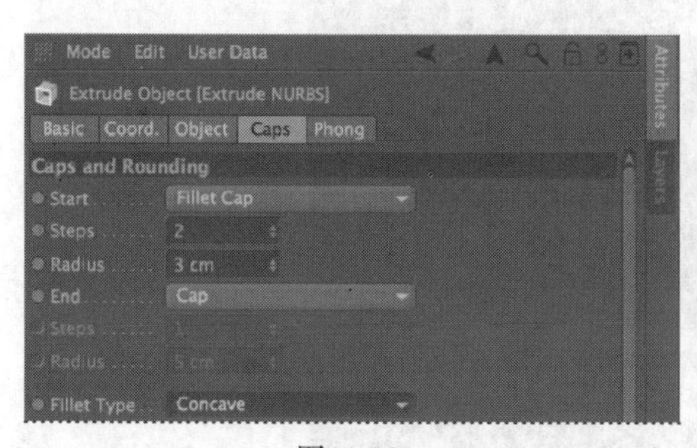

图11.56

图11.57

11.9.3　对象表面材质

Cinema 4D Lite 带有很多预设的表面材质，可以把它们应用到 3D 对象上。我们可以给文本添加一个金属表面。

1. 在 Materials Manager 中，单击 Create 按钮，然后选择 Load Material Preset>Lite>Materials>Metal> Metal-Stainless Steel Brushed Radial 命令。
2. 在 Materials Manager 中，单击刚刚添加的 Metal 表面，把它拖到 Viewport 里的文本上，如图 11.58 所示。
3. 选择 File>Save 命令。

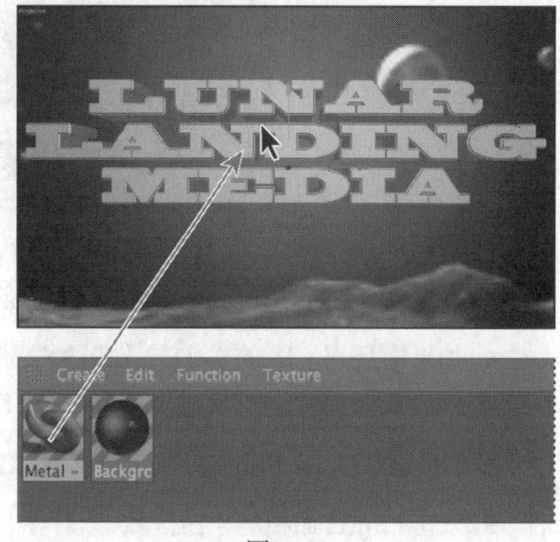

图11.58

11.9.4 在 After Effects 里更新作品

我们已经按照需要在 Cinema 4D Lite 里做了修改，所以现在可以返回 After Effects 看看作品的效果如何。最后一步，为音频文件添加字幕卡片。

1. 回到 After Effects。

更新 After Effects，Cinema 4D 对象出现在 Composition 面板的 Active Camera 视图里。

2. 从 Composition 面板底部的 Select View Layout 下拉列表中选择 1 View。如果尚未选中，就从 3D View 下拉列表中选择 Active Camera。

3. 在 Timeline 面板中，取消选择 Lunar Landing Media 文本图层的 Video 开关，把它隐藏起来，如图 11.59 和图 11.60 所示。

图11.59

图11.60

原始的文本图层是在 Cinema 4D Lite 里创建的 3D 文本的占位符。在最后的作品中不需要它。

4. 如果需要对 Cinema 4D 文件里的文本重新定位，回到 Cinema 4D Lite，调整文本，选择 File>Save 命令。然后再次回到 After Effects。

我们可以在 After Effects 和 Cinema 4D 之间来回移动。

5. 双击 Project 面板的空白区域，然后导航到 Lesson11/Assets 文件夹。双击 Lunar.mp3 文件导入。

6. 从 Project 面板里，把 Lunar.mp3 文件拖到 Timeline 面板里图层栈的底部，如图 11.61 所示。

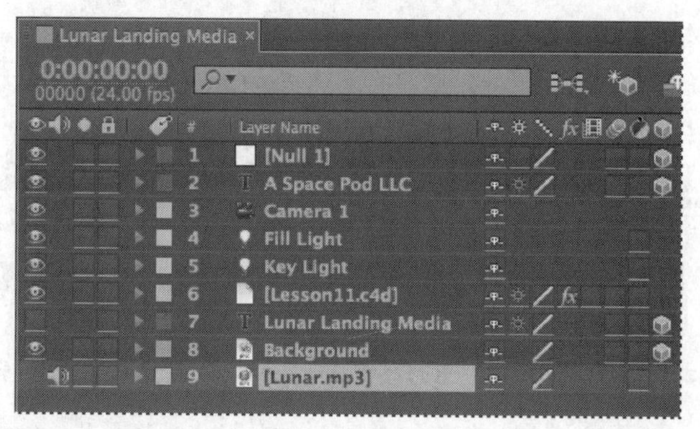

图11.61

7. 选择 File>Save 命令。

8.（可选）在渲染之前，创建 RAM Preview 查看作品。为了能够更快地创建 RAM Preview，展开 Timeline 面板中 Lesson11.c4d 图层的属性，单击 Effects 下面的 CINEWARE。然后，在 Effect Controls 面板中选择 No Pre-calculation 和 Keep Textures In RAM，如图 11.62 ~ 图 11.64 所示。

图11.62

图11.63

图11.64

准备渲染文件。

9. 在 Project 面板里，选择 Lunar Landing Media 合成图像，然后选择 Composition>Add To Render Queue 命令。

10. 在 Render Queue 面板里，单击 Best Settings 打开 Render Settings 对话框。然后从 Resolution 菜单中选择 Half（如果系统非常慢，可能想要选择 Quarter 或者 Third）。单击 OK 按钮。

11. 单击 Output To 旁边的橙色文本，导航到 Lesson11/Finished_Project 文件夹。然后单击 Save 按钮。

12. 单击 Render Queue 面板里的 Render。

13. 如果你的作品已经渲染完毕，用 QuickTime 打开它欣赏你的杰作吧！对于在 After Effects 里使用 3D 场景可能产生什么效果，以及在 Adobe After Effects 和 Maxon Cinema 4D Lite 之间我们能做什么工作，刚刚只是做了肤浅的研究。

额外处理

压缩3D文本

使用射线追踪3D Renderer，可以在不离开After Effects的情况下压缩3D文本。压缩文本具有更强控制力和灵活性的属性。

1. 打开新项目，单击 Create A New Composition 按钮。在 Composition Settings 对话框，把新的合成图像命名为 Extruded text，取消选择 Lock Aspect Ratio，然后输入宽度为 800 像素，高度为 400 像素，持续时间为 3 : 00。把背景颜色调成灰色。然后单击 OK 按钮。

2. 单击 Timeline 面板激活，选择 Horizontal Type 工具。然后在 Character 面板里按照以下设置。

- 字体 : Blackoak Std。
- 填充颜色 : 白色。
- 画笔颜色 : 无。
- 字体大小 : 70 像素。
- 行距 : 70 像素。
- 轨迹 : 20 像素。
- 水平比例尺 : 65%。
- 全部大写。

3. 在 Paragraph 面板中，对齐选项选择 Center Text。然后单击 Composition 面板里的任意位置，输入 Lunar Landing Media，每个单词自成一行。

4. 选择 Selection 工具。在 Timeline 面板中，选择 Lunar Landing Media 图层，按 P 键。设置 Position 属性为（400，225）。然后隐藏 Position 属性。

5. 确保 Timeline 面板里的 Extruded Text 合成图像处于激活状态，选择 Composition> Composition Settings 命令。

6. 在 Composition Settings 对话框里，单击 Advanced 选项。从 Renderer 菜单中选择射线追踪 3D。阅读警示语，然后单击 OK 按钮。单击 OK 按钮，关闭 Composition Settings 对话框。

现在射线追踪3D Renderer已经启用，可以压缩文本了。

7. 如果还未启用，就选择 Lunar Landing Media 图层的 3D Layer 开关。

8. 按下 Ctrl 键同时单击（Windows）或者按下 Command 键同时单击（Mac OS）Lunar Landing Media 图层 Label 栏里的三角，显示图层的所有属性。

9. 在 Geometry Options 下，从 Bevel Style 菜单选择 Convex，把 Bevel Depth 改为 3，Hole Bevel Depth 改为 20%，Extrusion Depth 改为 60。

10. 在 Material Options 下，切换 Casts Shadows 为开的状态，把 Specular Shininess 改为 50%，把 Metal 改为 50%。其他所有设置使用默认值。然后隐藏图层的属性，如图 11.65 所示。

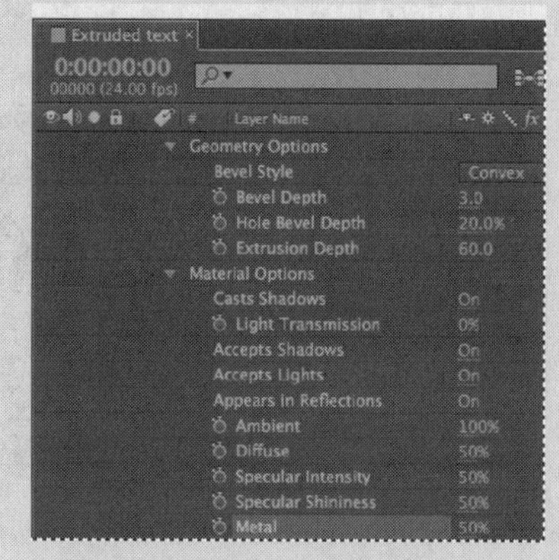

图11.65

这些设置创建了一个可以使用的非常基本的3D对象。Hole Depth Extrusion能够防止文本的间距变得过于紧凑。当你在压缩文本的时候，也许你还需要调整字距（字母之间的间距），防止3D字母互相碰撞。现在我们将添加灯光，这样就能更清楚地看见压缩的文本了。

11. 选择 Layer>New>Light 命令。在 Light Settings 对话框中，执行以下步骤。

- 将图层命名为 Spotlight。
- 从 Light Type 下拉列表中选择 Spot。
- 把 Color 设置为浅黄色（R=241，G=235，B=197）。
- 选择 Casts Shadows。
- 把 Shadow Diffusion 改为 25 像素。
- 单击 OK 按钮，添加聚光灯。

12. 在 Timeline 面板中，选择 Spotlight 图层，展开其 Transform 属性。然后把 Point Of Interest 的值改为（528，238，−148），Position 值改为（136，184，−300）。

13. 选择 Layer>New>Light。在 Light Settings 对话框中，执行以下步骤。

- 将图层命名为 Fill Light。
- 从 Light Type 下拉列表中选择 Point。
- 把 Color 设置为浅紫色（R=200，G=184，B=217）。
- 把 Intensity 值改为 100%。
- 其他设置与之前的灯光一样。
- 单击 OK 按钮，添加填充灯。

14. 选择 Timeline 面板里的 Fill Light 图层，然后按 P 键。把灯光的 Position 值改为（58，130，−350）。

现在只要添加背景，就大功告成了！

15. 双击 Project 面板的空白区域，导入 Space_Landscape.jpg 文件。

16. 把 Space_Landscape.jpg 文件从 Project 面板拖到 Timeline 面板底部。展开 Transform 属性，然后把 Position 值改为（459，96），比例尺改为 35%，如图 11.66 所示。

图11.66

11.10 复习题与答案

11.10.1 复习题

1. 选取 3D Layer 开关后，图层将发生什么变化?

2. 为什么说用多视图查看包含 3D 图层的合成图像非常重要?

3. 什么是摄像机图层?

4. After Effects 中的 3D 灯光是什么?

11.10.2 复习题答案

1. 在 Timeline 面板中，选取图层的 3D Layer 开关后，After Effects 将对图层添加第三个轴——*z* 轴。然后，我们可以在三维空间内移动和旋转图层。此外，该图层还将增加几个 3D 图层特有的新属性，如 Material Options 属性组。

2. 根据在 Composition 面板中所使用的视图不同，你所看到的 3D 图层效果可能具有欺骗性。而激活 3D 视图后，就可以观察到一个图层相对于合成图像内其他图层的真实位置。

3. 我们可以使用 cameras 图层从任意多角度和距离观察 3D 图层。为合成图像设置摄像机视图后，就可以像通过那台摄像机一样来观察图层。我们可以选择是通过 Active Camera 还是命名的自定义摄像机来观察合成图像。如果你还没有创建自定义摄像机，那么 Active Camera 与默认的合成图像视图相同。

4. 在 After Effects 中，灯光图层把光照耀在其他图层上。我们可以从 4 种不同的灯光图层中选择——Parallel、Spot、Point 和 Ambient——使用不同的设置修改它们。

第12课 使用3D Camera Tracker

课程概述

本课介绍的内容包括：

- 使用3D摄像机跟踪画面；
- 把摄像机和文本元素添加到跟踪的场景中；
- 设置圆盘和原点；
- 为3D元素创建实体的阴影；
- 使用空对象锁定平面的元素；
- 调整摄像机设置，使其与真实画面相匹配；
- 从DSLR画面中删除滚动快门失真。

本课大约要用1个半小时时间完成。启动After Effects之前，先找到附带光盘的Lesson12文件夹，将其复制到本地硬盘上为这些项目创建的文件夹Lessons中(或现在创建Lessons文件夹)。学习本课时，将覆盖复制的初始文件。如果需要恢复这些初始文件，从附带光盘中再复制一遍即可。

3D Camera Tracker 效果通过分析二维画面来创建虚拟的 3D 摄像机，与原型相匹配。我们可以使用这些数据来添加 3D 对象，这样能够使场景逼真。

12.1 关于 3D Camera Tracker 效果

3D Camera Tracker 效果自动分析了 2D 画面中出现的运动，提取位置和拍摄现场的真实摄像机的镜头类型，然后在 After Effects 里创建新的 3D 摄像机，与其相匹配。3D 摄像机跟踪效果也会在 2D 画面上覆盖 3D 跟踪点，这样我们就可以很容易在原来的画面上添加新的 3D 图层。

这些新的 3D 图层具有相同的运动，并与原始画面的角度变化一致。3D 摄像机跟踪效果甚至可以创建"影子捕手"，这样新的 3D 图层就可以把真实的阴影和反射投射到现有的画面上了。

3D 摄像机跟踪在后台进行分析。因此，我们可以在分析画面的同时完成其他作品。

12.2 开始

在本章中，我们将为虚构的现实节目创建开场，估算办公桌上的日常物品的价值。我们将首先导入素材，然后用 3D Camera Tracker 效果跟踪它。接着，添加 3D 文本元素，这些元素能够精确地跟踪场景。最后，对文本做动画处理，添加音频，增强画面效果，从而完成节目介绍。

首先，预览最终影片效果，然后设置项目。

1. 请确认下述文件存在于您计算机硬盘的 AECC_CIB/Lessons/Lesson12 文件夹中。

   - Assets 文件夹：DesktopC.mov、Treasures_Music.aif、Teasures_Title.psd。
   - Sample_Movie 文件夹：Lesson12.mov。

2. 请打开并播放 Lesson12.mov 文件，查看本章将要创建的效果。播放完后，退出 QuickTime Player。如果你的硬盘空间有限，可以将该影片例子从硬盘删除。

开始本课之前，请恢复 After Effects 应用程序的默认设置。详细情况请参见前言中的"恢复默认参数"。

3. 启动 After Effects 时请按下 Ctrl+Alt+Shift（Windows）或 Command+Option+Shift（Mac OS）组合键。系统询问是否删除参数文件时，单击 OK 按钮删除参数文件。单击 Close 按钮关闭 Welcome 窗口。

After Effects 打开后显示一个空白的无标题项目。

4. 选择 File>Save As>Save As 命令。
5. 在 Save As 对话框中，导航到 AECC_CIB/Lessons/Lesson12/Finished_Project 文件夹。
6. 将该项目命名为 Lesson12_Finished.aep，然后单击 Save 按钮。

12.2.1 导入素材

本章需要导入 3 项素材。

1. 选择 File>Import>File 命令。
2. 导航到 AECC_CIB\Lessons\Lesson12\Assets 文件夹，按下 Shift 键同时单击选择 DesktopC.mov，Treasures_Music.aif 和 Teasures_Title.psd 文件，然后单击 Import 或者 Open 按钮。
3. 选择 File>New>New Folder 命令，或者单击 Project 面板底部的 Create A New Folder（ ）按钮，在该面板中创建一个新文件夹。
4. 键入 Footage 命名新文件夹，按 Enter 键或 Return 键接受该名字，然后将 DesktopC.mov 文件和 Teasures_Title.psd 文件拖放到 Footage 文件夹内。
5. 创建另一个新文件夹，并将它命名为 Audio。然后将 Treasures_Music.aif 文件拖放到 Audio 文件夹内。
6. 展开该文件夹，以查看其中的内容，如图 12.1 所示。

图12.1

12.2.2 创建合成图像

现在，我们将基于 DesktopC.mov 文件的长宽比和持续时间创建新的合成图像。

1. 将 DesktopC.mov 文件拖放到 Project 面板底部的 Create A New Composition 按钮（ ）上。After Effects 创建新的合成图像，并将它命名为 DesktopC，然后将它显示在 Composition 面板和 Timeline 面板中，如图 12.2 和图 12.3 所示。

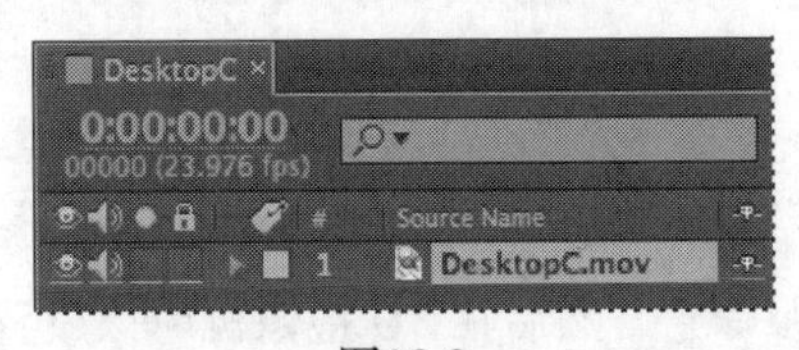

图12.2

图12.3

2. 将 DesktopC 合成图像拖放到 Project 面板中的空白区域，将它移出 Footage 文件夹。
3. 在时间标尺上拖动当前时间标志，预览剪辑。

摄像机围绕桌子移动，这样就能看见桌子上的物品了。我们将增加标签和金额数量，在背景音乐的伴随下做动画。

4. 选择 File>Save 命令，保存作品。

修复滚动快门失真

带有CMOS传感器的数码相机——包括带有视频功能的数码单反相机DSLR，它们越来越受到电影、商业广告和电视节目的欢迎——通常被称为“滚动”快门，它能够捕获一帧视频的一个扫描线。由于扫描线之间有时间差，并不是图像的所有区域都能在完全相同的时间被准确记录下来，导致运动落后于帧。如果摄像机或者对象正在移动，滚动快门就会引起失真，例如倾斜的建筑物和其他倾斜的图像。

Rolling Shutter Repair效果尝试着自动解决这个问题。选择Timeline面板里的问题图层，然后选择Effect>Distort>Rolling Shutter Repair命令，如图12.4和图12.5所示。

图12.4

图12.5

因为滚动快门失真，建筑物的柱子倾斜了。运用了该效果后，建筑物的柱子看起来更稳定

一般采用默认设置，但是可能需要改变Scan Direction或者正在使用的Method来分析画面。

如果计划在已经使用Rolling Shutter Repair效果的地方对画面使用3D Camera Tracker效果，首先要预先构造画面。

12.3 素材跟踪

2D 画面已经就位。现在我们将用 After Effects 跟踪它，然后在 3D 摄像机应该放置的位置插入 3D 摄像机。

1. 在 Timeline 面板中，单击 DesktopC.mov 图层的 Audio 按钮，减弱音频的声音。

稍后将要添加配乐，我们不希望从这个视频中传来任何环境噪音。

2. 在 Timeline 面板中，右键单击（Windows）或者按下 Control 键同时单击（Mac OS）DesktopC.mov 图层，选择 Track Camera，如图 12.6 所示。

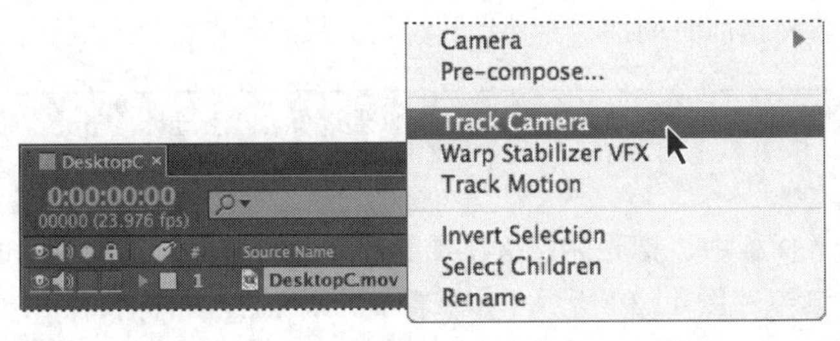

图12.6

After Effects 打开 Effect Controls 面板，在后台分析素材的同时显示其进展。分析完成后，许多跟踪点就会出现在 Composition 面板里。跟踪点的大小表明其与虚拟摄像机的距离：大的跟踪点离摄像机更近，小的跟踪点离摄像机更远。

对图像的默认分析往往产生令人满意的结果，但是我们可以进行更详细的分析，从而更好地解决摄像机位置的问题。

3. 在 Effect Controls 面板中，展开 Advanced 类别，然后选择 Detailed Analysis，如图 12.7 和图 12.8 所示。

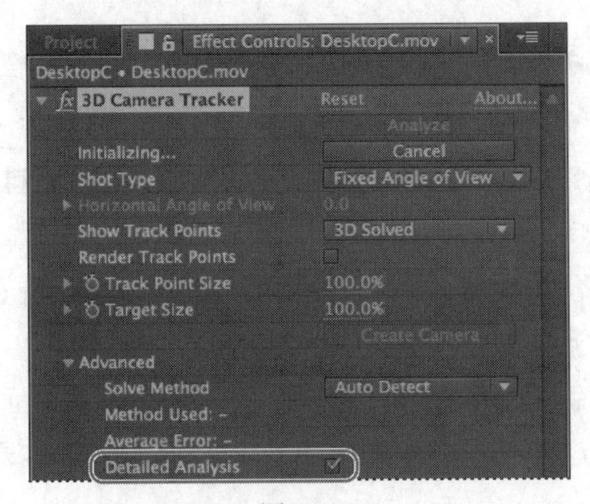

图12.7

图12.8

After Effects 再次分析了画面。如果你正在使用较慢的机器，你质疑需要详细的分析，你可以在 3D Camera Tracker 执行最初的分析的时候，通过选择 Detailed Analysis 来节省时间。详细的分析可能会花几分钟的时间，取决于你的系统。因为分析是在后台进行的，你可以同时在项目的其他方面有所进展。

4. 分析完成之后，选择 File>Save 命令保存作品。

12.4 创建圆盘、照相机和初始文本

现有一个 3D 场景，但是需要一个 3D 相机。当你创建第一个文本元素的时候，就要添加一个相机，然后将第二个文本元素与第一个文本元素相关联。

1. 按 Home 键，或将当前时间指示器移动到时间标尺的起点。

> AE | 注意：在 Effect Controls 面板中，也可以通过单击 Create Camera 按钮的方式添加相机。

2. 在 Composition 面板中，把光标停留在桌子上圆盘的洞上，直到显示的目标与圆盘和角度相匹配，如图 12.9 和图 12.10 所示（如果看不见跟踪点和目标，在 Effect Controls 面板中，单击 3D Camera Tracker 效果激活它）。

图12.9

图12.10

> AE | 注意：如果目标的大小很难看到平面，按 Alt 键或者 Option 键从目标的中心位置拖动，从而调整目标的大小。

当你的鼠标在定义平面的三个或者更多相邻跟踪点之间徘徊的时候，会在跟踪点之间出现一个半透明的三角形。此外，红色的目标表示 3D 空间里圆盘的方向。

3. 右键单击（Windows）或者按下 Control 键同时单击（Mac OS）圆盘，选择 Set Ground Plane And Origin。

圆盘和原点作为参考点，设置一个点的坐标为（0，0，0）。虽然在 Composition 面板里，使用 Active Camera 视图没有什么发生改变，但是圆盘和原点使得改变相机的旋转和位置更加容易。

4. 右键单击（Windows）或者按下 Control 键同时单击（Mac OS）相同的圆盘，然后选择 Create Text And Camera，如图 12.11 所示。

图12.11

After Effects 显示了 Composition 面板里的一个大文本项。另外还给 Timeline 面板添加了两个图层：Text 和 3D Tracker Camera 图层。3D 开关对于 Text 图层有效，但是 DesktopC.mov 图层仍然是 2D。因为文本元素是唯一需要在 3D 空间定位的元素,所以不需要让背景画面图层成为 3D 图层。

5. 在时间标尺上移动当前时间标志。文本的位置不变，跟踪相机的位置。将当前时间标志返回到时间标尺的起点处。

6. 在 Timeline 面板中，双击 Text 图层，打开 Character 和 Paragraph 面板，如图 12.12 和图 12.13 所示。

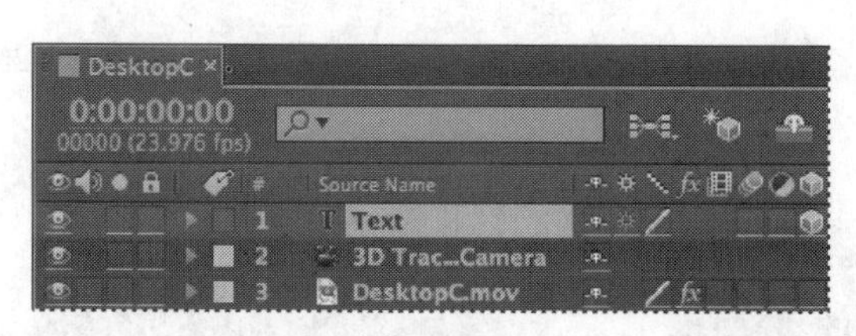

图12.12

图12.13

7. 在 Paragraph 面板中，对齐方式选择 Center Text。这样文本就位于圆盘的中心了。

8. 在 Character 面板中，更改字体为无衬线的字体，例如 Arial Narrow 或者 Helvetica Light。然后将字体大小改为 20 像素，画笔宽度改为 1 像素，画笔类型改为 Fill Over Stroke。确保填充颜色是白色，画笔颜色的黑色（默认颜色）。如图 12.14 ~图 12.16 所示。

图12.14

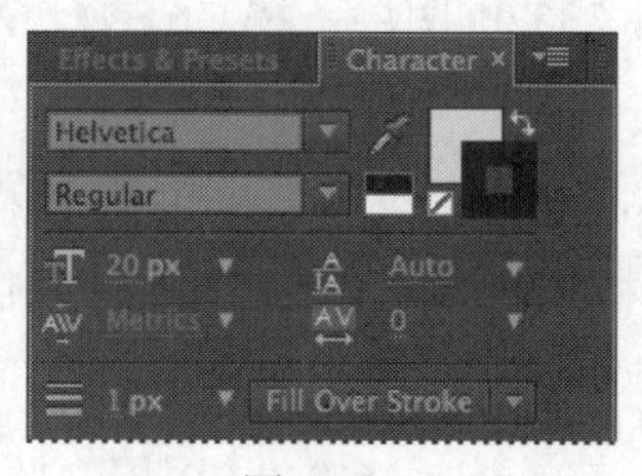

图12.15

图12.16

9. 在 Timeline 面板中，选中 Text 图层，按 P 键显示图层的 Rotation 属性。然后把 Orientation 值改为（0，350，0°）。

> AE 注意：不用输入数值，可以使用 Rotation 工具调整 Composition 面板里的单个轴。

所有创建的新 3D 图层都使用圆盘和原点来确定场景中图层方向。Text 图层最初是平的，x 轴上的 Orientation 值为 270°。如果把这个值改为 0，文本会变成垂直的，如图 12.17 和图 12.18 所示。

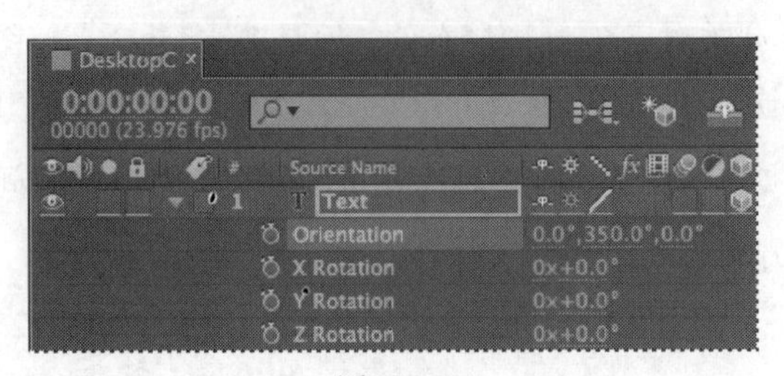

图12.17

图12.18

10. 在 Timeline 面板中，双击 Text 图层激活 Composition 面板的 Text 图层。

当文本是可编辑状态时，它的周围似乎有淡红色的边框。

11. 在 Composition 面板中，选中文本，输入 $35.00 替代原文本，如图 12.19 和图 12.20 所示。

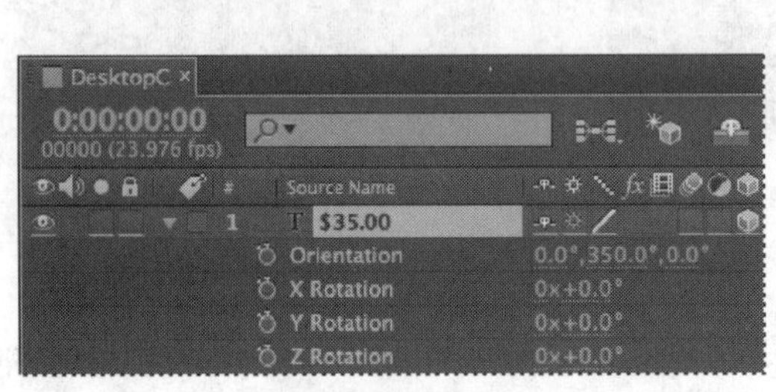

图12.19

图12.20

到目前为止很顺利。接下来，要给物品加标签，随着相机的移动，标签需要和价格在一起。我们将复制该图层，修改它，然后让一个层继承于另外一个层。

12. 在 Timeline 面板中，选择 $35.00 图层，按 Ctrl+D（Windows）或者 Command+D（Mac OS）组合键复制图层。

13. 双击 $35.2 图层，在 Composition 面板中输入 HENDRIX 45 RPM（全部用大写字母）。文本太大，文本的尺寸和价格文本的尺寸是相同的。我们要让文本图层继承于 $35.00 图层，然后进行测量。

14. 在 Timeline 面板中，选择 Hendrix 45 RPM 图层，按 P 键显示图层的 Position 属性。从 Hendrix 图层把 pick whip 链接拖动到 $35.00 图层，如图 12.21 和图 12.22 所示。

图12.21

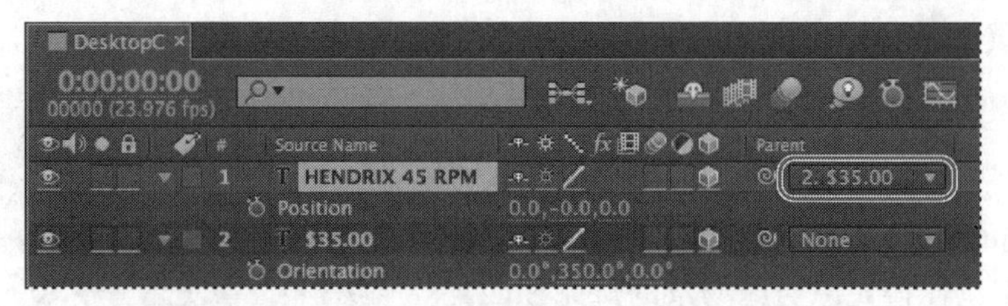

图12.22

把 Hendrix 图层的 Position 值改为（0，0，0）。因为它的位置关系到父层的位置。但是，我们想要 Hendrix 图层出现在 $35.00 图层上面，而不是在它前面。

15. 把 *y* 轴位置的值改为 −18，把 Hendrix 标签移动到价格文本上面。

16. 选中 Hendrix 图层，按 S 键显示 Scale 属性，把 Scale 值改为（37.4，37.4，37.4%），如图 12.23 和图 12.24 所示。

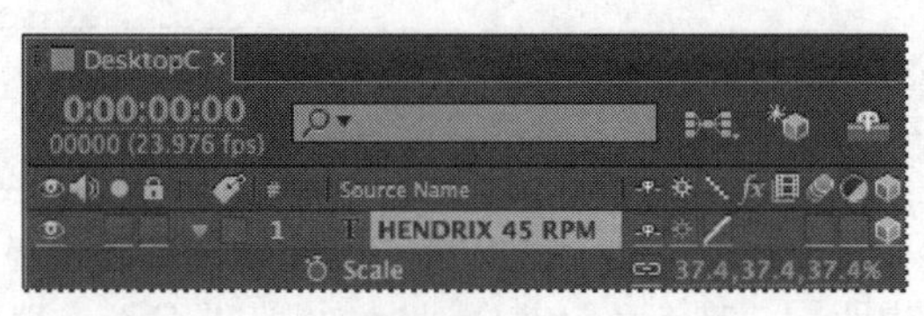

图12.23

图12.24

17. 关闭打开属性，然后选择 File>Save 命令保存作品。

12.5　创造实体阴影

我们已经建立了第一个文本元素，但不像 3D 对象，它们没有任何阴影。我们将创建一个影子捕手和灯光给视频增加深度。

1. 按 Home 键或者移动当前时间标志到时间标尺的起点。

2. 在 Timeline 面板中，选择 DesktopC.mov 图层，按 E 键显示 3D Camera Tracker 效果，然后选择 3D Camera Tracker 效果。

3. 在 Tools 面板中，选择 Selction 工具（▶）。然后，在 Composition 面板中，找到创建文本图层时所使用的相同面板。

> AE | **注意：**在 DesktopC.mov 图层一定要选择 3D Camera Tracker 效果，而不是 3D Tracker Camera 图层。

4. 右键单击（Windows）或者按下 Control 键同时单击（Mac OS）目标，然后选择 Create Shadow Catcher And Light，如图 12.25 所示。

After Effects 为场景添加光源。使用默认设置，所以影子会在 Composition 面板里出现。但是，我们还需要对光源重新定位使得光源与原场景的灯光相匹配。After Effects 添加到 Timeline 面板里的 Shadow Catcher 1 图层是一种可以设置材料选项的形状层，这样它只接收来自场景的阴影。

图12.25

5. 在 Timeline 面板中，选择 Light 1 图层，按 P 键显示图层的 Position 属性。

6. 在 Position 属性中输入以下各值重新定位光源的位置：(1900，−2500，−375)。

7. 选择 Layer>Light Settings 命令。

可以在 Light Settings 对话框里改编强度，颜色和其他光源的属性。

> AE | 提示：在现实世界中，使用拍摄最初的 2D 场景是理想的照明计划。目标是让新的 3D 光源尽可能地与原始光源相匹配。

8. 将光源命名为 Key Light。从 Light Type 菜单中选择 Point，然后选择淡红色（R=232，G=214，B=213）与房间里的浅颜色相匹配。把 Shadow Darkeness 改为 15%，把 Shadow Diffusion 改为 100 px。单击 OK 按钮，如图 12.26 和图 12.27 所示。

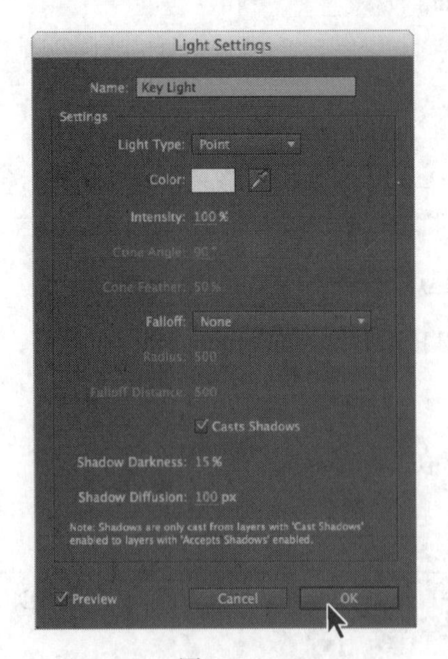

图12.26

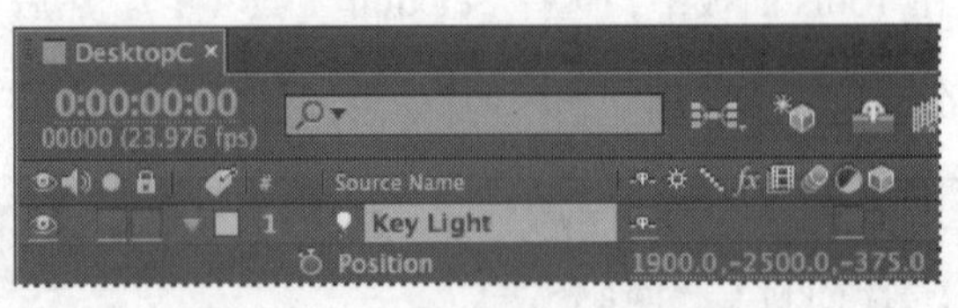

图12.27

9. 在 Timeline 面板中，选择 Shadow Catcher 1 图层，按 S 键显示 Scale 属性。

10. 把 Scale 值改为 340%，如图 12.28 所示。

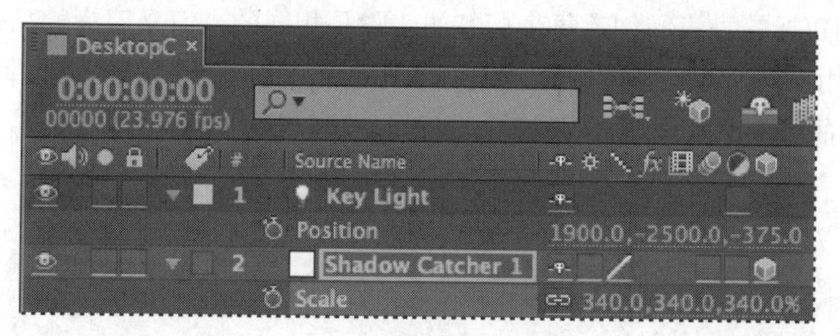

图12.28

改变 Shadow Catcher 1 图层的大小，使得阴影可以在创建的光源上显现出来。

12.6 添加环境光

调整后的阴影看上去好多了，但是现在会导致文本看上去很黑。我们需要添加周围环境光来解决这个问题。与点光源不同，环境光在整个场景中能够创造更多的散射光。

1. 选择 Layer>New>Light 命令。

2. 把光源命名为 Ambient Light，从 Light Type 菜单中选择 Ambient，把 Intensity 值改为 80%。浅颜色应该和点光源选择的颜色相同，如图 12.29 所示。

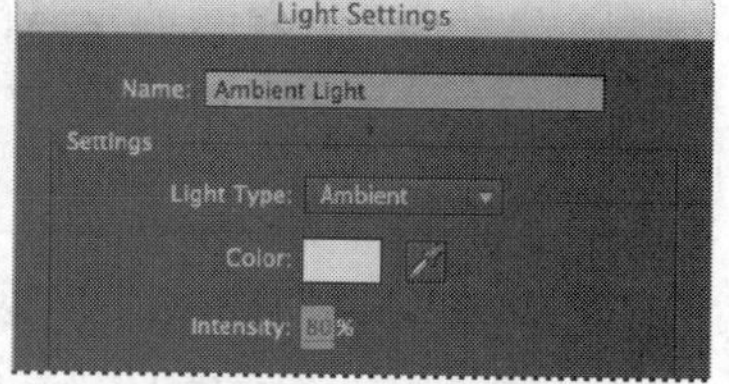

图12.29

3. 单击 OK 按钮添加光源。

4. 在 Timeline 面板中，隐藏所有图层的属性，除了 DesktopC.mov 图层，如图 12.30 和图 12.31 所示。

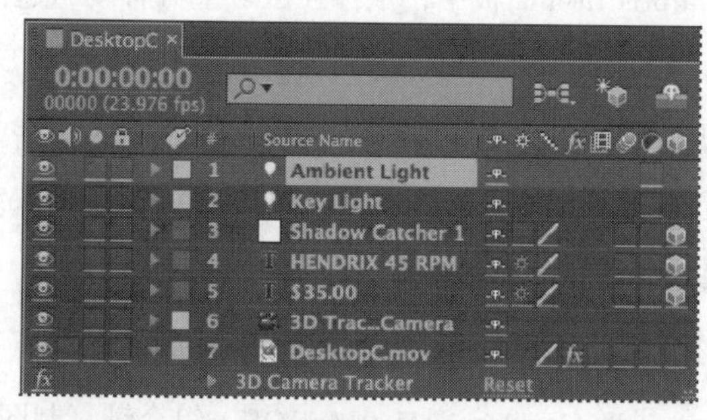

图12.30

图12.31

12.7 创建额外的文本元素

我们已经为 Hendrix 创建了标签。现在我们需要对照相机、黄金雕像、小刀和尤克里里琴执行相同的任务，即创建标签。我们创建每个标签的步骤是相同的，但是因为物品位于桌子上的不同地方，我们需要使用不同的方向和尺寸值，如表 12.1 所示。我们还会发现，在时间标尺上的不同点，为圆盘上的每个物品添加标签是非常容易的。

表 12.1

物品	时间标尺上的位置（第 1 步）	方向（第 5 步）	价格（第 6 步）	价格范围（第 7 步）	标签（第 9 步）
照像机	3:00	0, 310, 0	$298.00	3000	35MM CAMERA
黄金雕像	5:00	0, 325, 0	$612.00	2000	GOLD STATUE
小刀	7:00	0, 340, 0	$75.00	2500	POCKET KNIFE
尤克里里琴	9:00	0, 310, 0	$500.00	3000	1942 UKULELE

AE

提示：如果 3D 对象应该被背景里的某个物品掩盖的话，复制背景图层，把它移动到图层堆栈的顶部，然后使用 Mask 工具在前景元素的周围创建蒙板。我们需要随着时间的推移对这些蒙版做动画处理，如果仔细地做，你可以创建一个无缝的合成图像。

1. 移动时间标志，以便能够更好地观看物品。
2. 在 Timeline 面板中，选中 3D Camera Tracker（在 DesktopC.mov 图层下面）激活它（如果看不见 3D Camera Tracker，按 E 键显示出来）。

AE

注意：在 DesktopC.mov 图层中，确保选择 3D Camera Tracker 效果，而不是 3D Tracker Camera 图层。

3. 确保选中 Selection 工具。然后在 Composition 面板中，鼠标在区域上方移动，这样红色的目标就与前面的物品平行了。
4. 右键单击（Windows）或者按下 Control 键同时单击（Mac OS）目标，选择 Create Text。
5. 在 Timeline 面板中，选择 Text 图层，按 P 键显示 Rotation 值。然后改变 Orientation 值。
6. 双击 Text 图层使其可编辑，然后在 Composition 面板中输入价格。
7. 在 Timeline 面板中，选择价格图层，按 S 键显示 Scale 属性。改变 Scale 值。
8. 选中价格图层，按 Ctrl+D（Windows）或者 Command+D（Mac OS）组合键复制图层。
9. 在 Timeline 面板中，双击复制的图层，然后在 Composition 面板中输入标签。

10. 在 Timeline 面板中，选择标签图层，按 P 键显示 Position 属性。然后从标签图层（例如 35MM CAMERA）把 pick whip 链接拖动到价格图层（如 $298.00）。

AE | **注意：** 如果打开大写锁定键输入标签，一定要再把大写锁定键关闭。否则的话，会得到意想不到的结果，而且 After Effects 将无法更新图层的名称。

11. 把标签图层 Position 属性的 y 值改为 −18，把标签移动到价格的上面。

12. 再次选择标签图层，按 S 键显示 Scale 属性。把 Scale 值改为（50，50，50%），如图 12.32 和图 12.33 所示。

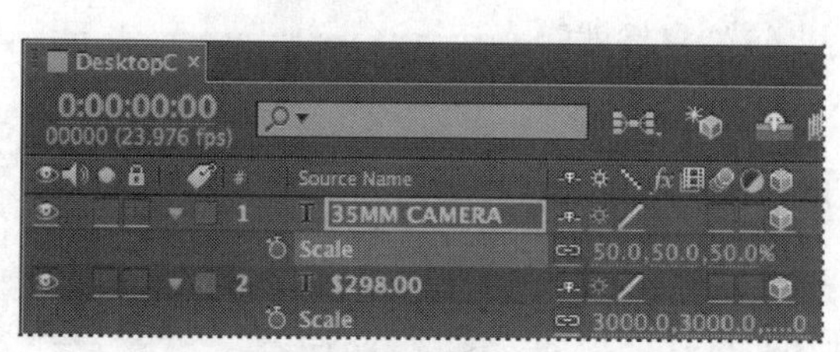

图12.32

图12.33

13. 隐藏刚刚创建的图层属性。

14. 重复步骤 1 ~ 步骤 13，使用表 12.1 中的值，给额外的对象添加标签。

标签看上去都不错，但是它们有重叠的地方，使得很难读出来。调整尤克里里琴和雕像的标签位置。

15. 在 Timeline 面板中，选择 $500.00 图层，按 P 键。然后把 Position 属性改为（2300，−580，3500）。

16. 在 Timeline 面板中，选择 $612.00 图层，按 P 键。然后把 Position 属性改为（1830，54，236），如图 12.34 所示。

图12.34

17. 选择 File>Save 命令保存作品。

12.8 用空对象锁定图层

节目的标题卡应该平放在桌子上，使用相同的圆盘把文本附在原盘上。我们将使用空对象把标题卡附在原盘上。标题卡是 Adobe Photoshop 文件。

1. 按 Home 键或者移动当前时间标志到时间标尺的起点。
2. 在 Timeline 面板中，选择 3D Camera Tracker（在 DesktopC.mov 图层下面）激活它（如果看不到 3D Camera Tracker，按 E 键将它显示出来）。
3. 选择 Selection 工具，然后移动光标，这样目标就能平躺在原盘上了。
4. 右键单击（Windows）或者按下 Control 键同时单击（Mac OS）目标，选择 Create Null，如图 12.35 所示。

图12.35

在 Timeline 面板中，After Effects 在图层堆栈的顶部添加了 Track Null 1 图层。因为我们知道圆盘和桌子处于同一个平面，我们可以使用这个空对象在桌子的空区域定位标题的位置，还可以把它正确地移动到与其他元素和场景中相机相关联的位置。

5. 在 Timeline 面板中，选择 Track Null 1 图层，按 Enter 键或者 Return 键，把名称改为 Desktop Null。再按 Enter 或者 Return 键接受名称的更改。
6. 从 Project 面板里，把 Treasures_Title.psd 拖动到 Timeline 面板里，把它直接放在 Desktop Null 图层上面。

> AE | 提示：不用拖动 pick whip 链接，可以在 Treasures_Title 图层中，从 Parent 菜单选择 2.Desktop Null。

7. 从 Treasures_Title 图层拖动 pick whip 链接到 Desktop Null 图层，使其继承于 Desktop Null 图层，如图 12.36 所示。

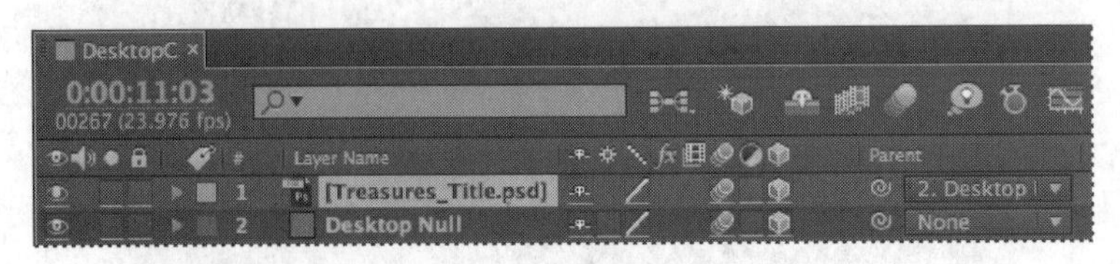

图12.36

8. 单击 Treasures_Title 图层的 3D 开关，使其成为 3D 图层。

因为我们已经将标题图层继承于空对象，当它成为 3D 图层的时候，它会自动确定方向，平放在桌面上。

9. 移动到时间标尺的终点处，这样就能看到标题卡是如何定位的了。

我们需要将标题移动到桌面上的空白区域，然后旋转并调整它的大小。

10. 在 Timeline 面板中选择 Treasures_Title 图层，按 R 键显示其 Rotation 属性。然后将 Z Rotation 的值改为 305° 。

11. 按 S 键显示其 Scale 属性，然后把 Scale 增加到 625%。

12. 选中 Selection 工具，将标题文本移动到位。

13. 在 Timeline 面板底部，单击 Toggle Switches/Modes 按钮。在 Treasures_Title 图层从 Mode 菜单选择 Luminosity，如图 12.37 所示。

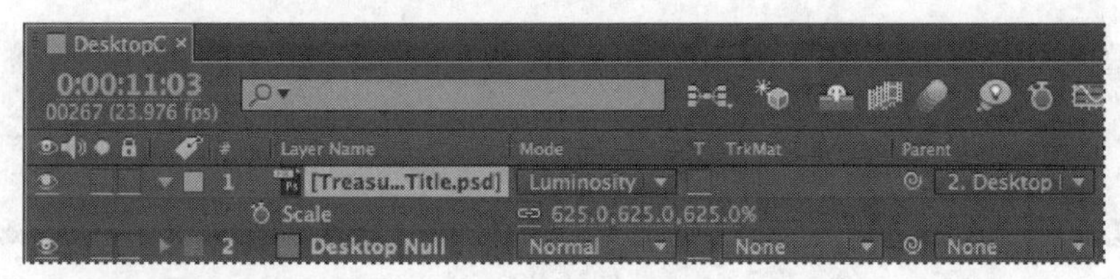

图12.37

14. 再次单击 Toggle Switches/Modes 按钮回到显示开关。

15. 选择 File>Save 命令保存作品，如图 12.38 所示。

图12.38

12.9 对文本做动画处理

3D 文本元素，照相机和灯光都已经完成了，但你可以通过根据配乐的提示让文本动态出现的方式使得介绍更有趣。你可以添加音轨，然后当收银机发出声音的时候让标签动态地出现。

12.9.1 对第一个文本元素做动画处理

我们将对圆盘标签和价格做动态处理，让它们能够在介绍中早点出现，价格在角色之间循环，直到到达最后的文本。

1. 在 Project 面板中，从 Audio 文件夹里把 Treasures_Music.aif 文件拖动到 Timeline 面板里图层堆栈的底部。
2. 把当前时间标志移动到时间标尺的起点，然后创建 RAM 预览合成图像的前几秒钟。注意收银机是定期发出声音的。我们将在那些点让文本动态出现。
3. 移动到 1:00，选择 $35.00 图层。按 S 键显示 Scale 属性，然后将 Scale 值改为 0%。单击秒表图标（⏱）创建初始关键帧。
4. 移动到 1:08，将 $35.00 图层的 Scale 值改为 3200%，这样文本就比最终尺寸大了。
5. 移动到 1:10，将 Scale 值改为 3000%，即文本的最终值，如图 12.39 所示。

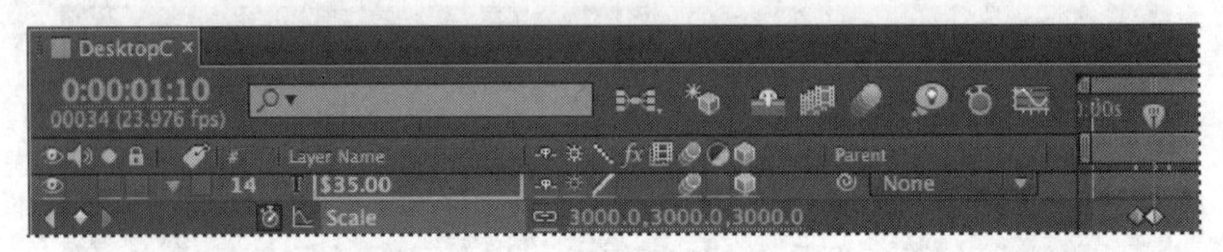

图12.39

6. 移动到 1:00，按 S 键隐藏 Scale 属性。然后单击 $35.00 图层旁边的箭头，显示其所有属性。
7. 在 Text 属性旁边，单击 Animate 旁边的箭头，从下拉列表中选择 Character Offset，如图 12.40 所示。

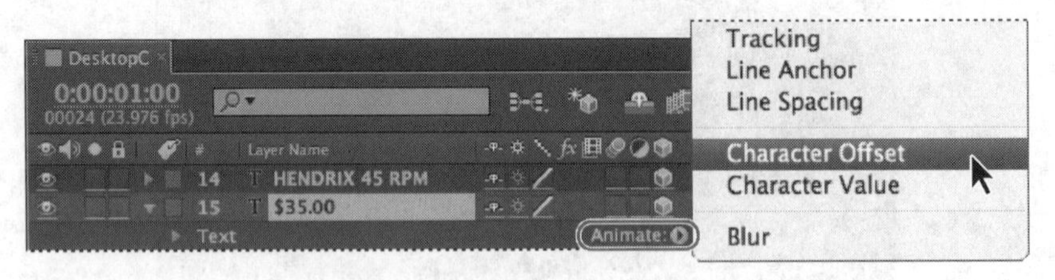

图12.40

8. 在 Animator 1 属性里展开 Range Selector 1。然后单击 Offset 旁边的秒表创建初始关键帧，确保值为 0%。
9. 为 Character Offset（在 Character Range 下面）创建初始关键帧，确保其值为 0，如图 12.41 所示。

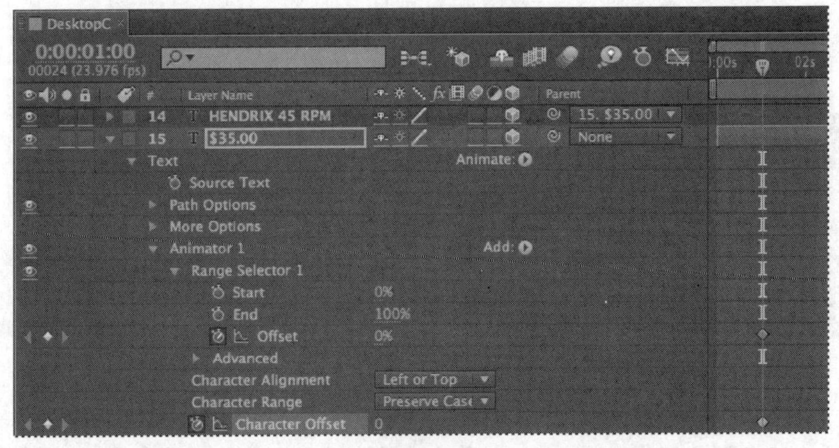

图12.41

10. 移动到 1:12，将 Range Selector 1 Offset 值改为 -100%。

11. 单击 Offset 选择所有关键帧，右键单击（Windows）或者按下 Control 键同时单击（Mac OS）其中一个关键帧，然后选择 Keyframe Assistant>Easy Ease 命令。

12. 移动到 1:17，将 Character Offset 值改为 20，如图 12.42 所示。

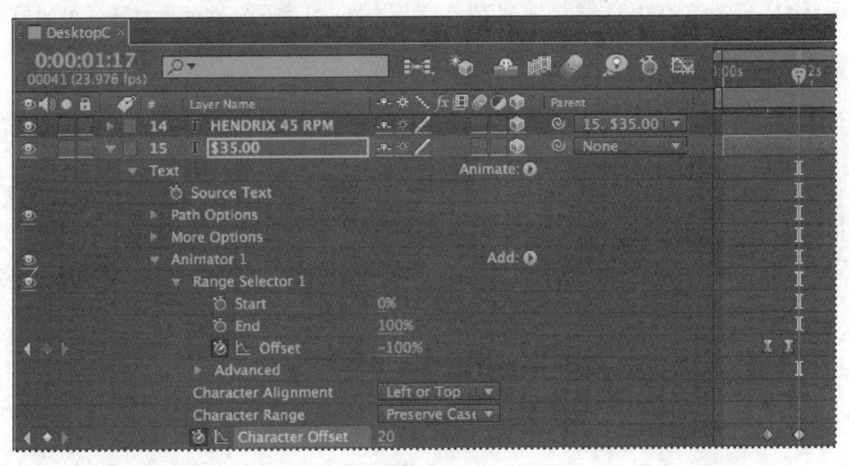

图12.42

13. 创建 RAM 预览查看合成图像的前两秒。

当文本循环通过估计价格的时候，标题弹出。字符偏移值决定了文本是如何循环通过字符直到最后一个字符。

12.9.2 复制动画到其他文本元素

现在已经对圆盘上的文本做了动画处理，我们可以复制动画到其他物品上，将关键帧放置在时间标尺上合适的位置。

1. 选择 $35.00 图层，按 U 键只显示关键帧的属性。

2. 在时间图里，拖动关键帧附近的选框选中它们，如图 12.43 所示。

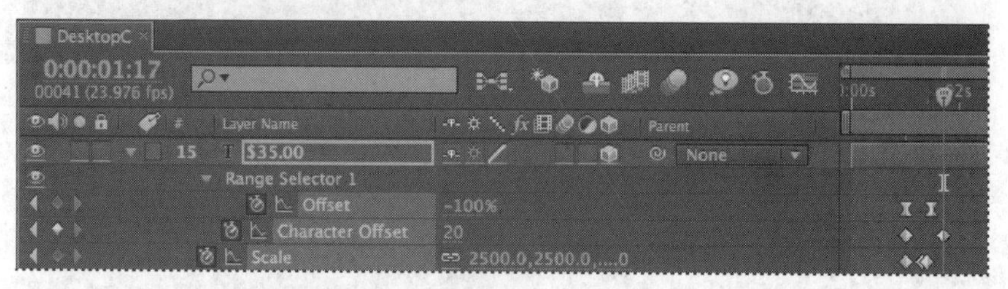

图12.43

3. 选择 Edit>Copy 命令复制关键帧和它们的值。

4. 移动到 3:00，选择 $298.00 图层。在当前时间的起点处，选择 Edit>Paste 命令粘贴关键帧和它们的值。

5. 移动到 5:00，选择 $612.00 图层。按 Ctrl+V（Windows）或者 Command+V（Mac OS）组合键粘贴关键帧和它们的值。

6. 移动到 7:00，选择 $75.00 图层。按 Ctrl+V（Windows）或者 Command+V（Mac OS）组合键。

7. 移动到 9:00，选择 $500.00 图层。按 Ctrl+V（Windows）或者 Command+V（Mac OS）组合键。

8. 隐藏所有图层的属性，然后选择 File>Save 命令。

12.10 调整相机的景深

介绍看上去很好，但是如果你调整 3D 相机的景深，可以使得计算机生成的元素与原画面更紧密地相匹配。我们将使用照射原画面时所使用的相机采用的值，所以远离相机的文本看上去似乎更集中了。

1. 在 Timeline 面板中，选择 3D Tracker Camera 图层。

2. 选择 Layer>Camera Settings 命令。

3. 在 Camera Settings 对话框中，执行以下步骤，然后单击 OK 按钮。

   - 选择 Enable Depth of Field。
   - 将 Focus Distance 设置为 200mm。
   - 把 F-Stop 值改为 5.6。
   - 将 Focal Length 设置为 27.2，如图 12.44 所示。

4. 在 Timeline 面板中，选中所有图层，除了音频图层。然后选择其中一个图层的 Motion Blur 开关，把它应用到所有选中的图层上。

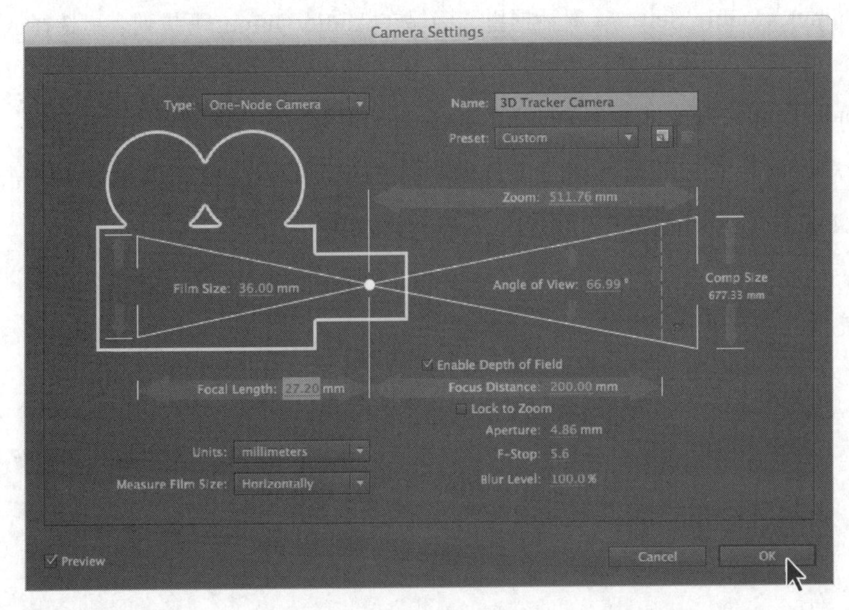

图12.44

5. 在 Timeline 面板的顶端选择 Enable Motion Blur 按钮（ ），使所有图层都运动模糊。

6. 选择 File>Save 命令保存作品。

12.11 渲染合成图像

我们已经完成了一些复杂的工作，来创建了一个将添加组件和现有表格合并在一起的场景。想要看到最后的结果，就要渲染作品。在第 14 课中，我们将了解到更多关于渲染的知识。

1. 选择 Window>Render Queue 命令打开 Render Queue 面板。

2. 从 Project 面板里把 DesktopC 合成图像拖动到 Render Queue 面板中。

3. 单击 Rending Settings 旁边的橙色，带下划线的单词。然后，在 Render Settings 对话框里，从 Resolution 菜单中选择 Half，单击 OK 按钮。

4. 单击 Output Module 旁边的橙色,带下划线的单词。然后在 Output Module Settings 对话框里，从 Format 菜单中选择 QuickTime。

5. 单击 Output Module Settings 对话框里的 Format Options。然后在 QuickTime Options 对话框里执行以下操作，然后单击 OK 按钮。

- 从 Video Codec 菜单中选择 H.264。
- 在 Bitrate Settings 区域里选择 Limit Data Rate To。
- 将数据速率限制改为 8000kbit/s。

6. 在 Output Module Settings 对话框里，确保在 Audio Output 下拉列表里选择 Audio Output Auto。然后单击 OK 按钮。

选中 Audio Output Auto 之后，After Effects 会自动检测到合成图像里的内置音频。

7. 单击 Output To 旁边的橙色，带下划线的单词，导航到 Lesson12 文件夹，然后单击 Save 按钮。

8. 单击 Render Queue 面板里的 Render，渲染合成图像。

9. After Effects 渲染合成图像完成后，播放 QuickTime 影片，欣赏自己的作品吧！

12.12 复习题与答案

复习题

1. 3D Camera Tracker 效果是做什么的？

2. 如何使添加的 3D 元素看上去和远离相机的元素一样大？

3. 可以结合 3D Camera Tracker 使用 DSLR 素材吗？

复习题答案

1. 3D Camera Tracker 效果自动分析了 2D 画面中出现的运动，提取位置和拍摄现场的真实摄像机的镜头类型，然后在 After Effects 里创建新的 3D 摄像机，与其相匹配。3D 摄像机跟踪效果也会在 2D 画面上覆盖 3D 跟踪点，这样我们就可以很容易在原来的画面上添加新的 3D 图层。

2. 为了让添加的 3D 元素看上去在后退，调整 Scale 属性，这样看上去就好像离相机更远。调整 Scale 属性让视角锁定在合成图像的剩余部分上。

3. 是的，可以使用带有 3D Camera Tracker 的 DSLR 素材。但是，如果你正在使用单反镜头 DSLR，首先要评估视频，从而确定滚动快门的抖动，偏移或者其他工件。如果还有其他工件，在应用 3D Camera Tracker 效果之前使用 Rolling Shutter Repair 效果调整画面。

第13课 高级编辑技术

课程概述

本课介绍的内容包括：

- 稳定抖动的镜头；
- 应用单点运动跟踪使素材中的一个对象跟踪素材中的另一个对象；
- 使用透视角定位进行多点跟踪；
- 使用 Imagineer Systems mocha for After Effects 进行运动跟踪。
- 创建粒子运动系统；
- 应用 Timewarp（时间扭曲）特效创建慢动作视频。

本课大约要用 2 小时时间完成。启动 After Effects 之前，先找到附带光盘的 Lesson13 文件夹，将其复制到本地硬盘上为这些项目创建的文件夹 Lessons 中（或现在创建 Lessons 文件夹）。学习本课时，将覆盖复制的初始文件。如果需要恢复这些初始文件，从附带光盘中再复制一遍即可。

After Effects 提供了高级运动稳定处理、运动跟踪、高端特效以及最苛刻制作环境下所需的其他功能。

13.1 开始

前几课中，我们已用过多种活动图形设计所需的基本 2D 和 3D 工具，而 Adobe After Effects 还提供了运动稳定、运动跟踪、高级键控工具、扭曲特效，并提供使用 Timewarp 特效对素材进行时间变换功能，同时它还支持高动态范围（HDR）彩色图像、网络渲染等功能。本章将学习怎样使用运动稳定和运动跟踪功能，来稳定手持摄像机拍摄的素材，并在图像中设置一个对象跟踪另一个对象，使它们的运动保持同步。然后，使用角定位跟踪具有透视效果的对象。最后，我们将研究 After Effects 的高端数字特效：粒子系统发生器和 Timewarp 特效。

本课包含多个项目。开始前请浏览所有项目。

1. 请确认下述文件存在于计算机硬盘的 AECC_CIB\Lessons\Lesson13 文件夹中。
   - Assets 文件夹：flowers.mov、Group_Approach[DV].mov、majorspoilers.mov、etronome.mov、mocha_tracking.mov、multipoint_tracking.mov。
   - Sample_Movies 文件夹：Lesson13_Multipoint.mov、Lesson_13_Particles.mov、Lesson13_Stabilize.mov、Lesson13_Timewarp.mov、Lesson13_Tracking.mov。

AE | 注意：你可以一次性看完所有这些影片，如果你不打算一口气完成所有这些练习，则可以在每次准备做练习前查看相应影片例子。

2. 请打开并播放 Lesson13\Sample_Movies 文件夹中的影片例子，查看本章将创建的项目的效果。

3. 查看完毕后，退出 QuickTime Player。如果你的硬盘空间有限，可以将该影片例子从硬盘删除。

13.2 使用 Warp stabilizer VFX

如果用手持摄像机拍摄素材，拍摄到的图像可能会抖动。除非有意要制造这样的效果，否则您一定想稳定图像，消除图像中的抖动现象。

After Effects 中的 Warp stabilizer vfx 可以自动移除不相关的抖动。重放时，因为图层本身增加的位移量补偿了不应有的抖动，所以图像变得平稳了。

双三次缩放

当缩放视频素材或者图像到大的尺寸时，After Effects必须先抽样数据添加之前节点存在的信息。在缩放图层时，可以选择After Effects的抽样方法。为获取更多信息，请参考After Effects帮助。

在之前的版本中，After Effects只能使用双线性抽样。双三次抽样是After Effects CC中的新方法，采用比较复杂的算法，在颜色转变比较渐变时，通常提供更好的结果，几乎是真实的图形图像照片。双线性缩放对铣边的图像可能是一个好的选择。

为图层选择抽样方法，选择图层，并选择Layer > Quality > Bicubic或Bilinear命令。双三次和双线性抽样只有图层设为最佳质量时才能使用（选择Layer>Quality>Best，设置图层的质量为最佳状态）。

13.2.1 设置项目

启动 After Effects 时，请恢复 After Effects 应用程序的默认设置，详细情况请参见前言中的“恢复默认参数”。

1. 启动 After Effects 时，请立即按下 Ctrl+Alt+Shift（Windows）或 Command+Option+Shift（Mac OS）组合键恢复默认配置，系统询问是否删除参数文件时，单击 OK 按钮。
2. 单击 Close 按钮关闭 Welcome 窗口。

After Effects 打开后显示一个空白的无标题项目。

3. 选择 File > Save As > Save As 命令。
4. 在 Save As 对话框中，导航到 AECC_CIB\Lessons\Lesson13\Finished_Project 文件夹。
5. 将该项目命名为 Lesson13_Stabilize.aep，然后单击 Save 按钮。

13.2.2 导入素材

开始本项目前需要导入一项素材。

1. 双击 Project 面板中的空白区域，打开 Import File 对话框。
2. 导航到硬盘的 AECC_CIB\Lessons\Lesson13\Assets 文件夹，选择 flowers.mov 文件，再单击 Open 按钮，如图 13.1 所示。

图13.1

13.2.3 创建合成图像

现在将创建合成图像。

1. 在项目面板中拖放 flowers.mov 剪辑到面板下方的新建合成图像按钮（▣）上。

After Effects 新建的合成图像，命名为 Flowers，与源剪辑具有同样的像素大小、纵横比、帧速率和持续时间。

2. 在预览面板中单击 RAM 预览按钮，预览素材。观看整个剪辑后，按下空格键停止预览。

该剪辑是在黄昏时分由手持摄像机拍摄。徐徐的微风吹动着植物，摄像机也在抖动。

13.2.4 应用 Warp stabilizer VFX

Warp Stabilizer VFX 一旦被应用就开始分析素材，稳定化处理过程是在后台运行，所以在完成之前，你可以去处理其他合成图像。处理时间取决于你的系统。在它处理素材时，After Effects 会显示一个蓝色条幅，而在应用稳定时，则会显示橙色的条幅。

1. 在 Timeline 面板中选择 flowers.mov 图层，并选择 Animation > Warp Stabilizer VFX 命令，此时，会立即出现蓝色的条幅，如图 13.2 所示。

2. 当 Warp Stabilizer VFX 完成稳定化后，橙色的条幅就会消失，创建另外一个 RAM 预览观看变化。如图 13.3 所示。

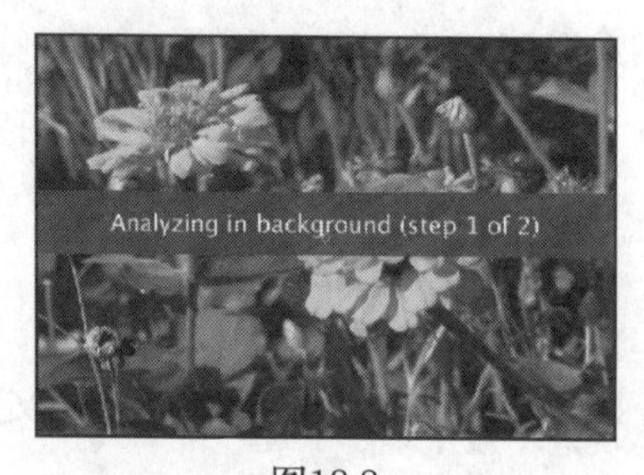

图13.2

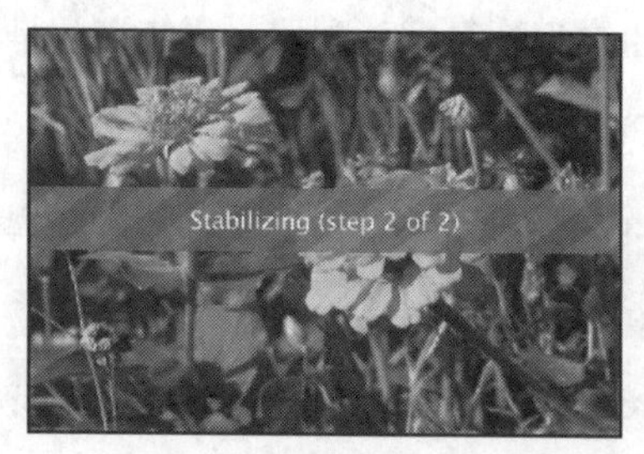

图13.3

3. 按下空格键停止预览。

剪辑仍然还摇晃，不过已经比初始阶段平稳多了。Warp Stabilizer VFX 移动并重新配置了素材。为查看它是如何应用改变，在 Effect Controls 面板观看效果，例如，剪辑边界扩大（大约 103%）掩藏在稳定化处理过程中重新配置图像时产生的空白空隙。可以调整 Warp Stabilizer VFX 的配置。

13.2.5 调整 Warp Stabilizer VFX 配置

在 Effect Controls 面板中调整配置，可以使拍摄剪辑更平滑。

1. 在 Effect Controls 面板中，提升 Smoothness 的数值到 75%。如图 13.4 和图 13.5 所示。

Warp Stabilizer VFX 立即再次开始稳定化。因为初始化分析数据存放在内存中，所以这次不需要分析素材。

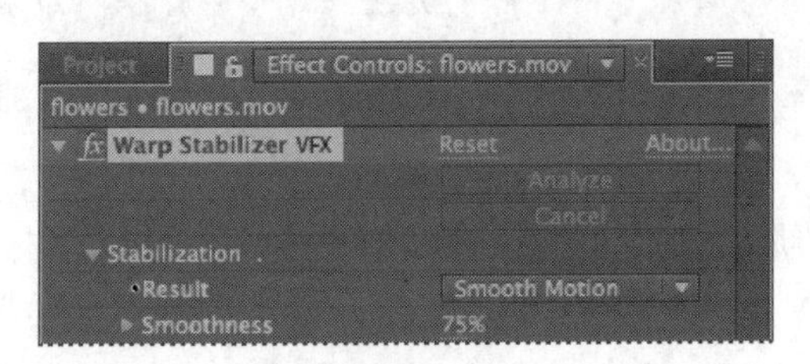

图13.4

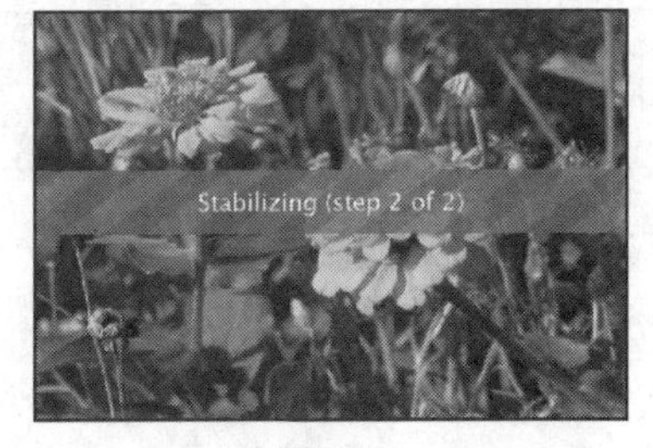

图13.5

2. 当 Warp Stabilizer VFX 完成后，创建另一个 RAM 预览查看变化。

3. 完成后，按下空格键停止回放。

这样好多了，不过仍然有点粗糙。在 Effect Controls 面板中的 Auto-scale 设置当前显示为 103.7%，显示效果移动帧更加显著，需要更多的缩放比例，消除边界周围的黑色空隙。

不是改变 Warp Stabilizer VFX 的数值平滑素材，而是现在将改变它的目标。

4. 在 Effect Controls 面板中，从 Result 菜单中选择 No Motion。

配置好设置后，Warp Stabilizer VFX 试图锁定照像机在该位置。这需要更多缩放比例。当 No Motion 选定后，Smoothness 选项将变得无效。如图 13.6 所示。

5. 当橙色条幅消失后，创建了另一个 RAM 预览。按下空格键停止回放。

现在摄像机处于指定位置，可以注意到只有花在风中移动，而没有摄像机的抖动。为了达到这种效果，Wrap Stabilizer VFX 需要将剪辑缩放到原来大小的 112.4%。

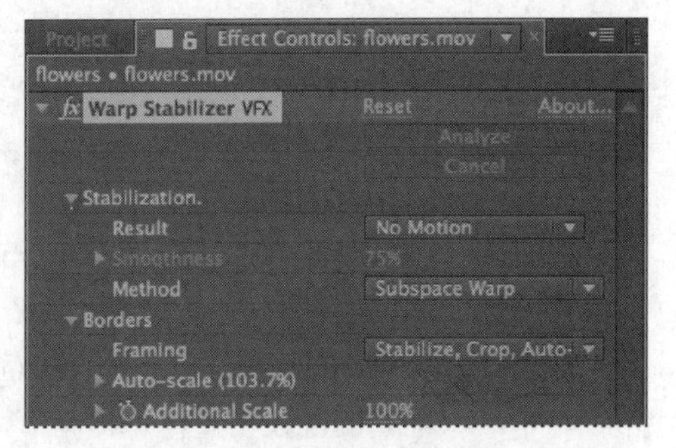

图13.6

13.2.6 优化结果

虽然在多数情况下，默认分析会运行的很好，但是有时可能需要进一步推敲最终结果。在本项目中，剪辑稍微地倾斜在一些地方，最大的变化大约在 5 分钟标记位。虽然随意地观看可能不会注意到这个问题，但是敏锐的制片人能够发现。通过更改 Warp Stabilizer VFX 使用的方法可以消除倾斜。

1. 在 Effect Controls 面板中，从 Method 菜单中选择 Position、Scale 和 Rotation。

2. 从 Framing 菜单中选择 Stabilize Only。

3. 将 Additional Scale 增加到 114%，如图 13.7 所示。

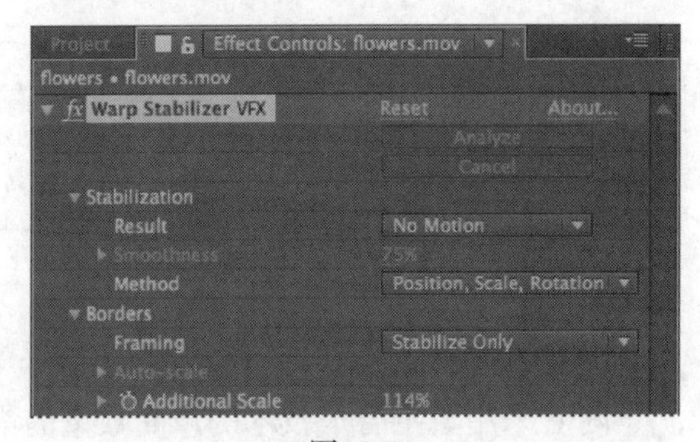

图13.7

AE | 注意：放在视频层会减少图像尺寸。缩略图是一个好的办法，能尽可能保持缩放为 15% 的数值。

4. 创建另一个 RAM 预览。

现在的摄像看起来比较稳定。唯一的运动是由风吹动的花。

5. 完成后，按下空格键停止回放。

6. 选择 File > Save 保存工作。

7. 选择 File > Close Project 命令。

可以看出，稳定化摄像不是没有缺点。为补偿移动或旋转数据应用图层后的影响，帧必须缩放，它将最终降解片段。如果确实需要在产品使用该镜头，这可能是最好的合成图像了。

Warp stabilizer VFX设置

下面是Warp Stabilizer VFX设置的概述，开始先对此有些了解。若想获取更多的内容，请阅读使用特效的成功技巧，和After Effects帮助。

- Result 控制预期结果。Smooth Motion 虽然可以使摄像平滑变换，但是不能消除。使用 Smoothness 设置控制平滑移动效果。没有人会尝试消除所有的摄像移动。
- Method 指定最复杂的 Warp Stabilizer VFX 稳定化素材的操作：位置，基于位置数据。位置、缩放、旋转使用这三类数据：透镜，有效地中心显示整个帧。Subspace Warp（默认值），扭曲帧的不同部分以稳定化整个帧。
- Borders 设置，稳定化时如何调整素材的镶边（移动的边界）。帧控制边界以何种出现在稳定化的结果中，并决定是否采用其他帧的材料有效地修剪、缩放或合成边界。
- Auto-scale 显示当前自动缩放的数量，和允许自动缩放的限制尺寸。
- Advanced 设置，更强大地控制 Warp Stabilizer VFX 特效的行为。

AE | 提示：也可以使用 Warp Stabilizer VFX 的高级设置完成较复杂的特效。若了解更多的内容，请参考 Adobe Press 出版的 Adobe After Effects CC Visual Effects 和 Compositing Studio Techniques。

13.3 单点运动跟踪

随着采用数字合成技术的产品数量的增加，创作人员需要一种简单的方法将电脑制作的特效与电影或视频背景同步。After Effects 的实现方法是通过跟随（或跟踪）画面内的指定区域，并将其运动应用到其他图层，这些图层可以包含文字、特效、图像或其他素材，这些图层的最终视觉效果与原始运动素材精确匹配。

对包含多个图层的 After Effects 合成图像进行运动跟踪时，默认跟踪类型是 Transform（变换）。这种运动跟踪类型将跟踪图层的位置和（或）旋转，并将其应用到其他图层。跟踪位置时，该选项创建一个跟踪点，并生成 Position 关键帧；跟踪旋转时，该选项创建两个跟踪点，并生成 Rotation 关键帧。

本练习中，我们将用形状图层跟踪节拍器摆臂。由于摄像师拍摄时未使用三脚架，所以上述处理尤其具有挑战性。

13.3.1 设置项目

如果你前面完成了第一个项目，且当前 After Effects 是打开的，则请跳到第 3 步。否则，请恢复 After Effects 应用程序的默认设置。详细情况请参考前言中的“恢复默认参数”。

1. 启动 After Effects 时请按下 Ctrl+Alt+Shift（Windows）或 Command+Option+Shift（Mac OS）组合键，系统询问是否删除参数文件时，单击 OK 按钮。
2. 单击 Close 按钮关闭 Welcome 窗口。

After Effects 打开后将显示一个新的无标题项目。

3. 选择 File>Save As>Save As 命令。
4. 在 Save Project As 对话框中，导航到 AECC_CIB\Lessons\Lesson13\Finished_Project 文件夹。
5. 将该项目命名为 Lesson13_Tracking.aep，然后单击 Save 按钮。

13.3.2 创建合成图像

在开始之前，需要导入素材，将使用它创建新合成图像。

1. 双击 Project 面板中的空白区域，打开 Import File 对话框。
2. 导航到 AECC_CIB/Lessons/Lesson13/Assets 文件夹，选择 metronome.mov 文件，然后单击 Import 或 Open 按钮。
3. 在 Project 面板中，拖放 metronome.mov 胶片到面板底部的 Crate A New Composition 按钮上。

After Effects 新建一个名为 Metronme 的合成图像，与源胶片保持同样的像素大小、纵横比、帧速率和持续时间。

4. 在时间规则上拖放当前的时间标尺手工预览素材。

13.3.3　创建形状图层

我们将在节拍器末端添加一个星形。我们先使用形状图层创建星形。

1. 按 Home 键，或将当前时间指示器移动到时间标尺的起点。然后单击 Timeline 面板中的空白区域，取消选择该图层。

2. 在 Tools 面板中选择 Star 工具（ ）（隐藏在 Rectangle 工具后面），如图 13.8 所示。

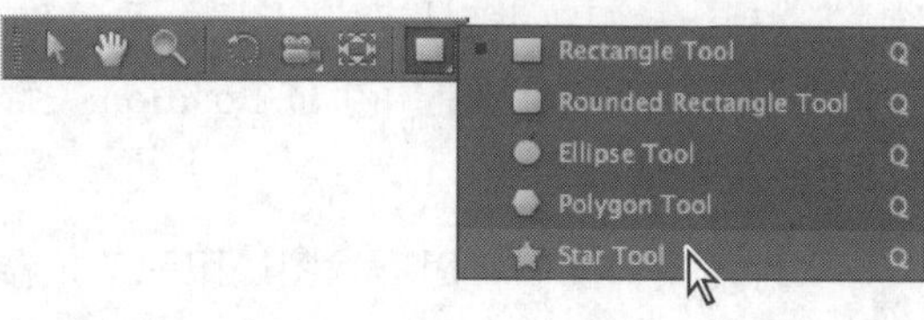

图13.8

3. 单击 Fill Color 色板，选择浅黄色（如 R=220，G=250，B=90）。单击文字 Stroke（描边），在 Stroke Options（描边选项）对话框中选择 None，单击 OK 按钮，如图 13.9 和图 13.10 所示。

4. 在 Composition 面板中，绘制一颗小星星，如图 13.11 所示。

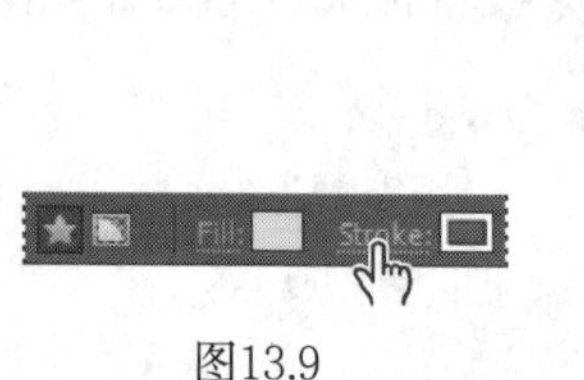

图13.9

图13.10

图13.11

5. 使用 Selection 工具将星星定位在节拍器摆臂末端的滑块上面。

6. 选择 Shape Layer 1，以便查看该图层的轴点。请使用 Pan Behind（ ）工具将轴点移动到星星的中央（如果轴点不在那儿的话），如图 13.12 和图 13.13 所示。

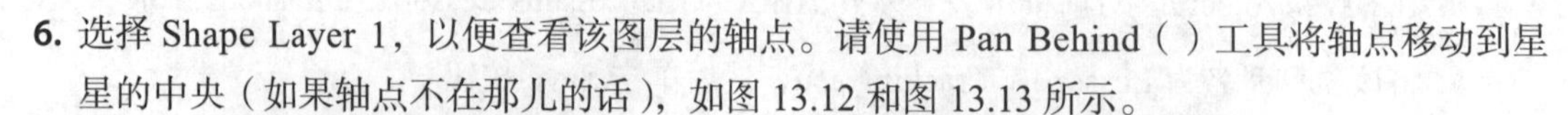

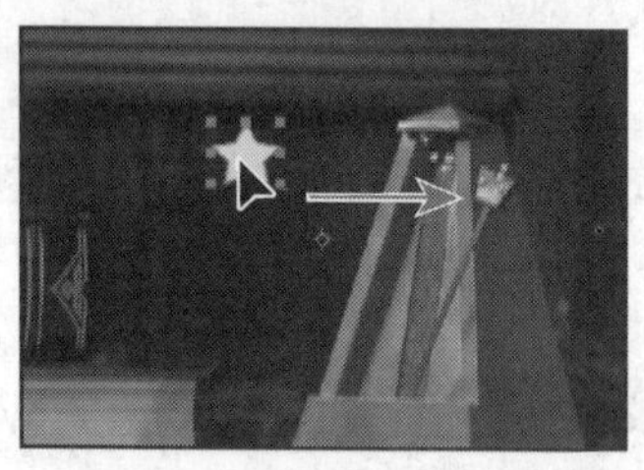

图13.12

图13.13

13.3.4　定位跟踪点

After Effects 通过将图像帧内被选择区域的像素和每个后续帧内的像素进行匹配，来实现对运动的跟踪。用跟踪点可以定义跟踪区域。跟踪点包含特征区域、搜索区和连接点。After Effects 跟踪期间在 Layer 面板中显示跟踪点。

我们将对节拍器的滑块（节拍器摆臂末端的菱状物）进行跟踪，需要将跟踪区域设置到我们要跟踪的另一图层的相应区域周围。将星星形状添加到 Tracking 合成图像后，我们准备定位跟踪点。

1. 在 Timeline 面板中选择 metronome.mov 图层。

2. 选择 Animation > Tracker 命令。

Tracker 面板打开，After Effects 在图层面板中打开选中的图层。Track Point 1 标志显示在图像中央，如图 13.14 和图 13.15 所示。

图13.14

图13.15

请注意 Tracking 面板中的设置：Motion Source 设置为 metronome.mov，Current Track 设置为 Tracker 1，Motion Target 设置为 Shape Layer 1。这是因为 After Effects 自动将 Motion Target 设置为紧靠源图层上方的那个图层。

现在开始定位跟踪点。

3. 用 Selection 工具（ ）在 Layer 面板中将 Track Point 1 标志（从中央）拖动到节拍器的滑块上。

5. 将搜索区域（外框）扩大到包围节拍器周围的区域。然后将特征区域（内框）调整到节拍器的滑块内，如图 13.16 ~ 图 13.18 所示。

> AE | 注意：在这个练习中，我们希望星星移动到节拍器的滑块上面。但如果你希望对象与跟踪区域的运动关联，而又不在该对象上面，可以相应重新定位连接点。

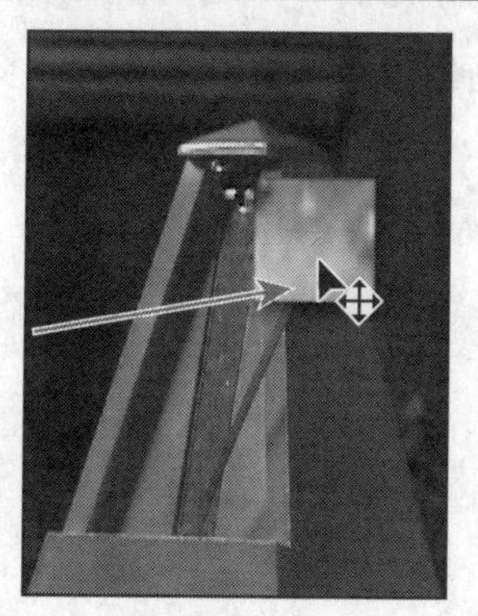

图13.16

图13.17

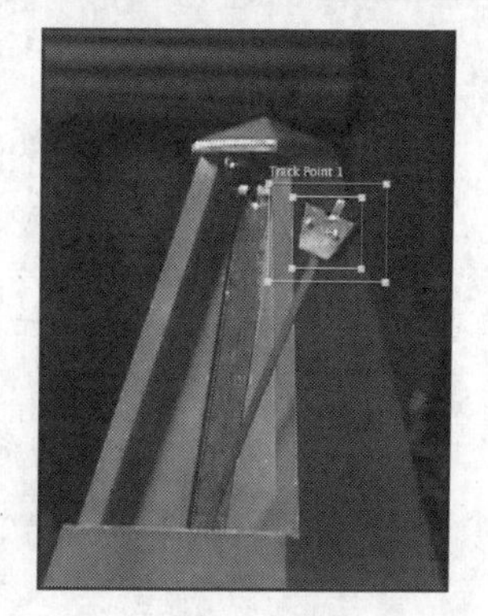

图13.18

移动跟踪点和调整其尺寸

设置运动跟踪时，常常需要通过调整特征区域、搜索区域和连接点来进一步调整跟踪点。我们可以用Selection工具单独或成组拖动这些项来移动它们，或调整它们的尺寸，拖动时鼠标指针图标将改变，以反映不同的操作，如图13.19所示。

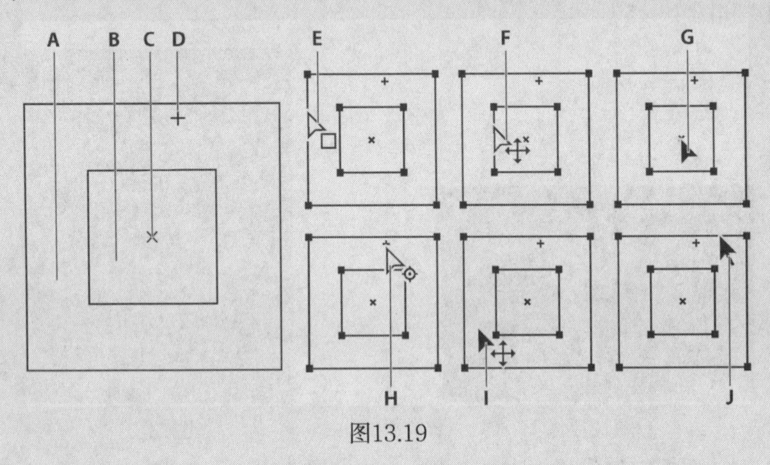

图13.19

跟踪点组件（左）和Selection工具图标（右）：

A. 搜索区域 B. 特征区域 C. 关键帧标志 D. 连接点 E. 移动搜索区域 F. 移动两个区域 G. 移动整个跟踪点 H. 移动连接点 I. 移动整个跟踪点 J. 调整区域大小

- 从 Tracking 面板菜单中选择 Magnify Feature When Dragging（拖动时放大特征区域），将打开或关闭特征区域放大开关。如果该选项旁显示选取标志，它处于打开状态。
- 为了仅移动搜索区域，可以使用 Selection 工具拖动搜索区域的边缘；此时将显示出 Move Search Region（移动搜索区域）指针（）（见图 13.16 中的 E）。
- 为了只移动特征区域和搜索区域，请用 Selection 工具在特征区域或搜索区域内 Alt- 拖动（Windows）或 Option- 拖动（Mac OS），此时将显示出 Move Both Regions（移动两个区域）指针（）（见图 13.6 中的 F）。
- 为了仅移动连接点，可以使用 Selection 工具拖动连接点，此时将显示出 Move Attach Point（移动连接点）指针（）（如图 13.6 中的 H）。
- 为了调整特征区域或搜索区域的大小，请拖动角柄（见图 13.6 中的 J）。
- 为了一起移动特征区域、搜索区域和连接点，请使用 Selection 工具在跟踪点区域内拖动（避开区域的边缘及连接点），此时会显示出 Move Track Point（移动跟踪点）指针（）。

关于跟踪点的更多信息，请参见After Effects帮助。

13.3.5　分析和应用跟踪

现在已经定义了搜索区域和特征区域，接下来可以进行跟踪处理了。

1. 单击 Tracker 面板中的 Analyze Forward 按钮（▶）。查看分析结果，确认跟踪点位于节拍器滑块上面。否则，停止分析并重定位特征区域（请查看“校正飘移”中说明）。

> AE | **注意**：跟踪分析需要较长时间。搜索区域和特征区域越大，After Effects 跟踪分析的时间就越长。

2. 分析完成后，单击 Apply 按钮，如图 13.20 所示。

3. 在 Motion Tracker Apply Options 对话框中，单击 OK 按钮，对 *x* 和 *y* 维度应用跟踪，如图 13.21 所示。

图13.20

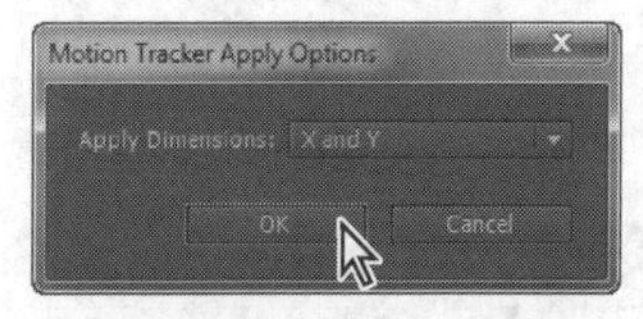

图13.21

校正飘移

视频中的图像移动时，常伴随着灯光、周围对象以及对象角度的变化，这将使子像素级别上原来清晰的特征变得难以识别。所以需要精心选择容易跟踪的特征区域。即使经过精心的计划和操作，特征区域也常会偏离设想的特征。所以对于数字跟踪处理，重新调整特征区域和搜索区域、改变跟踪选项以及再次重试都是常有的事。如果发现出现飘移，则请试试以下方法。

1. 单击 Tracker 面板中的 Stop 按钮，立即停止分析。

2. 将当前时间标志移回到最后一个好的跟踪点上，移动标志时可以在 Layer 面板中进行监看。

3. 对特征区域或搜索区域进行重定位并（或）调整大小，请注意不要无意中移动了连接点。移动连接点将导致在被跟踪的图层内图像出现明显的跳动。

4. 单击 Analyze Forward 按钮恢复跟踪处理。

运动跟踪数据被添加到 Timeline 面板中，在该面板中可以看到跟踪数据位于节拍器图层内，但结果被应用到 Shape Layer 1 图层的 Position 属性。

4. 查看 RAM 预览。可以看到星星不仅跟着节拍器摆动，而且随着摄像机的移动而移动。如图 13.22 ~图 13.24 所示。

图13.22

图13.23

图13.24

5. 完成预览后。按空格键停止播放。

6. 隐藏 Timeline 面板中这两个图层的属性，选择 File>Save 命令，然后再选择 File>Close Project 命令。

移动跟踪背景素材上的元素很有趣。只要有一个稳定的用于跟踪的特征区域，单点运动跟踪就很容易实现。

13.4 多点跟踪

After Effects 还提供另外两种更高级的跟踪类型，它们使用多点跟踪：平行角定位和透视角定位。

使用平行角定位进行跟踪处理时，将同时跟踪源素材中的 3 个点。After Effects 计算出第四个点的位置，使 4 个点之间的连线保持平行。当跟踪点的移动被应用到目标图层时，Corner Pin（边角定位）特效扭曲图层，以模拟斜切、缩放和旋转效果，但不模拟透视效果。跟踪过程中平行线保持平行，相对距离保持不变。

使用透视角定位进行跟踪时，将同时跟踪源素材中的 4 个点。当 Corner Pin 特效被应用到目标图层时，它根据 4 个跟踪点的移动来扭曲图层，并模拟透视的变化。

我们将采用透视角定位方法将动画显示到计算机屏幕上。如果你还没有预览本章的示例影片，现在请预览该影片。

13.4.1 设置项目

首先启动 After Effects 并创建新项目。

1. 如果还未启动 After Effects，现在就启动它。启动 After Effects 时请按下 Ctrl+Alt+Shift（Windows）或 Command+Option+Shift（Mac OS）组合键，以便恢复默认参数。系统询问是否删除参数文件时，单击 OK 按钮。单击 Close 按钮关闭 Welcome 窗口。

After Effects 打开后显示一个空白的无标题项目。

2. 选择 File>Save As > Save As 命令。
3. 在 Save Project As 对话框中，导航到 AECC_CIB\Lessons\Lesson13\Finished_Project 文件夹。
4. 将该项目命名为 Lesson13_Multipoint.aep。然后单击 Save 按钮。
5. 双击 Project 面板中的空白区域，打开 Import File 对话框。导航到 AECC_CIB\Lessons\Lesson13\Assets 文件夹。
6. 按住 Ctrl 键单击（Windows）或按住 Command 键单击（Mac OS）选择 majorspoilers.mov 和 multipoint_tracking.mov 文件，再单击 Import 或 Open 按钮。
7. 按 Ctrl+N（Windows）或 Command+N（Mac OS）组合键新建合成图像。
8. 在 Composition Settings 对话框中，完成下面的设置，然后单击 OK 按钮，如图 13.25 所示。
   - 在 Composition Name 字段中键入 Multipoint_Tracking。
   - 确认 Preset 下拉列表的选择是 NTSC DV。
   - 将 Duration 设置为 7:05，majors poilers.mov 文件的时长。

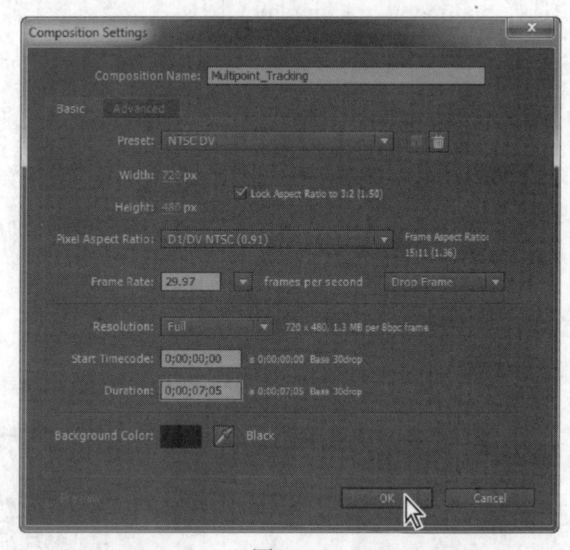

图13.25

9. 将 multipoint_tracking.mov 文件从 Project 面板拖放到 Timeline 面板。手工预览素材，因为这是手持摄像机拍摄的，所以画面存在抖动现象。

因为我们将 majorspoilers.mov 图层放置在计算机显示器的上面，所以可以很方便地在平面上定位跟踪标志。默认情况下跟踪器根据亮度进行跟踪，所以我们选择屏幕周围反差强烈的区域进行跟踪。

10. 按 Home 键，或将当前时间指示器移动到时间标尺的起点。

11. 将 majorspoilers.mov 文件从 Project 面板拖放到 Timeline 面板中，并将其置于图层栈的顶部。

12. 为了设置跟踪点时方便查看其下方的影片，请在 Timeline 面板中取消选择 majorspoilers.mov 图层的 Video 开关，如图 13.26 和图 13.27 所示。

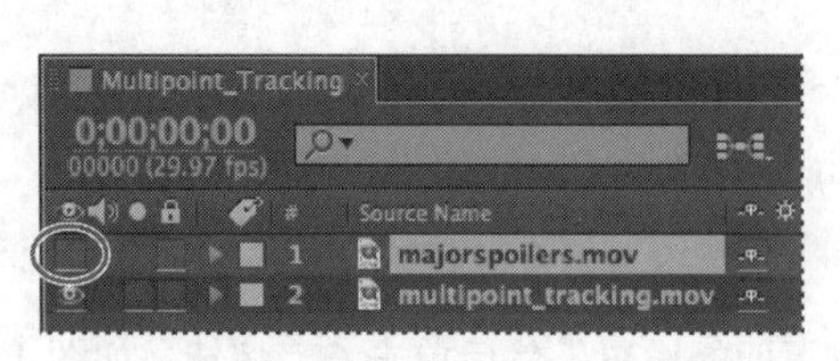

图13.26

图13.27

13.4.2 定位跟踪点

现在，可以向 multipoint_tracking.mov 图层添加跟踪点了。

1. 在 Timeline 面板中选择 multipoint_tracking.mov 图层。

2. 选择 Window> Tracker 命令，打开 Tracker 面板（如果当前未打开的话）。

3. 在 Tracker 面板中，从 Motion Source 下拉列表选择 multipoint_tracking.mov。

4. 再次选择 multipoint_tracking.mov 图层，然后单击 Track Motion 按钮。

此时，Layer 面板将打开书桌场景，跟踪点标志显示在画面中央。但是，我们将跟踪 4 个点，以便将动画影片添加到计算机屏幕上。

5. 从 Track Type 下拉列表中选择 Perspective Corner Pin。

Layer 面板将显示出另外 3 个跟踪点标志，如图 13.28 和图 13.29 所示。

图13.28

图13.29

6. 将跟踪点拖放到图像中 4 个不同的高对比度区域。计算机屏幕 4 个角的对比度很高，如图 13.30 和图 13.31 所示（因为高对比度区域就是我们要放置 majorspoilers 图层的位置，所以不需要移动连接点）。

图13.30

图13.31

AE | 提示：关于移动跟踪点方面的知识，请参阅“移动跟踪点和调整其尺寸”说明。

AE | 提示：放大显示有利于跟踪点的定位和调整，调整完成后可以再缩小显示。

13.4.3 应用多点跟踪

现在，我们准备进行数据分析，并应用跟踪处理。

1. 单击 Tracker 面板中的 Analyze Forward 按钮（▶）。之后，当数据分析完成后，单击 Apply 按钮计算跟踪。

2. 请注意 Timeline 面板中的结果：可以看到 majorspoilers 图层的 Corner Pin 和 Position 属性关键帧，以及 motion_tracking 图层的跟踪点数据。

AE | 注意：如果 mposition 面板中未显示出合成图像，请单击 Timeline 窗口，移动当前时间指示器，并刷新显示。

3. 次确认 majorspoilers 图层是可见的，将当前时间指示器移动到时间标尺的起点。然后观看 RAM 预览，查看跟踪处理结果。

4. 预览完成后，按空格键停止播放。

如果对处理结果不满意，回到 Tracker 面板，单击 Reset 按钮，再试一次。通过练习，你将熟悉怎样选择合适的特征区域。

5. 隐藏图层属性，以保持 Timeline 面板的整洁，然后选择 File>Save 命令保存作品。

6. 选择 File > Close Project 命令。

Mocha for After Effects

多数情况下，采用Imagineer Systems公司的mocha跟踪视频中的点，可以得到更理想、更精确的跟踪结果。Mocha for After Effects工具安装在硬盘上After Effects CS5文件夹下的mocha文件夹中。

采用Mocha for After Effects的一个好处是，不需要准确地设置跟踪点就能实现完美跟踪。Mocha for After Effects不采用跟踪点，而是对平面进行跟踪。它将根据用户所定义平面的运动来跟踪对象的位置变换、旋转以及尺寸等数据。与采用单点跟踪及多点跟踪工具相比，对平面进行跟踪将使计算机获得更多细节信息。

使用Mocha for After Effects时，需要确认剪辑中的平面，该平面应与你要跟踪的对象同步运动。跟踪平面不一定是桌面或墙。例如，如果有人正挥手告别，可以将他的上下臂作为两个跟踪平面。对平面进行跟踪后，可以导出跟踪数据，以便在After Effects中使用。

Mocha for After Effects采用两种不同的曲线跟踪技术：X曲线和Bezier（贝塞尔）曲线。采用X曲线跟踪效果可能较理想，尤其适用于透视运动跟踪。而采用Bezier曲线跟踪效果也不错，并且它已成为业界标准。

要了解关于mocha for After Effects的更多知识，请在mocha程序中选择Help > Manual（指南）命令。

我们已将计算机屏幕的一些跟踪数据保存在mocha for After Effects中，愿意的话，可以将它们应用到After Effects中。要应用这些数据，请执行如下操作。

1. 在 After Effects 中创建一个新项目，从 Lesson13/Assets 文件夹导入 majorspoilers.mov 和 mocha_tracking.mov 文件。采用 mocha_tracking.mov 文件创建一个新合成图像，然后在 Timeline 面板中将 majorspoilers.mov 文件拖放到图层堆栈的顶部。

2. 在诸如 WordPad 或 TextEdit 等文本编辑器（Windows 系统中不要使用 Notepad 软件，它不包含 mocha 的格式信息，因此 After Effects 无法识别剪贴板中的内容）中打开 mocha_data.txt 文件（位于 Lesson 13/Optional_Mocha_Tutorial 文件夹）。选择 Edit > Select All 命令，然后选择 Edit > Copy to 命令，复制所有数据。

3. 在 Timeline 面板中选择 majorspoilers.mov 图层，选择 Edit > Paste 命令。所有数据将被应用到该图层。

4. 进行 RAM 预览查看结果。

13.5 创建粒子仿真效果

After Effects 提供的几种特效可以很好地模拟粒子运动效果。其中的两种特效——CC Particle Systems II 和 CC Particle World——是基于同样的引擎，二者之间主要差别在于 Particle World 能够在 3D 空间内（而不是 2D 图层空间）移动粒子。

本练习中，我们将学习怎样使用 CC Particle Systems II 特效创建超新星，它可以用作科学节目的片头或者作为活动背景。如果你现在还没预览本练习的影片例子，请在继续练习前请先预览该影片。

13.5.1 设置项目

首先启动 After Effects，创建新项目。

1. 如果还未启动 After Effects，现在就启动它。启动时请按下 Ctrl+Alt+Shift（Windows）或 Command+Option+Shift（Mac OS）组合键，以恢复默认参数。系统询问是否删除参数文件时，单击 OK 按钮，并单击 Close 按钮关闭 Welcome 窗口。

After Effects 打开后显示一个空的无标题项目。

2. 选择 File>Save As>Save As 命令。
3. 在 Save As 对话框中，导航到 AECC_CIB\Lessons\Lesson13\Finished_Project 文件夹。
4. 将该项目命名为 Lesson13_Particles.aep，然后单击 Save 按钮。

本练习中我们不需要导入任何素材项，但是需要创建合成图像。

5. 在 After Effects 中，按 Ctrl+N（Windows）或 Command+N（Mac OS）组合键。
6. 在 Composition Settings 对话框中，完成下面的配置，然后单击 OK 按钮，如图 13.32 所示。
   - 在 Composition Name 字段中键入 Supernova。
   - 从 Preset 下拉列表选择 NTSC D1。
   - 将 Duration 字段设置为 10:00。

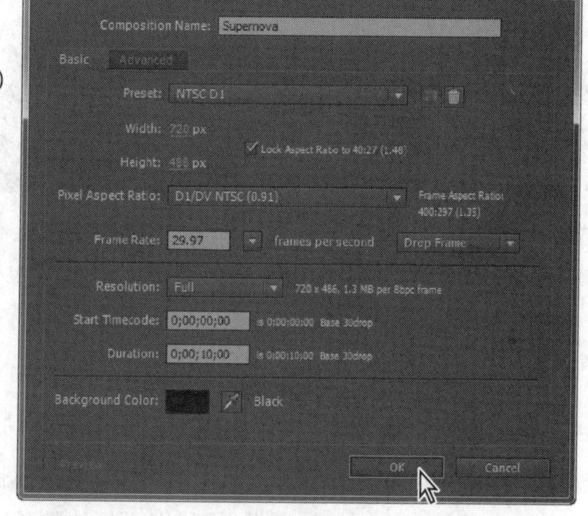

图13.32

13.5.2 创建粒子系统

我们将从纯色图层创建粒子系统，所以接下来创建纯色图层。

1. 选择 Layer>New>Solid 命令创建一个新纯色图层。
2. 在 Solid Settings 对话框的 Name 字段中键入 Particles。
3. 单击 Make Comp Size 按钮，使该图层尺寸与合成图像相同。然后单击 OK 按钮，如图 13.33 所示。

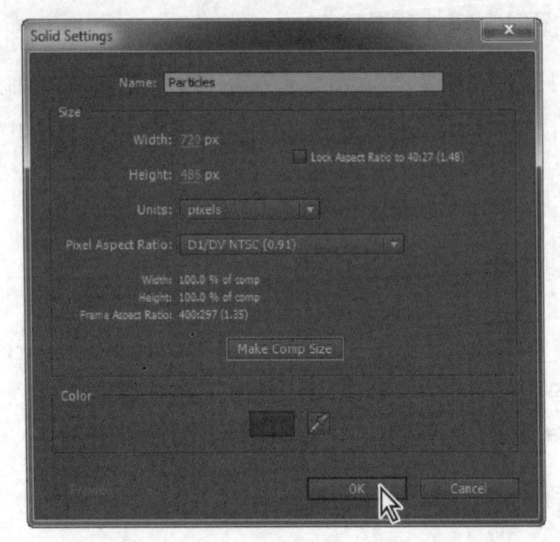

图13.33

4. 选择 Timeline 面板中的 Particles 图层，再选择 Effect>Simulation>CC Particle Systems II 命令。

5. 移动到 4:00 查看粒子系统，如图 13.34 和图 13.35 所示。

图13.34

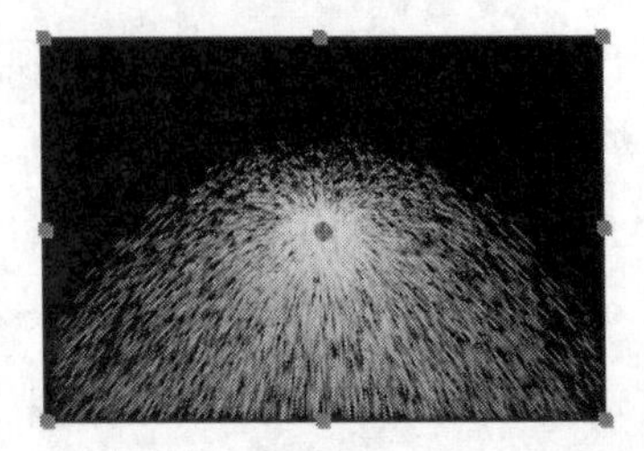

图13.35

可以看到 Composition 面板中显示出一股巨大的黄色粒子流。

13.5.3 自定义粒子特效

下面我们通过在 Effect Controls 面板自定义粒子特效设置，将这股粒子流转换成一颗超新星。

1. 在 Effect Controls 面板中展开 Physics 属性组。Animation 属性采用 Explosive（爆炸）选项很适合本项目的需求，但我们不想让粒子向下落，而是向各个方向流动，所以请将 Gravity（重力）属性值设为 0.0，如图 13.36 和图 13.37 所示。

2. 隐藏 Physics 属性组，并展开 Particle 属性组。然后，从 Particle Type 下拉列表中选择 Faded Sphere（渐隐的球体）。

现在的粒子系统看起来如同银河系一般。但不要在这里停下，我们继续对其进行处理。

3. 将 Death Size 修改为 1.50，Size Variation（尺寸变化）调高到 100%。这将随机改变粒子创建时的尺寸。

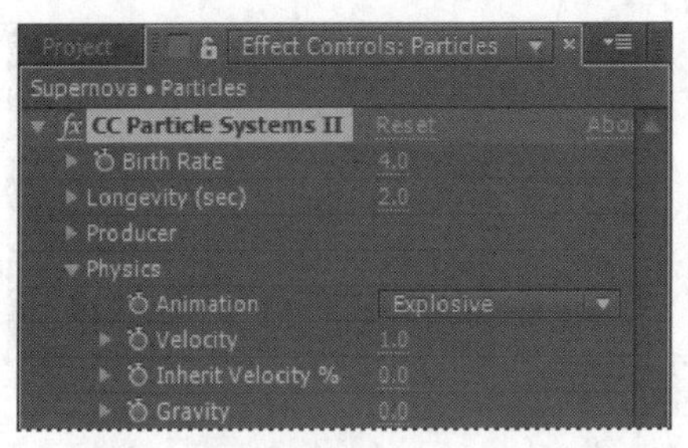

图13.36

图13.37

4. 将 Max Opacity（最大不透明度）值减小到 55%，使粒子变为半透明，如图 13.38 和图 13.39 所示。

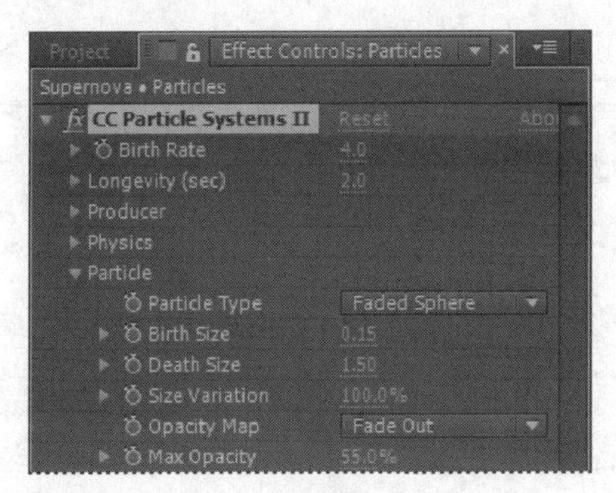

图13.38

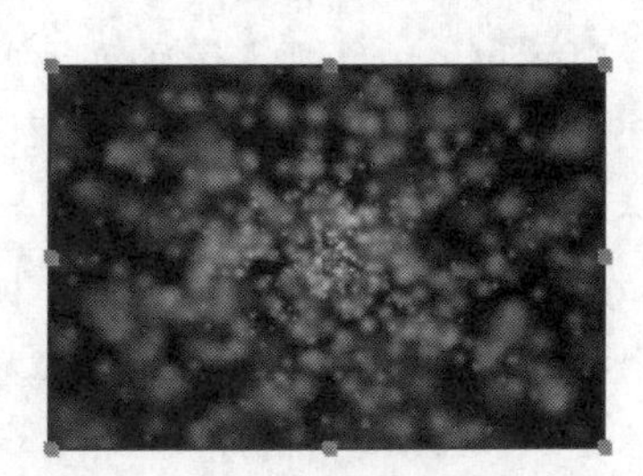
图13.39

5. 单击 Birth Color 色板，将颜色修改为 R=255，G=200，B=50，使粒子在产生时为黄色，然后单击 OK 按钮。

6. 单击 Death Color 色板，将颜色修改为 R=180，G=180，B=180，使粒子淡出时为淡灰色，然后单击 OK 按钮，如图 13.40 和图 13.41 所示。

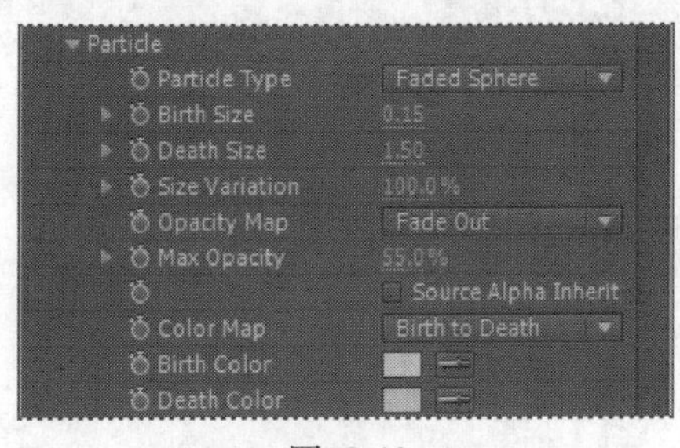

图13.40

图13.41

7. 为了使粒子不至于在屏幕上停留时间太长，我们将 Longevity 值减小到 0.8 秒，如图 13.42 和图 13.43 所示。

> AE | **注意：**虽然 Longevity 和 Birth Rate 设置位于 Effect Controls 面板的顶部，但在设置好其他粒子属性后，这两个属性常常更容易调整。

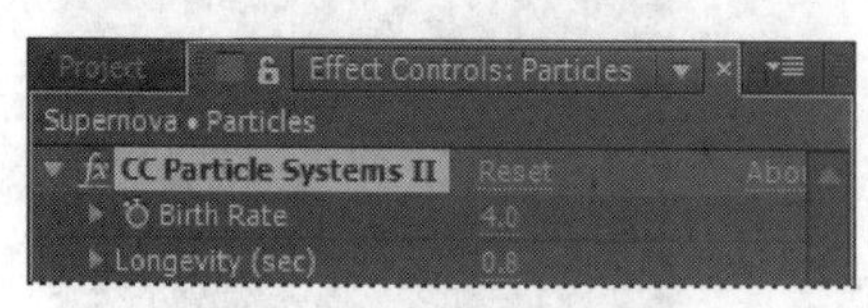

图13.42

图13.43

Faded Sphere 类型粒子看起来较柔和，但粒子形状仍然太清晰。下面将通过模糊图层，使粒子相互混和来解决这个问题。

Particle Systems II属性

粒子系统具有独特的术语，这里解释其中的一些关键设置，供您参考。下面按它们在Effect Controls面板中的显示顺序列出。

Birth Rate（产生率）：控制每秒产生的粒子数。该数值本身是个估计值，而不是实际产生的粒子数。但该数值越大，粒子密度将越高。

Longevity（寿命）：决定粒子生存期。

Producer Position（发生点位置）：控制粒子系统的中心点或源点。该位置的设置是基于x、y坐标。所有粒子将从这个点发射出来。调节x和y半径设置可以控制发生点的尺寸，这些值越高，发生点将越大。如果将x半径设为较大数值，而y半径设为0，就会产生一条直线。

Velocity（速度）：控制粒子的速度。该值越高，粒子移动就越快。

Inherent Velocity %（固有速率百分比）：当Producer Position改变时，该值决定传递到粒子的速度。如果该属性为负值，将导致粒子反向运动。

Gravity（重力）：该值决定粒子坠落速度的快慢。该值越高，粒子坠落的速度越快。负值将导致粒子上升。

Resistance（阻力）：模拟粒子与空气或水相互作用，逐渐变慢的过程。

Direction（方向）：决定粒子流动的方向。该属性和Direction Animation中的类型一起使用。

Extra（例外）：向粒子运动引入的随机量。

Birth/Death Size（产生/衰亡尺寸）：决定粒子创建和衰亡时的尺寸。

Opacity Map（不透明映射）：决定粒子生存期内不透明度的变化。

Color Map（颜色映射）：该属性与Birth和Death颜色属性一起使用，决定粒子亮度随时间的变化情况。

8. 隐藏 CC Particle Systems II 特效属性。

9. 选择 Effect>Blur & Sharpen>Fast Blur 命令。

10. 在 Effect Controls 面板的 Fast Blur 区域，将 Blurriness（模糊量）值调高到 10。然后，选取 Repeat Edge Pixels（重复边缘像素）复选框，以防位于图像帧边缘的粒子被裁切，如图 13.44 和图 13.45 所示。

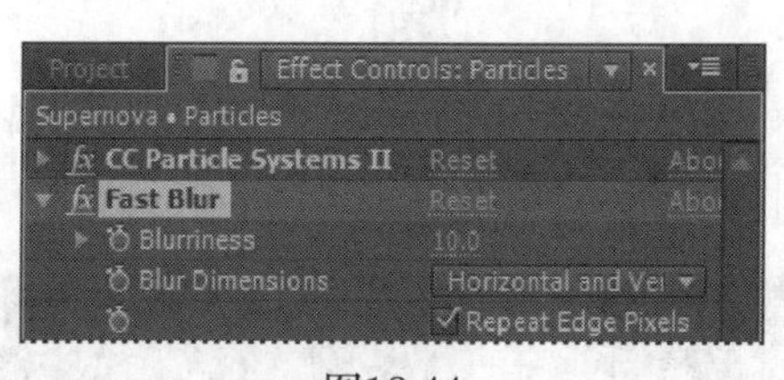

图13.44

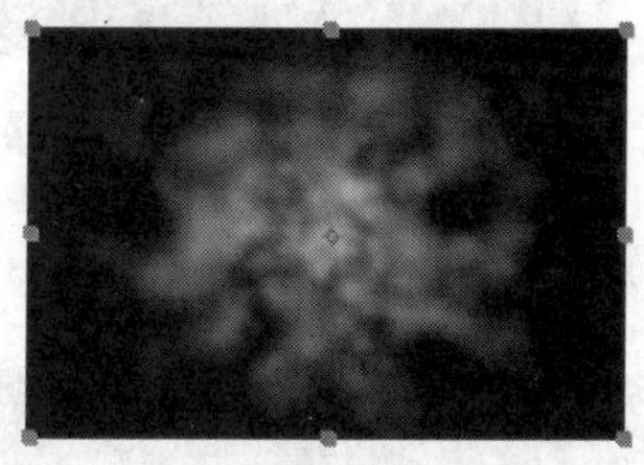

图13.45

13.5.4 创建太阳

现在将在粒子后面创建明亮的光环。

1. 移动到 0:07。

2. 按 Ctrl+Y（Windows）或 Command+Y（Mac OS）组合键，创建新的纯色图层。

3. 在 Solid Settings 对话框内执行以下操作，如图 13.46 所示。

    - 在 Name 字段中键入 Sun。
    - 单击 Make Comp Size 按钮，使该图层尺寸与合成图像相同。
    - 单击色板，使该图层的颜色与粒子的 Birth Color 属性具有相同的黄色（255，200，50）。
    - 单击 OK 按钮，关闭 Solid Settings 对话框。

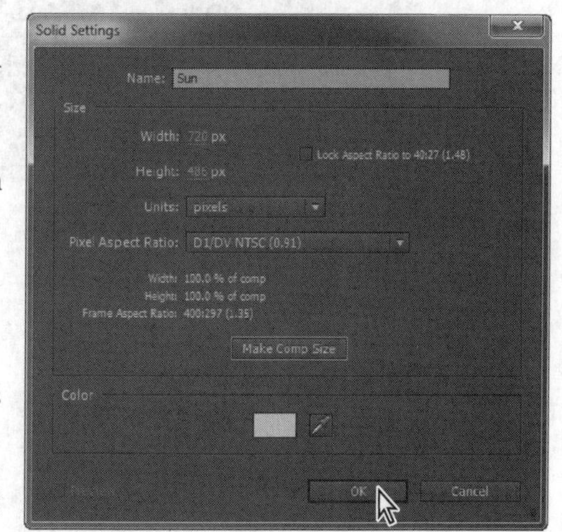

图13.46

4. 在 Timeline 面板中将 Sun 图层拖放到 Particles 图层的下面。

5. 选择 Tools 面板中的 Ellipse 工具（ ）（隐藏在 Rectangle 工具（ ）或 Star 工具（ ）后面）。按住 Shift 键，在 Composition 面板内拖动，绘制出一个半径约为 100 像素（也就是约占合成图像宽度的 1/4）的圆。

6. 用 Selection 工具（ ）将蒙版形状拖放到 Composition 面板的中央，如图 13.47 和图 13.48 所示。

图13.47

图13.48

7. 选择 Timeline 面板中的 Sun 图层，按 F 键显示其 Mask Feather（蒙版羽化）属性。将 Mask Feather 值调高到（100，100）像素，如图 13.49 和图 13.50 所示。

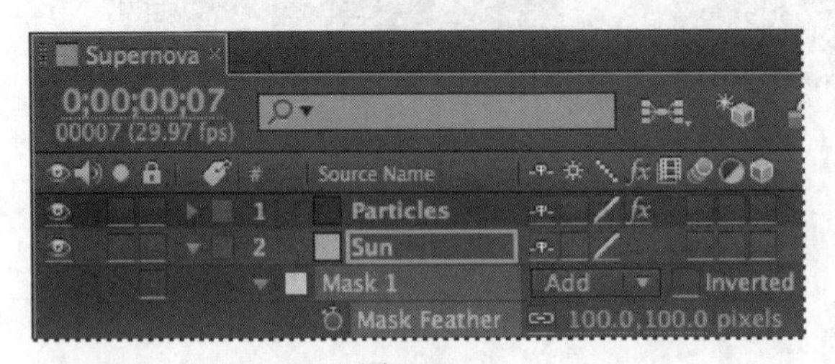

图13.49

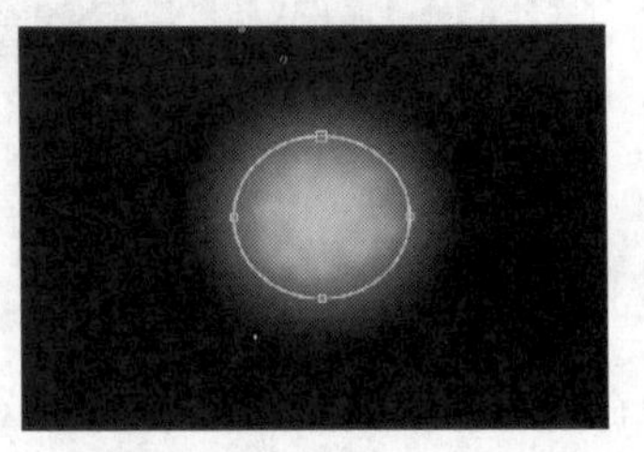

图13.50

8. 按 Alt+[（Window）或 Option+[（Mac OS）组合键，将该图层的 In 点设置到当前时间，如图 13.51 所示。

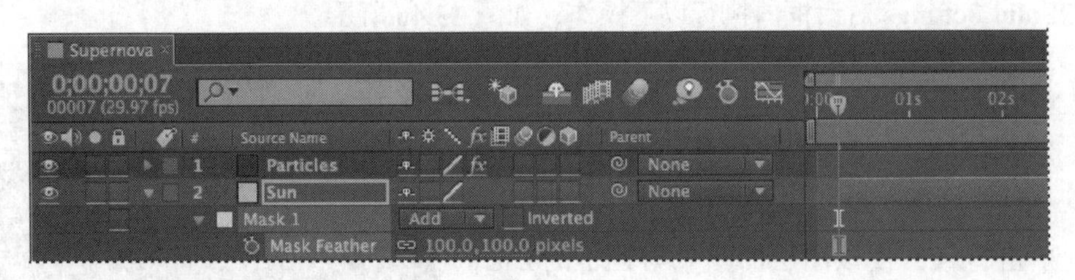

图13.51

9. 隐藏 Sun 图层的属性。

13.5.5 照亮黑暗部分

因为太阳是明亮的，所以它应该照亮周围的黑暗。

1. 确认当前时间标志位仍位于 0:07。

2. 按 Ctrl+Y（Windows）或 Command+Y（Mac OS）组合键，创建新的纯色图层。

3. 在 Solid Settings 对话框中，将图层命名为 Background，单击 Make Comp Size 按钮，使图层尺寸与合成图像相同，然后单击 OK 按钮创建图层。

4. 在 Timeline 面板中，将 Background 图层拖放到图层栈的最底层。

5. 选择 Timeline 面板中的 Background 图层，然后选择 Effect>Generate>Ramp（渐变）命令。

Ramp 特效创建彩色渐变，并将它与原来图像相混合。我们可以创建线性或径向渐变，随时间改变渐变的位置和颜色。用 Start of Ramp（渐变起点）和 End of Ramp（渐变终点）设置定义渐变的起点和终点，用 Ramp Scatter（渐变扩散）设置分散渐变颜色，消除色块。

6. 在 Effect Controls 面板的 Ramp 区，执行如下操作。

- 将 Start of Ramp 修改为（360，240），将 End of Ramp 修改为（360，525）。
- 从 Ramp Shape（渐变形状）下拉列表中选择 Radial Ramp。
- 单击 Start Color 色板，将渐变开始颜色设置为深蓝色（R=0，G=25，B=135）。
- 将 End Color（渐变结束颜色）设置为黑色（R=0，G=0，B=0），如图 13.52 和图 13.53 所示。

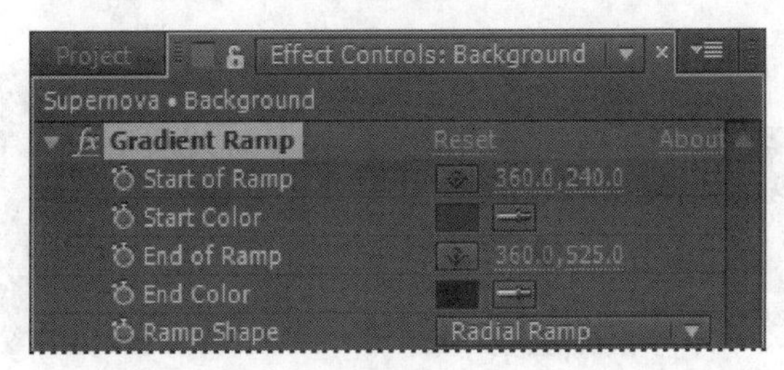

图13.52

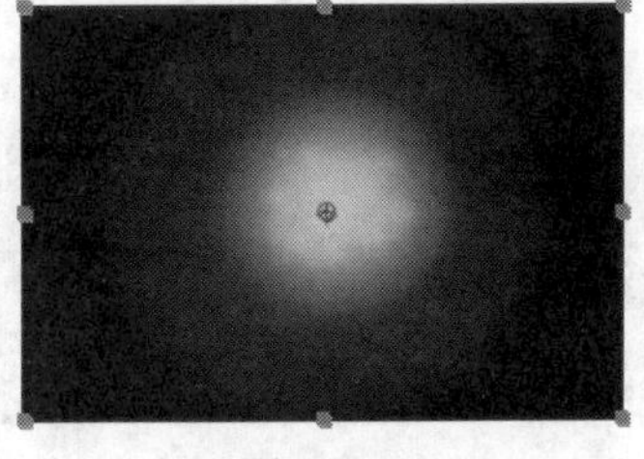

图13.53

7. 按 Alt+[（Window）或 Option+[（Mac OS）组合键，将该图层的 In 点设置到当前时间点上。

13.5.6 添加镜头眩光

为了将所有图像元素结合在一起，现在添加镜头眩光，模拟爆炸效果。

1. 按 Home 键将当前时间标志移动到时间标尺的起点。

2. 按 Ctrl+Y（Windows）或 Command+Y（Mac OS）组合键，创建一个新纯色图层。

3. 在 Solid Settings 对话框中，将图层命名为 Nova。单击 Make Comp Size 按钮，使图层尺寸与合成图像相同。将 Color 设置为黑色（R=0，G=0，B=0），然后单击 OK 按钮。Nova 图层应该显示在 Timeline 面板中图层栈的顶部。

4. 在 Timeline 面板中选择 Nova 图层，然后选择 Effect>Generate>Lens Flare（镜头眩光）命令。如图 13.54 和图 13.55 所示。

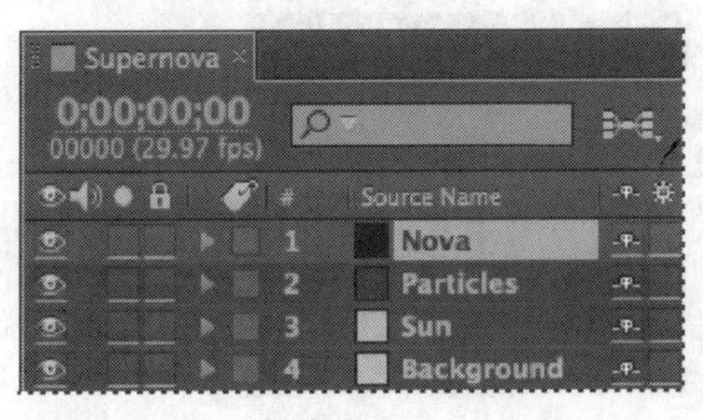

图13.54

图13.55

5. 在 Effect Controls 面板中的 Lens Flare 区，执行如下操作。

- 将 Flare Center（光晕中心点）修改为（360，240）。
- 从 Lens Type（镜头类型）下拉列表中选择 50-300mm Zoom（50-300mm 变焦）。
- 将 Flare Brightness（眩光亮度）降低到 0%，然后单击 Flare Brightness 属性的关键帧记录器图标（ ），创建初始关键帧。

6. 移动到 0:10。

7. 将 Flare Brightness 调高到 240%。

8. 移动到 1:04，将 Flare Brightness 调低到 100%，如图 13.56 和图 13.57 所示。

图13.56

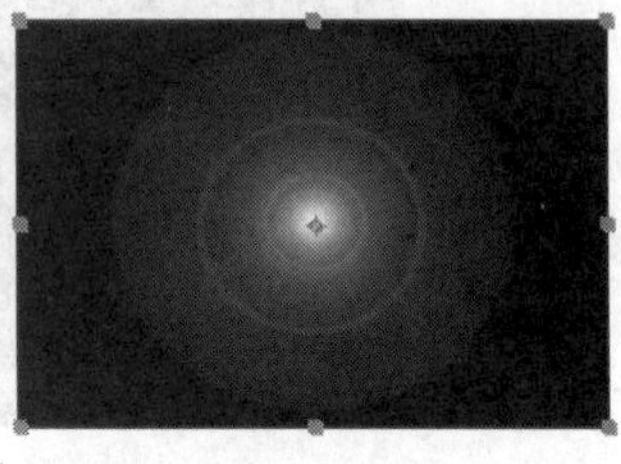

图13.57

9. 在 Timeline 面板中选择 Nova 图层，然后按 U 键显示其经动画处理的 Lens Flare 属性。

10. 右键单击（Windows）或按下 Control 键同时单击（Mac OS）Flare Brightness 结束关键帧，并选择 Keyframe Assistant > Easy Ease In 命令。

11. 右键单击（Windows）或按下 Control 键同时单击（Mac OS）Flare Brightness 开始关键帧，然后从弹出菜单中选择 Keyframe Assistant > Easy Ease Out 命令，如图 13.58 所示。

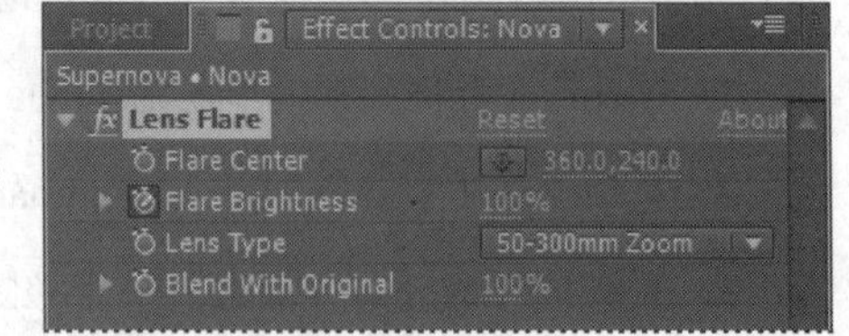

图13.58

最后，需要在合成图像中的 Nova 图层下方显示出该图层。

12. 按 F2 键取消选择所有图层，并从 Timeline 面板菜单中选择 Columns>Modes 命令，然后从 Nova 图层的 Mode 下拉列表中选择 Screen，如图 13.59 所示。

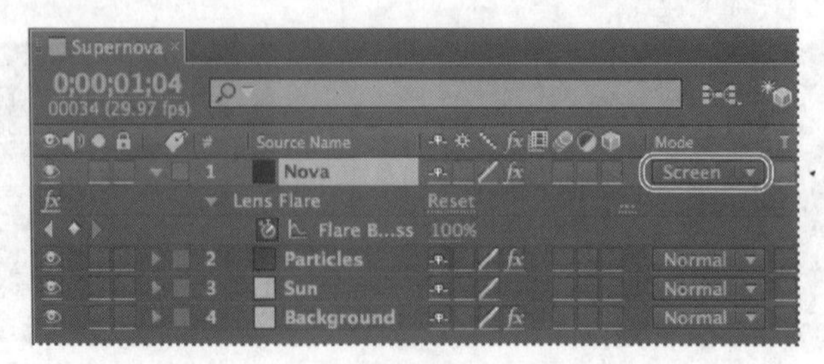

图13.59

13. 查看 RAM 预览。预览完成后，按空格键停止预览。

14. 选择 File>Save 命令，再选择 File>Close Project 命令。

高动态范围（HDR）素材

After Effects CS5还支持高动态范围（HDR）颜色。

现实世界中的动态范围（亮暗区域间的比值）远远超过人类视觉的范围和打印图像或显示器上显示图像的动态范围。但人眼能适应差别很大的亮度级别，大多数摄像机和计算机显示器仅能捕捉和再现有限的动态范围。摄影师、动画师以及其他从事数字图像处理工作的人必须对场景中的重要对象做出抉择，因为他们面对的是有限的动态范围。

HDR素材开启了一个新领域，因为它能用32位浮点数表示很宽的动态范围。采用相同的位数时，浮点数描述的数值范围远大于整数（定点）值表示的数值范围。HDR值包含的亮度级别（包括像蜡烛光焰或太阳这样明亮的对象）远远超过8bpc（每通道8位）或16bpc（非浮点）模式所包含的亮度级别。8bpc和16bpc模式的低动态范围仅能表示从黑到白这样的RGB色阶，这仅代表现实世界中很小的一段动态范围。

现在，HDR图像最常用在动画电影、特效、3D作品以及一些高端摄影等方面。After Effects CS5以多种方式支持HDR图像。例如，我们可以创建使用HDR素材的32bpc项目，在After Effects使用HDR图像时，可以调节其曝光，即图像所捕获的光量。关于After Effects对HDR图像支持的更多信息，请参见After Effects帮助。

13.6 应用 Timewarp 特效调整播放速度

After Effects 的 Timewarp（时间扭曲）特效在改变图层播放速度时，可以精确控制很多参数，包括插值方法、动感模糊以及剪切源素材，以除去不需要的修饰痕迹。

本练习将用 Timewarp 特效改变素材的播放速度，产生一个生动的慢动作回放。如果你现在还没预览本练习的影片例子，现在请预览影片。

13.6.1 设置项目

首先启动 After Effects，创建新项目。

1. 如果还未启动 After Effects，现在就启动它。启动 After Effects 时请按下 Ctrl+Alt+Shift（Windows）或 Command+Option+Shift（Mac OS）组合键，以便恢复默认参数。系统询问是否删除参数文件时，单击 OK 按钮。并单击 Close 按钮关闭 Welcome 窗口。

After Effects 打开后显示一个空的无标题项目。

2. 选择 File>Save As>Save As 命令。

3. 在 Save Project As 对话框中，导航到 AECC_CIB\Lessons\Lesson13\Finished_Project 文件夹。

4. 将该项目命名为 Lesson13_Timewarp.aep，然后单击 Save 按钮。

5. 双击 Project 面板中的空白区域，打开 Import File 对话框。导航到硬盘的 AECC_CIB\Lessons\Lesson13\Assets 文件夹，选择 Group_Approach[DV].mov 文件，然后单击 Open 按钮。

6. 在 Interpret Footage 对话框内单击 OK 按钮。

现在，我们根据导入素材的像素长宽比和持续时间创建一个新合成图像。

7. 将 Group_Approach[DV].mov 文件拖放到 Project 面板底部的 Create A New Composition 按钮（）上。

After Effects 创建一个以源文件命名的新合成图像，并将其显示在 Composition 面板和 Timeline 面板中，如图 13.60 和图 13.61 所示。

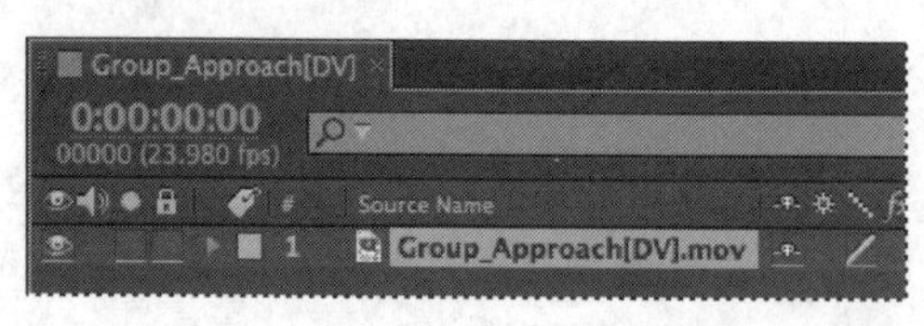

图13.60

图13.61

5. 选择 File>Save 命令，保存作品。

13.6.2 应用 Timewarp 特效

源素材中，一群年轻人稳步走向摄像机。导演希望 2 秒左右人群运动速度减慢到 10%，然后逐渐恢复行走速度，在 7:00 时达到原来的行走速度。

1. 在 Timeline 面板中选择 Group_Approach [DV] 图层，再选择 Effect>Time>Timewarp 命令。

2. 在 Effect Controls 面板的 Timewarp 区域内，请从 Method（方法）下拉列表选择 Pixel Motion（像素运动），从 Adjust Time By 下拉列表选择 Speed。

Pixel Motion 设置使 Timewarp 特效通过分析相邻帧内像素的移动和创建运动矢量来创建新的帧。Speed 选项使 Timewarp 按照百分比，而不是具体的帧来控制时间调整。

3. 移动到 2:00。

4. 在 Effect Controls 面板中，将 Speed 设置为 100，单击关键帧记录器图标（）设置关键帧。如图 13.62 和图 13.63 所示。

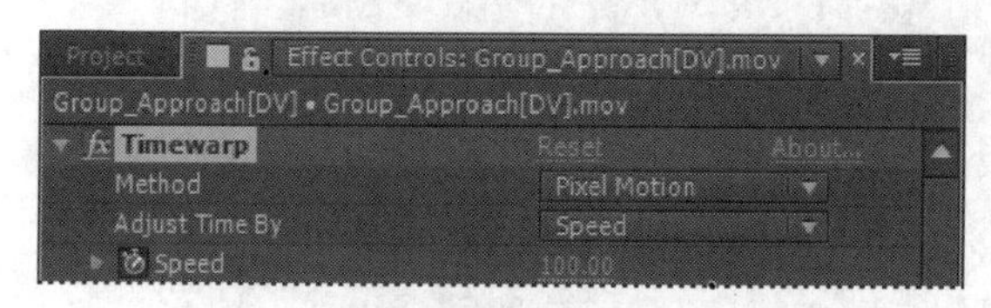

图13.62

图13.63

这将使 Timewarp 特效在 2 秒时间点之前将素材的速度保持在 100%。

5. 移动到 5:00，将 Speed 修改为 10。After Effects 添加一个关键帧。

6. 移动到 7:00，将 Speed 修改为 100。After Effects 添加一个关键帧。

7. 按 Home 键，或将当前时间指示器移动到时间标尺的起点。然后查看该特效的 RAM 预览。

> AE **注意：**一定要有耐心。RAM 预览计算可能花一些时间，但其回放比按空格键进行预览更准确。

你将发现速度变化很突然，而不是我们希望在专业特效中看到的平滑的、慢动作曲线。这是因为关键帧是线性的，而不是曲线。接下来将解决这个问题。

8. 完成预览后按空格键停止播放。

9. 在 Timeline 面板中选择 Group_Approach[DV] 图层，按 U 键查看经动画处理过的 Timewarp 特效的 Speed 属性。

10. 单击 Timeline 面板中的 Graph Editor 按钮（ ），使你可以看到 Graph Editor，而不是图层时长条。Graph Editor 显示出 Group_Approach[DV] 图层的 Speed 属性对应的曲线，如图 13.64 所示。

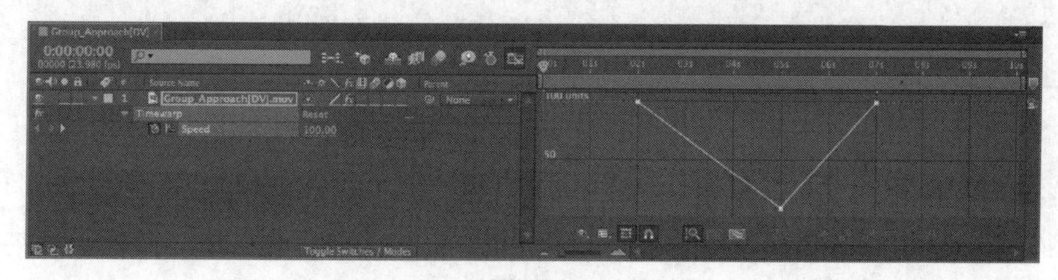

图13.64

11. 单击选择第一个 Speed 关键帧（在 2:00），然后单击 Graph Editor 底部的 Easy Ease 按钮（ ）。

这将调整对关键帧入、出点的影响，使突然的变化变得平滑。

> AE **提示：**请关闭 Timeline 面板中的列显示，以便看到 Graph Editor 中的更多图标。你还可以按 F9 键应用 Easy Ease 特效进行调整。

12. 在运动曲线上对另两个 Speed 关键帧（分别位于 5:00 和 7:00 处）重复第 11 步的操作，如图 13.65 所示。

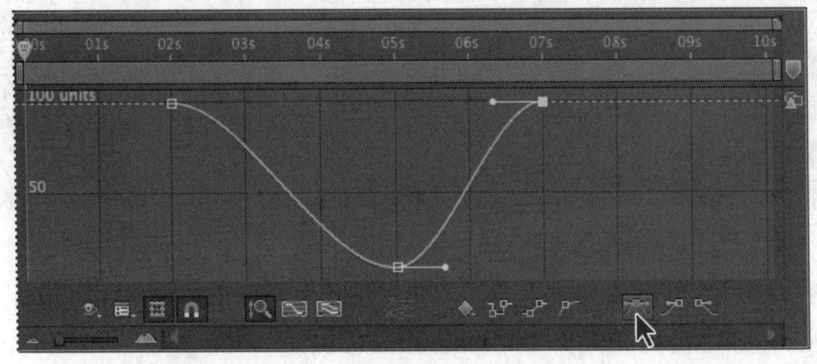

图13.65

运动曲线现在变得较平滑了，但拖动贝塞尔手柄还可以进一步调整它。

13. 用 2:00 和 5:00 处关键帧的贝塞尔手柄调整曲线，使它与图 13.66 中的曲线形状类似。

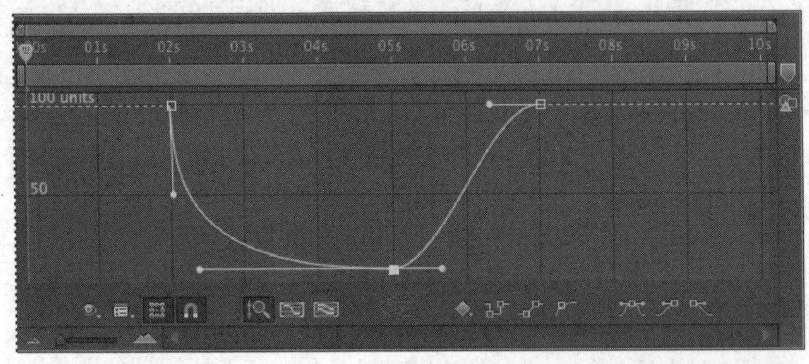

图13.66

> **AE** | 注意：如果你需要复习贝塞尔手柄的使用方法，请查阅第 7 课。

14. 再次查看 RAM 预览。现在，慢动作 Timewarp 特效看起来很专业。

15. 选择 File>Save 命令，保存项目，然后选择 File>Close Project 命令。

现在你已体验了 After Effects 的一些高级功能，包括运动稳定、运动跟踪、粒子系统以及 Timewarp 特效。如果你想对本章完成的任何一个或全部项目进行渲染并导出，请参考第 14 课的内容。

13.7 复习题与答案

13.7.1 复习题

1. 什么是运动稳定？什么时候需要使用它？

2. 对图像进行跟踪时为什么会产生飘移？

3. 粒子特效中的 birth rate 有什么作用？

4. Timewarp 特效有什么功能？

13.7.2 复习题答案

1. 用手持摄像机拍摄素材通常会导致画面抖动。除非要刻意制做这种效果，否则你一定想稳定画面，消除不必要的抖动现象。After Effects 的运动稳定通过下面的方法稳定图像：分析目标图层的运动和旋转，然后向图层轴点和旋转应用相反的数值。重放时，因为图层本身增加的位移量补偿了不应有的抖动，所以画面的运动变得平稳。

2. 当特征区域失去被跟踪处理的特征时将产生漂移。画面中的图像移动时，常伴随着灯光、周围对象以及对象角度的变化，这将使之前清晰的特征在子像素级别上变得难以识别。即使经过精心的计划和操作，特征区域也常会偏离原来设想的特征。所以对于数字跟踪处理来说，重新调整特征区域和搜索区域、改变跟踪选项并再次重试都是常有的事。

3. 粒子特效中的 birth rate 决定新粒子产生的速率。

4. Timewarp（时间扭曲）特效使你可以精确控制很多参数，用来改变图层的播放速度，包括插值方法、动感模糊以及剪切源素材，以去除不需要的修饰痕迹。

第14课 渲染和输出

课程概述

本课介绍的内容包括：

- 创建渲染队列渲染设置模板；
- 创建渲染队列输出模块模板；
- 使用 Adobe Media Encoder（Adobe 媒介编码器）输出视频；
- 为提交的文件格式选择合适的压缩编码；
- 使用像素长宽比校正；
- 输出最终动画，用于 NTSC 制式视频播出；
- 创建合成图像的测试版本；
- 渲染并输出最终动画的 Web 版本。

完成本课所需的总时间部分取决于您的计算机处理器的速度以及用于渲染的内存大小。启动 After Effects 之前，先找到附带光盘的 Lesson14 文件夹，将其复制到本地硬盘上为这些项目创建的文件夹 Lessons 中（或现在创建 Lessons 文件夹）。学习本课时，将覆盖复制的初始文件。如果需要恢复这些初始文件，从附带光盘中再复制一遍即可。

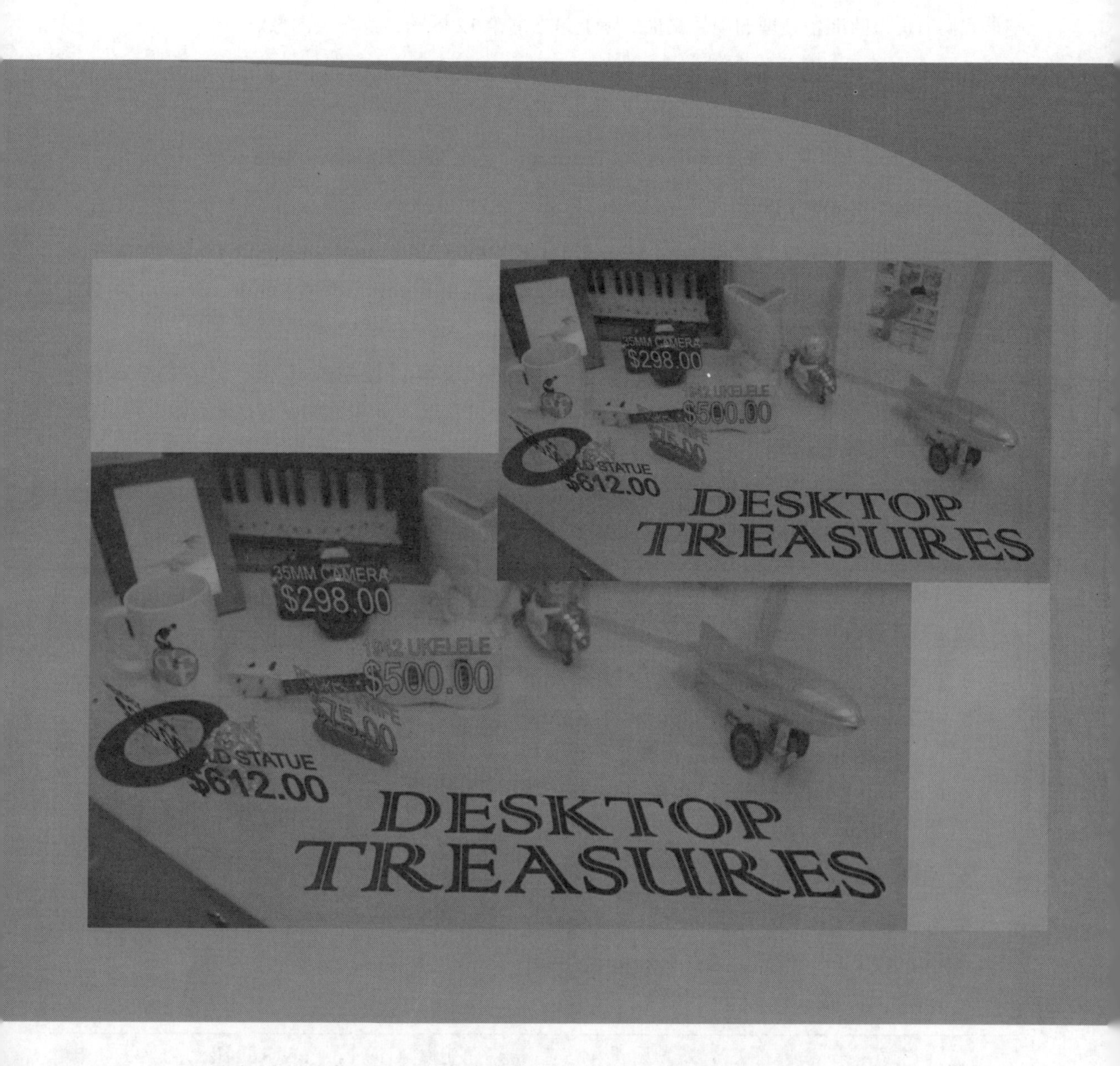

任何项目的成功取决于你将其转换成你需要的影片格式的能力，无论这个影片是用于网页或是用于播出。使用 Adobe After Effects 和 Adobe Media Encoder，可以将最终合成图像渲染并导出成各种格式和分辨率的影片。

14.1 开始

本课将继续前面各章的内容，这时我们已准备好输出最终合成图像，为了在本课创建几个不同版本的动画，我们将研究 Render Queue（渲染队列）面板和 Adobe Media Encoder 中提供的选项。本课我们所提供的准备处理的项目文件实际上是本书第 12 课的最终合成图像。

1. 请确认下述文件存在于您计算机硬盘的 AECC_CIB\Lessons\Lesson14 文件夹中，否则请从 www.peachpit.com 的个人页面内下载。
    - Assets 文件夹：DesktopC.mov、Treasures_Music.aif、Treasures_Title.psd。
    - Start_Project_File 文件夹：Lesson14_Start.aep。
    - Sample_Movies 文件夹：Lesson14_Final_360p_Web.mp4、Lesson14_Final_1080p.mp4、Lesson14_Final_lowres_Web.mp4、Lesson14_Final_MPEG4.mov、Lesson14_HD_test_1080p.mp4。
2. 打开并播放第 14 课的影片例子，这些影片分别代表第 12 课创建的动画（不同的画质渲染）的不同最终版本。查看完毕后，退出 QuickTime Player。如果你的硬盘空间有限，可以将该影片例子从硬盘删除。

> AE | 注意：Lesson14_HD_test_1080p.mp4 文件只包含该影片的前 5 秒内容。

和往常一样，开始本课前，请恢复 After Effects 应用程序的默认设置。详细情况请参见前言中的“恢复默认参数”。

3. 启动 After Effects 时请按下 Ctrl+Alt+Shift（Windows）或 Command+Option+Shift（Mac OS）组合键，系统询问是否删除参数文件时，单击 OK 按钮删除。单击 Close 按钮关闭 Welcome 窗口。
4. 选择 File>Open Project 命令。
5. 导航到 AECC_CIB\Lessons\Lesson14\Start_Project_File 文件夹，选择 Lesson14_Start.aep 文件，然后单击 Open 按钮。

图14.1

> AE | 注意：如果收到关于丢失图层依赖的错误消息（Arial Narrow Regular），单击 OK 按钮。

6. 选择 File>Save As 命令。
7. 在 Save Project As 对话框中，导航到 AECC_CIB\Lessons\Lesson14\Finished_Project 文件夹。

8. 将该项目命名为 Lesson14_Finished.aep，然后单击 Save 按钮。

9. 选择 Window>Render Queue（渲染队列）命令，以打开 Render Queue 面板。

14.2 创建渲染队列模板

在前面课程中，在输出合成图像时，我们选择各个渲染和输出模块设置。本课中，我们将为渲染设置和输出模块设置创建模板。这些模板是一些预设，在渲染相同格式的素材时，我们可以用这些模版简化配置过程。模板定义完成后，它们显示在 Render Queue 面板中的相应下拉列表内（Render Settings 或 Output Module 下拉列表）。这样，当你准备处理项目时，就可以根据项目所需的传输格式简单地选择模板，模板将对项目应用所有设置。

14.2.1 为测试渲染创建渲染设置模板

接下来，将创建一个渲染设置模板，选择的设置适合于渲染最终影片的测试版本。测试版影片比全分辨率电影小，所以渲染速度较快。如果被处理的合成图像很复杂，需要花大量时间用于渲染，这时先对其小测试版本进行渲染是个好办法。这有助于您在花费大量时间渲染最终影片前发现影片中需要调整的问题。

1. 选择 Edit>Templates>Render Settings 命令，打开 Render Settings Templates 对话框。

2. 在 Settings 区内，单击 New 按钮创建新模板，如图 14.2 所示。

3. 在 Render Settings 对话框的 Render Settings 区内，进行如下设置。

   - Quality（品质）选择 Best（最好）。
   - Resolution 选项选择 Third（1/3），这将使合成图像的大小减小为 1/3。

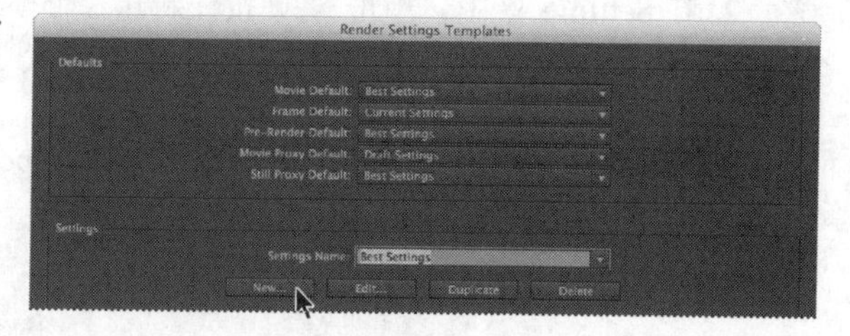

图14.2

4. 在 Time Sampling 区内，进行下面操作。

   - Frame Blending 选择 Current Settings（当前设置）。
   - Motion Blur 选择 Current Settings。
   - Time Span 选择 Length Of Comp（合成图像的长度）。

5. 在 Frame Rate 区内，选择 Use This Frame Rate（使用这个帧的速率），再键入 12（fps）。然后单击 OK 按钮，返回 Render Settings Templates 对话框，如图 14.3 所示。

6. 在 Settings Name 字段中，键入 Test_lowres（表示低分辨率）。

7. 检查设置，现在这些设置显示在对话框的下半部分。如果需要修改，单击 Edit 按钮调整设置。然后单击 OK 按钮，如图 14.4 所示。

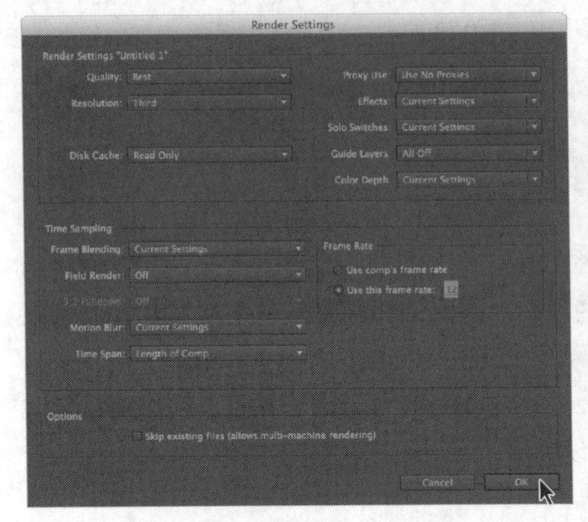

图14.3

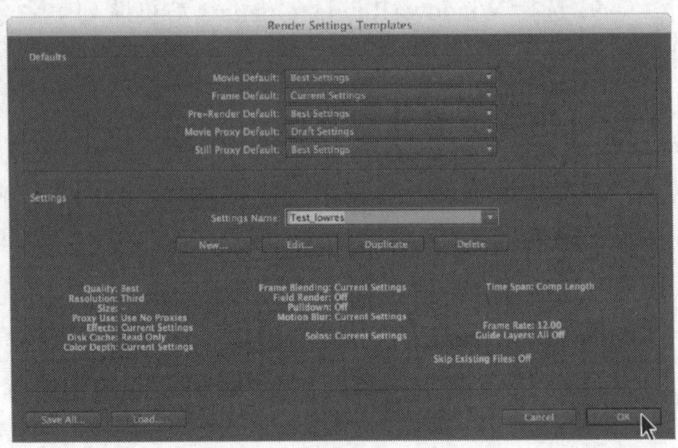

图14.4

现在，Test_lowres 成为 Render Queue 面板中 Render Settings 下拉列表中的可选项。

14.2.2 为输出模块创建模板

我们将使用与前一节相似的方法创建用于输出模块设置的模板。每个模板都包含独特的设置组合，适合于具体的输出类型。我们将创建一个低分辨率视频测试版本，或者是一个 Web 版本的视频。

1. 选择 Edit>Templates>Output Module（输出模块）命令，打开输出模块模板对话框。

2. 在 Settings 区内，单击 New 按钮新建一个模板。

3. 在 Output Module 设置对话框内，确保格式为 QuickTime。

4. Post-Render Action（渲染后动作）选择 Import（导入）。

5. 在 Video Output 区内，单击 Format Options(格式选项)按钮，如图 14.5 所示。

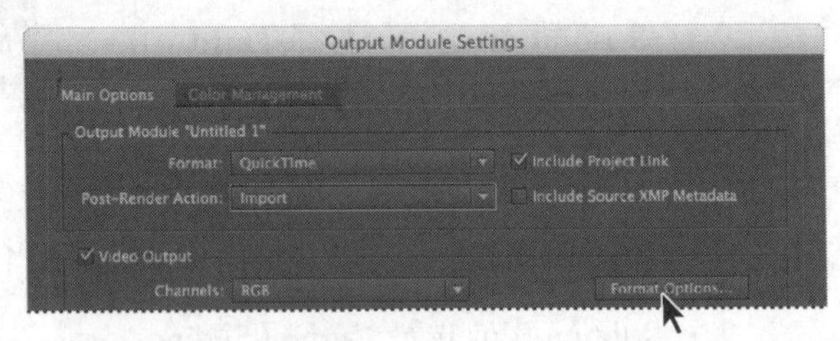

图14.5

6. 在 QuickTime Options 对话框中，进行如下设置，如图 14.6 所示。

   - Video Codec（视频编解码器）选择 MPEG-4 视频。这种压缩可以自动决定颜色的深度。
   - 设置画质游标为 80。
   - 在高级设置中，选择 Key Frame Every（关键帧间隔），并键入 30（帧）。
   - 在比特率设置中，选择 Limit Data Rate To（限制数据速率），并键入 150（kbps）。

7. 选择 Audio 标签，从 Audio Codec 菜单中选定 IMA 4:1，如图 14.7 所示。

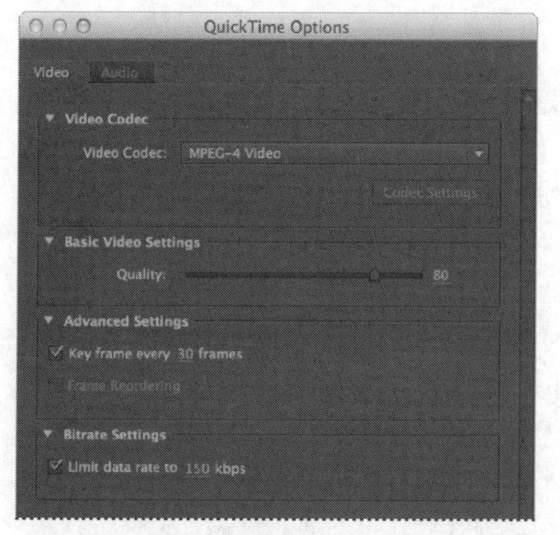

图14.6

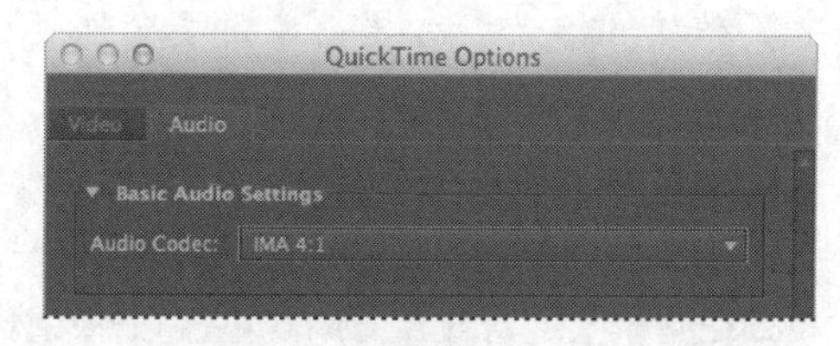

图14.7

AE | **注意**：IMA 4:1 压缩是 Web 或桌面录音重放普遍常用的压缩音频。

8. 单击 OK 按钮关闭 Quick Time 选项对话框，返回到 Output Module Settings 对话框。

9. 在对话框底部的弹出菜单中选择 Audio Output On，从左向右选择下面的音频设置，如图 14.8 所示。

- Rate（速率）：22.050kHz。
- Use（采用）：Stereo（立体声）。

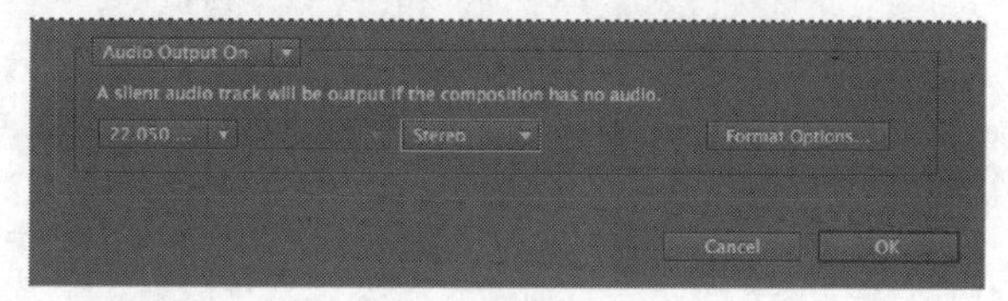

图14.8

10. 单击 OK 按钮关闭 Output Module Setting 对话框。

11. 在 Output Module Templates 对话框下半部分，检查设置，如果需要进行修改，单击 Edit 按钮。

12. 设置名称，输入 Test_MPEG4，然后单击 OK 按钮。这样该输出模板就存在渲染队列面板中的 Output Module pop-up 菜单中了。如图 14.9 所示。

正如所预料的，压缩比越高，音频取样速率越低，创建出的文件就越小，但同时也降低了输出的质量。但是，这个低分辨率模板完全满足创建测试版本或 Web 版本的需要。

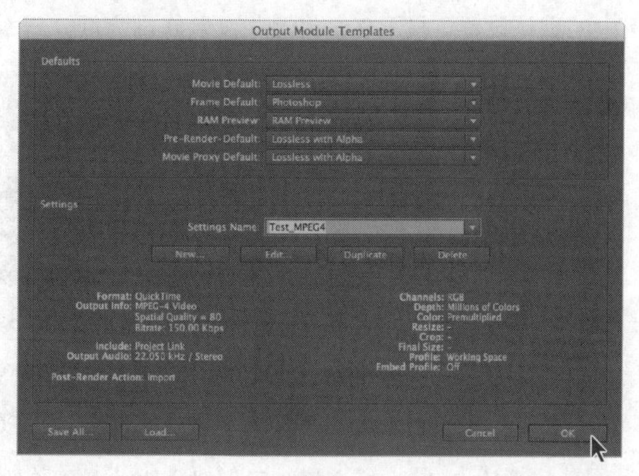

图14.9

14.3 采用渲染队列导出

现在已为渲染设置和输出模块创建了模板，我们就可以使用它们导出影片的测试版本了。

关于压缩

压缩对于缩小影片尺寸是致关重要的，经过压缩处理的影片才能被高效地存储、传输和播放。当导出或渲染的影片需要在特定类型的设备上以某种带宽播放时，我们要选择压缩编码器/解压缩器（即所谓的编码器/解码器），或编解码器，来压缩信息，生成一个能在这种类型的设备上以该带宽播放的文件。

有多种编解码器可供选择，并不存在一种适用于所有情况的最佳编解码器。例如，用最适用于卡通动画片的编解码器来压缩活动视频往往效率不高。对影片文件进行压缩时，可以调整压缩选项，使其在计算机、视频播放设备、Web或DVD播放器上获得最佳的播放质量。根据所使用的编码器不同，我们可以通过删除影片中影响压缩处理的镜头来降低压缩文件的尺寸，例如，删除影片中随意的摄像机移动和过多的胶片颗粒等。

所使用的编解码器必须对所有观众都适用。例如，如果使用视频采集卡上的硬件编解码器，那么观众就必须安装同样的视频采集卡，或者安装模拟该采集卡硬件功能的软件编解码器。

关于压缩和编解码器的更多知识，请参阅After Effects帮助。

1. 在项目面板中选择 DesktopC 合成图像，然后选择 Composition>Add 命令添加到渲染队列中。

AE | **提示：**还可以从项目面板中拖放合成图像到渲染队列面板中。

在 Render Queue 面板中，如图 14.10 所示，注意 Render Setteings 和 Output Module 下拉列表中的默认设置。接下来，将这些设置修过为低分辨率模板。

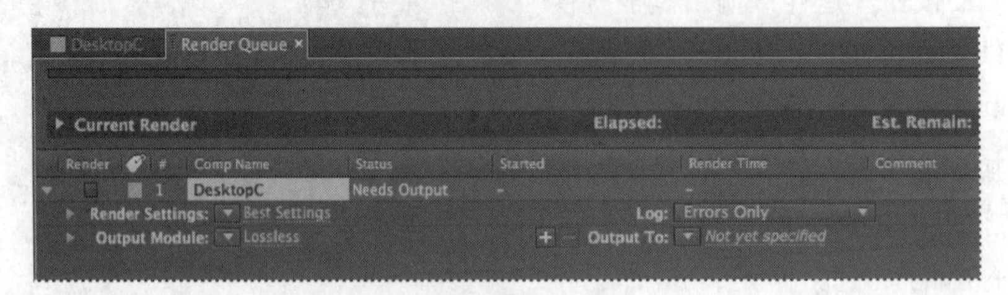

图14.10

2. 在 Render Settings 下拉列表中选择 Test_lowres。

3. 在 Output Module 下拉列表中选择 Test_MPEG4。

4. 单击 Output To 旁橙色下划线文字，如图 14.11 所示。

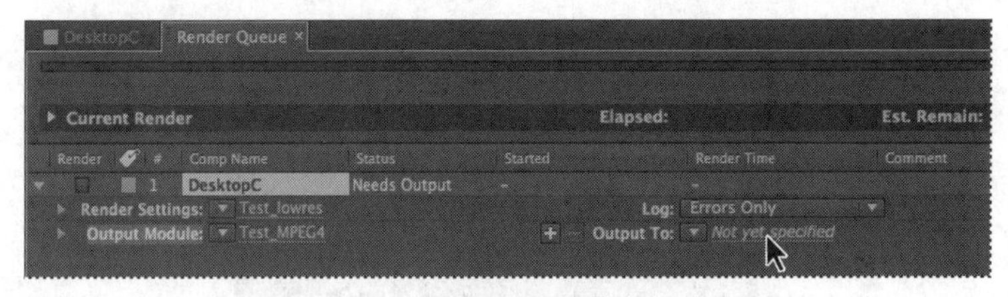

图14.11

5. 在 Output Movie To（输出影片到）对话框中，导航到 AECC_CIB/Lessons/Lesson14 文件夹，并创建一个名为 Final_Movies 的新文件夹。

- 在 Windows 系统中，单击 Create New Folder 图标，然后键入该文件夹的名称。
- 在 Mac OS 系统中，单击 New Folder 按钮，命名该文件夹，然后单击 Create 按钮。

6. 打开 Final_Movies 文件夹。

7. 将文件命名为 Final_MPEG4.mov，然后单击 Save 按钮，返回 Render Queue 面板。

> AE **注意**：要将影片导出为采用相同渲染设置的多种格式，不需要进行多次渲染。通过在 Render Queue 面板中向渲染项添加输出模块，可以将渲染过的同一影片导出为多个版本。

8. 选择 File>Save 命令，保存作品，如图 14.12 所示。

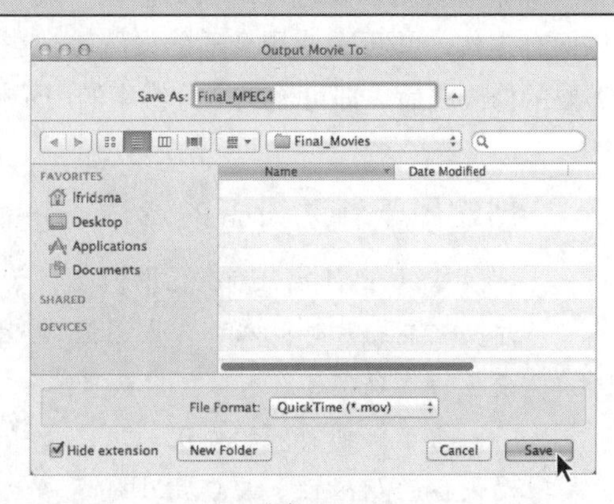

图14.12

9. 在 Render Queue 面板中单击 Render 按钮，After Effects 将渲染该影片。如果在队列中还有其他的影片，或者同一影片有不同的设置，After Effects 也将渲染这些内容。如图 14.13 所示。

处理完成后，Final_MPEG4 影片文件将同时出现在 Project 面板中，如图 14.14 所示。

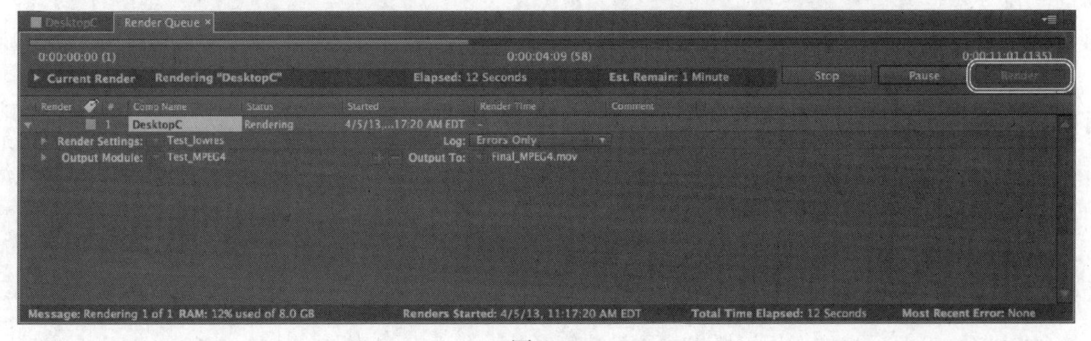

图14.13

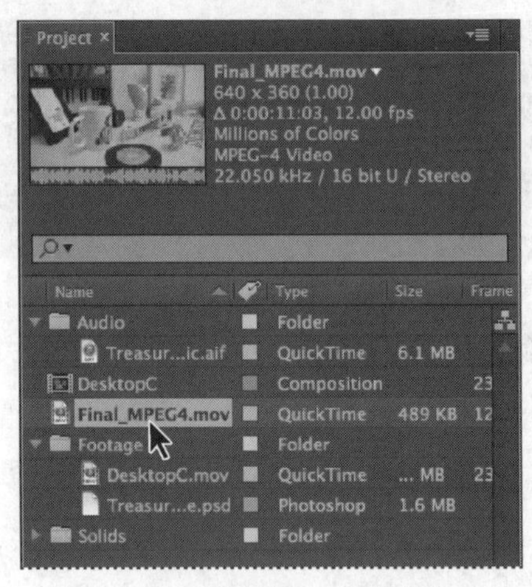

图14.14

> AE | **注意**：在将影片放到网站上之前，你可能会觉得进一步缩小影片的尺寸是大有益处的。这可以用专为此用途设计的媒体压缩软件或媒体清理应用程序处理。

可以双击每个影片，生成 RAM 预览，在 Project 面板中进行预览。

如果需要对动画进行最后的修改，现在可以重新打开该合成图像进行调整。修改完成后请记住保存工作，并再次使用合适的设置输出影片的测试版本。在检查影片的测试版本，并完成所有需要的修改之后，即可输出全分辨率的用于播出的影片。

创建用于移动设备的影片

可以在After Effects中创建用于在移动设备（如Apple iPod或手机）播放的影片。渲染影片时，添加合成图像到Adobe Media Encoder编码队列中，选择相应适合设备的编码预置。

为了得到最好的处理结果，拍摄素材以及用After Effects进行处理时，应考虑移动设备的局限性。应使用小的屏幕尺寸，并注意光照条件，同时使用较低帧速率。查看After Effects帮助可以学习更多相关技巧。

14.4 使用 Adobe Media Encoder 渲染影片

现在准备输出最后的影片，After Effects 已经包含了 Adobe Media Encoder，所以可以容易地渲染多种高质量格式的影片。

14.4.1 渲染播出质量的影片

首先，在设置项中选择用于播出的质量渲染影片。

1. 在项目面板中，选择 DesktopC 合成图像，然后选择 Composition>Add 命令添加到 Adobe Media Encoder Queue 中。

After Effects 将打开 Adobe Media Encoder，使用默认渲染设置添加合成图像。你的默认设置可能与本章的不同。

2. 在 Preset 列中单击橙色的链接。如图 14.15 所示。

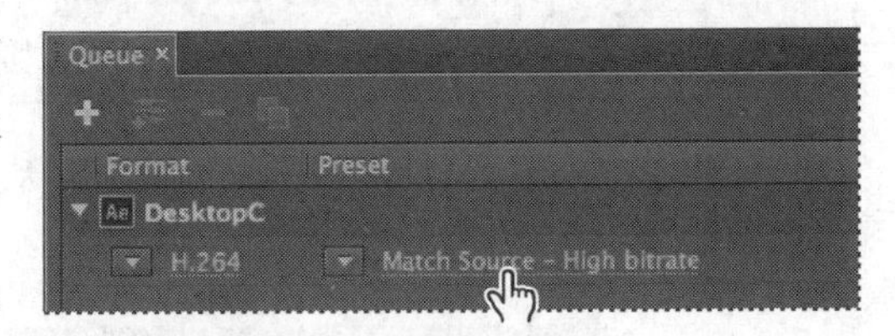

图14.15

Adobe Media Encoder 动态链接服务器。

> **AE** 注意：如果在 Export Settings 对话框中不需要修改，那么可以通过 Queue 面板中的 Preset 弹出菜单，修改预置。

3. 在出现 Export Settings 对话框时，在 Preset 菜单中选择 HD 1080p 23.976。如图 14.16 所示。

使用 HD 1080p 23.976 预置渲染整个影片需要发费几分钟时间。通过更改设置只渲染影片的前 5 秒，可以预览影片质量。也可以使用 Export Setteings 对话框底部的时间尺，修改渲染的范围。

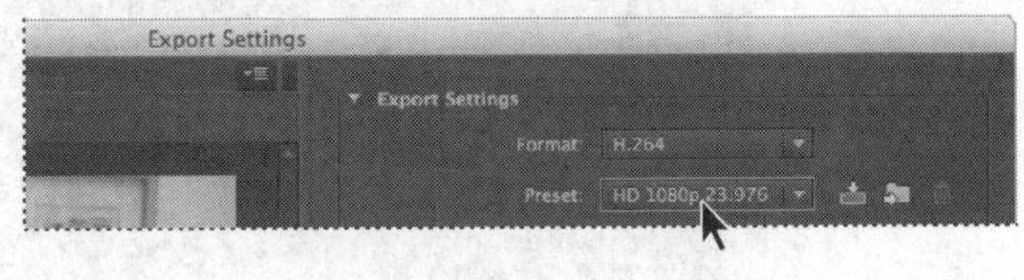

图14.16

4. 移动时间指示器到 5:00，然后单击 Select Zoom Level 弹出菜单左侧的 Set Out Point 按钮（），如图 14.17 所示。

5. 单击 OK 按钮关闭 Export Settings 对话框。

单击 Output File 列的橙色链接，影片命名为 HD-test_1080p.mp4，保存到 AECC_CIB/Lessons/Lesson14/Final_Movies 文件夹。然后单击 OK 或 Save 按钮。如图 14.18 所示。

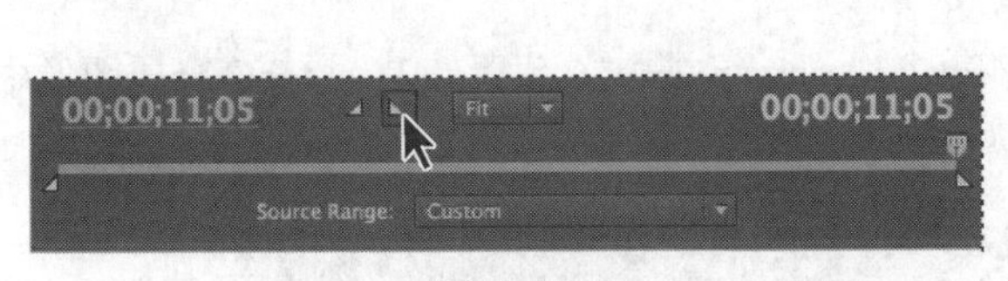

图14.17

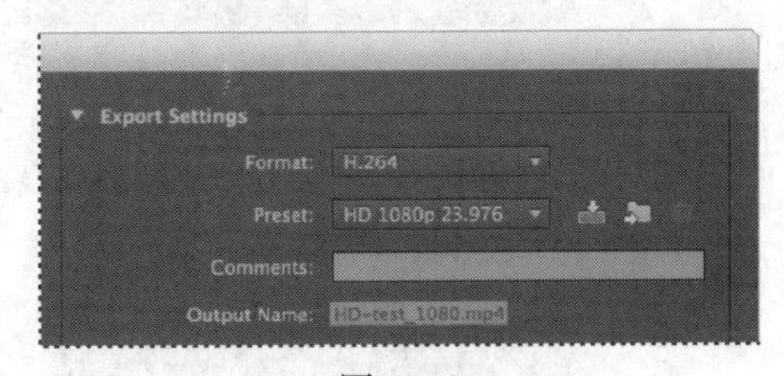

图14.18

在准备输出影片时，还需要在渲染之前，在队列中设置几个额外影片选项。

14.4.2 为队列添加另外输出预置

Adobe Media Encoder 内置了很多预置，适用于传统播出、移动设备和 Web。接下来，将准备好的合成图像输出版本上传到 YouTube。

AE 注意：如果经常渲染文件，考虑创建一个“watch folder”。当watch folder中新添加文件时，Adobe Media Encoder将自动使用Watch Folder面板中的设置输出渲染后的影片。

1. 在Preset Browser面板中，导航到Web Video > YouTube > YouTube SD 360p Widescreen 23.976。如图14.19所示。

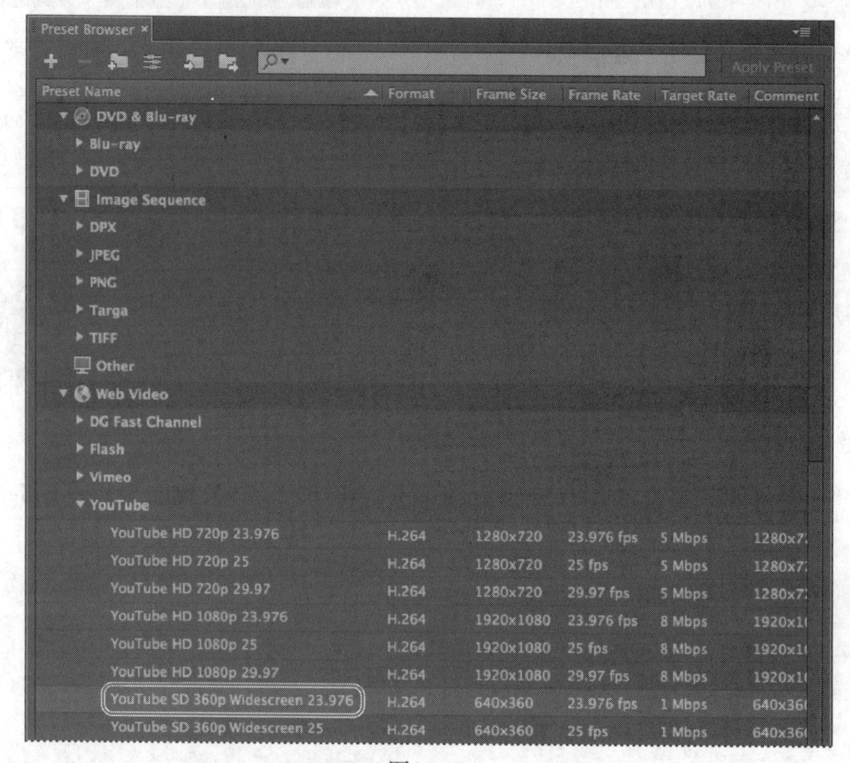

图14.19

2. 在Queue面板中，拖放YouTube SD 360p Widescreen 23.976预置到DesktopC合成图像中。如图14.20和图14.21所示。

图14.20

Adobe Media Encoder将在队列中添加一个输出条目。

3. 单击OutPut File栏中刚添加条目的橙色链接，然后命名文件为Final_Web.mp4，保存目录为AECC_CIB/Lessons/Lesson14/Final_Movies文件夹。如图14.22所示。

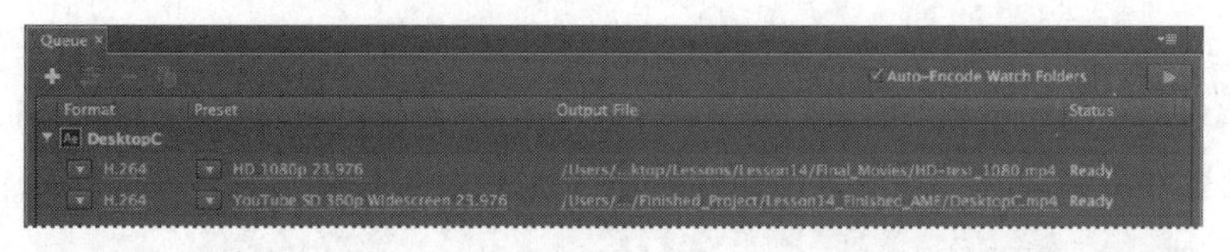

图14.21

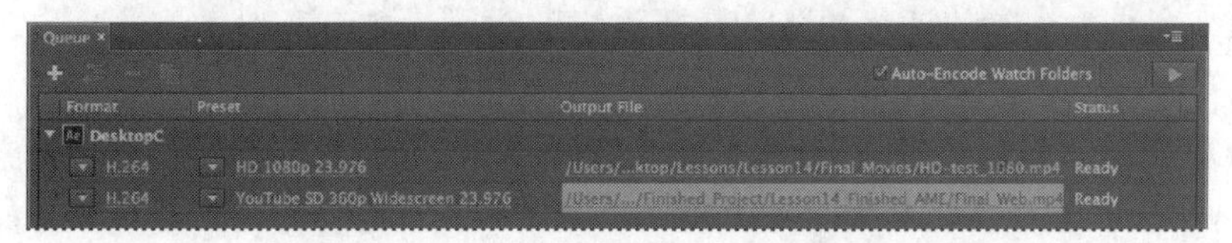

图14.22

14.4.3 渲染影片

在队列中已创建了两种版本的影片，现在将渲染和观看它们。渲染是大量占用资源的，将花费一定的时间，主要取决于个人系统、合成图像的复杂度和长度、以及采用的设置。

1. 单击 Queue 面板右上角的绿色 Start Queue 按钮（ ）。

依赖个人系统，将花费一定的时间。

Adobe Media Encoder 将同时对对列中的影片进行编码，状态栏会有所显示，报告大概的剩余时间。如图 14.23 和图 14.24 所示。

图14.23

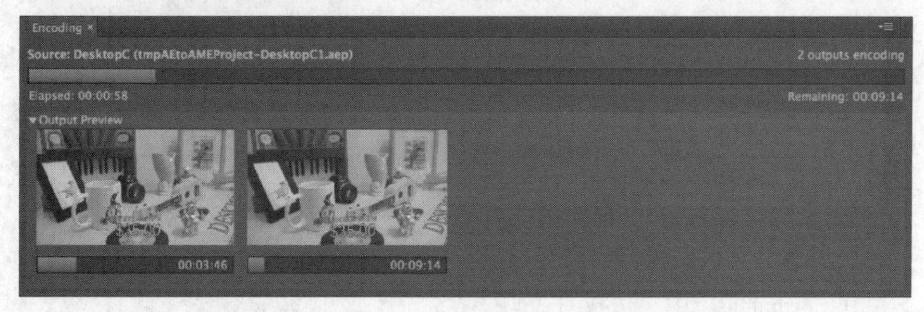

图14.24

2. Adobe Media Encoder 完成之后，在 Finder 或 Explorer 中导航到 Final_Movies 文件夹，双击观看的文件。

> AE | **提示**：如果忘记编码影片的保存位置，单击完成影片旁的 OutPut File 栏中的橙色链接，Adobe Media Encoder 将打开一个窗口显示文件的存放位置。

准备播出影片

本章渲染的项目，已是一个高分辨率适合播出的影片。然而，可能需要调整其他合成以传输不同的格式。

减少合成大小，为最终的格式使用适当的设置新建合成图像。然后拖放项目合成图像到新的合成图像中。

如果要把方形像素长宽比的合成图像转换非方形像素长宽比，用于播出，在Composition面板中条目会比原来的较宽。为精确地观看视频，需使能像素纵横比校正。像素纵横比校正会轻微挤压合成图像的视图，显示出来的图像，将出现在视频监视器上。默认情况下，该功能没有使能，不过可以通过单击Compositon面板底部的Toggle Pixel Aspect Ratio Correction（切换像素纵横比校正）（ ）按钮使能该功能。像素纵横比校正预览质量受Preferences对话框中Previews类别中的Zoom Quality（变焦质量）偏好影响。

14.4.4 创建自定义 Adobe Media Encoder 预置

在多数情况下，Adobe Media Encoderd 其中一个默认预置，将适合你的项目。然而，根据需求创建自定义的预置。在本例中，将创建一个预置，比之前编码输出更加快速为 YouTube 渲染一个低分辨率文件。

1. 单击 Preset Browser 面板上方的 Create New Preset Group 按钮（ ），然后为组命名一个唯一的名字，例如你的名字。

2. 单击 Create New Preset 按钮（+）。

3. 在 Preset Settings 对话框中，作如下配置，然后单击 OK 按钮，如图 14.25 所示。

- 命名该预置为 Low-res_YouTube。
- 确保在 Format 菜单中，选择 H.264。
- 从 Based On Preset 菜单中，选择 YouTube SD 360p Widescreen 23.976。
- 在 Frame Rate 菜单中，选择 12。
- 在 Profile 菜单中，选择 Baseline。

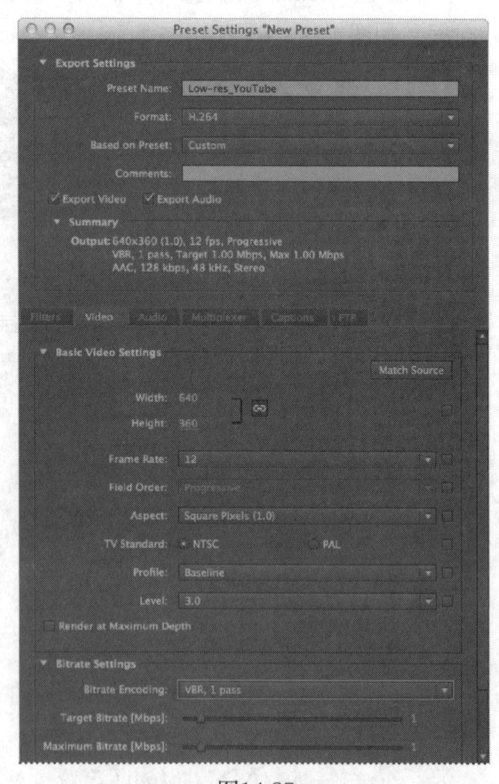

图14.25

- 在 Level 菜单中，选择 3.0。
- 在 Bitrate Encoding 菜单中，选择 VBR，1 Pass（可能需要向下滚动列表查看）。
- 单击 Audio 标签，如图 14.26 所示，在 Sample Rate（抽样率）菜单中选择 44100Hz，在 Audio Quality 菜单中选择 Medium（中质量）。

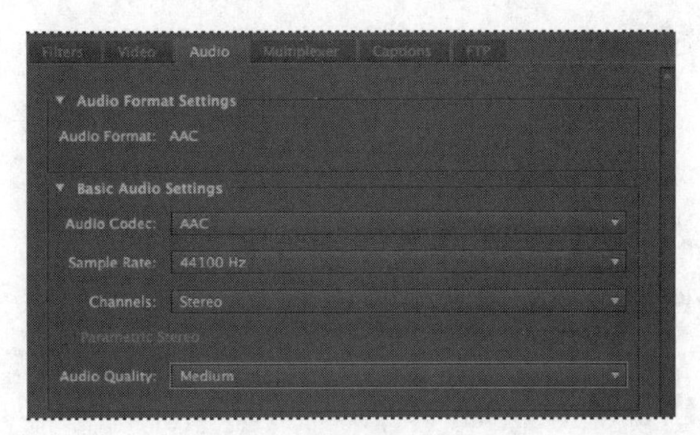

图14.26

4. 在 Queue 面板中，拖放 Low_res_YouTube 预置到 DesktopC 合成图像上。
5. 单击 Output File 栏中的橙色链接，命名文件为 Lowres_You Tube，指定保存文件位置 AECC_CIB/Lessons/Lesson14/Final_Movies。
6. 单击 Start Queue 按钮。

虽然重新设置预置后，影片编码会更快速，但是影片质量有所下降。

7. Adobe Media Encoder 编码完成之后，在 Explorer 或 Finder 中，导航到 Final_Movies 文件夹，双击 Lowres_YouTube 影片观看。

现已为最终的合成图像创建两种版本：Web 版本和播出版本。

恭喜！你已完成本书所有课程的学习。

14.5 复习题与答案

14.5.1 复习题

1. 请说出创建 Render Queue 面板的两种模板的名称，并解释什么时候以及为什么要使用它们。
2. 什么是压缩？选择压缩时应注意哪些问题？
3. 使用 Adobe Media Encoder 如何输出影片？

14.5.2 复习题答案

1. 在 After Effects 中，可以同时创建用于渲染和输出模块设置的模板。这些模板可以进行预设，以便在渲染同类传输格式的素材时可以套用先前的设置。模板定义完成后，它们将显示在 Render Queue 面板的相应下拉列表中（RenderSettings 或 Output Module）。这样，当准备对项目进行渲染时，可以根据项目所需的传输格式简单地选择模板，模板将对项目应用所有设置。
2. 压缩对于缩小影片尺寸是致关重要的，经过压缩处理过的影片才能被高效地存储、传输和播放。当导出或渲染的影片需要在特定带宽要求的特定设备上播放时，你要选择某种压缩编码器 / 解压缩器，或编解码器，以便以对文件进行压缩处理，并生成一个能在该带宽要求的设备上播放的影片文件。有许多种编解码器可供选择，并不存在一种适用于所有情况的最佳编解码器。例如，用最适用于卡通动画片的编解码器来压缩活动视频往往效率不高。对影片文件进行压缩时，可以调整压缩选项使其在计算机、视频播放设备、网络或 DVD 播放器上以最佳质量进行播放。可以通过删除影片中影响压缩处理的镜头来减少压缩后文件的尺寸，例如，摄像机的随意移动，以及过多的胶片颗粒。
3. 使用 Adobe Media Encoder 导出影片，需要在 After Effects 项目面板中，选择合成，然后选择 Composition > Add 命令添加到 Adobe Media Encoder Queue 中。在 Adobe Media Encoder 中，选择一种预置和其他设置，命名导出的文件名，最后单击 Start Queue 按钮。